Gerhard O. W. Fischer

Der große Heimelektroniker

Gerhard O.W. Fischer

Der große Heim-elektroniker

Elektronische Schaltungen und Geräte im Selbstbau

Verlagsgesellschaft Rudolf Müller · Köln-Braunsfeld

CIP-Kurztitelaufnahme der Deutschen Bibliothek

Fischer, Gerhard O. W.
Der große Heimelektroniker
12.–18. Tsd. (Neubearbeitung)
Köln-Braunsfeld: R. Müller 1985

ISBN 3–481–21602–5

1.–11. Tausend 1976
12.–18. Tausend 1985 (Neubearbeitung)

ISBN 3–481–21602–5

© Verlagsgesellschaft Rudolf Müller GmbH,
Köln-Braunsfeld 1976
Alle Rechte vorbehalten
Verlagsredaktion: Ingeborg Roggenbuck
Satz und Druck: A. Hellendoorn, Bad Bentheim
Printed in Germany

Vorwort

Das Wort Elektronik gleicht einer Zauberformel und jeder, der es hört, denkt sofort an Computer, Weltraumfahrt, ferngelenkte Raketen, Nachrichtentechnik und vieles mehr. Doch nicht nur auf diesen speziellen Gebieten beherrscht die Elektronik das Feld, sie ist auch in die Bereiche des täglichen Lebens vorgedrungen und hier nicht mehr wegzudenken.

In Haus und Garten, beim Auto und natürlich auch während der vielen Freizeitbeschäftigungen kommen wir mit der Elektronik irgendwie in Berührung.

Zu dem Begriff Heimelektronik zählen wir die Haushalts-, Unterhaltungs-, Auto-, Foto-, Modellbau-, Hobby- und die medizinische Elektronik.

In allen diesen Bereichen gibt es für den technisch Interessierten eine Fülle von Möglichkeiten, sich in seiner Freizeit sinnvoll zu beschäftigen. Das vorliegende Buch möchte ihn dabei unterstützen. Es ist in sechs Hauptabschnitte gegliedert und beschreibt Bauanleitungen und Schaltungsvorschläge der unterschiedlichsten Schwierigkeitsgrade. Einleitend wird der Leser mit den Grundlagen des praktischen Aufbaus der Geräte vertraut gemacht und gleichzeitig zum Nachbau mit ihnen angeleitet.

Hamburg, im August 1984   Gerhard O. W. Fischer

Inhalt

Modellbauelektronik

Hobbyelektronik

Stichwortregister   265

Allgemeine Hinweise

In diesem Abschnitt des vorliegenden Buches werden die wichtigsten Hinweise gebracht, die zum besseren Verständnis aller folgenden Kapitel beitragen sollen. Es ist unbedingt ratsam, ihn vor dem Bau eines der anschließend beschriebenen Geräte genau zu lesen, da, um Wiederholungen im weiteren Text zu vermeiden, hier auf immer wiederkehrende Themen eingegangen wurde.

Das Anfertigen der für jedes Gerät als Aufbaugrundplatte dienenden Platine wird genau beschrieben, das Werkzeug, das dazu benötigt wird, wird genannt und außerdem beschrieben, was beim Bau von elektronischen Geräten zu beachten ist. Der Leser erhält Hinweise zum richtigen Löten und erfährt Näheres über die zum Bau erforderlichen Teile. Erst wenn er sich ausreichend informiert hat, sollte mit dem Bau eines Gerätes begonnen werden.

Was bedeutet Elektronik?

Vereinfacht kann man sagen: wo die Elektrotechnik aufhört, fängt die Elektronik an. Einige Beispiele sollen dies verdeutlichen. In der Waschmaschine wird die Trommel durch den Elektromotor angetrieben. Das ist Elektrotechnik. Die Programmsteuerung des Elektromotors übernimmt jedoch eine Schaltung, die aus Integrierten Schaltkreisen, Transistoren, Dioden, Widerständen, Kondensatoren und Relais besteht. Das ist Elektronik.

Das Aufheizen der Kochplatten im Elektroherd geschieht durch Heizspiralen, die vom Wechselstromnetz gespeist werden. Das ist Elektrotechnik. Damit die Hausfrau nicht ständig am Herd zu stehen braucht, wurden vollautomatisch arbeitende Schaltungen entwickelt, die bei einer bestimmten Heiztemperatur oder nach einer bestimmten Zeit die Kochplatten aus- beziehungsweise auf eine niedrigere Stufe herunterschalten. Das ist Elektronik.

So ließe sich die Reihe der Beispiele beliebig fortsetzen, doch bereits an diesen Darstellungen wird dem Leser der Unterschied zwischen Elektrotechnik und Elektronik sicher verständlich.

Unser modernes Leben ist ohne die Elektronik nicht mehr vorstellbar, wir benötigen sie überall und kommen mehrmals täglich mit ihr in Berührung, sehr oft allerdings, ohne es zu merken.

Selbstbau von elektronischen Geräten

Alle in diesem Buch beschriebenen elektronischen Geräte wurden so entworfen, daß die meisten Teile wie Widerstände, Kondensatoren, Transistoren, Dioden und so weiter auf einer gedruckten Leiterplatte aufgebaut werden. Dadurch, daß keine Verdrahtung der Teile untereinander vorzunehmen ist – die gedruckten Leiterbahnen auf der Unterseite der Grundplatte übernehmen diese Aufgabe –, werden Schaltfehler von vornherein unterbunden.

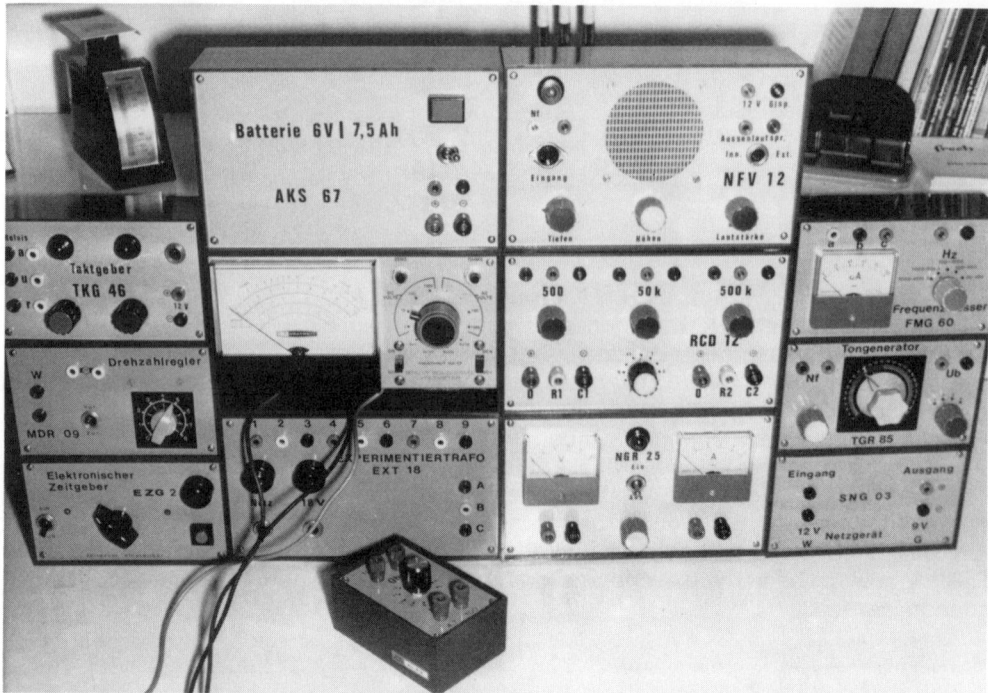

1   Einige in diesem Buch beschriebene Geräte.

Der Aufbau der Einzelteile auf einer Platine ist sehr übersichtlich, er geht jeweils aus dem Bestückungsplan hervor. Da fast alle unsere Geräte des Aussehens wegen ein Gehäuse erhalten, werden Verbindungsleitungen von der Platine zu den einzelnen Bedienungsorganen, zum Beispiel Potentiometer, Schalter, Anzeigelampen oder Meßinstrumente, erforderlich, die auf der Frontplatte des Gehäuses eingebaut sind. Wie diese Bauelemente mit der Platine zu verbinden sind, ist aus den Verdrahtungsplänen der entsprechenden Geräte ersichtlich.

Die meisten Bauanleitungen bestehen neben dem Text und der Stückliste aus einem Schaltbild, dem Bestückungs- und Verdrahtungsplan, der Druckvorlage im Maßstab 1:1, einem Bohrplan für die Frontplatte des Gehäuses und Fotos, die den Zusammenbau des jeweiligen Gerätes verdeutlichen. Neben einigen Hinweisen zum Schaltbild werden auch die Funktion und der Verwendungszweck des Gerätes beschrieben. Die sich bei jedem Gerät wiederholenden Arbeitsgänge sind:

1   Gemäß der Stückliste werden die Einzelteile besorgt.
2   Es folgt das Anfertigen der Platine.
3   Bestückung der Platine mit allen Einzelteilen.
    Das Einlöten der Bauteile hat sich in nachstehender Reihenfolge bewährt:
    a) Widerstände und Dioden,
    b) Kondensatoren,
    c) Elkos,
    d) Transistoren und IC's,
    e) alle großen Bauteile wie Trafos,
    f) Anlöten der Verbindungsleitungen (Litzen), die zu den mechanischen Bauteilen auf der Frontplatte führen.
4   Bohren beziehungsweise Aussägen der Löcher in der Frontplatte des Gehäuses nach dem Bohrplan. Anschließend wird die Frontplatte wahlweise lackiert oder gespritzt.
5   Montage aller mechanischen Einzelteile auf der Frontplatte.
6   Verdrahtung der Platine mit den auf der Frontplatte eingebauten Reglern, Schaltern, Lampen, Anzeigeinstrumenten und anderem.

2 Diverse selbstgebaute Meß-, Prüf- und Netzgeräte, die der Heimelektroniker am Arbeitsplatz braucht.

Die an der Platine zu verlötenden Verbindungsleitungen sind beziffert. Sie werden dem Verdrahtungsplan entsprechend mit den Bauteilen auf der Frontplatte in Verbindung gebracht und dort (je nach Bauteil unterschiedlich!) angelötet oder geschraubt.

7 Ist eine Eichung oder ein Abgleich des betreffenden Gerätes notwendig, wird es jetzt in Betrieb genommen. Erforderliche Eichungsanweisungen sind jeweils im Text enthalten.

8 Einbau der Platine in das Gehäuse und Aufschrauben der Frontplatte. Das Gerät ist betriebsfertig.

eine Flachzange, ein Seitenschneider, eine Pinzette und ein paar Schlüsselfeilen gebraucht. Für mechanische Arbeiten, zum Beispiel das Aussägen von Löchern in der Frontplatte eines Gehäuses, werden eine Laubsäge mit Metallsägeblättern, eine Feile zum Entgraten, eine Bohrmaschine mit verschiedenen Spiralbohrern und ein kleiner Tischschraubstock benötigt. Die elektrische Bohrmaschine erleichtert das Bohren der kleinen Löcher in den Platinen. Durch diese 1 bis 1,3 mm großen Bohrungen werden die Anschlußdrähte der Bauteile einer gedruckten Schaltung gesteckt. Auch für andere Arbeiten läßt sich eine solche Bohrmaschine gut verwenden.

Werkzeug, das zum Bauen benötigt wird

Zum Ausbau von elektronischen Geräten ist nur wenig Werkzeug notwendig. Neben einem Lötkolben (30 bis 50 Watt) werden Schraubendreher verschiedener Größen,

Das richtige Löten

Wer elektronische Geräte aufbauen möchte, muß mit dem elektrischen Lötkolben umgehen können. Ist dies noch nicht der

11

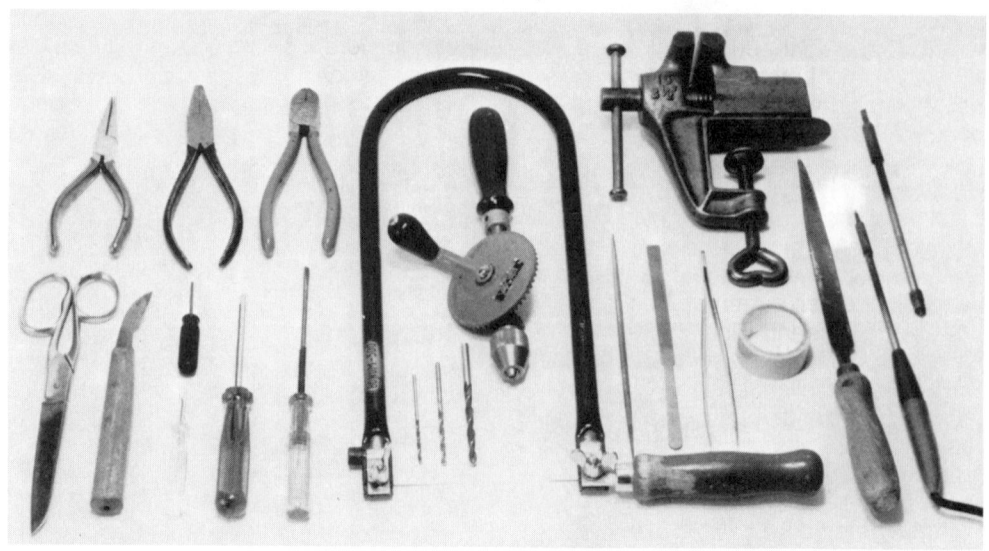

3 Dieses Werkzeug braucht man zum Bauen von elektronischen Geräten.

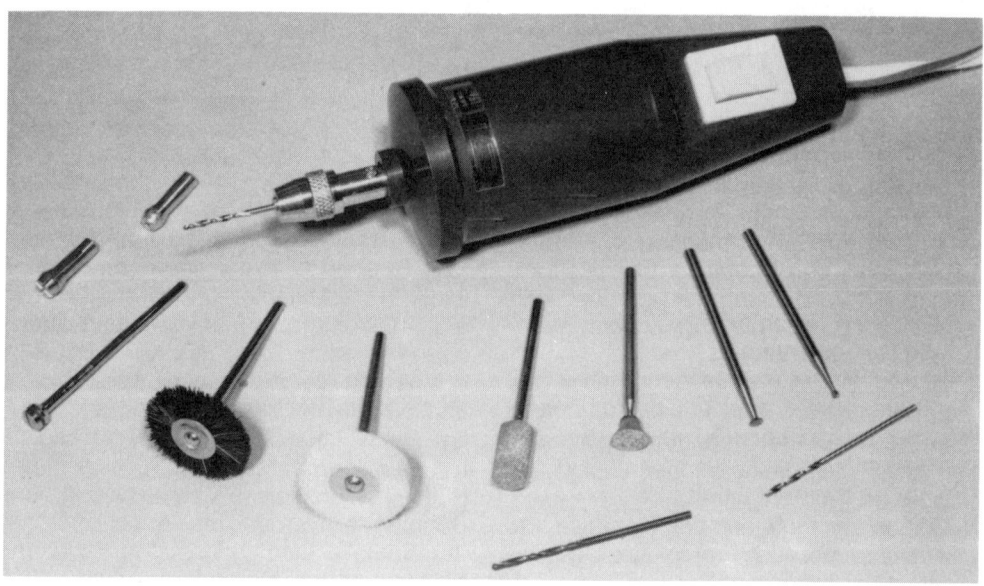

4 Mit elektrischen Handbohrmaschinen lassen sich kleine Löcher in Platinen leicht bohren.

Fall, hier ein paar Ratschläge aus der Praxis.

Grundsätzlich sollten nur elektrische Lötkolben mit 30 oder 50 Watt Leistung und als Lötzinn Fluitin-Fadenlötzinn (etwa 2 mm stark) verwendet werden. Als Flußmittel empfiehlt sich Kolophonium; Tinol ist für diese Zwecke ungeeignet.

Wurde ein Bauteil von oben in die Platine eingesetzt, wird auf der Leiterbahnseite die flache Seite der Lötkolbenspitze auf die zu verlötende Stelle gedrückt. An die

Berührungsstelle halten wir Lötzinn. Das schmelzende Zinn dringt zwischen Kolbenspitze und Lötstelle. Es darf nicht zu viel Lötzinn verwendet werden. Ist das Lötzinn gleichmäßig um die Lötstelle herumgeflossen, wird der Lötkolben entfernt.

Selbstverständlich sollte sein, daß sich die Lage des Bauteils während des Erstarrungsvorgangs nicht verändert. Ist dies der Fall, kommt es zu einer »kalten« Lötstelle, die man an ihrer matten und rauhen Oberfläche erkennt. Einwandfreie Lötstellen haben glatte, glänzende Oberflächen. Schlechte Lötstellen weisen ständig wechselnde Übergangswiderstände auf und verursachen Störungen, die sich als Aussetzfehler oder völligen Funktionsausfall bemerkbar machen. Sie sind also unbedingt zu vermeiden.

Außerdem ist darauf zu achten, daß sich zwischen den Leiterbahnen der Platine keine Kurzschlüsse verursachenden Zinnreste festsetzen. Es ist auch daran zu denken, daß der Lötkolben nicht zu lange an eine Lötstelle gehalten wird, weil die Leiterbahnen sich sonst an diesen Stellen von der Platine ablösen könnten. Ferner ist nicht auszuschließen, daß Transistoren und Dioden, werden sie zu heiß, Schaden nehmen.

Bevor ein selbstgebautes Gerät in Betrieb genommen wird, ist jede einzelne Lötstelle zu überprüfen. Von der Bauteilseite aus zieht man mit der Pinzette an jedem Drahtanschluß, um festzustellen, ob die Lötstelle wirklich einwandfrei fest ist.

Bei einer kalten Lötstelle zieht man dabei den Draht heraus, oder er läßt sich bewegen. Solch eine Lötstelle muß unbedingt nachgelötet werden.

Bauteile der Elektronik

Schaut man sich das Innere elektronischer Geräte an, wird man feststellen, daß sie sich aus einer Anzahl kleinerer oder größerer bunter Bauteile zusammensetzen, die, sorgfältig ausgerichtet, auf einer Grundplatte aufgebaut sind. Bei diesen Bauteilen handelt es sich hauptsächlich um Widerstände, Kondensatoren, Dioden, Transistoren und Integrierte Schaltkreise.

Bevor wir an den Bau von elektronischen Geräten herangehen, sollten wir uns zunächst mit den Bauteilen und insbesonders mit ihren Eigenschaften vertraut machen. Um die einzelnen Schaltbilder zu verstehen, nach denen die Geräte aufgebaut werden, muß man die Symbole der Einzelteile kennenlernen, die nachher nicht verwechselt werden dürfen.

Widerstände

Widerstände werden in einem Schaltbild als Rechteck mit axial herausragenden Drähten dargestellt und mit dem Großbuchstaben »R« (aus dem Englischen: Resistor = Widerstand) bezeichnet. Ihre Werte erkennt man an Farbringen, die von links nach rechts gelesen werden. Bei älteren Widerständen ist der Wert auch aufgedruckt. Der Wert eines Widerstandes wird in Ohm angegeben. Es gibt Widerstände von nur wenigen Ohm und solche bis zu mehreren Millionen Ohm. Um so große Werte darstellen zu können, werden Kurzbezeichnungen wie kOhm (für Kiloohm) und MOhm (für Megohm) verwendet.

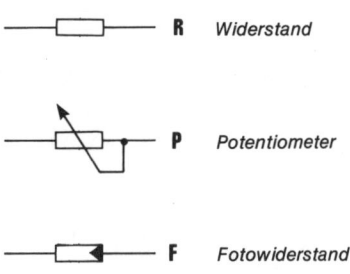

		R	Widerstand
		P	Potentiometer
		F	Fotowiderstand

5 Schaltsymbole von Widerständen.

1 kOhm	=	1 Kiloohm	=	1 000 Ohm
			=	eintausend Ohm
10 kOhm	=	10 Kiloohm	=	10 000 Ohm
			=	zehntausend Ohm
100 kOhm	=	100 Kiloohm	=	100 000 Ohm
			=	hunderttausend Ohm
1 MOhm	=	1 Megohm	=	1 000 000 Ohm
			=	eine Million Ohm

Mittels Farbschlüssels läßt sich die Bedeutung der aufgedruckten Farbringe leicht herausfinden:

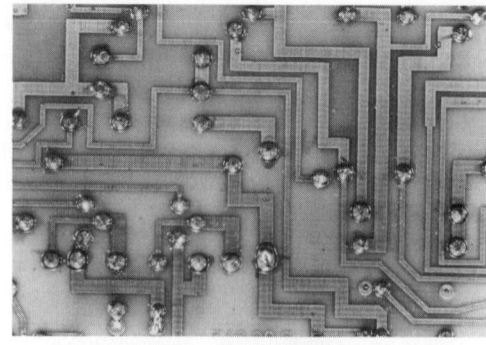

6   Oberseite einer Platine mit eingelöteten Bauteilen.

7   Platinenunterseite. Hier werden die Draht-
    anschlüsse der Bauteile verlötet.

0 = schwarz	5 = grün
1 = braun	6 = blau
2 = rot	7 = violett
3 = orange	8 = grau
4 = gelb	9 = weiß

Der dritte Ring gibt stets die Anzahl der Nullen an, die beiden Ringe davor die Zah-len. Angenommen der erste Ring (ganz links) wäre gelb, der zweite violett und der dritte hätte die Farbe Orange. Nach der obigen Tabelle bedeutet gelb die Zahl 4, violett die Zahl 7 und für die Anzahl der Nullen steht orange = 3. Die Zahl lautet demnach: 47000.

Wir hätten es also mit einem Widerstandswert von 47000 Ohm oder, anders ausgedrückt, mit 47 kOhm (Kiloohm) zu tun.

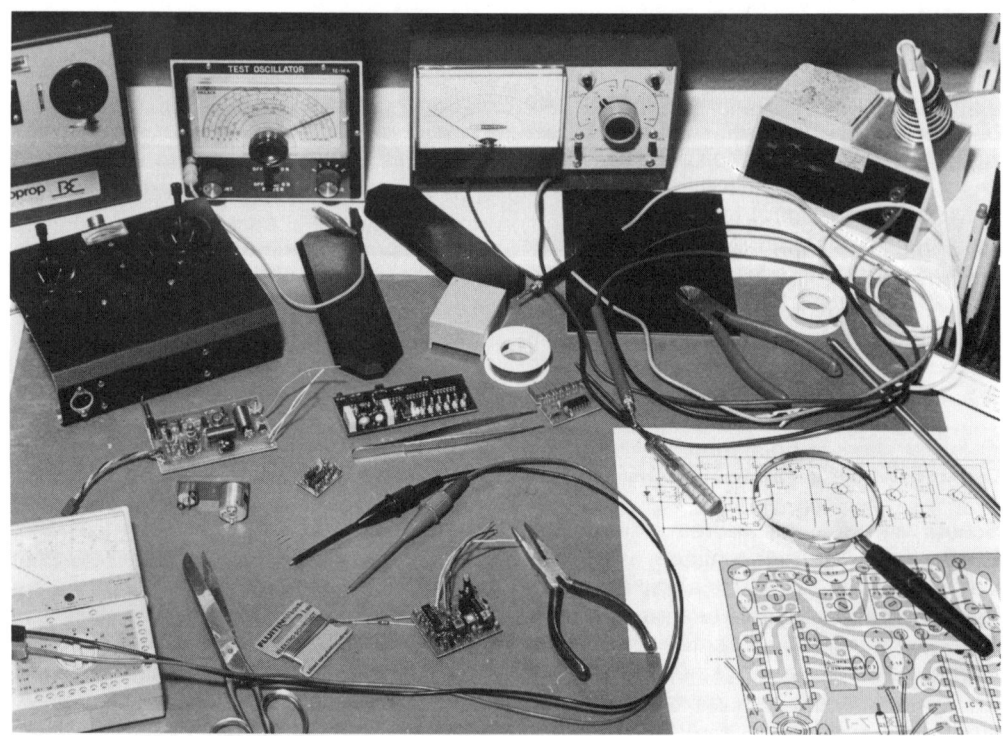

8   Der Arbeitsplatz. Ein elektronisches Gerät wird zusammengebaut.

9 Das Gerät wird überprüft und durchgemessen.

Wäre in unserem Beispiel der dritte Ring in roter Farbe aufgedruckt, so würde es sich um einen Widerstandswert von 4700 Ohm = 4,7 kOhm handeln, wäre der Ring braun, hätten wir es mit einem Widerstand von 470 Ohm zu tun, denn die Farbe Rot zeigt an, daß es sich um zwei Nullen, bei Braun um eine Null handelt.

Neben dem Widerstandswert wird in den Stücklisten noch die Belastbarkeit in Watt angegeben. Je größer ein Widerstand in seinen räumlichen Abmessungen ist, desto höher kann er belastet werden.

Belastbarkeit und Ohmwert dürfen untereinander nicht verwechselt werden. Es gibt Widerstände mit gleichem Ohmwert, jedoch unterschiedlicher Belastbarkeit. So kann beispielsweise ein 3,3-kOhm-Widerstand für eine Belastbarkeit von 1 Watt oder nur 1/8 Watt ausgelegt sein. Der 1/8-Watt-Widerstand hat eine Länge von 8 mm und einen Durchmesser von 2 mm, der 1-Watt-Widerstand ist 15 mm lang, bei einem Durchmesser von 8 mm. Wird in einer

Stückliste ein Widerstand von 22 kOhm / 1/2 W angegeben, so ist die Schaltung so ausgelegt, daß prinzipiell jeder Widerstand von 22 kOhm eingesetzt werden kann, wenn er mindestens einer Belastbarkeit von 1/2 Watt entpricht. Das Fabrikat spielt dabei keine Rolle. Es kann auch jeder 22-kOhm-Widerstand mit einer höheren Belastbarkeit, zum Beispiel 1 Watt, eingesetzt werden, wenn er räumlich in die Schaltung paßt. Nicht eingebaut werden darf dagegen ein 22-kOhm-Widerstand mit einer Belastbarkeit von nur 1/8 oder 1/4 Watt.

Daraus ist zu ersehen, daß man zwar Widerstände höherer Belastbarkeit bei gleichem Wert einsetzen darf, nicht jedoch Widerstände kleinerer Belastbarkeit als in den Stücklisten angegeben.

Bei der Herstellung der Widerstände muß mit einer gewissen Fertigungstoleranz gerechnet werden, die bei etwa + oder −10 Prozent (mitunter auch 20 Prozent) liegt. Ein Aufdruck von 33 kOhm garantiert da-

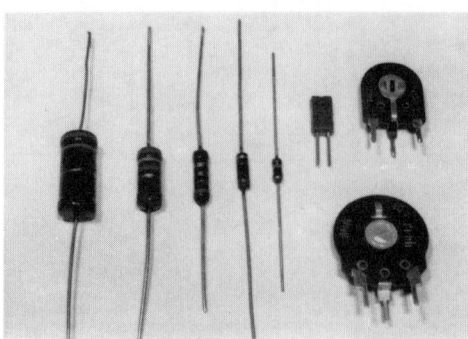

10   Links Widerstände, rechts Einstellregler.

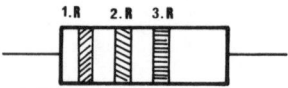

11   Widerstandswerte sind an Farbringen abzulesen.

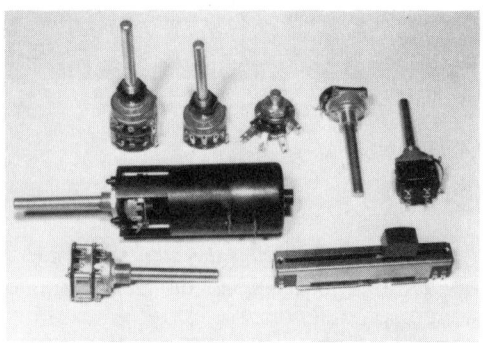

12   Einige Bauformen von Potentiometern. Mitte: ein motorgetriebenes Potentiometer, rechts unten: ein Schieberegler.

her nicht, daß der Widerstand nun tatsächlich einen Wert von 33 kOhm hat. Sein Wert kann bei einer Toleranz von 10 Prozent bei 33 kOhm + 3,3 kOhm oder −3,3 kOhm liegen (33 kOhm + 3,3 kOhm = 36,3 kOhm; 33 kOhm −3,3 kOhm = 29,7 kOhm).
In einer Schaltung macht dieser kleine Unterschied jedoch nichts aus, es sei denn, es wurde ausdrücklich darauf hingewiesen, daß der Wert unbedingt einzuhalten ist. Für diese Fälle gibt es dann spezielle Widerstände mit einer Toleranz von nur

1 Prozent. In fast allen Schaltungen kann auch der nächsthöhere oder -niedrigere Wert eingesetzt werden, ist der angegebene Widerstand gerade nicht greifbar.

Kondensatoren

Kondensatoren werden in einem Schaltbild als zwei sich gegenüberstehende Balken mit axial herausgeführten Drähten dargestellt und mit dem Großbuchstaben »C« bezeichnet. Ihre Werte erkennt man entweder am Aufdruck oder, ähnlich wie bei den Widerständen, an Farbringen oder Farbpunkten. Der Wert eines Kondensators wird in pF (= Pikofarad), nF (= Nanofarad) und in μ (= Mikrofarad) angegeben:

100 pF =	0,1 nF =	0,0001 μF
1 000 pF =	1 nF =	0,001 μF
10 000 pF =	10 nF =	0,01 μF
100 000 pF =	100 nF =	0,1 μF
1 000 000 pF =	1000 nF =	1 μF

Es gibt eine Reihe von Bauformen für die verschiedensten Verwendungszwecke. Keramische Rohr-, Stand- oder Scheibenkondensatoren und Waffelkondensatoren werden hauptsächlich in Hf-Schaltungen, Roll-, Wickel-, Polyester-, Tantal- und Elektrolytkondensatoren (Elkos) in Nf-Schaltungen verwendet. Beim Einbau von Elkos muß auf richtige Polung geachtet werden!
Kondensatoren bestehen im Prinzip aus zwei gegenüberliegenden Platten, auch Beläge genannt, zwischen denen eine Isolierschicht angeordnet ist. Je größer die Fläche der gegenüberliegenden Platten und je geringer der Abstand der beiden Platten voneinander ist, desto größer ist die Kapazität. Um Platz zu sparen, werden die Platten als dünne Metallstreifen ausgeführt und dann zu einem Block oder zu einer Rolle zusammengewickelt. Alle Roll-, Wickel-, Polyester- und Elektrolytkondensatoren werden auf diese Weise hergestellt. Bei keramischen Kondensatoren dient entweder ein Röhrchen oder eine Scheibe als Träger. Bei einem speziellen Verfahren wird von außen eine Metallschicht aufgespritzt. Es können nur kleine Werte hergestellt werden, sie liegen im pF- und nF-Bereich.

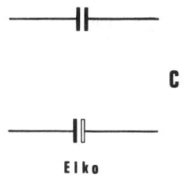

C

Elko

13   Kondensator (oben), Elektrolytkondensator (Elko)
und Tantalkondensator (unten).

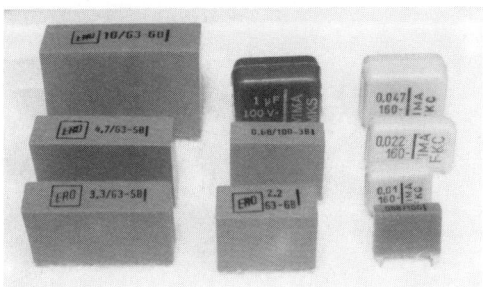

15   Kunststoff- und Polyesterkondensatoren sind
hauptsächlich in Nf-Verstärkerschaltungen zu finden.

War bei den Widerständen besonders auf
die Belastbarkeit zu achten, so ist bei den
Kondensatoren und Elkos deren Span-
nungsfestigkeit zu berücksichtigen.
Für welche Betriebsspannung ein Kondensator hergestellt wurde, geht meist aus seinem Aufdruck hervor. Einen Elko für 6 Volt
darf man nicht in einer Schaltung verwenden, in der beispielsweise mit 24 Volt gearbeitet wird, es sei denn als Emitter-
abblockkondensator, weil am Emitter nie-
mals die volle Betriebsspannung steht. Es
ist jedoch gut möglich, einen Elko für 24 Volt
oder einen Kondensator für 100 Volt in
einer Schaltung zu betreiben, die mit nur
6 oder 12 Volt arbeitet.
Die Auslegung eines Kondensators für höhere Spannung bringt jedoch mit sich, daß
zum Beispiel ein Elko mit einem Wert von
100 μF für 24 Volt in seinem Volumen größer ausfällt als ein Elko von ebenfalls 100 μF
für nur 6 Volt.
Hier muß demnach von Fall zu Fall ent-
schieden werden, ob man aus Platzgrün-
den den etwas größeren Kondensator un-
terbringen kann.
Kondensatoren sind Bauteile, die keinen
Gleichstrom, sondern nur Wechselstrom
passieren lassen.

16   Papierrollenkondensatoren.

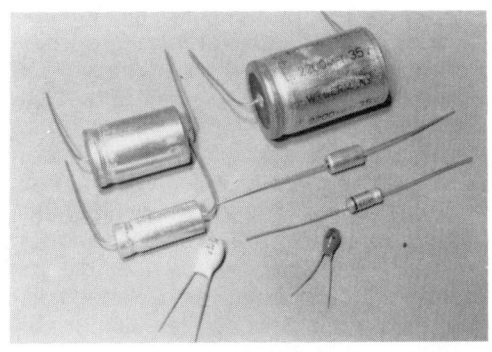

17   Oben: Elektrolytkondensatoren, unten: Tantal-
kondensatoren.

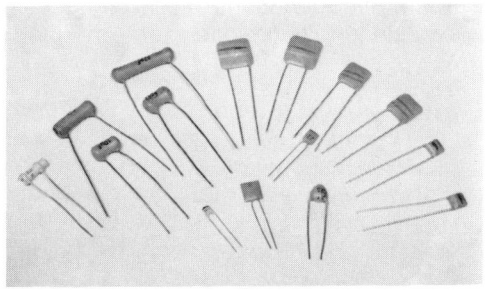

14   Keramische Rohr-, Scheiben- und Waffelkondensatoren, die in Hf-Schaltungen benötigt werden.

Auch Kondensatoren unterliegen bei der
Herstellung gewissen Fertigungstoleran-
zen. So besagt zum Beispiel ein Aufdruck
von 22 nF nicht, daß dieser Kondensator
eine Kapazität von genau 22 nF hat. Bei einer Toleranz von + oder −20 Prozent (bei
Stand- und Waffelkondensatoren üblich)
kann sein wirklicher Wert 22 nF + 4,4 nF =

17

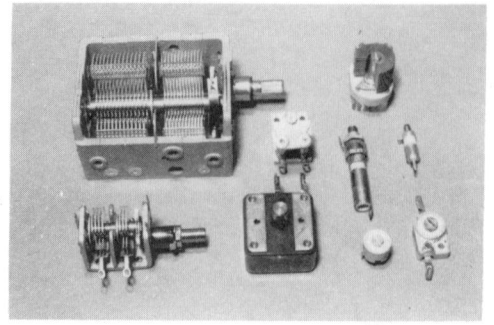

20 Unterschiedliche Transistorenbauformen.

18 Zum Abgleich benötigte Lufttrimmer, Scheiben-
trimmer und Drehkondensatoren.

26,4 nF oder bei 22 nF −4,4 nF = 17,6 nF liegen. Bei Roll- und Wickelkondensatoren liegen die Toleranzen, je nach Kondensatortype verschieden, bei etwa 5 bis 10 Prozent.

Transistoren

Transistoren sind Bauteile mit Verstärkungseigenschaften. Werden sie an eine Spannung gelegt, so verstärken sie den Strom oder die Spannung, der an die Basis gelegt wird. Sie sind mit den guten alten Verstärkerröhren aus früheren Zeiten zu vergleichen, haben jedoch den Vorteil, daß sie klein sind und mit weniger Betriebsspannung auskommen. Das wiederum hat zur Folge, daß Geräte, die mit Transistoren aufgebaut sind, wirtschaftlicher arbeiten und wesentlich kleiner aufgebaut werden können.
Erkennen kann man einen Transistor an seinen drei »Beinen«, den drei Anschlüssen, die aus einem Metall- oder Kunststoffgehäuse herausragen. Diese drei Beine dürfen untereinander nicht vertauscht werden. Es handelt sich um die Basis B, den Kollektor C und den Emitter E. Man unterscheidet zwischen zwei Arten von Transistoren, den pnp- und den npn-Typen. Bei einem pnp-Transistor liegt der Emitter an der Plusspannung, bei einem npn-Transistor ist es umgekehrt, hier liegt der Emitter an Minusspannung.

Dioden

Wird eine Diode in einen Stromkreis gelegt, wirkt sie wie ein Ventil. In einer Richtung läßt sie den Strom passieren, in der anderen Richtung nicht. In der Durchlaßrichtung ist ihr Widerstand klein, in der Sperrichtung sehr groß. Durchlaß- und Sperrichtung hängen von der Polung ab.
Dioden können auch zur Gleichrichtung einer Wechselspannung (Hochfrequenz- oder Niederfrequenzspannung) verwendet werden. Für Spannungsstabilisierungsaufgaben stehen Zenerdioden zur Verfügung,

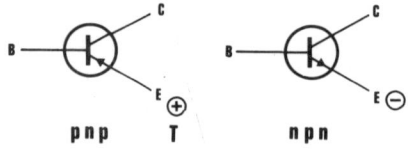

19 Transistor.

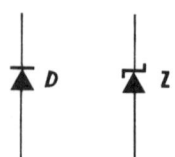

21 Diode (links), Zenerdiode (rechts).

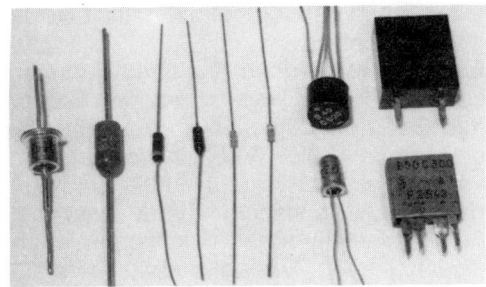

22 Dioden. Zenerdioden und Gleichrichter.

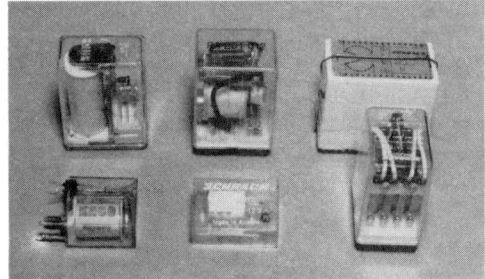

23 Verschiedene Relaisbauformen. Mitte unten: ein Printrelais, das in gedruckte Schaltungen direkt eingelötet werden kann. Rechts oben: ein Miniaturschrittschaltwerk.

Kapazitätsdioden dienen zur Abstimmung von Hf-Kreisen. Als Überspannungsschutz findet man sie oft parallel zu einem Relais geschaltet.

In den Schaltbildern von elektronischen Geräten wird eine Diode als Dreieck mit einem Querbalken dargestellt.

Relais

Relais gibt es in den unterschiedlichsten Formen und für die verschiedensten Zwecke. Eines haben sie jedoch alle gemeinsam, nämlich eine Spule, die vom Strom durchflossen wird, und einen Anker. Fließt durch die Spule Strom, so wird ein innerhalb der Spule befindlicher Eisenkern magnetisch, wodurch ein darüber beweglich befestigter Klapp-Anker angezogen wird. Dieser wiederum drückt auf Kontaktfedern, die sich schließen oder öffnen. Kontakte, die sich schließen, nennt man Arbeitskontakte oder Schließer, solche, die sich öffnen, werden als Ruhekontakte oder Öffner bezeichnet. Ferner gibt es noch Umschaltekontakte. Bei ihnen ist ein Ruhekontakt in nichtangezogenem Zustand des Relais geschlossen. Zieht das Relais an, öffnet sich der Ruhekontakt, und gleichzeitig wird ein Arbeitskontakt geschlossen.

Je größer der Schaltstrom ist, der von den Kontakten geschaltet werden soll, desto größer und stärker müssen die Kontakte ausgelegt sein, was wiederum eine größe-

re Anzugskraft erforderlich macht. Die Relaisspulen müssen jeweils dafür ausgelegt sein. Relais werden für die verschiedensten Spannungen gebaut. In der Transistortechnik werden Niederspannungsrelais benötigt, sie arbeiten hauptsächlich an Gleichspannungen von 6 V, 12 V oder 24 V und liegen direkt im Kollektor- oder Emitterstromkreis der Schalttransistoren.

Relais, die an 220 V arbeiten, werden auch Schaltschütze genannt, sie finden zum Beispiel bei Waschmaschinen und Motorsteuerungen aller Art Verwendung.

Relais werden überall dort benötigt und eingesetzt, wo es etwas zu Schalten gibt, jedoch kein Schalter eingesetzt werden kann. Dieses ist beispielsweise der Fall, soll innerhalb einer Schaltung nach einem

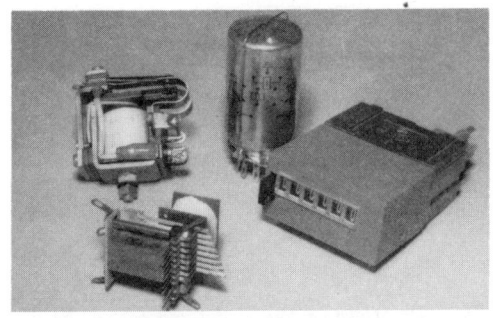

24 Hier einige Sonderbauformen von Relais. Vorn links ein Zungenfrequenzrelais, rechts daneben ein Zeitrelais. Dahinter sind ein polarisiertes Relais und ein Schütz zu sehen.

bestimmten zeitlichen Funktionsablauf ein Stromkreis geschlossen werden.

Neben bestimmten Standardausführungen von Relais gibt es noch eine Reihe von Sonderausführungen wie Zungenfrequenzrelais, polarisierte Relais und Schrittschaltwerke.

Netztransformatoren

Unser Stromnetz ist für eine Spannung von 220 Volt Wechselstrom ausgelegt. An allen Steckdosen unserer Wohnungen ist diese Spannung verfügbar. Alle elektrischen Geräte sind für den Betrieb an dieser Spannung gebaut. Transistorschaltungen arbeiten dagegen an wesentlich niedrigeren Gleichspannungen. Es muß also ein Weg gefunden werden, Spannungen von 220 Volt auf kleinere von etwa 12 oder 24 Volt herabzusetzen. Dieses geschieht im Netztransformator. Primärwicklungen und Sekundärwicklungen sind so ausgelegt, daß jede gewünschte Spannung erzeugt werden kann.

Ebenso ist es möglich, eine kleine Spannung in eine höhere umzuwandeln. Eine Transformation, ob aufwärts oder abwärts, ist jedoch stets nur bei Wechselstrom möglich, nicht bei Gleichstrom! Da Transistorgeräte wie erwähnt an Gleichspannung arbeiten, wird die aus der Umsetzung gewonnene kleine Wechselspan-

nung anschließend durch eine Diode gleichgerichtet.

Es gibt verschiedene Ausführungsformen und Größen von Transformatoren. Der für das Gerät benötigte Strom spielt hierbei eine große Rolle. Wird ein hoher Strom verlangt, so muß sekundärseitig ein dicker Kupferdraht verwendet werden, was wiederum einen großen Wickelkörper erforderlich macht. Transistorgeräte verbrauchen in der Regel nur wenig Strom, die Transformatoren sind klein und so ausgelegt, daß sie direkt in eine Platine eingelötet werden können. Außerdem sind sie vergossen und so gegen Feuchtigkeit und Staub geschützt.

Schalter und Stufenschalter

Um ein elektronisches Gerät ein- beziehungsweise wieder auszuschalten, muß ein Schalter betätigt werden. Hier handelt es sich meist um einpolige oder doppelpolige Kipphebelschalter, die an der Frontplatte eines Gerätes oder aber auch auf dessen Rückseite montiert sind.

Bei vielen Geräten wird es oft erforderlich, eine Bereichsumschaltung vorzunehmen. Hierfür eignen sich ganz besonders ein- oder mehrpolige Stufenschalter. Die Größe solcher Schalter richtet sich nach dem Verwendungszweck und der Größe des Gerätes. Für kleine Geräte gibt es Miniaturschalter. Beim Einschalten eines Schalters wird ein Stromkreis geschlossen, beim Ausschalten wird er unterbrochen.

25 Kleine Netztransformatoren, die speziell für den Einbau in gedruckte Schaltungen gedacht sind. Die Trafos sind vergossen, und es kommen an der Unterseite nur die einzulötenden Stifte aus dem Trafokörper heraus.

26 Einige Kipphebel-, Stufen- und Tastschalter.

Anzeigelampen

Anzeigelampen sollen den Betriebszustand eines Gerätes melden. Sie erfüllen jedoch auch Kontrollaufgaben. In Lampenfassungen werden sie gut sichtbar auf den Frontplatten befestigt. Sie werden in verschiedenen Farben und für verschieden hohe Spannungen hergestellt. Ihre Größe richtet sich nach dem Verwendungszweck.

La

27 Lampe.

Sicherungen

Beim Ausfall von elektronischen Bauteilen innerhalb einer Schaltung kann es zum Kurzschluß kommen, beispielsweise wenn ein Kondensator durchschlägt. Dadurch können weitere Bauteile beschädigt oder zerstört werden. Um dieses zu verhindern, werden Sicherungen vorgesehen, die in einem solchen Fall schmelzen und den Stromkreis unterbrechen. Das Gerät wird dadurch vor weiterem Schaden bewahrt. Sicherungen liegen meist im Versorgungsstromkreis direkt auf der Platine, oder sie sind in Sicherungshaltern auf der Frontplatte zu finden.

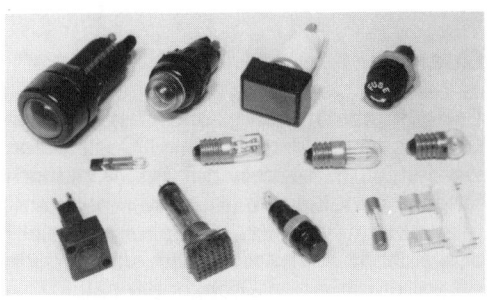

28 Lampen, Glimmlampen, Fassungen, Sicherungen und Sicherungshalter.

Bandfilter, Quarzfilter

Bandfilter sind Resonanzkreise, die aus einer Spule, einem Parallelkondensator und einer Auskoppelwicklung bestehen. Der Abgleich auf die Resonanzfrequenz erfolgt durch einen Hf-Gewindeeisenkern. Durch ihn wird die Induktivität der Spule verändert. Beim Hineindrehen des Kerns wird die Induktivität größer, beim Herausdrehen kleiner. Benötigt werden Bandfilter zum Beispiel beim Empfängerbau. Die Resonanzfrequenz liegt meistens bei 450 kHz für Kurz-, Mittel- und Langwelle, und bei 10,7 MHz für UKW-Rundfunk. Hier werden sie als ZF-Bandfilter (Zwischenfrequenz) benötigt.

29 Im Vordergrund sind drei kleine ZF-Bandfilter (455 kHz) zu sehen, die auch beim Bau von Fernsteuerempfängern benötigt werden. Dahinter liegen drei keramische Filter für die gleiche Frequenz.

Während normale Bandfilter über einen bestimmten Frequenzbereich abstimmbar sind, lassen sich Quarzfilter nicht abgleichen. Sie werden für eine ganz bestimmte Frequenz hergestellt. Verwendung finden derartige Filger beispielsweise in einem Fernsteuersuper. Ihre Resonanzfrequenz liegt hier bei 455 kHz.

Spulen, Hf- und Nf-Drosseln

Spulen sind Induktivitäten. Auf einen Spulenkörper wird Kupferlackdraht Windung neben Windung aufgewickelt. Je mehr Windungen, desto höher ist die Induktivi-

30 Einige Hf- und Nf-Spulenbauformen.

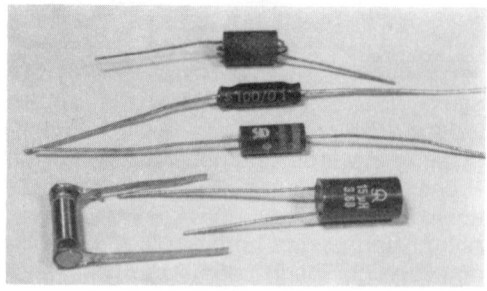

32 Hf-Drosseln gibt es in stehenden und liegenden Ausführungsformen, einige sind hier abgebildet.

$$ \exists | \Xi \qquad \text{Ü} $$

33 Übertrager.

tät. Durch Einschieben eines Gewindeeisenkerns in den Spulenkörper läßt sich die Induktivität verändern. Eine Spule kann auf diese Weise abgeglichen werden. Für die Größe einer indukivität sind außerdem noch der Durchmesser und die Länge des Wickelkörpers maßgebend. Freitragende Spulen, das sind Spulen, bei denen nur der Kupferdraht ohne Wickelkörper zu einer Art Spirale aufgewickelt wird, bezeichnet man als Luftspulen.

Man unterscheidet dem Verwendungszweck nach zwischen Hf- und Nf-Spulen. Hf- (Hochfrequenz) Spulen werden beim Sender- und Empfängerbau benötigt, Tonfrequenzspulen bezeichnet man im allgemeinen als Nf- (Niederfrequenz) Spulen. Beim Aufbau von Oszillatoren ergibt eine Spule zusammen mit einem Kondensator einen Schwingkreis, der auf die gewollte Oszillatorfrequenz eingestellt wird.
Zur Siebung und Unterdrückung unerwünschter Ausstrahlung von bestimmten Frequenzen lassen sich Drosseln einsetzen. Hier handelt es sich um feststehende Induktivitäten. Ein Abgleich ist nicht möglich.

31 Hf-Luftspulen, Hf-Drosseln und Trimmer in einem Empfänger.

Quarze

Es gibt abstimmbare und feststehende Oszillatoren. Abstimmbare Oszillatoren werden zum Beispiel bei Rundfunkempfängern benötigt, die über einen bestimmten Abstimmbereich (Empfangsbereich) abgleichbar sein sollen. Die Abstimmung erfolgt durch einen Drehkondensator.
Feststehende, frequenzstabile Oszillatoren werden dagegen beim Senderbau

Meßinstrumente. Mit ihrer Hilfe lassen sich Ströme und Spannungen messen. Ein Zeiger wandert über eine Skala, auf der die Meßwerte aufgetragen sind. Je größer der Ausschlag, desto höher ist die Spannung oder der Strom. Strom- und Spannungswerte können direkt abgelesen werden. Meßinstrumente werden zur Eichung von Geräten benötigt und erfüllen auch Kontrollaufgaben.

34 Quarze sind Bauteile, die bei Sendern und Empfängern für die erforderliche Frequenzstabilität sorgen. Es gibt verschiedene Bauformen. Rechts oben ein Quarz mit Steckfassung, darunter ein Quarz zum Einlöten in die Schaltung.

(Fernsteuersender) benötigt. Die Sendefrequenz muß stets gleich bleiben und darf sich auch durch Temperatureinflüsse und sonstige Beeinflussungen der Schaltung nicht verändern. Hier werden zur Stabilisierung der Resonanzkreise Quarze benötigt.

Meßinstrumente

Für die verschiedensten Überwachungsaufgaben und zum Abgleich benötigt man

Integrierte Schaltkreise

In den letzten Jahren führten neue Technologien zu einer wesentlichen Verkleinerung und Miniaturisierung bei elektronischen Bauteilen. Es ist heute möglich, ganze Transistorschaltungen mit allen dazugehörenden Widerständen und Kondensatoren in einem einzigen Bauteil unterzubringen. Dieser Bauteil ist dann nicht größer als ein herkömmlicher Transistor. Auch Bauteile mit mehreren Transistorfunktionen lassen sich verwirklichen. Man bezeichnet derartige Gebilde als »Integrierte Schaltkreise« (abgekürzt: IC's oder IS). Beim Aufbau von elektronischen Geräten kann durch die Verwendung solcher Bauteile Platz eingespart werden, die Geräte selbst fallen dadurch kleiner aus.

35 Einbaumeßinstrumente für elektronische Schaltungen. Wisometer, die in allen benötigten Größen zu haben sind, eignen sich besonders gut.

36 Integrierte Schaltkreise, auch IC's genannt. Sie werden in verschiedenen Bauformen hergestellt. Die hier gezeigten Bauteile üben mehrere Transistorfunktionen aus.

Leuchtdioden und LED-Ziffernanzeigen

In verschiedenen Schaltungen werden anstatt Glühlämpchen Leuchtdioden eingesetzt. Sie erfüllen dort die gleichen Aufgaben mit dem Vorteil, daß sie wesentlich weniger Strom verbrauchen. Sie werden in den Farben Rot, Gelb, Orange, Grün und Blau und den verschiedensten Formen hergestellt.

Hauptsächlich werden jedoch die runden Ausführungen mit einem Durchmesser von 2, 3 oder 5 mm verwendet.

LED-Ziffernanzeigen werden überall da eingesetzt, wo Zeitabläufe optisch sichtbar gemacht werden sollen, etwa bei einer Digitaluhr, einer elektronischen Stoppuhr oder einem elektronisch anzeigenden Thermometer. Diese LED-Anzeigen, die es ebenfalls in den verschiedensten Größen und Formen gibt, haben die Zifferanzeigeröhren fast völlig verdrängt. Ihr Stromverbrauch ist geringer, ein noch größerer Vorteil ist jedoch, daß sie keine hohen Betriebsspannungen, wie beispielsweise die Anzeigeröhren, benötigen.

37 Leuchtdioden in verschiedenen Größen und Farben.

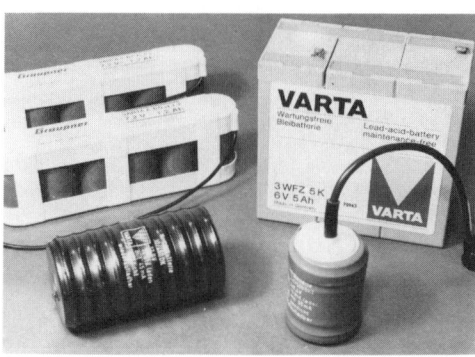

38 LED-Ziffernanzeigen in einer Schaltung eingebaut.

39 Einige Akkus als Stromquelle für kleine Elektromotoren.

40 Elektromotoren für Regel- und Steuerzwecke.

Symbol	Kurzzeichen	Bedeutung
—■(M)—■—		Elektromotor
—■(G)—■—		Generator
—(A)—	A	Strommesser
—(V)—	V	Spannungsmesser
—(M)—	M	Meßinstrument, allgemein
—●—		Schauzeichen
⊏⊐	Rel	Relais
⊑	L	Spule

41 Symbole einiger mechanischer Bauteile.

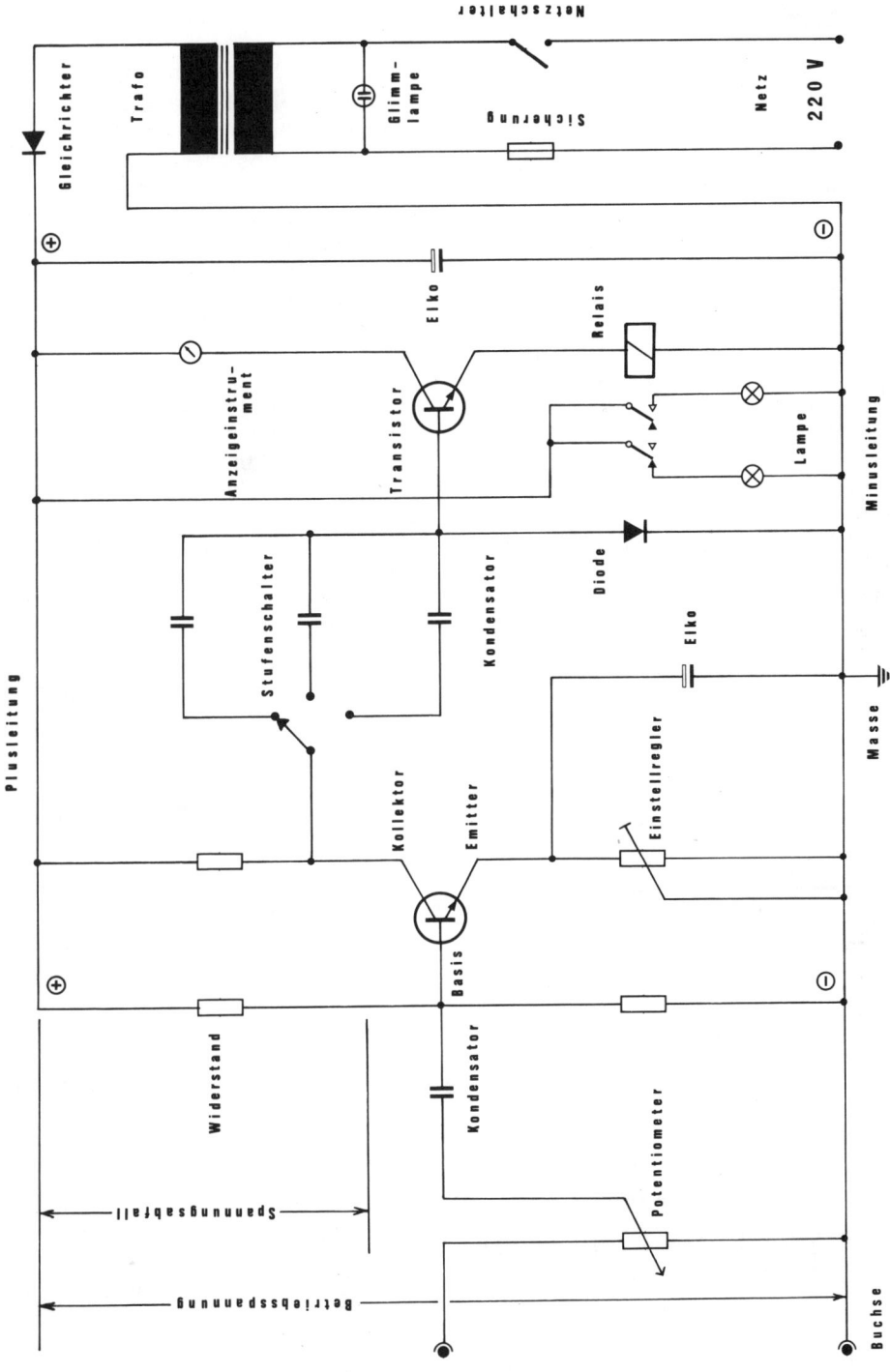

42 Musterschaltbild.

Bausätze

Elektronische Geräte bestehen zumeist aus vielen verschiedenen Bauteilen, die auf einer Druckplatine aufgebaut werden. Es kommt vor, daß man bei der Bauteile- und Materialbeschaffung auf Schwierigkeiten stößt, da nicht immer alle gewünschten Bauteile zu bekommen sind. Viele Wege sind dann notwendig, der Zeitaufwand ist beträchtlich.

Einige Firmen haben diese Schwierigkeiten erkannt und helfen, indem sie Bausätze von elektronischen Geräten anbieten, die alle zum Bau des Gerätes benötigten Teile und die Druckplatine enthalten.

Auch in diesem Buch wird auf einige Bausätze der beiden nachstehenden Firmen hingewiesen.

Conrad-Electronic, Postfach 1180, 8452 Hirschau.

Diamant-Electronic, Horst Hansen, Postfach 1319, 2870 Delmenhorst.

Entwurf einer gedruckten Schaltung

In Fachzeitschriften und -büchern sieht man oft Schaltungen von elektronischen Geräten, die uns interessieren und die wir gern für private Zwecke oder zum Selbststudium nachbauen und erproben möchten. Es kann jedoch auch sein, daß wir uns selbst eine Schaltung überlegen und sie in der Praxis ausprobieren möchten.

Um schnell zum Ziel zu kommen, sollte die Schaltung auf einer Platine aufgebaut werden. Dazu müssen wir uns die Lage und Leitungsführung der Leiterbahnen überlegen, die ja auf der Unterseite einer gedruckten Schaltung die Verdrahtung ersetzen. Wir gehen folgendermaßen vor:

Ist die Schaltung geplant, besorgen wir uns nach der Stückliste alle Einzelteile. Sodann zeichnen wir auf ein Blatt kariertes Papier (Karos 5 mm × 5 mm) die Umrisse der Platine im Maßstab 1:1. Handelt es

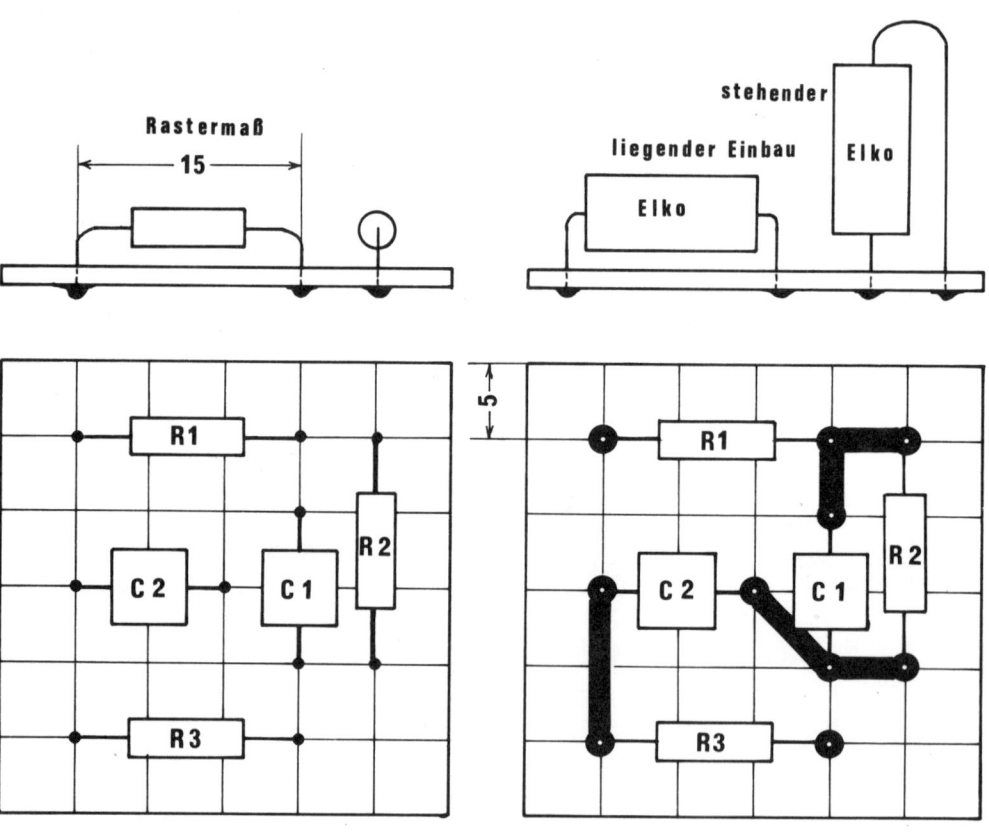

43   Entwurf einer gedruckten Schaltung.

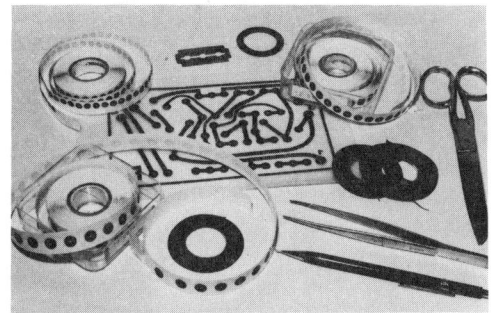

44 Klebebänder, Kreise und Arbeitshilfen für den Entwurf einer gedruckten Schaltung.

sich beispielsweise um eine Platte mit den Abmessungen 200 × 100 mm, werden diese Maße auf das karierte Papier aufgetragen. Jetzt überlegen wir, wie die Aufteilung der Bauteile auf dieser Fläche von 2 dm² aussehen könnte oder sollte. Wir legen die einzelnen Bauteile so auf das Papier, wie wir es nach Betrachten des Schaltbildes für erforderlich halten und zeichnen an den Endpunkten der Bauteile, zum Beispiel eines Widerstandes, zwei Kreuze mit Kreis auf das Papier. Diese Punkte legt man so, daß sie in das Rastermaß (5 × 5 mm) des karierten Papiers passen. Auch die Kondensatoren und andere Einzelteile sind auf diese Weise einzuzeichnen.

Liegt die Lage der Bauteile fest, werden die einzelnen Lötpunkte dem Schaltbild entsprechend miteinander durch starke Linien verbunden. Wie auf der Abbildung zu sehen, liegen die beiden Widerstände R1 und R2 zusammen mit dem Kondensator C1

an einem Verdrahtungspunkt »a«. Am Verdrahtungspunkt »b« liegen die Kondensatoren C1, C2 und der Widerstand R2. Diese Anordnung zeigt, daß der Widerstand R1 parallel zum Kondensator C1 liegt.

Wie groß die einzelnen Rastermaße für die betreffenden Bauteile gewählt werden, hängt von der Länge der einzelnen Teile ab. Bei Widerständen wird hauptsächlich ein Rastermaß von 15 mm (über 3 Karos) gewählt. Kondensatoren haben unterschiedliche Größe und können demnach verschiedene Rastermaße aufweisen. Bei Elektrolytkondensatoren werden besonders große Rastermaßabstände wegen ihrer verhältnismäßig großen Abmessungen notwendig.

Um Platz auf der Platine zu sparen, können die Bauteile auch hochgestellt eingebaut werden. Beide Einbauarten, ob liegend oder hochgestellt, sind miteinander kombinierbar. Ist es uns gelungen, die Schaltung auf der Grundfläche der Platine unterzubringen, werden anschließend nochmals alle Verbindungen genau nach dem Schaltbild kontrolliert, damit sichergestellt ist, daß sich keine Fehler eingeschlichen haben, was am Anfang besonders leicht vorkommen kann.

Außenanschlüsse für die Zuleitung von Plus- und Minusleitung, Nf- und Schaltleitungen sind ebenfalls zu markieren. Damit ist die Entwurfszeichnung für die gedruckte Schaltung fertig. Nach diesem Entwurf wird die Platine angefertigt.

Ein Stück Transparentpapier oder Klarsichtfolie wird über die Zeichnung gelegt und mit Selbstklebefolie an den Ecken befestigt. Das Transparentpapier muß glatt

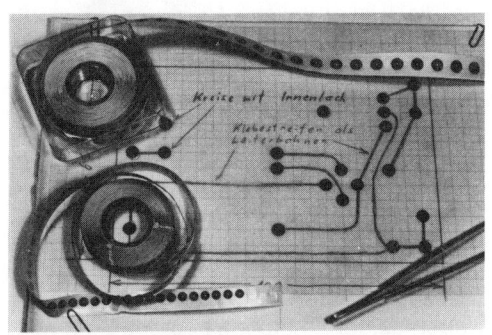

45 Zuerst werden die Kreise auf Transparentfolie geklebt.

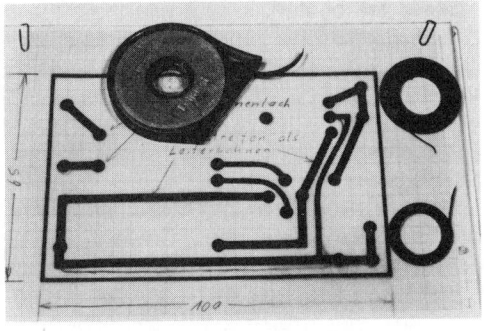

46 Die Kreise werden mittels Klebeband verbunden.

47 Teilansicht einer mit Bauteilen bestückten Platine.

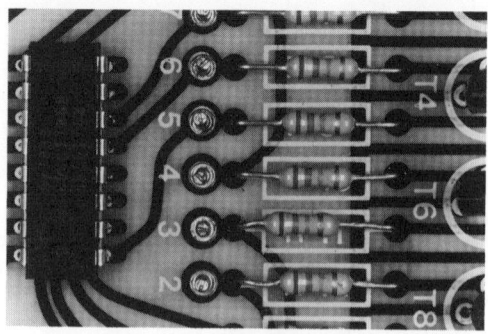

49 Einige Widerstände, Lötstützpunkte und ein 16poliger IC sind in einer Platine eingelötet.

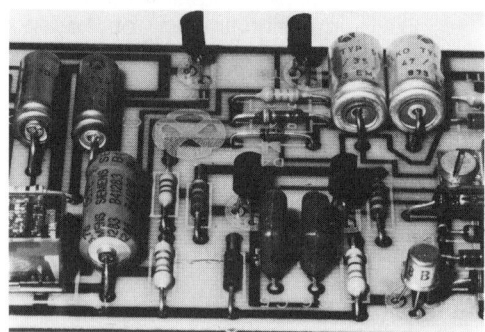

48 Die Bauteile liegen flach auf der Oberseite der Platine.

und unverrückbar fest auf der Zeichenvorlage aufliegen, so daß die gezeichneten Verbindungslinien gut sichtbar sind. Diese Linien und Lötpunkte selbst sind auf das Transparentpapier zu übertragen. Das geschieht am besten, indem alle Linien und Kreise mit Tusche gut deckend nachgezogen werden. Man kann aber auch Streifen von im Handel erhältlichen Kleberollen verwenden.

Für Leiterbahnen sind schwarze Klebestreifen verfügbar, für Kreise gibt es schwarze Scheiben. Die Materialien werden in Rollen angeboten. Sowohl für die Streifen als auch für die Kreise gibt es verschiedene Größen und Abmessungen. Streifen und Kreise sind selbstklebend und brauchen nur auf die markierten Stellen aufgeklebt zu werden. Eine Druckvorlage ist auf diese Weise sehr schnell fertigzustellen, da die Klebebänder nicht nur gerade, sondern auch gebogen verlegt werden können.

Die so fertiggestellte Druckvorlage wird von der Zeichnung abgenommen und kann jetzt als Positivvorlage zur Herstellung der gedruckten Schaltung benutzt werden.

Anfertigen einer gedruckten Schaltung

Alle in diesem Buch beschriebenen Geräte werden in gedruckter Schaltungstechnik aufgebaut. Auf einer Grundplatte aus Hartpapier oder Epoxydharz befinden sich auf der Unterseite Leiterbahnen aus Kupfer, die die herkömmliche Verdrahtung ersetzen. Die Drahtanschlüsse der Bauteile werden von oben durch kleine, in die Platte zu bohrende Löcher gesteckt und mit den Leiterbahnen unter der Platte verlötet. Es gibt eine Reihe von Möglichkeiten, gedruckte Schaltungen herzustellen. Für den Amateur kommt jedoch nur ein Verfahren, nämlich das Foto-positiv-Verfahren in Frage.

Dieses Verfahren zeichnet sich besonders wegen seiner einfachen Handhabung aus, die es eben auch Amateuren ermöglicht, gedruckte Schaltungen selbst anzuferti-

50 Entwickler- (links) und Ätzflüssigkeit (rechts), zwei Fotoschalen, ein Trichter und eine Pinzette werden zum Herstellen von gedruckten Schaltungen benötigt.

gen. Soll zum Beispiel nach einer vorliegenden Bauanleitung eine gedruckte Schaltung angefertigt werden, geht man folgendermaßen vor:

Über die Druckvorlage im Maßstab 1:1 der gedruckten Schaltung wird Transparentpapier gelegt und danach werden die Leiterbahnen mit Tusche dick nachgezogen. Dort, wo die Drähte durchgesteckt werden sollen, sind dicke Kreise zu zeich-

nen. Sie dienen als Markierung, um Löcher für die Drähte bohren zu können. Wird die fertige Tuschezeichnung anschließend gegen das Licht gehalten, so dürfen innerhalb der Leiterbahnen keine hellen Stellen zu erkennen sein, da diese Stellen sonst beim Belichtungsvorgang durchbelichtet und die Leiterbahnen hier brüchig werden.

Es ist beim Tuschen unbedingt zu beachten, daß die Tusche gut fließt. Helle Stellen müssen eventuell nachgetuscht werden. Damit ist die Kopie der Druckvorlage fertig.

Nachstehend werden die Arbeitsgänge beschrieben, die erforderlich sind, um eine einwandfreie gedruckte Schaltung zu erstellen. Als Grundmaterial werden foto-positiv-beschichtete, kupferkaschierte Platten verwendet, die im Handel erhältlich sind. Die nach der Vorlage gezeichnete Transparentzeichnung wird auf eine foto-positiv-beschichtete Platte gelegt. Zuvor schneidet man mit der Laubsäge ein passendes Stück von der Platte ab. Es ist darauf zu achten, daß dies im abgedunkelten Raum geschieht, wo kein Tageslicht direkt auf die Platte fallen kann. Die Beleuchtung des Raumes durch eine 25-Watt-Glühlampe ist noch möglich. Beim Sägen sollte

51 Einige fertige Platinen, links daneben die Druckvorlagen auf Transparentpapier.

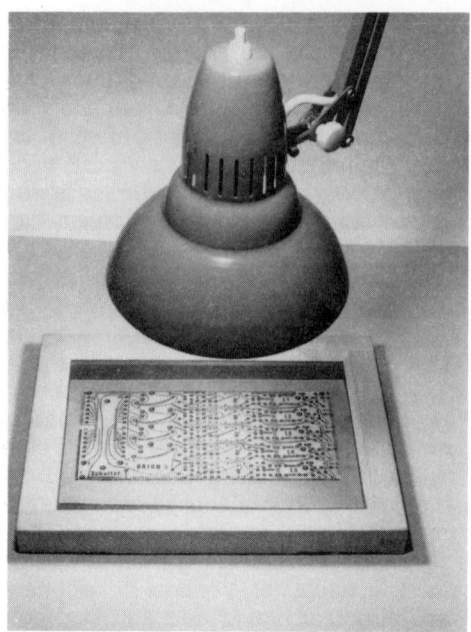

52 Druckvorlage und Kupferplatte werden übereinander in einen Fotorahmen eingespannt, damit beide Teile unverrückbar fest aufeinander zu liegen kommen.

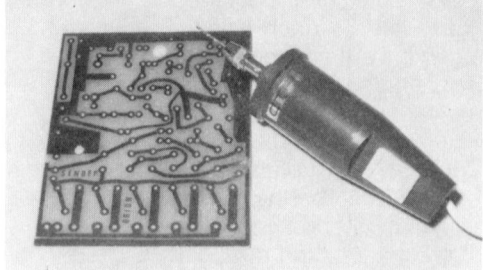

53 Das Bohren der Löcher wird am zweckmäßigsten mit der elektrischen Bohrmaschine ausgeführt.

man so vorsichtig vorgehen, daß die beschichtete Seite der Platte durch Kratzer nicht beschädigt wird, da an diesen Stellen die Leiterbahnen sonst unterbrochen werden.

Der zu den Platten mitgelieferte Entwickler wird in klarem Leitungswasser aufgelöst (25 g für 1 l Wasser). Die Druckvorlage wird so auf die kupferkaschierte Platte gelegt, daß die Zeichenseite auf der Kupferschicht aufliegt. Beides wird auf eine glatte Unterlage gelegt und mit einer Glasplatte beschwert, die auch ein Verrutschen der Vorlage auf der zu belichtenden Platte verhindern soll.

Besser ist es, wenn ein Fotorahmen für diese Arbeit verwendet wird. Er hält beide Teile unverrückbar fest. Wer im Laufe der Zeit mehrere gedruckte Schaltungen anfertigen will, sollte sich solch einen Rahmen unbedingt anschaffen, denn es lohnt sich bestimmt! Es ist wichtig, die Vorlage fest auf die Platte zu drücken, da es sonst leicht vorkommen kann, daß Licht unter die Vorlage einfällt und die Leiterbahnen

belichtet werden. Erst nach dem Ätzen stellt man nämlich fest, daß sie verschwunden sind.

Das Belichten geschieht durch eine 100-Watt-Glühlampe, die in eine Schreibtischlampe geschraubt wird. Einzelne kleine Schaltungen werden aus einem Abstand von 12 cm, größere aus 20 cm belichtet. Bei 12 cm Abstand dauert die Belichtung 20 bis 25 Minuten, bei 20 cm verlängert sie sich auf 35 Minuten. Weitere Einzelheiten sind den Platten beigefügten Anleitungen zu entnehmen.

Nach der Belichtung wird die Platte in eine mit Entwickler gefüllte Fotoschale gelegt, und zwar so, daß die Kupferseite nach oben zu liegen kommt. Um den Entwicklungsvorgang zu beschleunigen, bewegt man die Schale leicht hin und her, so daß die Entwicklerflüssigkeit dauernd über die Platte spült. Nach etwa zwei bis fünf Minuten werden die Konturen der Schaltung bereits sichtbar. Ein violetter Film löst sich auf und färbt den Entwickler ein. Erst wenn die gedruckte Schaltung vollständig sichtbar ist, ist der Entwicklungsvorgang beendet. Die Platte wird mit der Pinzette oder Flachzange vorsichtig herausgenommen und unter der Wasserleitung abgespült. Der restliche Entwickler wird aus der Fotoschale in eine Flasche abgegossen und für weitere Arbeiten verwendet. Erst wenn die gebrauchte Flüssigkeit ziemlich dunkel eingefärbt ist, ist sie nicht mehr verwendbar.

Die Fotoschale wird mit Wasser jetzt sorgfältig ausgespült und danach mit Eisendreichlorid gefüllt. Im Ätzbad liegt die Platte mit der Leiterbahnseite wieder nach oben. Der nun beginnende Ätzvorgang kann sich je nach Konzentration der Lösung bis auf eine oder sogar zwei Stunden hinziehen. Auch hierbei wird die Schale bewegt, um die Platte fortwährend gut zu spülen und den Ätzvorgang zu beschleunigen. Ist kein Kupferfleck zwischen den einzelnen Leiterbahnen mehr zu sehen, wird die Platte herausgenommen. Es folgt wieder eine Spülung mit Leitungswasser.

Die Druckplatine ist fertig, und es können die kleinen Löcher (1,3 mm ∅) für die Aufnahme der Einzelteile gebohrt werden. Die Eisendreichloridlösung ist für weitere Ätzvorgänge ebenfalls verwendbar. Man schütte sie erst weg, wenn sie sehr dunkel und dadurch unbrauchbar geworden ist.

Ein Meßinstrument mit Mehrfachnutzen

Ein richtiger Heimelektroniker braucht neben seinem Werkzeug ein Meßinstrument, um Spannungen und Ströme messen zu können. Solch ein Meßinstrument leistet gute Dienste, sollen elektronische Geräte überprüft, die Netzspannung in der Wohnung kontrolliert oder die Akkuspannung beim Auto nachgemessen werden.

Die Abbildung zeigt zwei ICE-Universal-Vielfachmeßinstrumente, die sich für solche Zwecke hervorragend eignen. Gemessen werden können: Gleichspannungen, Wechselspannungen, Gleichströme, Wechselströme, Widerstände, Nf-Spannungen und Kapazitäten.

Die Geräte sind durch eine elastische Drehspulenlagerung gegen Erschütterungen und Stöße unempfindlich. Ein statischer Überlastbegrenzer schützt die Drehspule und den Meßgleichrichter bis zur hundertfachen Überlastung. Alle Gehäuseteile bestehen aus zähem, stoßfestem und säurefestem Kunststoff. Meßkabel und eine genaue Bedienungsanleitung sind den Geräten beigefügt. Besonders zu erwähnen wäre noch, daß es zu diesen ICE-Vielfachmeßinstrumenten Zusatzfühler gibt, die, werden sie anstelle der Meß-

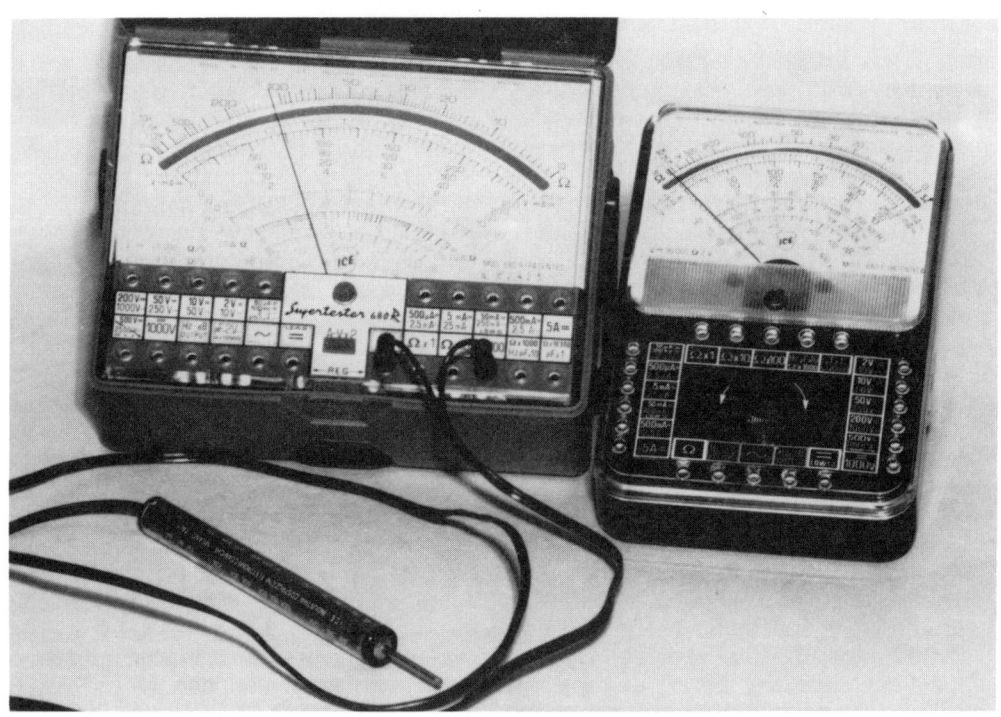

54 Vielfachmeßgeräte.

kabel angeschlossen, aus dem Spannungs- und Strommeser ein Luxmeter (Helligkeitsmesser) oder ein Thermometer (Temperaturmesser) machen. Dadurch kann man beispielsweise die Raumhelligkeit kontrollieren oder auch die Temperatur eines Heizkörpers messen. Durch solche Möglichkeiten werden die Geräte zu echten »Vielfachmeßinstrumenten«. Bei der Anschaffung solcher Geräte sollte man besonders beachten, daß der Innenwiderstand möglichst hoch ist. Für Gleichstrom sollte er 20000 Ohm/Volt, für Wechselstrom 4000 Ohm/Volt betragen.

Experimentier-schaltungen schnell aufgebaut

Wer rasch eine Schaltung ausprobieren will, ohne sich um deren Aufbau oder Aus-

sehen zu kümmern, kann folgendermaßen vorgehen:

Als Grundplatte dient eine Platine, die aus mehreren gleichmäßig über die Platine verteilten Quadraten und Rechtecken aus Kupfer besteht. Diese Platine wird so auf den Arbeitstisch gelegt, daß die Kupferflächen nach oben zu liegen kommen. Sie dienen als Lötstützpunkte für die zu verlötenden Einzelteile. Die Bauteile werden von oben auf diese Kupferflächen gelötet. Ein Verlöten von mehreren Einzelteilen auf einem Quadrat oder Rechteck ist möglich. Die Kupferflächen sollen etwa 1,5 bis 2 cm^2 groß gemacht werden.

Nach dem Schaltbild können die einzelnen Bauteile frei verlötet werden. Dazu sucht man sich jeweils die Kupferfläche als Lötpunkt aus, die einem am günstigsten erscheint. Dadurch, daß die Bauteile von oben stumpf aufgelötet werden, ist es jederzeit möglich, sie durch andere auszutauschen oder zu ersetzen. Die Anschlußdrähte der Widerstände oder Kondensatoren brauchen nicht gekürzt zu werden, und so stehen sie für spätere Experimente wie-

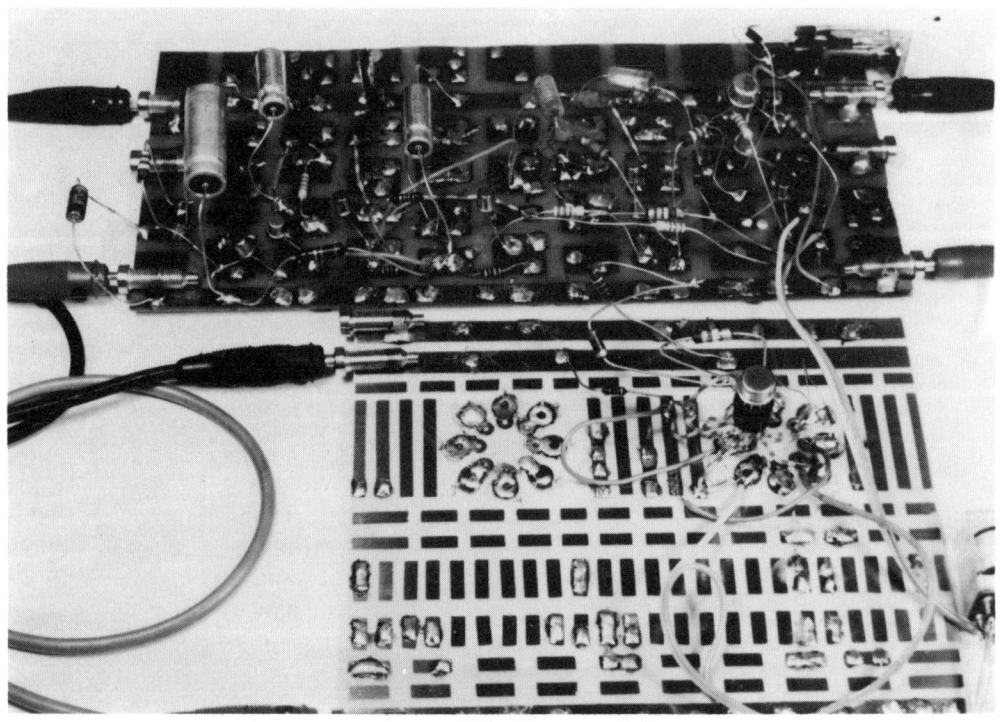

55 Versuchsweiser Schaltungsaufbau auf zwei Experimentierplatten.

56   Druckvorlage im Maßstab 1:1 als Grundplatte zum Experimentieren.

57 Druckvorlage im Maßstab 1:1 als weitere Experimentierplatte.

der zur Verfügung. Die langen Drahtverbindungen haben bei dieser Aufbauweise noch den Vorteil, daß man an allen Stellen Meßkabel anschließen kann. Neben den viereckigen Kupferflächen ziehen sich noch zwei schmale Kupferstreifen über die ganze Platte. Hier handelt es sich um die Plus- und Minusleiterbahnen, an deren Enden jeweils zwei blanke Telefonbuchsen aufgelötet werden. Über Bananenstecker läßt sich die Betriebsspannung von einem Netzgerät zuführen.

Wird die Schaltung nicht mehr benötigt, so können alle Bauteile leicht abgelötet und für neue Schaltungsaufbauten wiederverwendet werden.

Diese Methode des sogenannten fliegenden Aufbaus eignet sich ebenfalls sehr gut zum vorherigen Erproben einer Schaltung, die dann später, wenn sie funktioniert, auf der endgültigen Platine aufgebaut werden soll.

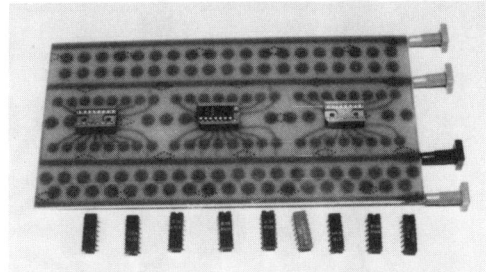

59 Werden die Integrierten Schaltkreise oben in die Fassung gesteckt, kann man sie leicht auswechseln.

Experimente mit Integrierten Schaltkreisen

Bei einigen in diesem Buch vorgeschlagenen Schaltbeispielen und Geräten wurden Integrierte Schaltkreise verwendet. Hier soll kurz gezeigt werden, wie sich kleine Experimente und Versuchsaufbauten mit solchen Bauteilen leicht durchführen lassen.

Als Grundplatte dient eine selbst anzufertigende Platine, wie sie auf der Abbildung zu sehen ist. Sie wurde so ausgelegt, daß sich an den bezeichneten Stellen drei Fassungen für Integrierte Schaltkreise einlöten lassen, in die anschließend die für den Versuchsbaufbau erforderlichen Bauteile gesteckt werden. Es werden 16polige Fassungen verwendet, in die sich auch leicht 14polige Integrierte Schaltungen stecken lassen. Zwei Anschlüsse bleiben in diesem Fall frei. Durch die Verwendung von Fassungen wird eine leichte Austauschbarkeit der Bauteile ermöglicht.

Die elektrischen Leitungsverbindungen sind auf der Leiterbahnseite der Platine auszuführen. Nach dem Schaltbild können dort von Lötpunkt zu Lötpunkt die erforderlichen Verbindungsdrähte angelötet werden. Auch zusätzliche Bauteile, wie zum

Beispiel Widerstände, Kondensatoren, Dioden und Transistoren, lassen sich dort einlöten.

Nach den Experimenten werden die Bauteile und die Drahtleitungen ausgelötet. Die Grundplatte steht für weitere Versuche wieder zur Verfügung.

Als Beispiel dient hier der Versuchsaufbau einer Multivibratorschaltung, der ein Frequenzteiler 1:10 nachgeschaltet ist.

Die Integrierte Schaltung IS 1 ist als astabiler Multivibrator geschaltet. Nur ein Kondensator C und zwei Widerstände R 1/R 2 werden als äußere Schaltbauteile benötigt. Je nach Wert des Kondensators wird eine höhere (kleine Kondensatorwerte) oder eine tiefere (größere Kondensatorwerte) Frequenz erzeugt, die am Anschluß 6 von IS 1 abgenommen werden kann.

Diese Frequenz wird dem Eingang (Punkt 14) der zweiten Integrierten Schaltung zugeführt. Zur äußeren Beschaltung sind hier keinerlei weitere Bauteile erforderlich. Am Anschlußpunkt 8 von IS 2 steht ein Zehntel der Eingangsfrequenz zur Verfügung.

Bei einer Eingangsfrequenz von beispielsweise 5 kHz an Punkt 14 von IS 2 beträgt die Ausgangsfrequenz an Punkt 8 genau 500 Hz.

Zur Erzeugung verschiedener Frequenzen hier einige Anhaltswerte.

C = 10 μF	f = 150 Hz
C = 0,68 μF	f = 2000 Hz
C = 0,22 μF	f = 7000 Hz
C = 2200 pF	f = 550 kHz

R 1 = 470 Ohm
R 2 = 470 Ohm

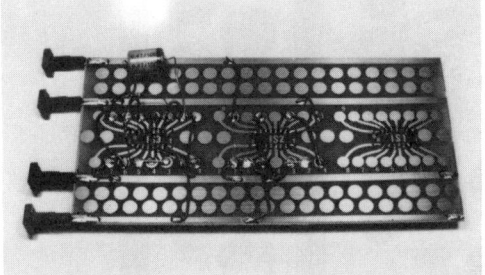

58 Die Verdrahtung der Versuchsschaltung erfolgt auf der Unterseite der Grundplatte (Leiterbahnseite!).

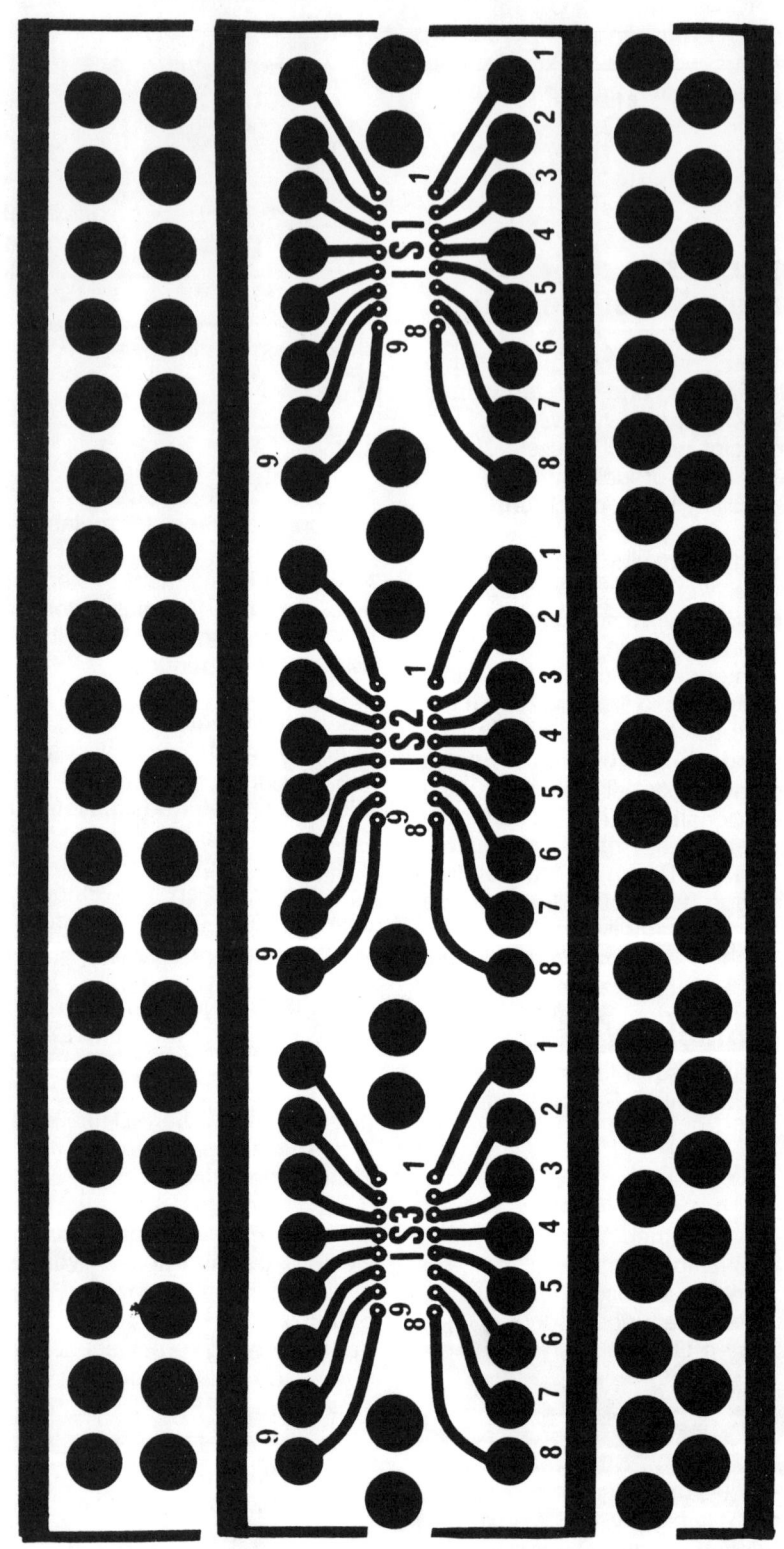

60 Druckvorlage im Maßstab 1:1 zur Experimentierplatte für integrierte Schaltkreise.

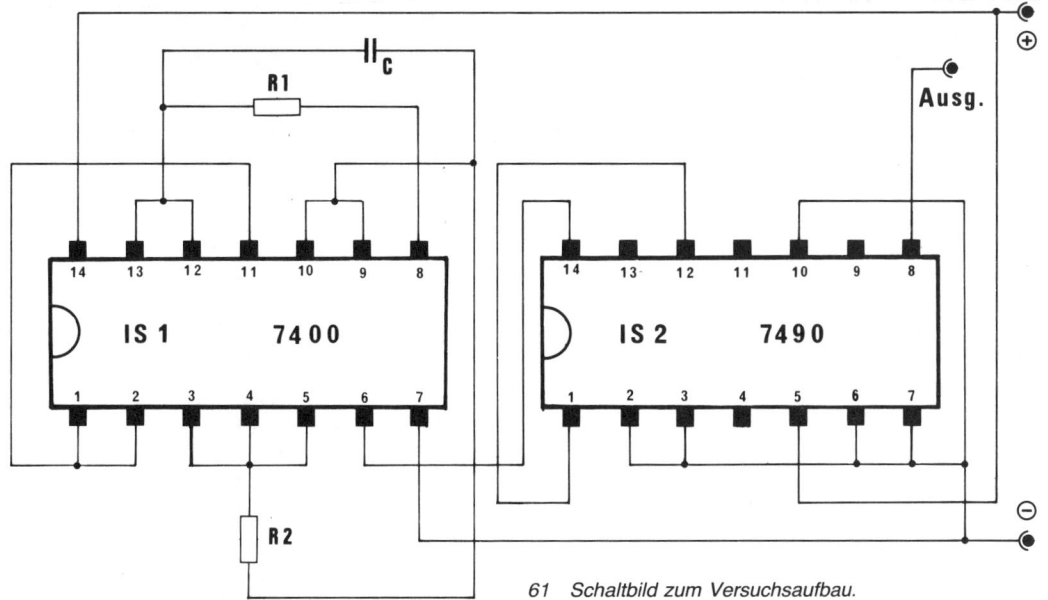

61 Schaltbild zum Versuchsaufbau.

Die Betriebsspannung für den Versuchsaufbau beträgt 5 Volt, der Stromverbrauch der Versuchsschaltung liegt bei 36 mA.

Einige einfache Versuche

Bevor wir nun mit dem Bau von elektronischen Geräten beginnen, wollen wir das bisher Angeeignete bei einigen leichten Versuchsbaufbauten vertiefen. Gleichzeitig lernen wir, mit dem Lötkolben umzugehen. Für die einzelnen Versuche benötigen wir nur wenige Einzelteile, der Versuchsaufbau kann auf einer der im Kapitel »Experimentierschaltungen schnell aufgebaut« gezeigten Grundplatten vorgenommen werden.

Alle gezeigten und beschriebenen Versuche sind für eine Betriebsspannung von 9 Volt ausgelegt. Als Stromquelle eignet sich eine 9-Volt-Transistorbatterie oder ein Netzgerät. Für einige Versuche wird ein Relais benötigt. Geeignet ist jedes 6-Volt-Relais mit einem Arbeitskontakt (Schließer).

Versuch 1:
Ein Multivibrator als Tonerzeuger

Bei diesem Versuch werden zwei Transistoren praktisch gegeneinander geschaltet, das ergibt eine Multivibratorschaltung, die einen Ton erzeugt. Die Höhe dieses Tones, also die Frequenz, hängt von der Größe der Werte der Kondensatoren C 1 und C 2 sowie von den Widerständen R 1 bis R 4 ab. Größere Kondensatorwerte ergeben eine tiefe Schwingfrequenz, der Ton im Ohrhörer hört sich dunkler an, kleinere Kondensatoren ergeben eine hohe Schwingfrequenz, der Ton wird höher (ausprobieren!).

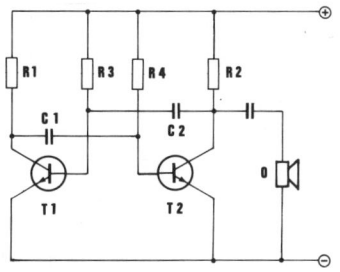

62 Schaltbild zu Versuch 1.

37

Durch Verändern der Widerstandswerte lassen sich die erzeugten Tonfrequenzen weiter beeinflussen.

Stückliste zu Versuch 1

R 1 = 1 kOhm Widerstand
R 2 = 1 kOhm Widerstand
R 3 = 330 kOhm Widerstand
R 4 = 330 kOhm Widerstand
C 1 = 47 nF Kondensator
C 2 = 47 nF Kondensator
C 3 = 47 nF Kondensator
T 1 = BC 172 B npn-Transistor
T 2 = BC 172 B npn-Transistor
O = Ohrhörer

Versuch 2: Lichtsteuerung

Der LDR ist ein Fotowiderstand, der seinen Widerstandswert verändert, fällt Licht auf ihn. Da der LDR im Basisstromkreis des Transistors liegt, beeinflußt er seine Steuertätigkeit. Wird der LDR in dieser Schaltung vom Licht beschienen, so leuchtet auch die Lampe La, fällt kein Licht auf ihn, bleibt auch die Lampe La dunkel.
Wird der Versuch bei Tageslicht durchgeführt, leuchtet die Lampe La ständig, da auch der LDR dauernd vom Tageslicht beschienen wird. Soll die Lampe La verlöschen, muß der LDR durch eine Hülse oder Pappschachtel abgedeckt werden, damit das Tageslicht von ihm ferngehalten wird.
Durch Vertauschen des Widerstandes R 1 und des LDR-Fotowiderstandes kann eine Umkehrung der Funktion erreicht werden.

R 1 muß in diesem Fall jedoch einen Wert von 33 kOhm erhalten. Wird der LDR dort eingesetzt, wo der Widerstand R 1 eingezeichnet ist und der Widerstand R 1 dort, wo der LDR eingezeichnet ist, leuchtet die Lampe La, wenn der Fotowiderstand nicht vom Licht beschienen wird. Die Lampe verlischt, wenn Licht auf den LDR einfällt. Die Wirkung ist genau umgekehrt wie zuvor beschrieben.

Stückliste zu Versuch 2

R 1 = LDR 03 Fotowiderstand
R 2 = 1,5 kOhm Widerstand
      (bzw. 33 kOhm siehe Text!)
R 3 = 100 kOhm Widerstand
T = AC 127 pnp-Transistor
La = Glühlampe 6 V / 20 mA

Versuch 3: Blinker

Auch hier haben wir es wie bei Versuch 1 mit einer Multivibratorschaltung zu tun, nur mit dem Unterschied, daß die erzeugte Frequenz viel tiefer ist und optisch angezeigt wird. Die Schnelligkeit, mit der die Lampe an- und ausgeht, nennt man Blinkfrequenz.

Schließen wir parallel zur Lampe La einen Ohrhörer an, werden wir im Rhythmus der Blinkfrequenz ein Knacken wahrnehmen. Die Größe der Kondensatoren C 1/C 2 ist für die Blink- und Pausenzeiten verantwortlich. Macht man sie größer, blinkt die Lampe langsamer, macht man sie kleiner, blinkt die Lampe schneller (ausprobieren!).

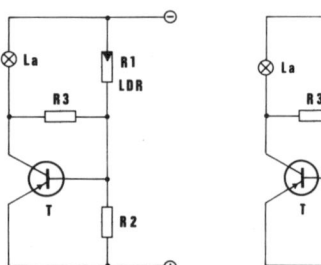

63 Schaltbild zu Versuch 2a und b.

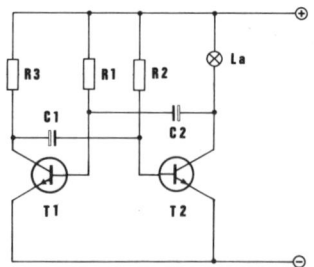

64 Schaltbild zu Versuch 3.

Stückliste zu Versuch 3

R 1 = 27 kOhm Widerstand
R 2 = 27 kOhm Widerstand
R 3 = 100 Ohm Widerstand
C 1 = 47 µF Elko
C 2 = 47 µF Elko
La = Glühlampe
T 1 = BC 172 B npn-Transistor
T 2 = BC 172 B npn-Transistor

Stückliste zu Versuch 4

R 1 = 47 Ohm Widerstand
R 2 = 100 kOhm Widerstand
R 3 = 4,7 kOhm Heißleiter,
     NTC-Widerstand
T = AC 125 pnp-Transistor
La = Glühlampe 6 V / 20 mA

Versuch 5: Lichtautomatik

Hier wird bei einem interessanten Versuch gezeigt, wie man mit einem Lichtstrahl ein Relais ansprechen lassen kann. Eine solche Schaltung wird oft für Überwachungsaufgaben verwendet. Wieder liegt ein LDR-Fotowiderstand im Basisstromkreis eines Transistors. Je mehr Licht auf den LDR fällt, desto mehr Strom fließt im Kollektorstromkreis dieses Transistors, der wiederum den zweiten, als Schalttransistor arbeitenden ansteuert.
Im Emitterstromkreis von T 2 liegt das Relais, welches durch die Diode D überbrückt ist. Diese prarallel zum Relais liegende Diode dient als Schutz vor eventuell auftretenden Spannungsspitzen, die sich an der Induktionsspule bilden können und wodurch der Transistor T 2 Schaden nehmen könnte.
Fällt ein Lichtstrahl auf den LDR, zieht das Relais an, bei Dunkelheit fällt es ab.
Durch Austausch des LDR-Fotowiderstandes mit dem NTC-Widerstand aus Versuch 4 läßt sich unsere Versuchsschaltung in eine Temperaturüberwachungsautomatik umwandeln. Im Normalzustand bleibt das Relais abgefallen. Erwärmt man den NTC-Widerstand zum Beispiel wieder

Versuch 4: Wärmeüberwachung

Bei diesem Versuch soll gezeigt werden, wie durch die Verwendung eines Heißleiters (NTC-Widerstand) eine Schaltung zur Wärmekontrolle aufgebaut werden kann. Der NTC-Widerstand R 3 liegt im Basisstromkreis des Transistors. Im kalten Zustand (Normalfall) beträgt sein Widerstandswert 4,7 kOhm, der Transistor ist gesperrt, es fließt kein Strom in der Schaltung, die Lampe La bleibt dunkel.
Erwärmen wir jedoch den NTC-Widerstand, zum Beispiel mit einem Lötkolben oder einer 100-Watt-Glühlampe, so wird sein Widerstandswert kleiner als 4,7 kOhm. Je heißer er wird, desto kleiner wird sein Wert. Unsere Lampe La beginnt langsam zu glimmen und leuchtet hell auf, wenn der Widerstandswert des NTC-Widerstandes sehr klein geworden ist. Nehmen wir den Lötkolben oder die Lampe wieder weg, so kühlt der NTC langsam ab, und die Lampe erlischt wieder. (Achtung! Den NTC-Widerstand richtig aufheizen, Lötkolben oder Glühlampe direkt dranhalten!)

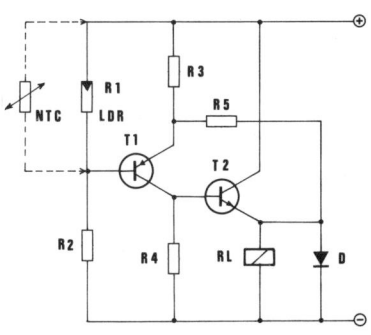

65 Schaltbild zu Versuch 4.

66 Schaltbild zu Versuch 5.

mit dem Lötkolben oder einer 100-Watt-Glühlampe, zieht das Relais an, wenn ein bestimmter Schwellwert erreicht ist. Die Schaltung läßt sich zur Temperaturkontrolle verwenden, wenn der Schwellwert so eingestellt wird, daß das Relais dann anzieht, wenn eine bestimmte Temperatur erreicht ist.

Stückliste zu Versuch 5

R 1 = LDR 03 Fotowiderstand (als Licht-schrankensonde) oder NTC-Widerstand (als Temperaturüberwachungssonde)
R 2 = 4,7 kOhm Widerstand
R 3 = 390 Ohm Widerstand
R 4 = 68 kOhm Widerstand
R 5 = 390 Ohm Widerstand
T 1 = AC 128 pnp-Transistor
T 2 = AC 127 npn-Transistor
D = BA 100 Diode
Rel = Relais 6 V

Versuch 6: Dunkelschaltung

Wird bei geschlossenem Schalter die Batteriespannung an die Schaltung angelegt, leuchtet die Lampe La im Emitterstromkreis des Transistors in voller Leuchtstärke. Der Kondensator ist durch den Widerstand R 5 überbrückt. Jetzt öffnen wir den Schalter, der Leuchtfaden der Glühlampe wird langsam dunkler. Diesen Effekt haben wir dem Kondensator C zu verdanken, der sich allmählich entlädt. Dadurch wird die Basisspannung kleiner und der Strom im Transistor geringer.

Den Vorgang können wir beliebig oft wiederholen. Je größer wir den Kondensator C machen, desto länger dauert es, bis die Lampe ganz dunkel brennt (ausprobieren!).

Stückliste zu Versuch 6

R 1 = 47 Ohm Widerstand
R 2 = 100 kOhm Widerstand
R 3 = 5,6 kOhm Widerstand
R 4 = 100 kOhm Widerstand
R 5 = 1,5 kOhm Widerstand
C = 100 µF Elko
T = AC 125 pnp-Transistor
La = Glühlampe 6 V / 20 mA
S = Schalter

Versuch 7: Verzögerungsschaltung

Wird die Batteriespannung an die Schaltung gelegt, so bleibt das Relais Rel abgefallen, es tut sich praktisch noch nichts. Um das Relais verzögert ansprechen zu lassen, muß jetzt der Schalter S gegen die Plusspannung geschlossen werden. Das Relais wird nun nicht sofort, sondern erst nach etwa einer Sekunde anziehen, eben der Verzögerungszeit, die sich je nach Größe der Werte des RC-Gliedes R 1/C ergibt.
Bleibt der Schalter S geschlossen, so bleibt auch das Relais weiterhin angezogen, bis die Spannung von der Schaltung abgenommen wird. Öffnet man jedoch den Schalter S, so wird das Relais erst nach

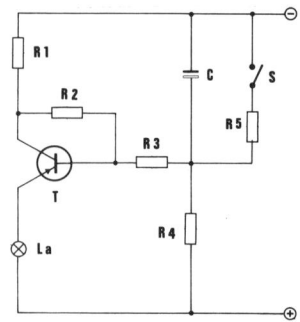

67 Schaltbild zu Versuch 6.

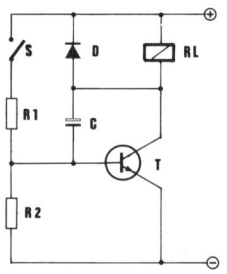

68 Schaltbild zu Versuch 7.

einigen Sekunden abfallen, und das Spiel kann wiederholt werden.

Diese Ansprech- und Abfallverzögerung bewirkt hauptsächlich der Kondensator C. Wird er aus der Schaltung entfernt, so zieht das Relais sofort an, wenn der Schalter S geschlossen wird. Es fällt ab, wenn der Schalter S geöffnet wird. In diesem Fall gibt es also weder eine Ansprech- noch eine Abfallverzögerung (ausprobieren!).

Durch Änderung des Kondensatorwertes können die Ansprech- und Abfallzeiten verlängert oder verkürzt werden. Je größer die Kondensatorwerte, desto länger die Zeiten, da es eben länger dauert, einen großen Kondensator aufzuladen als einen kleinen. Der Versuch hat uns gezeigt, daß ein Kondensator zusammen mit einem Widerstand in einer elektronischen Schaltung eine Zeitverzögerung bewirken kann. Diese Tatsache wird zum Beispiel beim Bau von elektronischen Zeitschaltern ausgenutzt.

Stückliste zu Versuch 7

R 1 =   2,2 kOhm Widerstand
R 2 = 150 kOhm Widerstand
C   = 220 µF Elko
T   = BC 108 npn-Transistor
D   = BA 100 Diode
Rel = Relais
S   = Schalter

Versuch 8: Regenmelder

Bei diesem Versuch wird gezeigt, wie man aus nur wenigen Bauteilen einen Regenmelder aufbauen kann.

69   Schaltbild zu Versuch 8.

Wird an die Schaltung Spannung angelegt, so zieht sofort das Relais Rel an. An den Klemmen 7 und 8 sind zwei etwa 10 cm lange Drähte anzuschließen, sie ragen als Fühler parallel aus der Schaltung heraus. Läßt man sie in ein mit Wasser gefülltes Gefäß eintauchen, so fällt das Relais ab. Das kommt daher, weil Wasser einen bestimmten elektrischen Widerstand hat und in unserer Schaltung den Basiswiderstand von Transistor T 1 ersetzt. Selbst unser Körperwiderstand genügt in dieser Schaltung, um das Relais abfallen zu lassen.

Wir können dieses ausprobieren, indem wir je einen Fühlerstab in die linke und den anderen in die rechte Hand nehmen. Der Basisstrom von T 1 fließt jetzt durch unseren Körper von der Plusklemme zur Basisklemme. In diesem Augenblick wird der durch den Tansistor T 1 gesteuerte Schalttransistor T 2 nichtleitend, es fließt kein Kollektorstrom mehr, das Relais fällt ab.

Legt man nun die beiden Fühler auf dem Balkon, dem Fensterbrett oder im Garten aus und stellt durch Anschalten der Batterie den Betriebszustand her, so wird das Relais stets dann abfallen, wenn es regnet, da sich zwischen den Fühlern Wasser ansammelt. An die Relaiskontakte ist eine Lampe so anzuschließen, daß sie leuchtet, wenn das Relais abfällt. Damit haben wir eine elektronische Regenmeldeanzeige.

Eine weitere Anwendungsmöglichkeit ergibt sich für die Schaltung noch als Badewannenüberlaufsicherung. Werden die beiden Fühler in einer bestimmten Höhe der Seitenwand einer Badewanne mit Selbstklebefolie befestigt, so leuchtet die Lampe stets dann auf, wenn eine bestimmte Wassermenge eingelaufen ist und der gewünschte Wasserstand erreicht wurde.

Stückliste zu Versuch 8

R   = 15 kOhm Widerstand
T 1 = BC 172 npn-Transistor
T 2 = BC 172 npn-Transistor
D   = BA 100 Diode
Rel = Relais 6 V

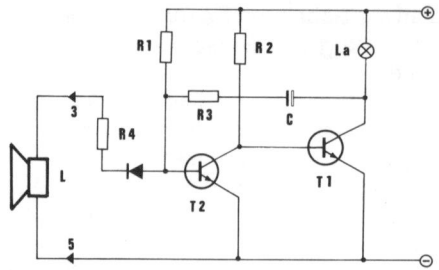

70   Schaltbild zu Versuch 9.

Versuch 9: Aussteuerungsanzeige

Schließen wir diese Schaltung am Ausgang eines Verstärkers an, zum Beispiel dem eines Rundfunkempfängers, so leuchtet die Lampe La immer dann auf, wenn aus dem Lautsprecher des Empfängers Tonsignale (also Musik oder Sprache) zu hören sind. Das Vorhandensein von Tonmodulation, die man ja akustisch wahrnimmt, wird nun auch noch optisch angezeigt. Im Rhythmus der Musik beziehungsweise der Sprache wird die Lampe einmal stärker und einmal schwächer aufleuchten. In den Pausen bleibt sie dunkel.

Zwei Drahtleitungen werden von den Klemmen 3 und 5 zum Lautsprecher des Empfängers gelegt und dort an den beiden Lautsprecheranschlußklemmen befestigt. Die so abgenommene Wechselspannung gelangt über einen Widerstand R 4 an die Diode D und wird dort gleichgerichtet. An der Basis von T 1 tritt eine Gleichspannung auf, der Transistor wird angesteuert. Im Kollektorstromkreis von T 2 fließt ein Strom, der die Lampe La aufleuchten läßt.

Damit haben wir das Prinzip einer Aussteuerungsanzeige kennengelernt.

Stückliste zu Versuch 9

R 1 = 22 kOhm Widerstand
R 2 = 2,2 kOhm Widerstand
R 3 = 4,7 kOhm Widerstand
R 4 = 2,2 kOhm Widerstand
C   = 47 µF Elko
T 1 = BC 108 npn-Transistor
T 2 = BC 108 npn-Transistor
D   = BA 100 Diode
La   = Glühlampe 6 V / 20 mA

Versuch 10: Durchgangsprüfer und Lichtsignalübertragung

Diese einfache Schaltung kann uns als Durchgangsprüfer dienen. Als Anzeige verwenden wir eine Leuchtdiode LD. Schließen wir an den Klemmen 7 und 8 zwei Leitungen an und stellen damit über ein Stück Metall oder Draht eine elektrische Verbindung her, es genügt auch die Verbindung beider Testleitungen, so leuchtet die Leuchtdiode LD auf, da sie von der Batterie über den Widerstand R und die kurzgeschlossenen Klemmen 7 und 8 Betriebsspannung erhält.

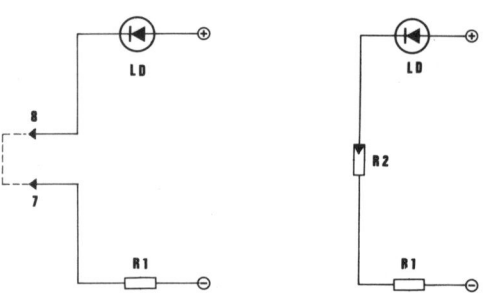

71   Schaltbild zu Versuch 10a und b.

Einen Lichtsignalübertrager erhalten wir aus derselben Schaltung, wenn zwischen den Klemmen 7 und 8 ein LDR-Fotowiderstand aus einem der vorigen Versuche angeschlossen wird. Fällt kein Licht auf den LDR, wissen wir, daß sein Widerstand sehr groß ist, weshalb die Leuchtdiode dunkel bleibt. Erst wenn auf den LDR Licht einfällt, sinkt sein Widerstandswert, und die Leuchtdiode kann aufleuchten.

Stückliste zu Versuch 10

LD = Leuchtdiode
R 1 = 1 kOhm Widerstand

LD = Leuchtdiode
R 1 = 1 kOhm Widerstand
R 2 = LDR-Fotowiderstand (LDR 03)

42

Haushaltselektronik

Im modernen Haushalt gibt es heute viele technische Geräte, die dort die Arbeit erleichtern sollen. Die meisten dieser Geräte haben etwas mit Elektronik zu tun. Dabei denken wir an die Steuerung der Waschmaschine, an die automatische Temperaturregelung der Heizung, an Back- und Grillautomaten, an die regelbare Deckenbeleuchtung und viele andere. Hinzu kommen weitere elektronische Geräte, zum Beispiel die Digitaluhr, das Telefonmithörgerät, Zeitschalter, Zeitmesser, eine »Babyüberwachungsanlage«, der Regenmelder, Drehzahlregler für Küchengeräte und die Heimwerkerbohrmaschine. Zur Haushaltselektronik können auch fotoelektronische und medizinische Geräte gerechnet werden. Im nachstehenden Teil wird gezeigt, wie man sich einige solcher Geräte selbst aufbauen kann.

Temperaturmessung – elektronisch

Bei vielen Elektrogeräten wird mit den unterschiedlichsten Temperaturen gearbeitet. Denken wir an den Herd, den Grill, den Heizlüfter, die Heizungsanlage selbst, die Warmwasserversorgung, den Kühlschrank, die Gefriertruhe und dergleichen. Stets sind Temperaturen einzuhalten, egal, ob es sich dabei um Wärme oder um Kälte handelt. Doch Hand aufs Herz, wer hat denn schon einmal nachgemessen, ob der Kühlschrank die geforderte Temperatur von + 6 °C bringt oder im Gefrierschrank die geforderten − 18 °C eingehalten werden?

Ähnlich verhält es sich mit den Temperaturen im Grillofen und im Backherd. Hat man sich einmal diese Geräte angeschafft, verläßt man sich darauf, daß sie von nun an richtig und zuverlässig arbeiten. Die in der Geräteanleitung angegebenen Temperaturen werden schon stimmen.

Das ist aber nicht immer der Fall, denn selbst bei ganz neuen Geräten kann es empfindliche Unterschiede zwischen der Einstellung an den Bedienungsschaltern und der tatsächlichen Temperatur geben.

Wer sicher sein will, sollte wenigstens einmal im Monat die Temperatur nachmessen.

Die Elektronik hilft dabei, denn die wenigsten Haushalte werden wohl ein Thermometer besitzen, das Temperaturen von etwa − 20 °C bis zu über + 200 °C mißt. Das ist auch gar nicht nötig, sofern ein ICE-Meßgerät vorhanden ist. Dazu gibt es ein Zusatzgerät, das aus einem Röhrchen besteht, in dem ein temperaturabhängiger Widerstand eingebaut ist, der als Temperaturfühler dient. Der Anschluß des Fühlers an das Meßgerät erfolgt über zwei flexible Kabel, an deren Enden sich Stecker befinden.

Das Messen geschieht folgendermaßen: Die Anschlußstecker des Fühlers werden mit dem Widerstandsmeßbereich (Ohm und Ohm × 1000) in Verbindung gebracht. Jede Temperatur entspricht einem bestimmten Widerstandswert und ist daher jederzeit meßbar. Auf dem Röhrchen sind zwei Skalen – die Temperaturskala und die Widerstandsskala – übereinander aufgedruckt.

Wird vom Meßgerät ein bestimmter Widerstandswert angezeigt, kann auf der Skala sofort die entsprechende Temperatur ab-

43

72 Die Körpertemperatur kann elektronisch gemessen werden, sobald man den Temperaturfühler in den Mund nimmt. Vom Anzeigegerät wird die Temperatur in Grad Celsius abgelesen.

Soll beispielsweise kontrolliert werden, ob im Gefrierschrank tatsächlich die geforderte Temperatur von wenigstens −18°C herrscht, wird der Temperaturfühler in den Gefrierschrank gelegt oder gehängt. Das Zuleitungskabel ist nach außen zu führen und die Tür des Schrankes zu schließen. Die beiden Stecker des Fühlers sind in die Buchsen OHM und OHM × 1000 zu stecken. Vorher muß jedoch dieser Widerstandsbereich geeicht werden. (Siehe dazu die Bedienungsanleitung: Widerstandsmessung!). Nach einigen Sekunden hat sich der Zeiger des Meßinstrumentes auf einen Widerstandswert eingestellt, der sich nicht mehr verändert. Auf der Skala kann der dazugehörige Temperaturwert abgelesen werden.

gelesen werden. So entspricht zum Beispiel der Widerstandswert von 1,1 kOhm einer Zimmertemperatur von +24°C.
Mit dem Gerät lassen sich Temperaturen von −50°C bis +200°C messen. Von Vorteil ist, daß Fühler und Anzeigeinstrument räumlich voneinander getrennt sind.

LED-Thermometer

Mißt man das Ansteigen einer Temperatur mit dem Quecksilberthermometer, so dehnt sich das Quecksilber aus und klettert im Anzeigeröhrchen nach oben.
Elektronisch läßt sich diese Anzeige am einfachsten mit einem LED-Thermometer

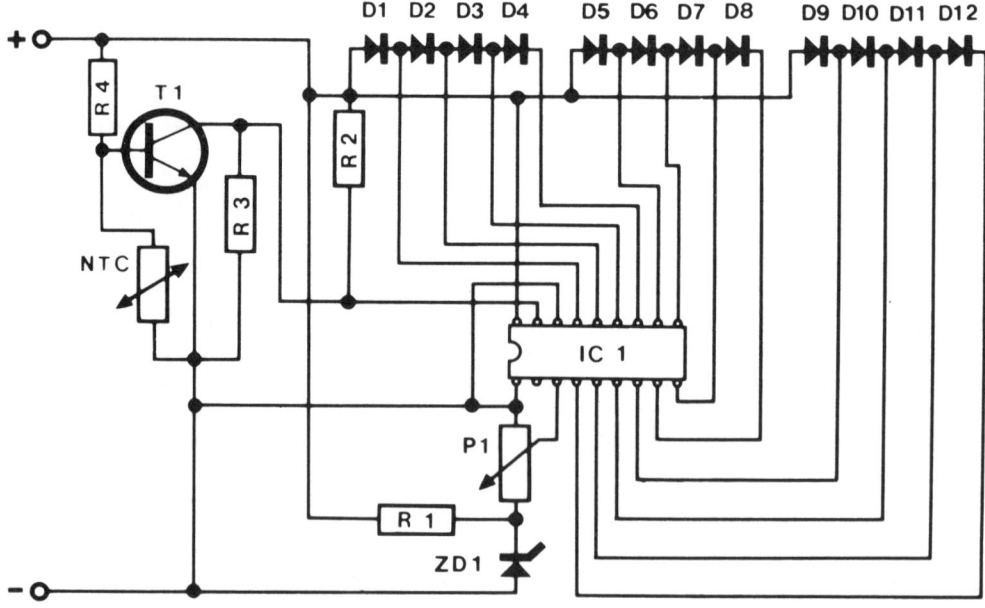

73 Schaltbild des LED-Thermometers.

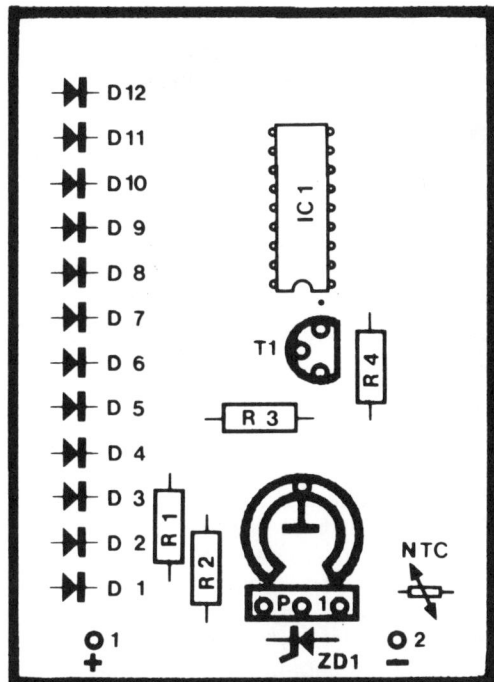

74 Bestückungsplan des LED-Thermometers.

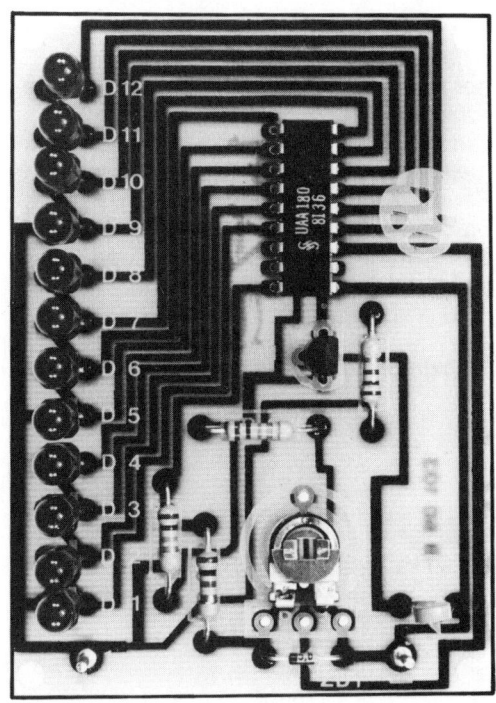

75 Die mit allen Bauteilen bestückte Druckplatine des LED-Thermometers.

nachvollziehen. Ein NTC-Widerstand (Heißleiter) dient als Fühler. Je höher die Temperatur, die im Bereich von 12°C bis 28°C gemessen werden kann, desto mehr Leuchtdioden leuchten auf.

Die Betriebsspannung (12 V Gleichspannung) wird an den Lötpunkten 1 (+) und 2 (−) angeschlossen. Mit dem Poti Pl ist die Eichung vorzunehmen, die nach einem genau anzeigenden Thermometer zu erfolgen hat. Die Schaltung ist für zwölf Leuchtdioden ausgelegt, so daß von LED zu LED etwa 1,5°-C-Sprünge angezeigt werden. Bei einer mit dem Normal-Thermometer gemessenen Zimmertemperatur von 20°C wird die Schaltung so abgeglichen, daß die LEDs D 1 bis D 7 leuchten. Bei einem Anstieg der Zimmertemperatur auf 21,5°C leuchtet denn auch noch die LED D 8 auf und so weiter.

Vorteilhaft ist, wenn man sich eine Temperaturskala zeichnet, die neben den LEDs befestigt wird.

Eine Temperaturfernmessung läßt sich mit diesem Gerät ebenfalls durchführen, wenn der Temperaturfühler (NTC-Widerstand)

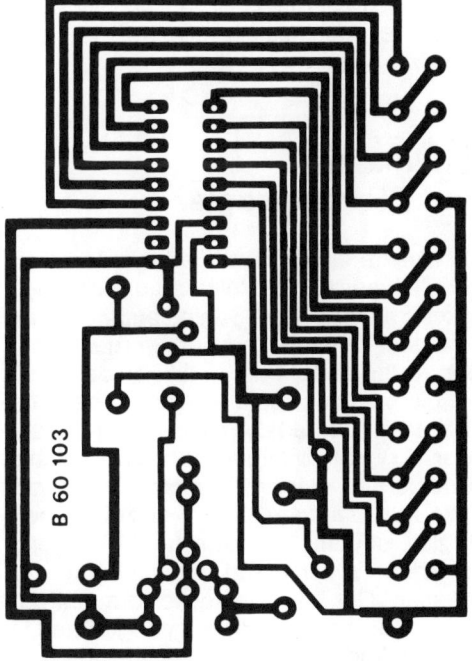

76 Druckvorlage im Maßstab 1:1 zum LED-Thermometer.

aus der Schaltung ausgelötet und über eine dünne, zweiadrige Leitung bis zu einer maximalen Entfernung von 10 m angeschlossen wird.

Um den Temperaturfühler bei einer eventuellen Außenmontage dauerhaft vor Feuchtigkeit zu schützen, ist es angebracht, ihn in ein Stück Kunststoffschlauch einzuschrumpfen. Der Einbau des Gerätes in ein Gehäuse ist möglich.

Stückliste zum LED-Thermometer

R 1	=	10 kOhm Schichtwiderstand
R 2	=	1 kOhm Schichtwiderstand
R 3	=	10 kOhm Schichtwiderstand
R 4	=	1 MOhm Schichtwiderstand
NTC	=	100 kOhm Heißleiter
T 1	=	BC 237 npn-Transistor
IC 1	=	UAA 180 (18polig) Integrierter Schaltkreis
D1–D 12	=	Leuchtdioden, rot
ZD 1	=	5,6 V / 0,5 W Zenerdiode
P 1	=	10 kOhm Einstellregler

4 Stück Lötstützpunkte
1 Stück Druckplatine B 60103

Dieses Gerät kann aus einem Bausatz der Firma Diamant-Electronic aufgebaut werden (Bausatz: LE 103).

Helligkeits- und Drehzahlregler

Mit diesem Gerät kann die Lichtstärke einer Glühlampe von Null bis auf volle Helligkeit, ähnlich der Saalbeleuchtung im Kino oder Theater, reguliert werden.

Der Vorteil besteht darin, daß an der Lampe, die man zu regeln wünscht – es kann sich dabei um jede Art von Tisch-, Steh- oder Schreibtischlampe handeln –, nichts verändert zu werden braucht. Der in ein Teko-Kunststoffgehäuse einzubauende Regler ist lediglich zwischen die Netzsteckdose in der Wand und die Lampe zu schalten. Der Lampenstecker braucht dazu nur aus der Steckdose gezogen und in die Steckdose des Reglers gesteckt zu werden. Der Netzstecker des Reglers kommt dafür in die Wandsteckdose.

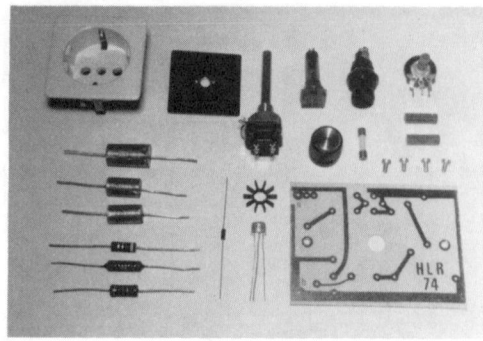

77 Alle zum Bau des Helligkeitsreglers erforderlichen Bauteile (ohne Gehäuse).

Mit dem Drehknopf auf der Frontplatte des Gerätes kann jede gewünschte Lichtstärke eingestellt werden. In dieser Ausführung lassen sich Lampen bis 400 Watt regeln. Ist die Leistung des angeschlossenen Verbrauchers größer als 400 Watt, wird der eingebaute Triac zu heiß und nimmt Schaden.

Eine weitere Möglichkeit ergibt sich, das Gerät als Drehzahlregler für die elektrische Handbohrmaschine zu verwenden. Viele Handbohrmaschinen haben zwei Gänge, einen Schnell- und einen Langsamgang. Für einige Arbeiten wäre es allerdings vorteilhaft, wenn man die Drehzahl weiter herabsetzen könnte, um mit noch kleinerer Umlaufgeschwindigkeit des Bohrers zu arbeiten. In diesem Fall hilft das Gerät.

Wird nämlich anstatt der Glühlampe, wie zuvor beschrieben, die Handbohrmaschine in die Steckdose des Reglers gesteckt, so ist mit dem Einstelldrehknopf jede ge-

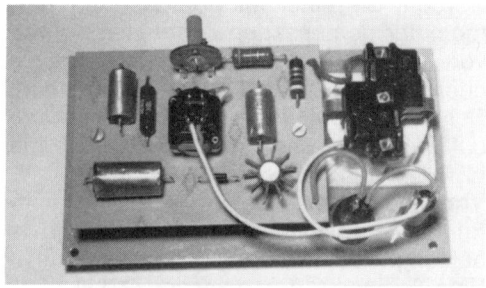

78 Die fertig bestückte Platine wird auf der Frontplatte befestigt.

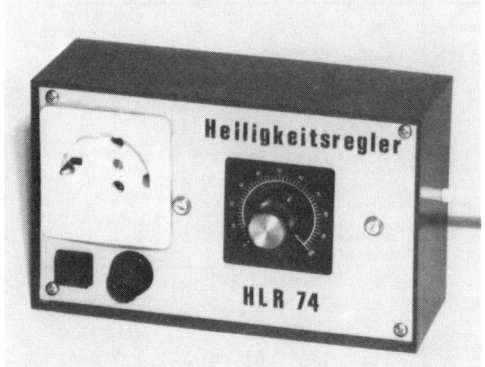

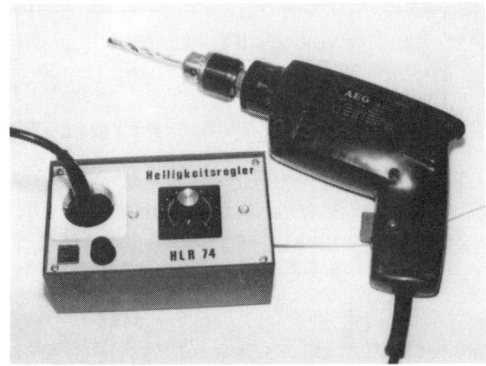

79 Der fertige Helligkeitsregler.

80 Der Helligkeitsregler ist auch als Drehzahlregler für die Handbohrmaschine verwendbar.

wünschte Drehzahl zwischen Null und Voll einstellbar. Auch hierbei ist darauf zu achten, daß die angeschlossene Maschine eine Leistung von nicht mehr als 400 Watt verbraucht. Das Typenschild gibt darüber Auskunft.

Zur Schaltung des Gerätes ist folgendes zu sagen: Wird der Netzstecker e/f in die Netzsteckdose gesteckt und der Schalter S eingeschaltet, leuchtet die Glimmlampe Gl auf und zeigt den Betriebszustand an. An der eingebauten Steckdose a/d wird die Last angeschlossen, in diesem Beispiel eine Glühlampe oder ein Elektromotor. Mit dem Potentiometer P kann die gewünschte Helligkeit eingestellt werden. Der Einstellregler

R 4 ist bei ganz auf Null gedrehtem Regler P mit einem Schraubendreher so einzustellen, daß die Lampe nur schwach leuchtet. Da die Schaltung direkt am Netz arbeitet, ist darauf zu achten, daß die Einzelteile nicht berührt werden! Nach dem Einbau in das Teko-Kunststoffgehäuse ist sie allseitig geschützt.

Stückliste zum Helligkeitsregler

R 1 = 47 Ohm / 1 W Schichtwiderstand
R 2 = 7,5 kOhm / 1 W Schichtwiderstand
R 3 = 18 kOhm / 1 W Schichtwiderstand
R 4 = 1 MOhm / lin. Einstellregler
C 1 = 47 nF / 630 V Rollpapierkondensator
C 2 = 47 nF / 630 V Rollpapierkondensator

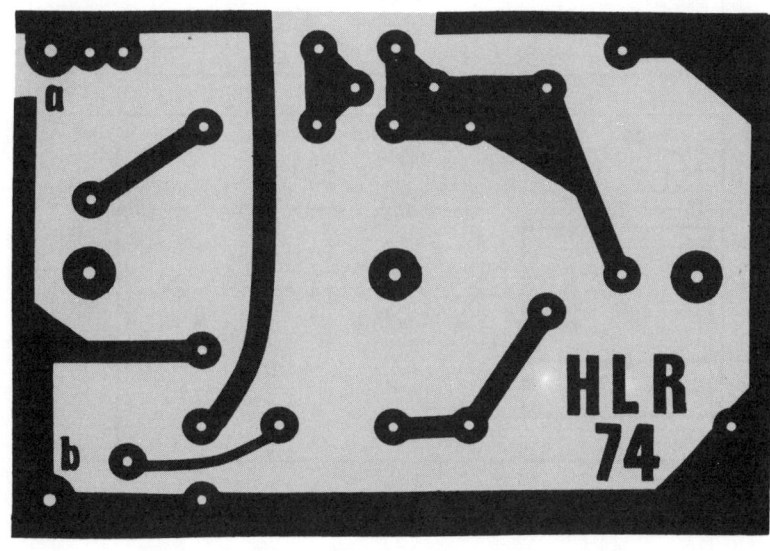

81 Druckvorlage zum Helligkeitsregler im Maßstab 1:1.

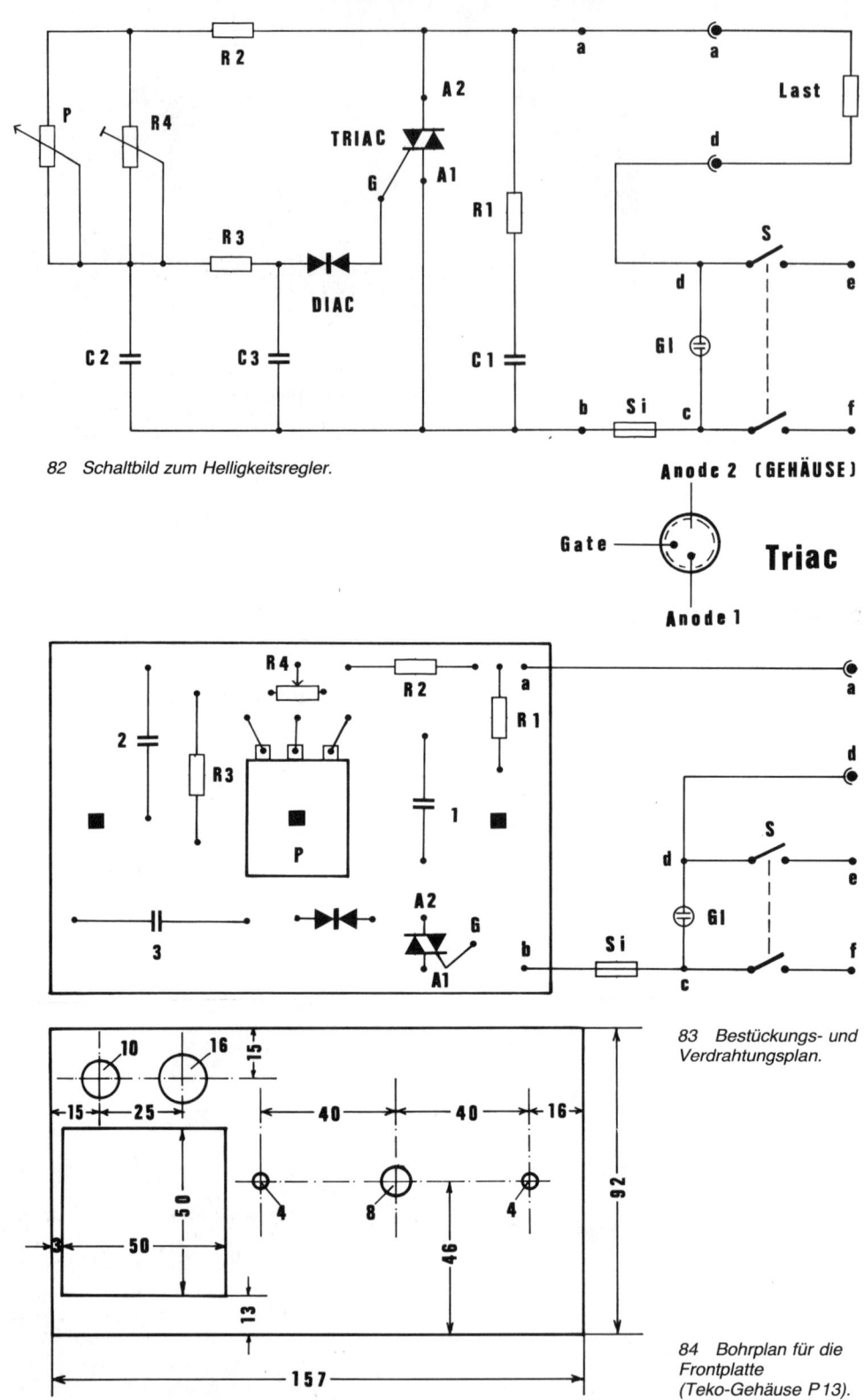

82 Schaltbild zum Helligkeitsregler.

Anode 2 (GEHÄUSE)

Gate

Triac

Anode 1

83 Bestückungs- und Verdrahtungsplan.

84 Bohrplan für die Frontplatte (Teko-Gehäuse P 13).

48

C 3 = 0,1 µF / 630 V Rollpapierkondensator
P = 250 kOhm / lin. / 0,2 W Potentiometer
mit angebautem Schalter
TRIAC = 40486 von RCA oder BRY 45
DIAC = 40583 von RCA oder ER 900
Si = 6 A Feinsicherung mit Fassung
Gl = Glimmlampe 220 V mit Fassung für
Einlochmontage
1 Stück Drehknopf mit Skala für Potentiometer
1 Stück Teko-Gehäuse Typ: P/3
1 Stück Kühlkörper für Triac
1 Stück Netzkabel etwa 2 m lang mit Netzstecker
1 Stück Steckdose für den Gehäuseeinbau
1 Stück Platine HLR 74

Doppel-Helligkeitsregler

Fotoamateure, die zum Ausleuchten von Objekten je eine Fotolampe von links und eine von rechts benötigen, können ein Gerät verwenden, das beide Lichtquellen voneinander getrennt regelt. Der hier gezeigte Doppelhelligkeitsregler wurde für solch einen Fall entwickelt. Das Gerät besteht aus zwei gleichen Schaltungen, die auf einer Platine aufgebaut wurden. Wird an den beiden Steckdosen a/b und c/d jeweils eine Glühlampe angeschlossen, so läßt sich die Helligkeit der einen (a/b) mit dem Potentiometer P 1 und die der anderen (c/d) mit dem Potentiometer P 2 regeln. Die gewünschte Grundhelligkeit ist durch die Regler R 4 und R 8 einzustellen. Über die Widerstände R 2, R 4 und P 1 wird der Kondensator C 2 aufgeladen. Dieser Kondensator gibt seine Ladung weiter über den Widerstand R 3 an den Kondensator C 3. Nach Erreichen einer Ladespannung von etwa 30 Volt wird der Diac 1 leitend und entlädt den Kondensator C 3 und auch über R 3 den Kondensator C 2 in die Steuerstrecke des Triacs, die Sicherung Si 1 und die Fotolampe als Verbraucher. Durch das Potentiometer P läßt sich das Aufladen der beiden Kondensatoren C 2

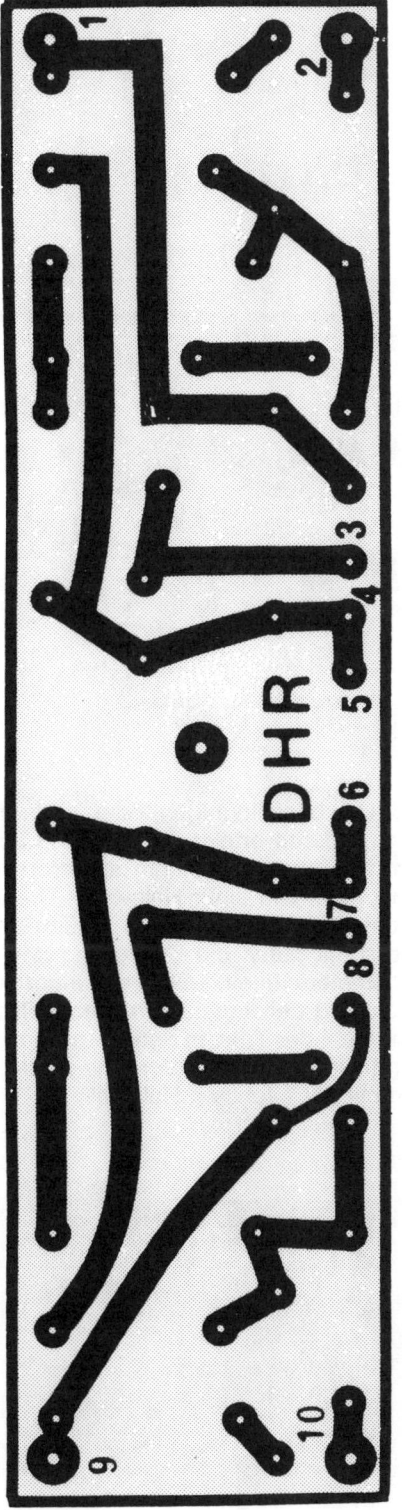

85 Druckvorlage im Maßstab 1:1 zum Doppelhelligkeitsregler.

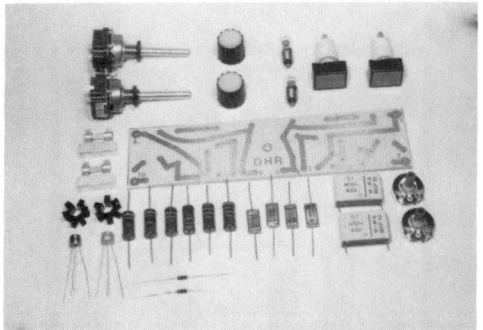

86 Alle Bauteile des Doppelhelligkeitsreglers mit der Platine.

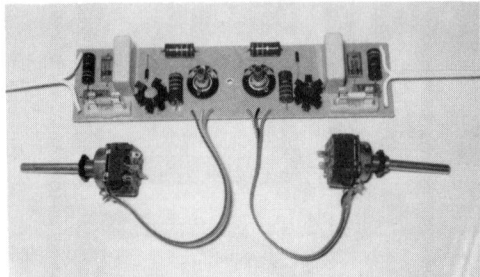

87 Die fertig bestückte Platine.

und C 3 beschleunigen oder verlangsamen, dadurch erfolgt die Zündung zu einem früheren oder einem späteren Zeitpunkt innerhalb einer Halbwelle. Die Zeit, in der Strom im Lastkreis fließen kann, wird somit durch die Einstellung des Potentiometers beeinflußt. Bei jedem Nulldurchgang der angelegten Wechselspannung geht der Triac in den gesperrten Zustand zurück, und der Vorgang wiederholt sich mit der nächsten Halbwelle.

Stückliste zum Doppelhelligkeitsregler

R 1	=	47 Ohm / 1 W Schichtwiderstand
R 2	=	7,5 kOhm / 1 W Schichtwiderstand
R 3	=	18 kOhm / 1 W Schichtwiderstand
R 4	=	1 M Ohm / lin. Einstellregler
R 5	=	47 Ohm / 1 W Schichtwiderstand
R 6	=	7,5 kOhm / 1 W Schichtwiderstand
R 7	=	18 kOhm / 1 W Schichtwiderstand
R 8	=	1 MOhm / lin. Einstellregler
C 1	=	47 nF / 630 V Rollpapierkondensator
C 2	=	47 nF / 630 V Rollpapierkondensator
C 3	=	0,1 µF / 630 V Rollpapierkondensator
C 4	=	47 nF / 630 V Rollpapierkondensator
C 5	=	47 nF / 630 V Rollpapierkondensator
C 6	=	0,1 µF / 630 V Rollpapierkondensator
P 1	=	250 kOhm / lin. / 0,2 W Potentiometer mit angebautem Schalter
P 2	=	250 kOhm / lin. 0,2 W Potentiometer mit angebautem Schalter
TRIAC 1	=	40486 von RCA oder BRY 45
TRIAC 2	=	40486 von RCA oder BRY 45
DIAC 1	=	40583 von RCA oder ER 900
DIAC 2	=	40583 von RCA oder ER 900
Si 1	=	6 A Feinsicherung mit Halterung für gedruckte Schaltung
Si 2	=	6 A Feinsicherung mit Halterung für gedruckte Schaltung
La 1	=	Glimmlampe 220 V mit Fassung
La 2	=	Glimmlampe 220 V mit Fassung
S 1	=	Netzschalter (sitzt auf Potentiometer P 1)
S 2	=	Netzschalter (sitzt auf Potentiometer P 2)

2 Stück Drehknöpfe für P 1 und P 2
1 Stück Teko-Gehäuse Modell 363 (pultförmig)
2 Stück Kühlkörper für Triacs
2 Stück Steckdosen für den Gehäuseeinbau
1 Stück Netzkabel etwa 1,5 m lang mit Netzstecker
1 Stück Platine DHR

88 Die Platine wird am Gehäuseboden befestigt.

89 Der fertige Doppelhelligkeitsregler.

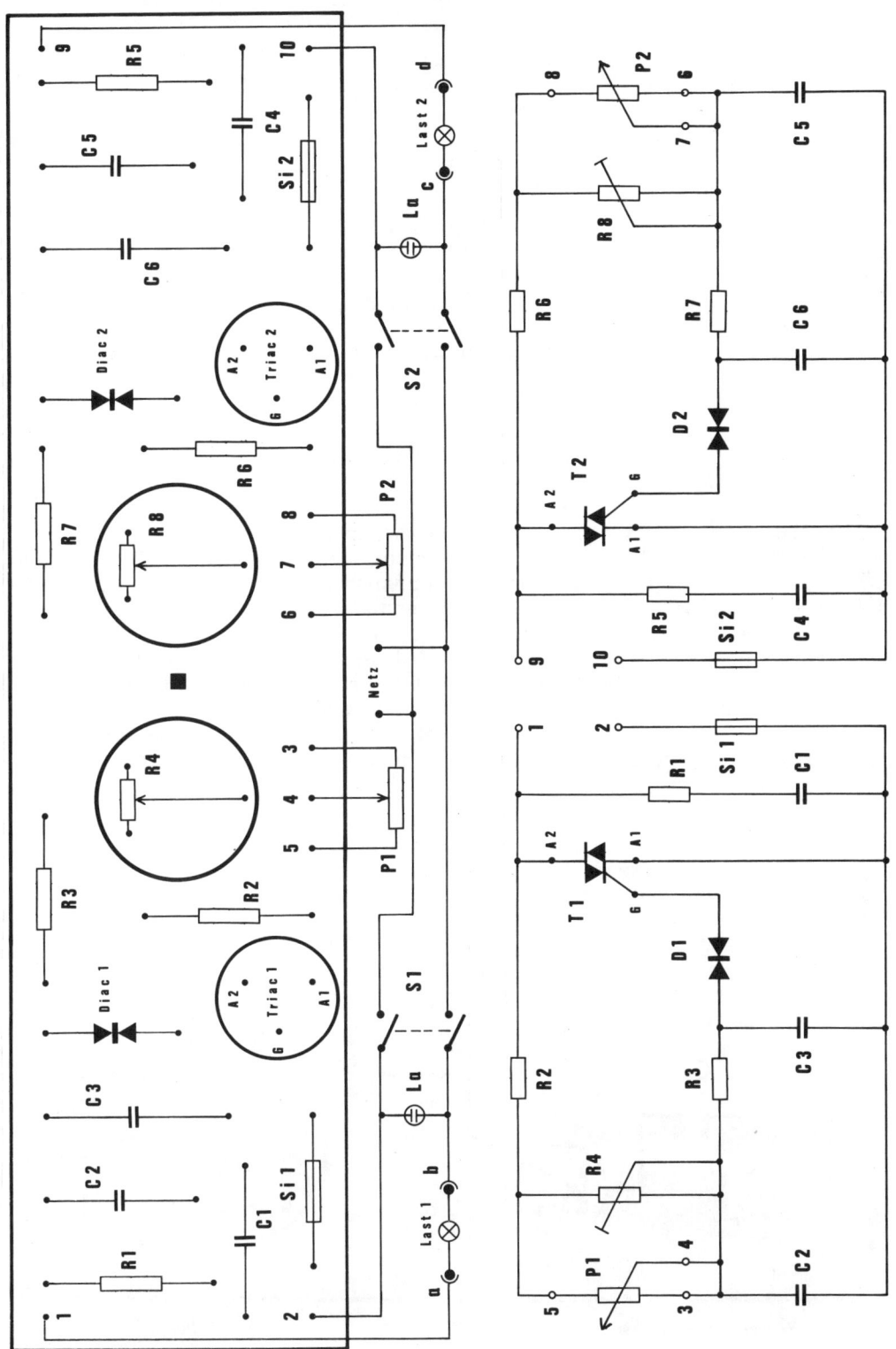

90 Bestückungs- und Verdrahtungsplan.

91 Schaltbild des Doppelhelligkeitsreglers.

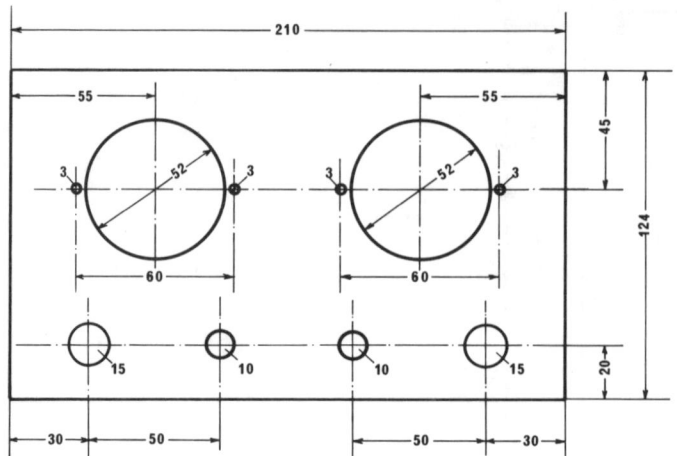

92 Bohrplan der
Frontplatte.

Telefonmithörgerät

Bei diesem Gerät handelt es sich um einen kleinen Nf-Verstärker, der ankommende Gespräche verstärken und im Lautsprecher übertragen soll. Mitteilungen oder Telefondurchsagen, die für mehrere Anwesende bestimmt sind, können direkt mitgehört werden. Es erübrigt sich dadurch, daß der Gesprächsempfänger alles behalten und anschließend den anderen interessierten Personen das Gehörte übermitteln muß. Auch akustisch falsch Verstandenes kann weitgehend ausgeschaltet werden.

Will man beispielsweise eine längere Durchsage mitschreiben, kann der Hörer abgelegt werden.

Da Telefonapparate von der Bundespost gemietet sind und es bekanntlich unter-

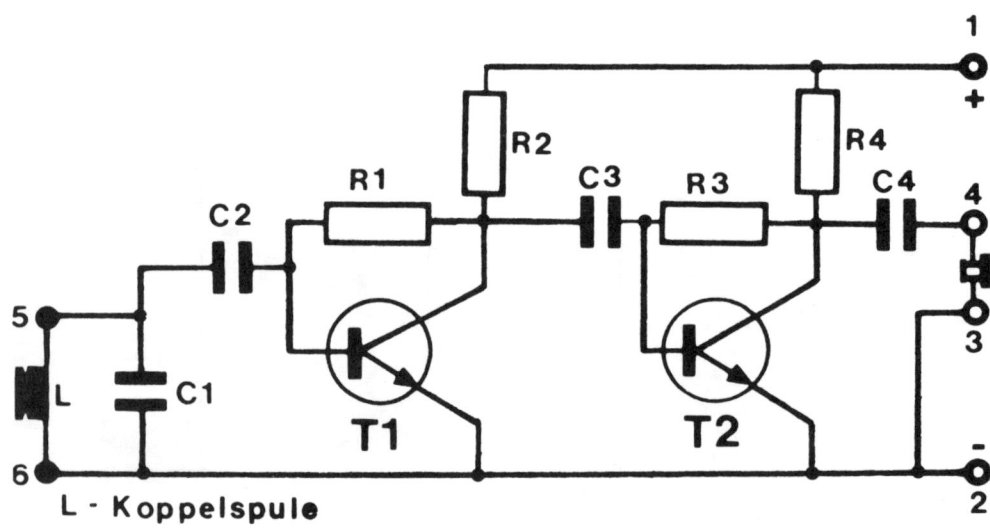

93 Schaltbild des Telefonmithörverstärkers.

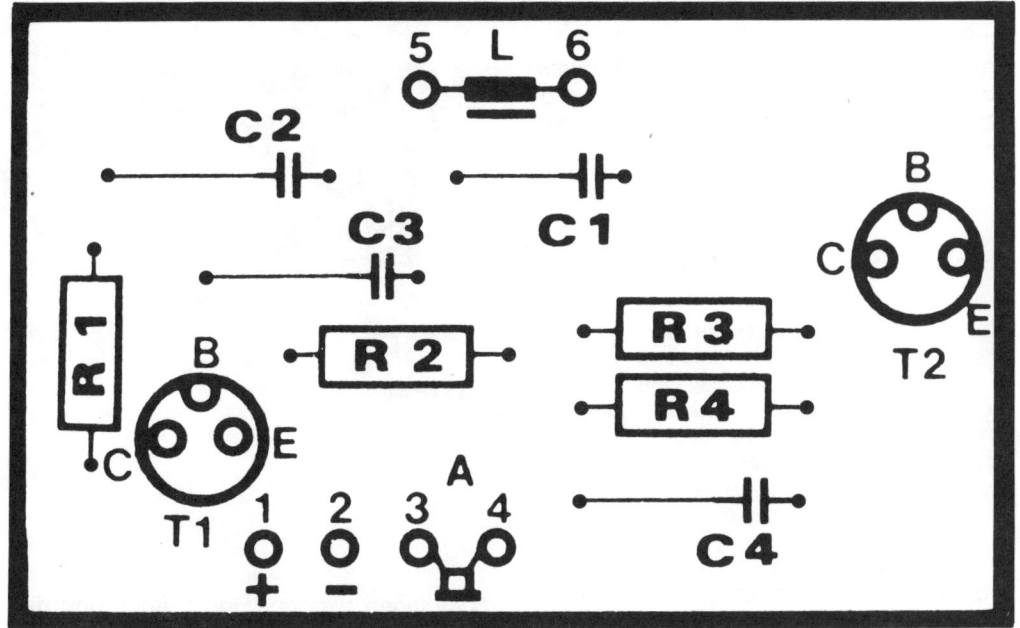

94   Bestückungsplan zum Telefonmithörverstärker.

sagt ist, Veränderungen im Inneren vorzunehmen, ist das Mithörgerät so ausgelegt, daß kein Eingriff in ihm notwendig wird. Am Eingang des Nf-Verstärkers wird über ein abgeschirmtes Kabel eine kleine Spule angeschlossen, die an der Außenseite des Telefons mit einem Gummisauger befestigt wird.

Durch Induktion überträgt der Telefonübertrager den Sprachwechselstrom auf die Spule außerhalb des Apparates. Der sehr schwache Strom wird anschließend verstärkt und vom Lautsprecher hörbar übertragen. Durch Abtasten des Telefonapparates durch die Spule ist die günstigste Stelle zu ermitteln, da die Übertrager je nach Gerätetype und Herstellerfirma an verschiedenen Stellen innerhalb des Apparates montiert sein können.

Eine einfache Schaltung eines Tefefonmithörverstärkers wird nachfolgend gezeigt. Ein kleiner Lautsprecher ist an den Löt-

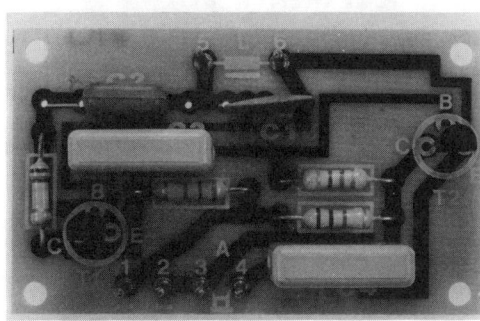

95   Die mit allen Bauteilen bestückte Druckplatine.

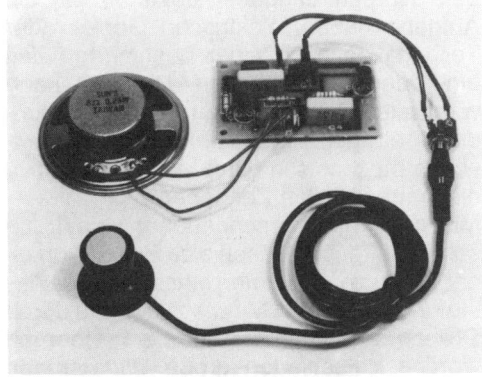

96   Telefonmithörverstärker, Lautsprecher und Telefonadapter.

punkten 3 und 4 anzuschließen. Wird eine größere Lautstärke gewünscht, ist ein Nf-Verstärker nachzuschalten. Die Betriebsspannung kann zwischen 6 und 12 Volt Gleichspannung liegen. Eine 9-V-Transistorbatterie eignet sich gut.

Stückliste zum Telefonmithörverstärker

R 1 = 680 kOhm Schichtwiderstand
R 2 = 33 kOhm Schichtwiderstand
R 3 = 47 kOhm Schichtwiderstand
R 4 = 5,6 kOhm Schichtwiderstand

C 1 = 47 nF Folienkondensator
C 2 = 0,1 µF Folienkondensator
C 3 = 0,33 µF Folienkondensator
C 4 = 0,33 µF Folienkondensator

T 1 = BC 237 oder BC 107 npn-Transistor
T 2 = BC 237 oder BC 107 npn-Transistor

L = Koppelspule, Telefonadapter mit Sauger

6 Stück Lötstützpunkte
1 Stück Klinkeneinbaubuchse
1 Stück Druckplatine B 60027

Dieses Gerät kann aus einem Bausatz der Firma Diamant-Electronic aufgebaut werden (Bausatz: TV 01).

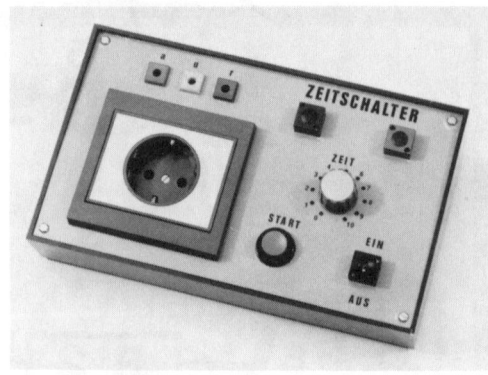

97 Der fertige Zeitschalter.

aufgeladen werden. Durch Änderung der Widerstandswerte R 1 bis R 23 ist es möglich, andere Zeiten als von 1 bis 10 Minuten zu schalten. Kleinere Widerstandswerte verkürzen die Schaltzeit. Einer Erhöhung der Schaltzeit über 10 Minuten hinaus durch den Einbau von größeren Widerstandswerten sind Grenzen gesetzt.
Zum Zwecke des besseren Abgleichens der gewünschten Widerstandwerte sind bei den höheren Schaltzeiten zwei oder

Elektronischer Zeitschalter

In vielen Bereichen der Technik werden Zeitschalter gebraucht, sie sind auch unter dem Namen Zeitgeber bekannt, die die Aufgabe haben, elektrische Geräte oder Teile davon nach einer bestimmten Zeit ein- oder auszuschalten. Die Zeit kann wahlweise Sekunden, Minuten oder Stunden betragen. Man unterscheidet zwischen mechanisch (Uhrwerk) und elektronisch arbeitenden Zeitgebern.
Mit dem hier beschriebenen elektronischen Zeitgeber lassen sich Zeiten von einer bis zu zehn Minuten einstellen. Die Abstufung erfolgt von Minute zu Minute durch Drehen des Stufenschalters S 1. Über ihn werden verschieden große Widerstände eingeschaltet, wodurch die Ladekondensatoren C 1/C 2 schneller oder langsamer

98 Blick in das geöffnete Gehäuse.

54

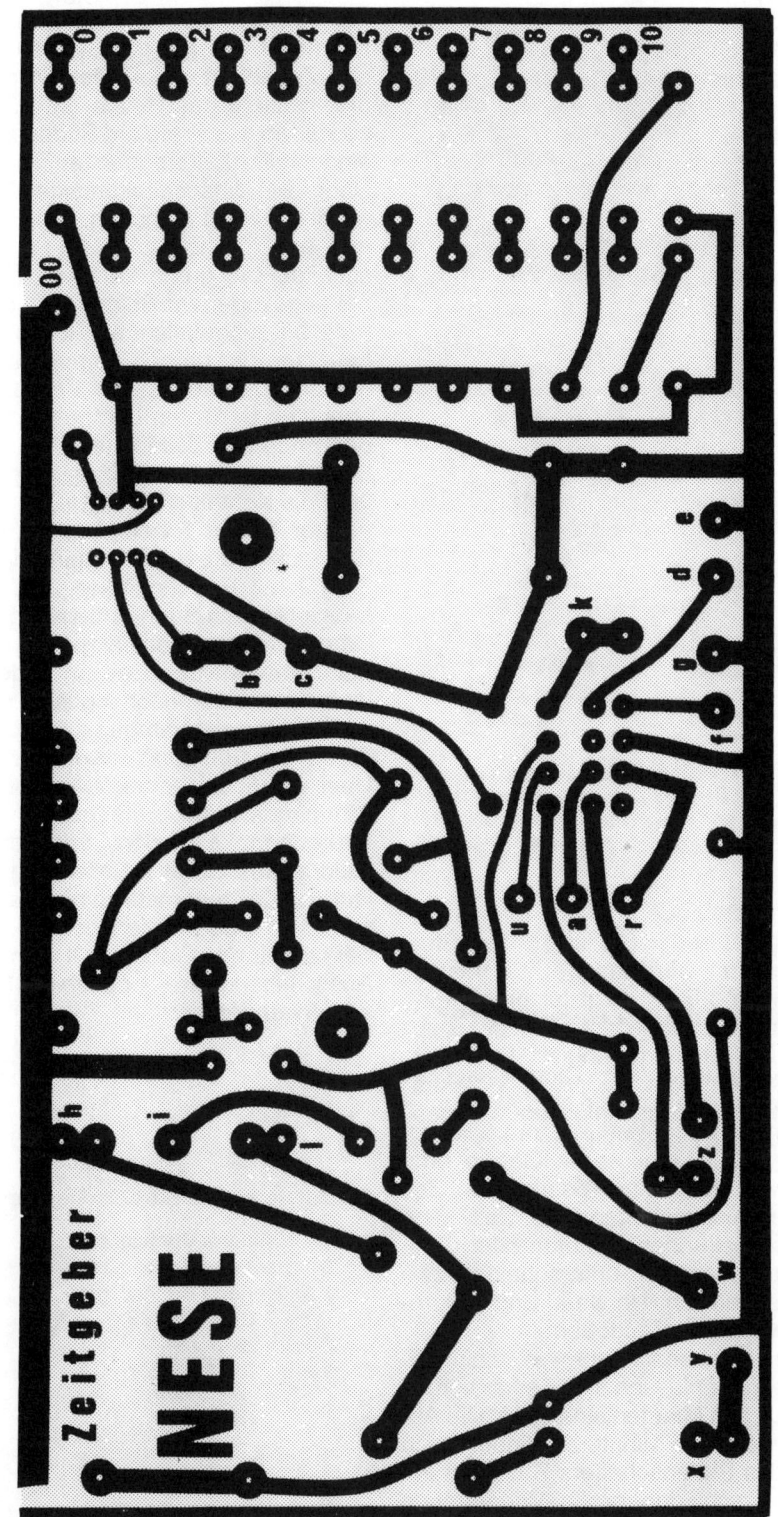

99 Druckvorlage im Maßstab 1:1 zum Zeitschalter.

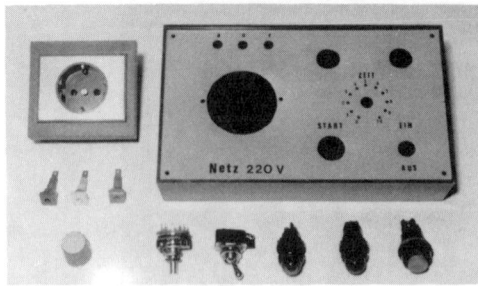

100

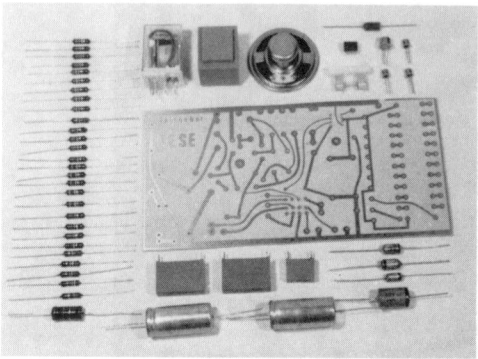

101

100 und 101   Alle elektronischen und mechanischen Bauteile, die zum Bau des Zeitschalters benötigt werden.

gar drei Widerstände in Reihe geschaltet (R 1 bis R 23). In der Stellung 0 des Stufenschalters S 1 wird das Gerät getestet. Der Widerstand R 23 sorgt für einen kurzen etwa 4-Sekunden-Zeitablauf.

Als Herz der Schaltung fungiert der Timer NE/SE 555. Am Anschlußpunkt 3 dieses IC's ist ein Relais angeschlossen, welches im Ruhezustand der Schaltung, also nach dem Einschalten des Gerätes, zunächst abgefallen ist. Mit der Starttaste TS wird der Zeitablauf eingeleitet. Wird TS gedrückt, zieht das Relais an und fällt erst wieder ab, wenn die am Stufenschalter S 1 eingestellte Zeit abgelaufen ist.

Über die Umschaltekontakte des Relais werden zwei Lämpchen, eine rote La 1 und eine grüne La 2, ein- oder ausgeschaltet. Die grüne Lampe La 2 leuchtet bei angezogenem Relais, die Lampe La 1 (rot) bei abgefallenem Relais auf. Das Leuchten der grünen Lampe La 2 bedeutet, daß die eingestellte Zeit abläuft. Ein Leuchten der roten Lampe La 1 bedeutet das Ende des Zeitablaufes.

Bei abgelaufener Zeit wird gleichzeitig über die Kontakte u 2 und r 2 ein Signalgenerator T 1 bis T 4 eingeschaltet. Es handelt sich hierbei um einen Multivibrator T 1/T 2 mit Endverstärker T 3/T 4, der im Lautsprecher LS einen Summton erzeugt. Damit wird auch noch akustisch der Ablauf der Zeit gemeldet. Das Ende des Zeitablaufes wird demnach optisch durch das Aufleuchten der Lampe La 1 und akustisch durch den Summton angezeigt.

Über die Relaiskontakte u 4/a 4 wird der Stromkreis zur Gerätesteckdose Std unterbrochen. Ein dort angeschlossenes elektrisches Gerät schaltet sich nach Ablauf der Zeit automatisch ab. Die Kontakte u 3/a 3/r 3 sind an die Buchsen a 1/a 2/a 3 herausgeführt. Sie können zum Ein- oder Ausschalten weiterer beliebiger Stromkreise verwendet werden.

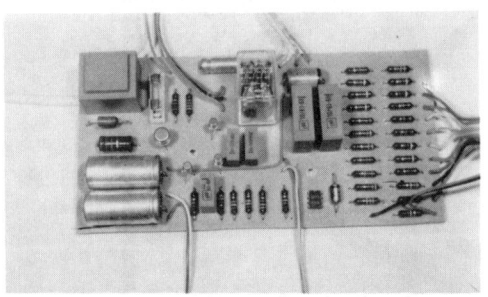

102   Die mit allen Bauteilen bestückte Platine des Zeitschalters.

Stückliste zum elektronischen Zeitschalter

a 1	=	isolierte Buchse, rot
a 2	=	isolierte Buchse, blau
a 3	=	isolierte Buchse, gelb
C 1	=	10 µF / 63 V
C 2	=	10 µF / 63 V
C 3	=	10 nF / 100 V
C 4	=	68 nF / 630 V
C 5	=	68 nF / 630 V
C 6	=	2,2 µF / 63 V
C 7	=	0,47 µF / 100 V
C 8	=	1000 µF / 35 V Elko
C 9	=	1000 µF / 35 V Elko
C 10	=	100 µF / 25 V Elko

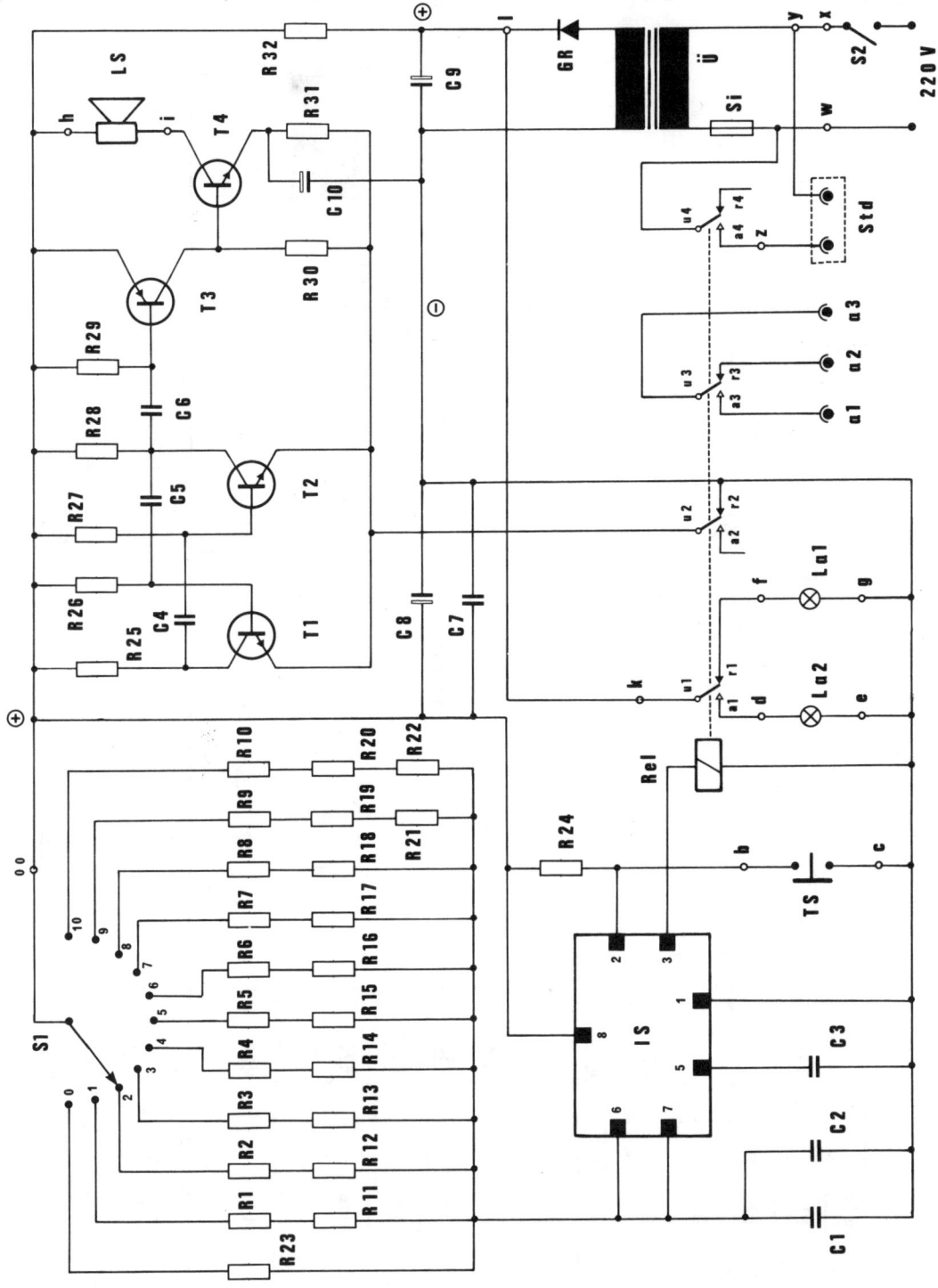

103 Schaltbild zum Zeitschalter.

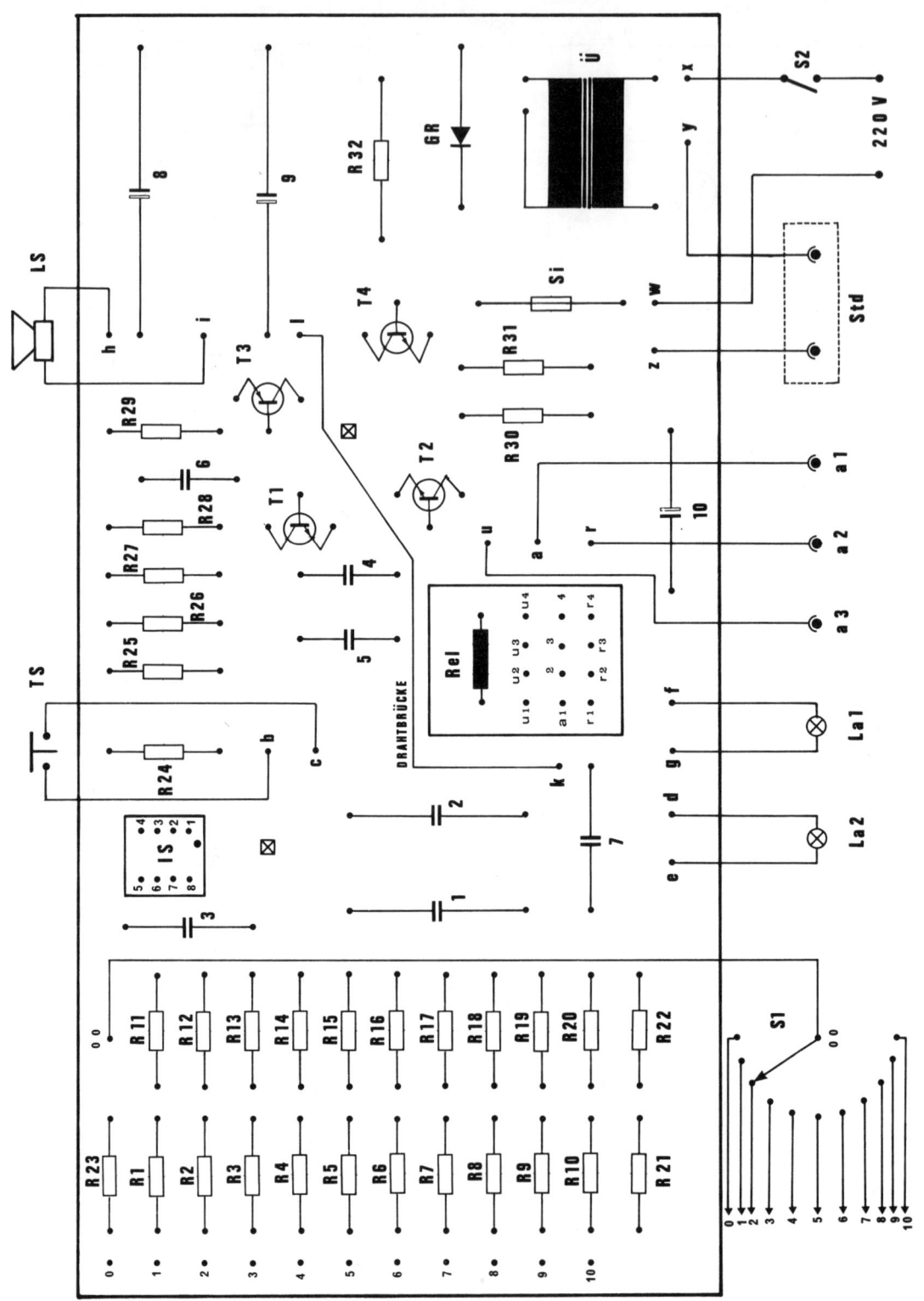

104 Bestückungs- und Verdrahtungsplan.

58

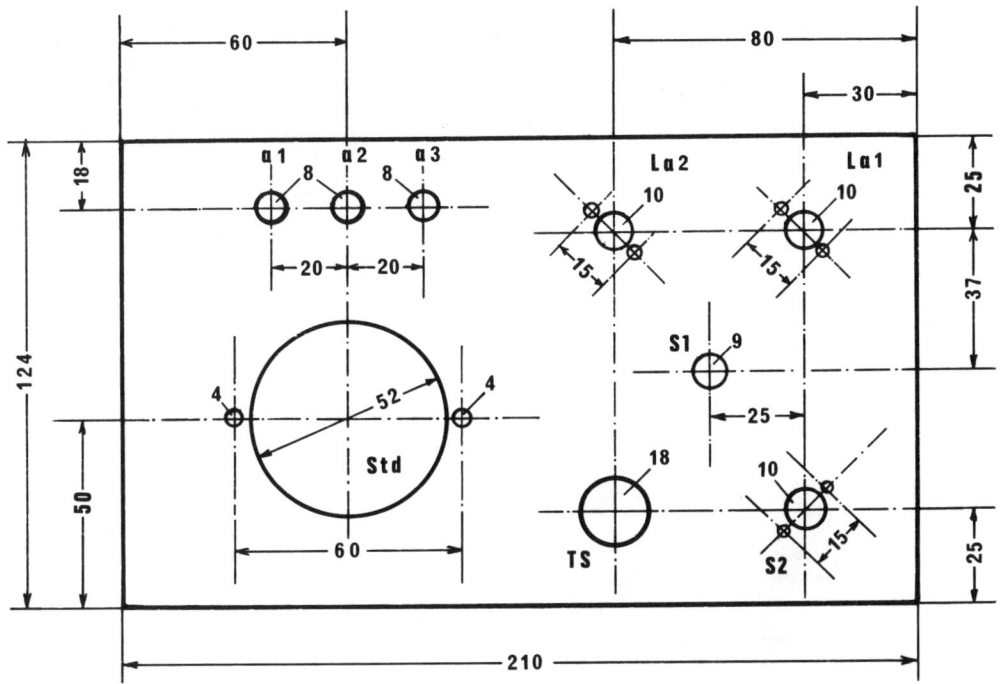

105 Bohrplan zur Frontplatte.

GR	= BY 127 Gleichrichterdiode	R 24 =	51 kOhm / 1/3 W Schichtwiderstand
IS	= NE/SE 555 Integrierte Schaltung	R 25 =	3,3 kOhm / 1/3 W Schichtwiderstand
La 1	= 24 V / 0,04 A Lämpchen (Telefonlampe)	R 26 =	22 kOhm / 1/3 W Schichtwiderstand
La 2	= 24 V / 0,04 A Lämpchen (Telefonlampe)	R 27 =	22 kOhm / 1/3 W Schichtwiderstand
LS	= Lautsprecher 70 Ohm, 50 mm ∅	R 28 =	3,3 kOhm / 1/3 W Schichtwiderstand
R 1 =	2,2 Ohm / 1/3 W Schichtwiderstand	R 29 =	1 kOhm / 1/3 W Schichtwiderstand
R 2 =	4,7 MOhm / 1/3 W Schichtwiderstand	R 30 =	4,7 kOhm / 1/3 W Schichtwiderstand
R 3 =	7,5 MOhm / 1/3 W Schichtwiderstand	R 31 =	750 Ohm / 1/3 W Schichtwiderstand
R 4 =	9,1 MOhm / 1/3 W Schichtwiderstand	R 32 =	180 Ohm / 1/3 W Schichtwiderstand
R 5 =	9,1 MOhm / 1/3 W Schichtwiderstand	Rel =	24 V-Relais, Fa. Schrack RA 401024, 4 x u
R 6 =	10 MOhm / 1/3 W Schichtwiderstand	S 1 =	TMS-Stufenschalter 1 x 11 Kontakte
R 7 =	10 MOhm / 1/3 W Schichtwiderstand	S 2 =	Netzschalter
R 8 =	10 MOhm / 1/3 W Schichtwiderstand	Si =	300 mA-Feinsicherung mit Halterung
R 9 =	9,1 MOhm / 1/3 W Schichtwiderstand		für gedruckte Schaltung
R 10 =	9,1 MOhm / 1/3 W Schichtwiderstand	Std =	Steckdose für Geräteeinbau
R 11 =	330 kOhm / 1/3 W Schichtwiderstand	T 1 =	BC 108 npn-Transistor
R 12 =	360 kOhm / 1/3 W Schichtwiderstand	T 2 =	BC 108 npn-Transistor
R 13 =	75 kOhm / 1/3 W Schichtwiderstand	T 3 =	BC 177 pnp-Transistor
R 14 =	1,1 MOhm / 1/3 W Schichtwiderstand	T 4 =	2 N 1613 npn-Transistor
R 15 =	3,3 MOhm / 1/3 W Schichtwiderstand	TS =	Tastschalter, 1 x a
R 16 =	4,7 MOhm / 1/3 W Schichtwiderstand	Ü =	Netztransformator 220 V / 24 V,
R 17 =	6,8 MOhm / 1/3 W Schichtwiderstand		Fa. Spitznagel Typ: 2230/24
R 18 =	9,1 MOhm / 1/3 W Schichtwiderstand		
R 19 =	9,1 MOhm / 1/3 W Schichtwiderstand		
R 20 =	9,1 MOhm / 1/3 W Schichtwiderstand	1 Stück	Drehknopf
R 21 =	4,3 MOhm / 1/3 W Schichtwiderstand	2 Stück	Lampenfassungen, Fa. Mentor 1.660.002
R 22 =	6,2 MOhm / 1/3 W Schichtwiderstand		(rot und grün)
R 23 =	150 Ohm / 1/3 W Schichtwiderstand	1 Stück	Teko-Gehäuse Modell 365
		1 Stück	Platine NESE

Zeitmeßgerät

Das Herzstück dieses Gerätes ist ein Zähl-relais, und zwar ein mechanisches Zähl-werk, das nur als Fertigteil bezogen wer-den kann. Gesteuert wird der Zähler durch eine elektronische Schaltung.

Wie schon der Name sagt, lassen sich mit diesem Gerät Zeiten messen. Beim durch Tastdruck erfolgten Start läuft der Zähler an und zählt von Sekunde zu Sekunde bis zu 24 Stunden. Mit der Stoptaste wird er angehalten. Die abgelaufene Zeit wird sechsstellig angezeigt.

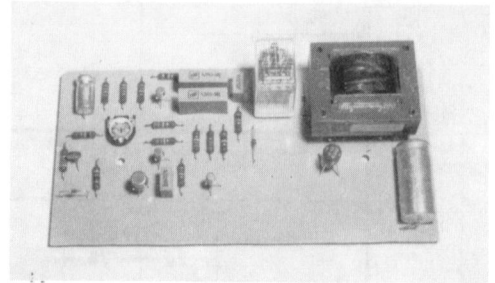

108 Die fertig bestückte Platine.

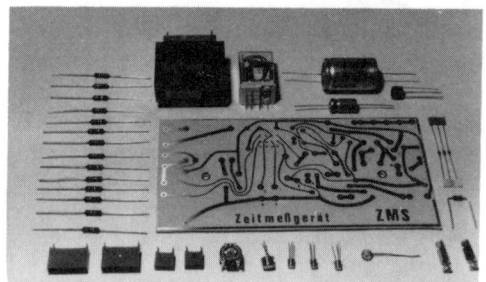

106 Alle zum Bau des Gerätes erforderlichen Einzel-teile mit der Platine.

Von links nach rechts zeigen jeweils zwei Zahlen die Stunden, die Minuten und Se-kunden an. Ein Rückstellwerk erlaubt es, alle Zahlen wieder mit einem Knopfdruck auf Null zu stellen. Jedoch ist auch Weiter-zählen möglich, wird die Starttaste wieder-um gedrückt.

Für solch einen Zeitmesser gibt es viele Anwendungsmöglichkeiten, von denen wir einige hier erwähnen: So können bei-spielsweise die Kosten für Ferngespräche ermittelt werden, wenn der Zähler bei Ge-sprächsbeginn gestartet und bei -ende ge-stoppt wird.

Umgekehrt kann man auch vorher berech-nen, wie teuer ein Gespräch wird. Die Zeit läßt sich kontrollieren, und man weiß, wann man Schluß machen muß, um das Gespräch nicht zu teuer werden zu lassen. Es lassen sich nicht nur bestimmte, son-dern alle Zeitabläufe kontrollieren. Der Tonbandamateur möchte gern wissen, wie lang ein Musikstück auf dem Band ist; die Spieldauer einer Platte soll festgestellt werden; der Fotoamateur muß eine be-stimmte Belichtungszeit einhalten, bei Mo-dellautorennen soll die gefahrene Run-denzeit gestoppt werden; ein Schachspie-ler kontrolliert, welche Zeit er für einen Zug benötigt hat. Die Aufzählung der Möglich-keiten, ein solches Gerät nützlich zu ver-

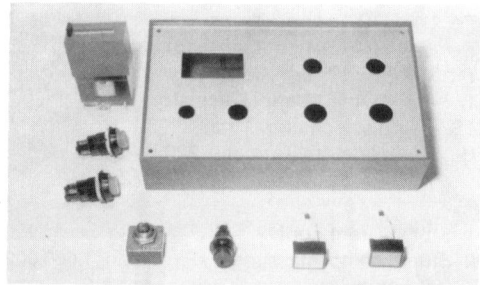

107 Gehäuse mit fertiggebohrter Frontplatte und allen mechanischen Bauteilen.

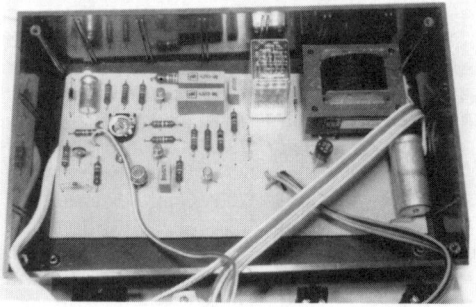

109 Einbau der Platine in ein Teko-Gehäuse.

60

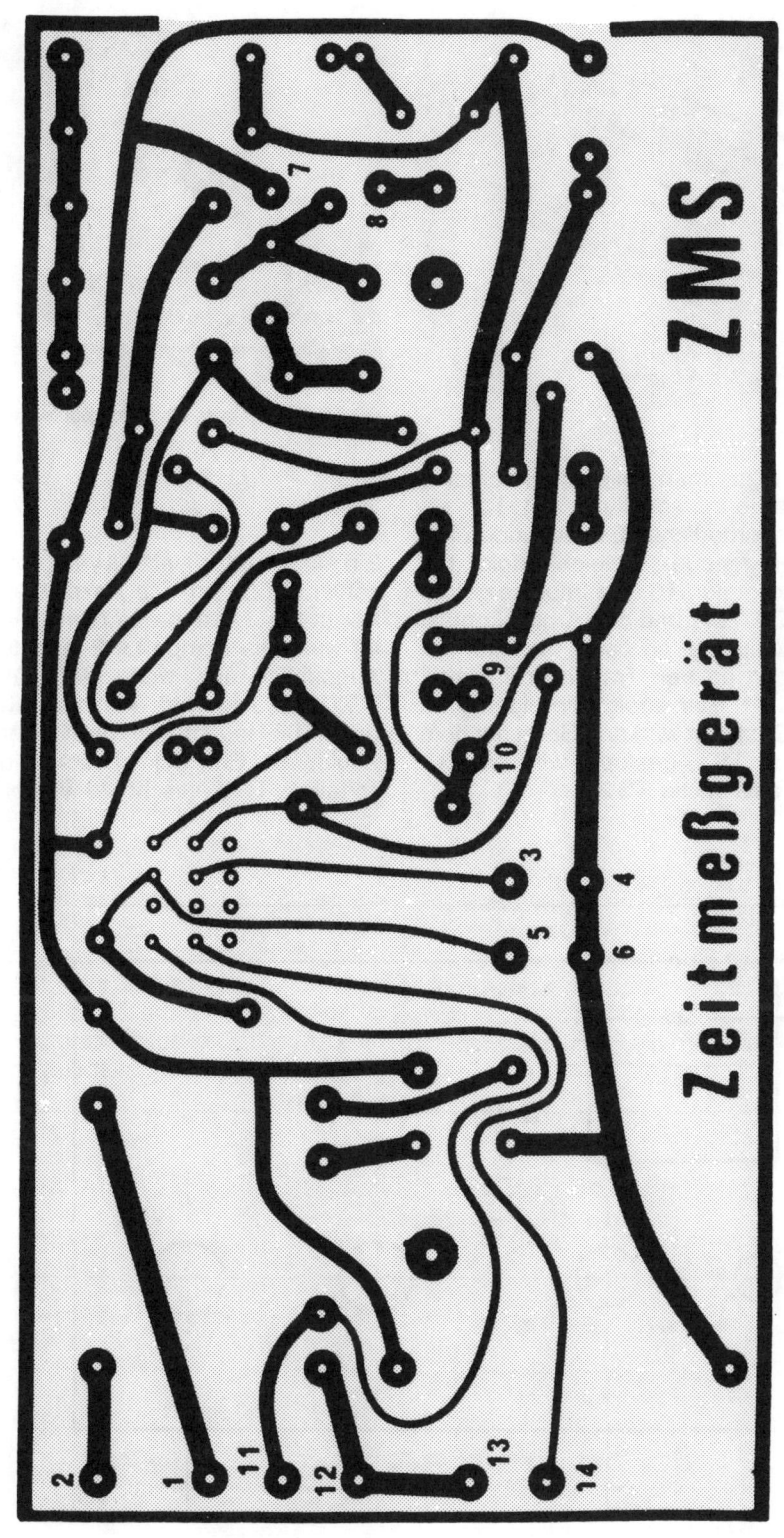

110 Druckvorlage im Maßstab 1:1 zum Zeitmeßgerät.

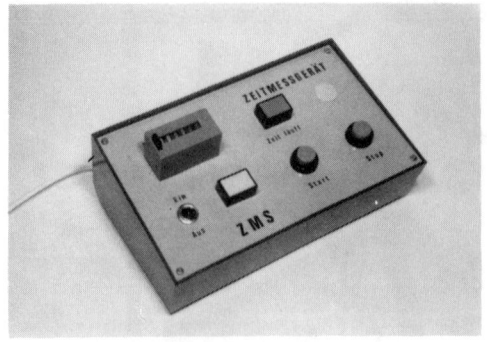

111 Das fertige Zeitmeßgerät.

112 Hier im Einsatz beim Modellautorennen.

wenden, könnte man beliebig fortsetzen. Eine Multivibratorschaltung T1/T2 erzeugt die erforderlichen Ein-Sekunden-Impulse. Der genaue Abgleich erfolgt mit dem Einstellregler R6. Die Impulse gelangen über C4, R11 und den Arbeitskontakt a1 des Relais Rel an den Transistor T3 und von dort an den Transistor T4 zum Zählrelais ZR. Hier erfolgt die eigentliche Anzeige. Gestartet wird das Gerät mit dem Tastschalter TS1, gestoppt wird die Zeit mit dem Tastschalter TS2.

Ein eingebautes Netzteil versorgt den Zeitzähler mit Strom. Die Anzeigelampe La1 leuchtet auf, wenn das Gerät eingeschaltet wird. Die Lampe La2 leuchtet in dem Augenblick auf, wenn der Tastschalter TS1 gedrückt wird und die Zählung beginnt. Sie leuchtet während der ganzen Zähldauer. Erst beim Drücken des Tastschalters TS2 erlischt sie wieder.

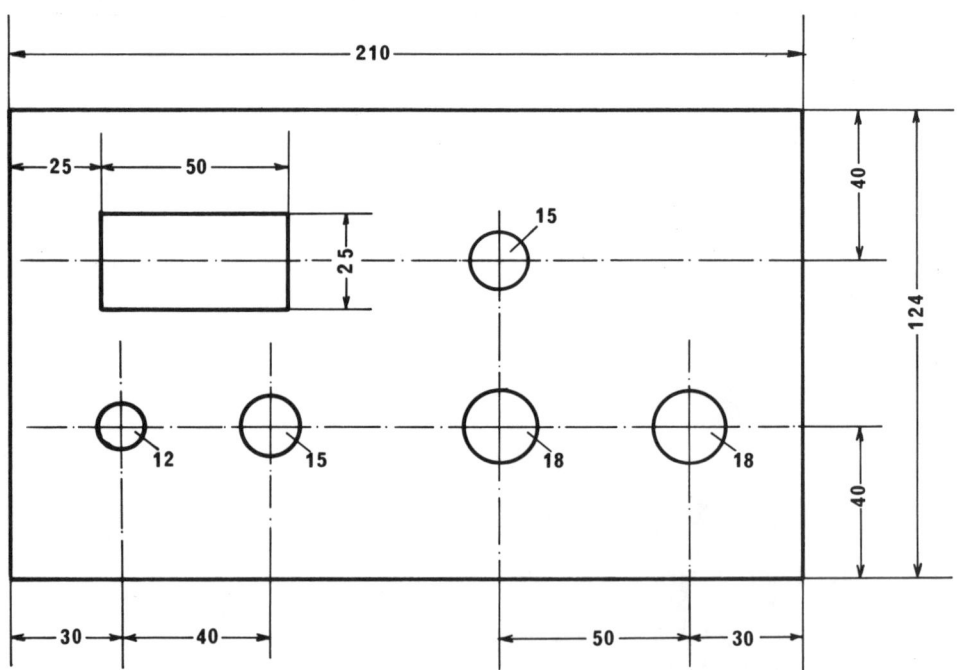

113 Bohrplan zur Frontplatte.

62

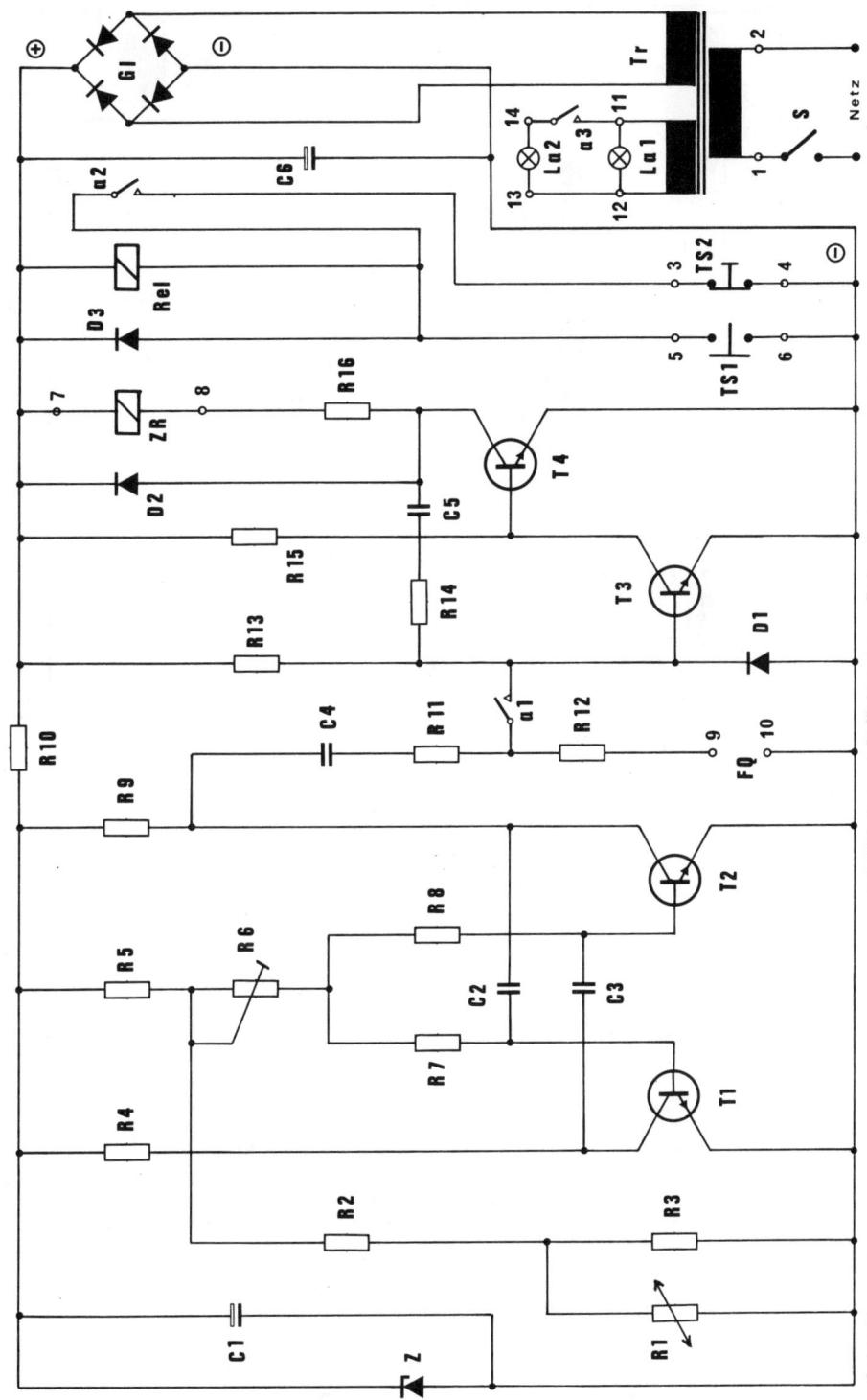

114 *Schaltbild zum Zeitmeßgerät.*

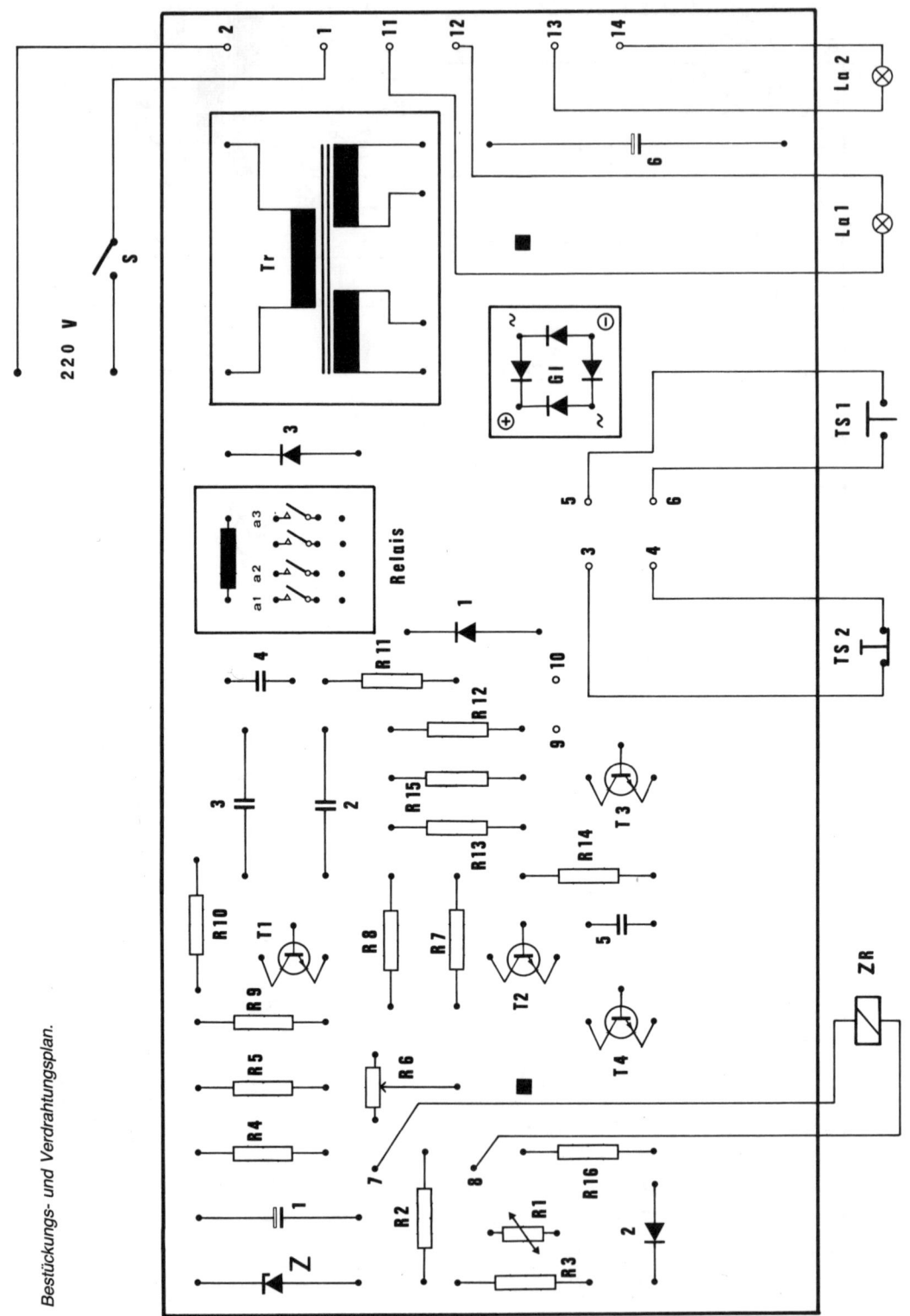

115 Bestückungs- und Verdrahtungsplan.

64

Stückliste zum Zeitmeßgerät

R 1 = 2 kOhm NTC-Widerstand
R 2 = 1 kOhm / 1/3 W Schichtwiderstand
R 3 = 4,7 kOhm / 1/3 W Schichtwiderstand
R 4 = 22 kOhm / 1/3 W Schichtwiderstand
R 5 = 220 Ohm / 1/3 W Schichtwiderstand
R 6 = 50 kOhm / lin. Einstellregler
R 7 = 120 kOhm / 1/3 W Schichtwiderstand
R 8 = 120 kOhm / 1/3 W Schichtwiderstand
R 9 = 22 kOhm / 1/3 W Schichtwiderstand
R 10 = 1 kOhm / 1/3 W Schichtwiderstand
R 11 = 1 kOhm / 1/3 W Schichtwiderstand
R 12 = 10 kOhm / 1/3 W Schichtwiderstand
R 13 = 220 kOhm / 1/3 W Schichtwiderstand
R 14 = 68 kOhm / 1/3 W Schichtwiderstand
R 15 = 6,8 kOhm / 1/3 W Schichtwiderstand
R 16 = 47 Ohm / 1/3 W Schichtwiderstand
C 1 = 100 µF / 35 V Elko
C 2 = 4,7 µF / 63 V
C 3 = 4,7 µF / 63 V
C 4 = 22 nF / 100 V
C 5 = 0,22 µF / 100 V
C 6 = 1000 µF / 35 V
T 1 = BC 108 B npn-Transistor
T 2 = BC 108 B npn-Transistor
T 3 = BC 108 B npn-Transistor
T 4 = 2 N 1613 npn-Transistor
D 1 = 1 N 914 Si-Diode
D 2 = 1 N 914 Si-Diode
D 3 = 1 N 914 Si-Diode
Z = ZW 9,1 Zenerdiode
ZR = Zählrelais 210 Ohm Hengstler 400
Rel = 24 V-Relais Schrack RA 401024, 4 x u
Tr = Netztransformator 220 V / 12 V / 24 V
Gl = B 40 C 800 Gleichrichter
La 1 = 12 V / 0,1 A Skalenlampe mit Fassung, rot
La 2 = 12 V / 0,1 A Skalenlampe mit Fassung, grün
S = Netzschalter (Kipphebelschalter einpolig)
TS 1 = Tastschalter »Start«, grün, 1 x a
TS 2 = Tastschalter »Ende«, rot, 1 x r
1 Stück Teko-Gehäuse Mod. 363 pultförmig
1 Stück Netzschalter mit Kabel, etwa 1,5 m lang
1 Stück Platine ZMS

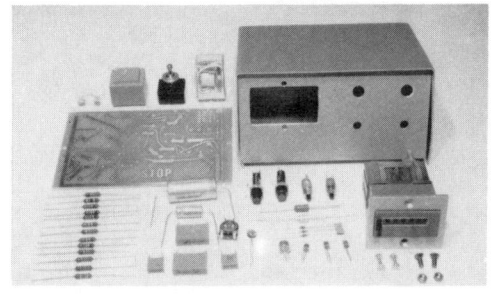

116 Alle zum Bau der elektronischen Stoppuhr erforderlichen Teile.

den beschriebene elektronische Stoppuhr zeigt auf einem Zählrelais Sekunden, Minuten und Stunden an. Sie kann für alle möglichen Zeitmessungen bis zu 24 Stunden eingesetzt werden. Die Stoppuhr wurde als Netzgerät konzipiert.
Betrachtet man die Frontplatte der Uhr, sehen wir links die Zifferanzeige des Zählrelais, rechts daneben oben zwei Anzeigelampen (grün und rot) und darunter zwei Tastschalter, einer für »Start« und einer für »Stop«.
Beim Drücken des Tastschalters »Start« wird Sekunde um Sekunde angezeigt. Nach 59 Sekunden springt die Anzeige auf eine Minute um und nach 59 Minuten auf 1 Stunde. Selbstverständlich werden die folgenden Sekunden und Minuten ebenfalls weiter angezeigt. Wird die Stopptaste gedrückt, hält der Zähler an. Die abgelaufene Zeit wird sechsstellig angezeigt. Die Anzeige erfolgt von links nach rechts in Stunden, Minuten und Sekunden (jeweils

Stoppuhr

Die bei Sportveranstaltungen und Wettbewerben benötigten Stoppuhren sind präzise ablaufende mechanische Uhrwerke. Hier soll nun gezeigt werden, daß das Problem der Zeitbestimmung auch elektronisch gelöst werden kann. Die im folgen-

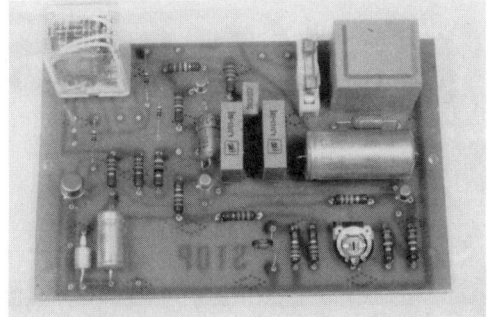

117 Die mit allen Bauteilen bestückte Platine.

 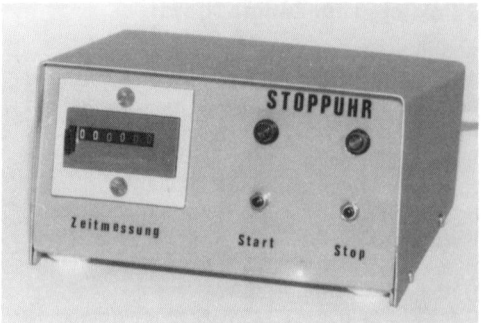

118 Blick in das geöffnete Gerät. Tastschalter, Lampen und das Zählrelais werden an der Frontplatte montiert, die Platine wird am Gehäuseboden festgeschraubt.

119 Die elektronische Stoppuhr.

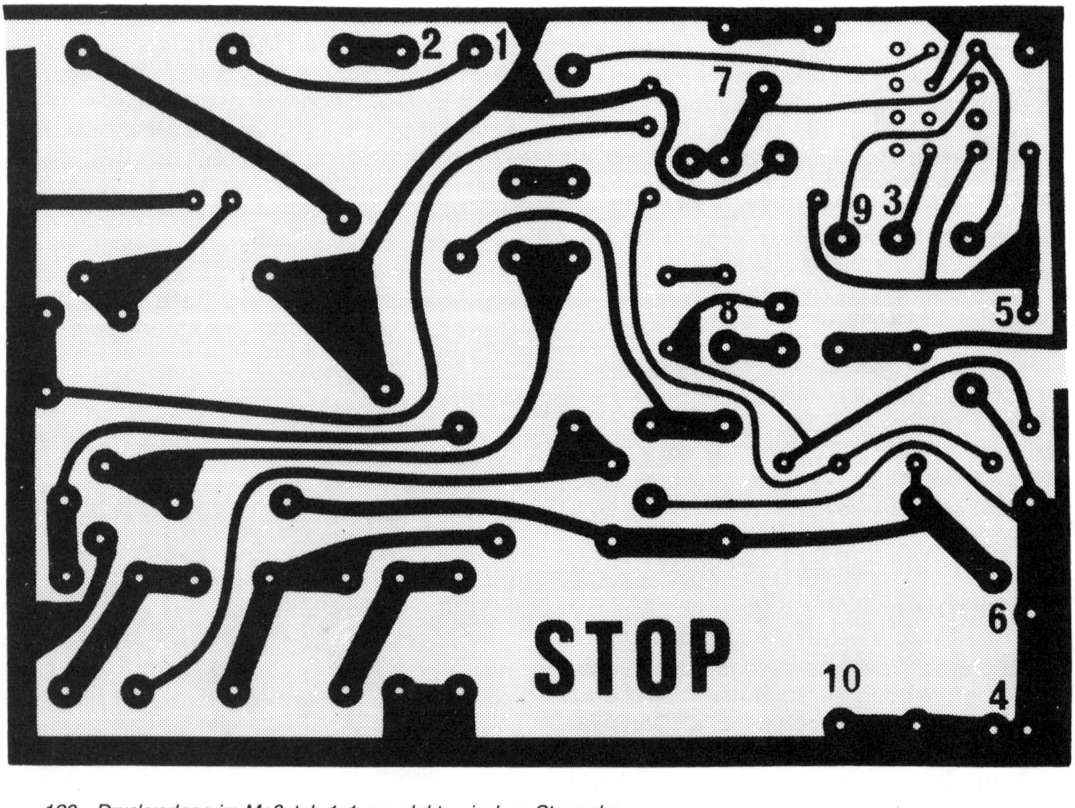

120 Druckvorlage im Maßstab 1:1 zur elektronischen Stoppuhr.

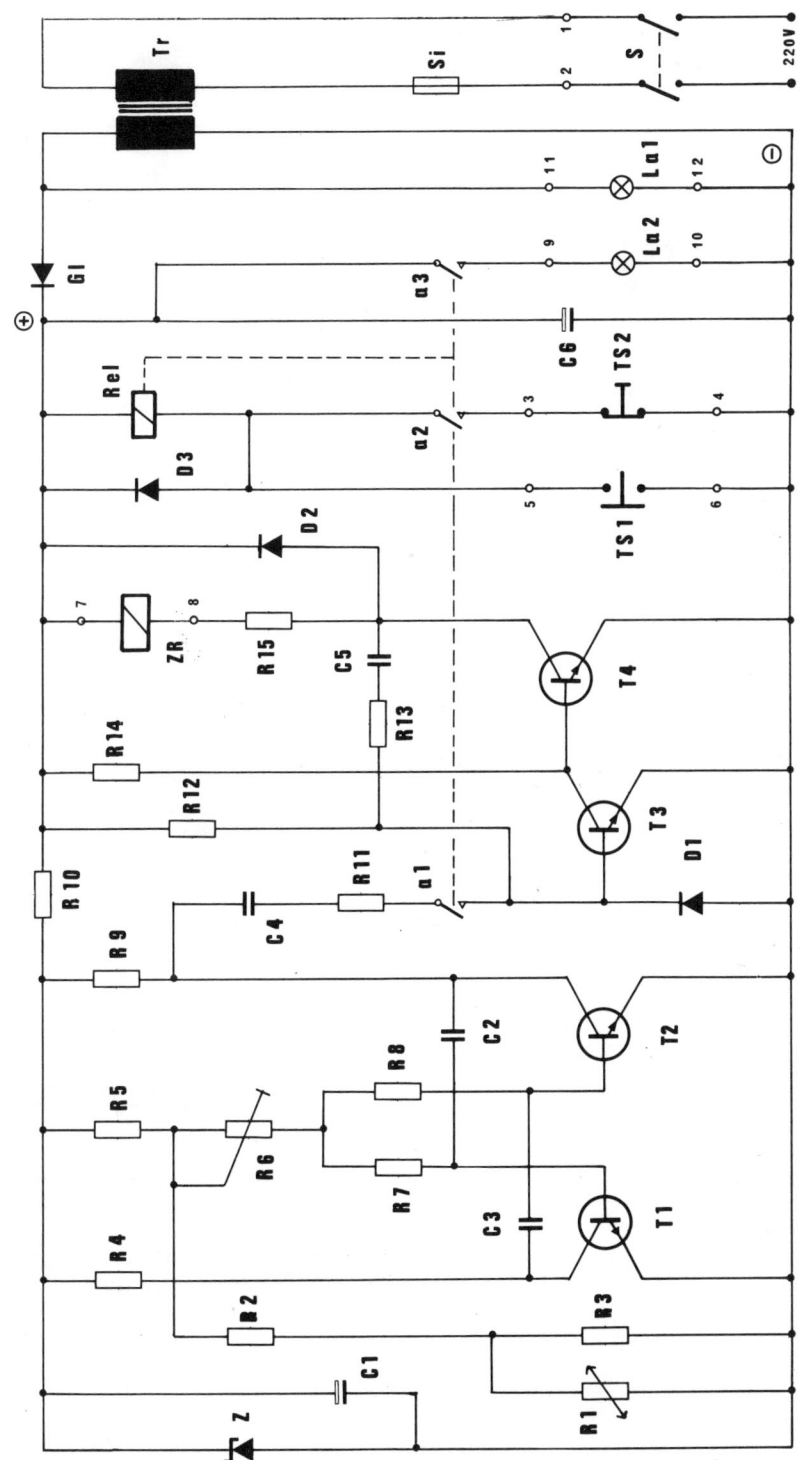

121 Schaltbild elektronische Stoppuhr.

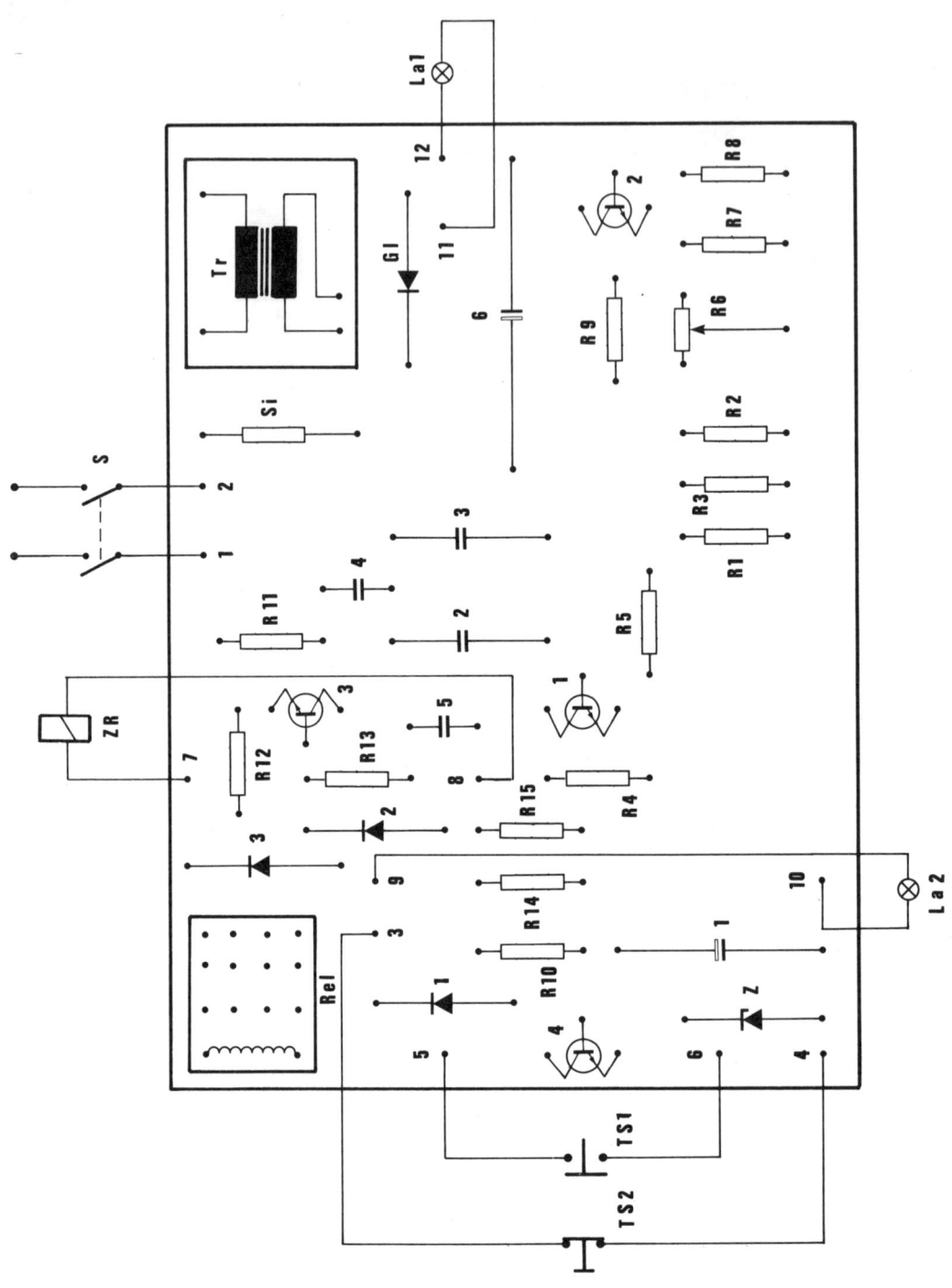

122 Bestückungs- und Verdrahtungsplan.

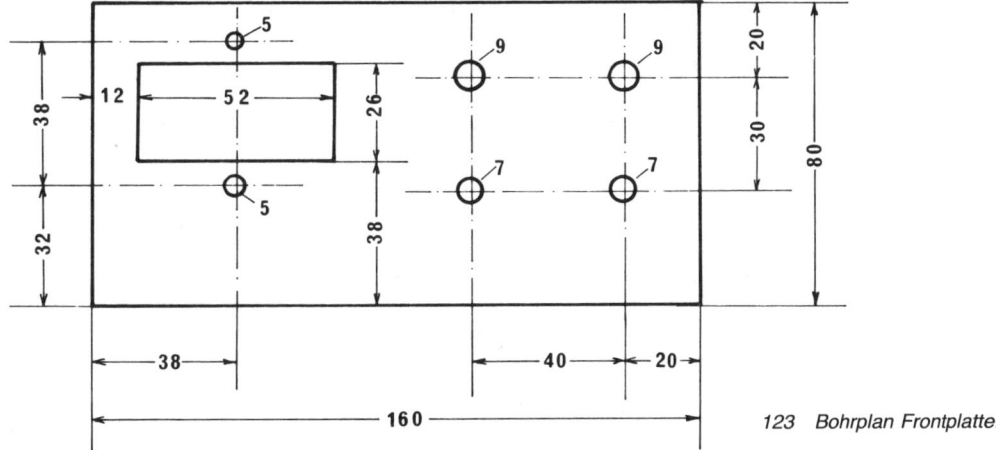

123 Bohrplan Frontplatte.

zwei Ziffern). Durch ein ebenfalls durch Drücken zu betätigendes Rückstellwerk läßt sich die Anzeige auf Null stellen. Jedoch ist auch ein Weiterzählen möglich, wenn die Starttaste erneut gedrückt wird. In einer Multivibratorschaltung T 1/T 2 werden die erforderlichen Ein-Sekunden-Impulse erzeugt. Der genaue Abgleich erfolgt mit dem Einstellregler R 6. Die Impulse gelangen über C 4, R 11 und den Arbeitskontakt a 1 des Relais Rel zum Transistor T 3, weiter zum Transistor T 4 und damit zum Zählrelais ZR, wo die Anzeige sichtbar wird.

Gestartet wird mit dem Tastschalter TS 1, gestoppt wird die Zeit mit dem Tastschalter TS 2. Ein Netzteil versorgt den Zähler mit Strom. Die Anzeigelampe La 1 leuchtet auf, wenn das Gerät über den Schalter S eingeschaltet wird. Die Lampe La 2 leuchtet auf, wenn der Tastschalter TS 1 gedrückt wird und die Zeitzählung beginnt. Sie leuchtet während der gesamten Zähldauer. Erst beim Drücken des Tastschalters TS 2 erlischt sie wieder, die Zeitzählung ist beendet.

Um unsere elektronische Stoppuhr eichen zu können, benötigen wir eine genau gestellte Uhr mit Sekundenzeiger. Durch Verdrehen des Einstellreglers R 6 muß der Punkt gefunden werden, an dem es Übereinstimmung der beiden Anzeigen gibt. Zunächst werden über eine Zeit von beispielsweise 30 Sekunden die beiden An-

zeigen verglichen. Zeigt unsere Uhr anstatt 30 Sekunden 36 Sekunden an, ist der Regler etwas nach links zu drehen. Diesen Abgleichvorgang wiederholen wir nun solange, bis beide Anzeigen zeitlich genau übereinstimmen. Damit ist die elektronische Stoppuhr fertig.

Stückliste zur elektronischen Stoppuhr

R 1 =   2 kOhm NTC-Widerstand
R 2 =   1 kOhm / 0,3 W Schichtwiderstand
R 3 =   4,7 kOhm / 0,3 W Schichtwiderstand
R 4 =   22 kOhm / 0,3 W Schichtwiderstand
R 5 =   220 Ohm / 0,3 W Schichtwiderstand
R 6 =   10 kOhm / lin. Einstellregler
R 7 =   120 kOhm / 0,3 W Schichtwiderstand
R 8 =   120 kOhm / 0,3 W Schichtwiderstand
R 9 =   22 kOhm / 0,3 W Schichtwiderstand
R 10 =   2,2 kOhm / 0,3 W Schichtwiderstand
R 11 =   1 kOhm / 0,3 W Schichtwiderstand
R 12 =   220 kOhm / 0,3 W Schichtwiderstand
R 13 =   68 kOhm / 0,3 W Schichtwiderstand
R 14 =   6,8 kOhm / 0,3 W Schichtwiderstand
R 15 =   10 Ohm / 0,3 W Schichtwiderstand
C 1 =   100 µF / 35 V Elko
C 2 =   4,7 µF / 63 V
C 3 =   4,7 µF / 63 V
C 4 =   22 nF / 100 V
C 5 = 0,22 µF / 100 V
C 6 = 2200 µF / 25 V Elko
T 1 =   BC 108 B npn-Transistor

T 2 = BC 108 B npn-Transistor
T 3 = BC 108 B npn-Transistor
T 4 = 2N 1613 npn-Transistor
D 1 = 1N 914 Si-Diode
D 2 = 1N 914 Si-Diode
D 3 = 1N 914 Si-Diode
Z = ZD 9,1 Zenerdiode
ZR = Zählrelais, Fa. Hengstler, Typ: 400
        Best.-Nr. 1404365, 210 Ohm
Rel = 24 Volt-Relais, Fa. Schrack,
        Typ: RA 401024 4 x u
Tr = Netztransformator,
        220 V / 24 V für gedruckte Schaltung
GI = BY 127 Gleichrichterdiode
La 1 = 24 V / 20 mA Telefonstecklampe mit
        Fassung
La 2 = 24 V / 20 mA Telefonstecklampe mit
        Fassung
Si = Feinsicherung 300 mA mit Halter für
        gedruckte Schaltung
S = doppelpoliger Kipphebelschalter für
        Einlochmontage
TS 1 = Tastschalter START, 1 × Schließer
        (Miniaturtastschalter)
TS 2 = Tastschalter STOP, 1 × Öffner
        (Miniaturtastschalter)
1 Stück Teko-Gehäuse Mod. 353 pultförmig
1 Stück Netzstecker mit Kabel, etwa 1,5 m lang
1 Stück Platine STOP

Timer

Elektronische Zeitschalter werden auch Timer genannt. Mit der hier gezeigten Schaltung lassen sich Schaltzeiten nach Wunsch bestimmen und einstellen. Sie werden mit dem Potentiometer Pl vorgewählt. Es ist ratsam, eine Zeitskala anzufertigen, damit die gewählte Zeit immer wieder exakt eingestellt werden kann. Mit einem Tastschalter, der an den Punkten 9 und 10 angeschlossen wird, kann der Startimpuls gegeben werden. Der zu schaltende Verbraucher ist an den Punkten 5 und 6 direkt anzuschließen, wenn seine Leistung unterhalb 400 Watt liegt. Bei höheren Verbraucherleistungen ist ein Relais an den Punkten 5 und 6 anzuschließen, während der Verbraucher selbst über die Relaiskontakte eingeschaltet wird. Soll der Verbraucher auf Dauerbetrieb geschaltet werden. So ist ein Ein/Ausschalter an den Punkten 7 und 8 anzuschließen. Da das Gerät direkt mit Netzspannung 220 V betrieben wird – angelegt an den Punkten 1 und 4 –, ist besondere Vorsicht geboten. Der Einbau der Schaltung in ein Gehäuse ist daher ratsam.

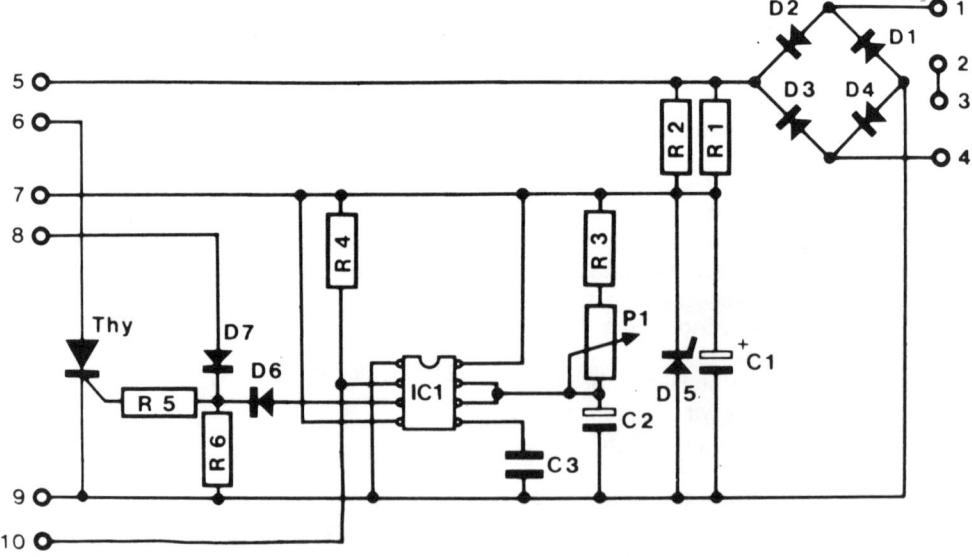

124   Schaltbild zum Timer.

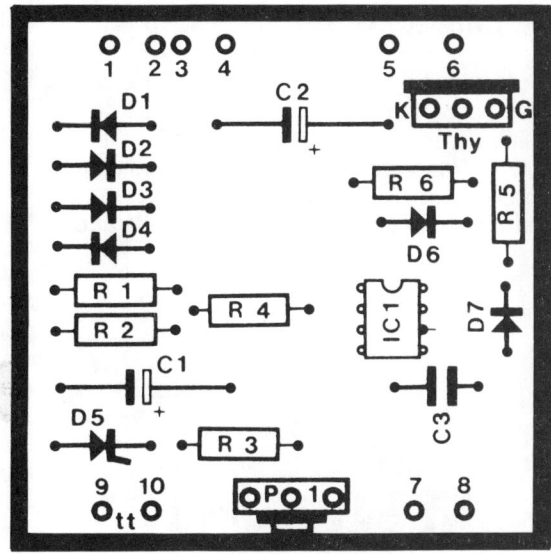

Stückliste zum Zeitschalter (Timer)

R 1 = 100 kOhm Schichtwiderstand
R 2 = 100 kOhm Schichtwiderstand
R 3 = 6,8 kOhm Schichtwiderstand
R 4 =   68 kOhm Schichtwiderstand
R 5 = 2,2 kOhm Schichtwiderstand
R 6 = 4,7 kOhm Schichtwiderstand
C 1 = 100 µF / 16 V Elko
C 2 = 100 µF / 16 V Elko
C 3 = 0,1 µF / 100 V Elko
IC 1 = NE 555 Integrierter Schaltkreis
Thy = 106 D 1 Thyristor
D1–D4 = 1 N 4005 Dioden
D 5 = 10 V / 0,5 W Zenerdiode
D 6 = 1 N 4148 Diode
D 7 = 1 N 4148 Diode
P 1 = 1 MOhm Potentiometer
tt = Tastschalter

10 Stück Lötstützpunkte
 1 Stück Druckplatine B 60059

Dieses Gerät kann aus einem Bausatz der Firma Diamant-Electronic aufgebaut werden (Bausatz: LE 038).

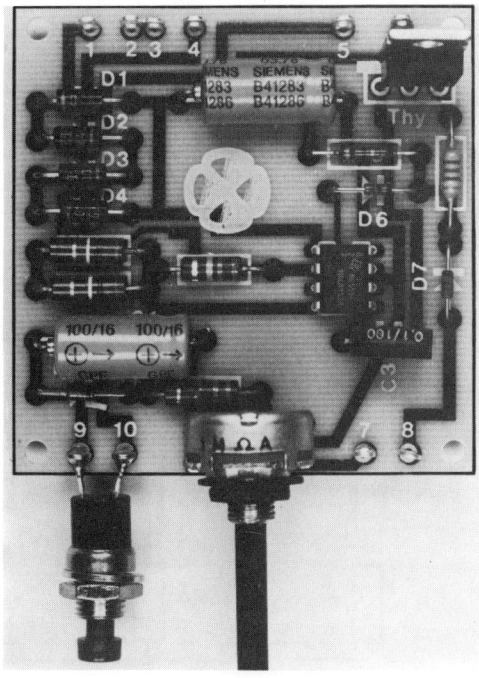

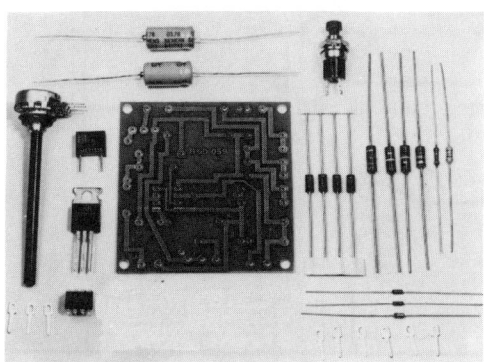

126 Alle zum Bau des Timers benötigten Bauteile und die Druckplatine.

127 Die mit allen Bauteilen bestückte Druckplatine des Timers.

71

Metallsuchgerät

Ein vielseitig einsetzbares Gerät ist der hier beschriebene Metallsucher. Soll beispielsweise ein unter Putz verlegtes Gas- oder Wasserrohr, eine Elektroinstallations- oder Telefonleitung gesucht werden, so wird das Suchgerät an die Wand gehalten und nach links und rechts bewegt. Befindet sich das Rohr oder die Leitung darunter, leuchtet die Leuchtdiode auf. Die Suchtiefe des Gerätes ist vom Querschnitt der Rohre und Leitungen abhängig und beträgt 25 bis 50 cm.

Hat man einen Metallgegenstand gefunden, ist die Empfindlichkeit des Gerätes durch Verdrehen des Potentiometers R 12 solange zu verringern, daß die Leuchtdiode gerade noch anspricht. Fehlmessungen werden dadurch vermieden.

Als Sonde dient eine Ferritspule, die an die Anschlußpunkte a, b und c angeschlossen wird. Um eine große Genauigkeit zu erreichen, ist sie möglichst weit von Metallteilen entfernt in ein Kunststoffgehäuse zu montieren.

Die Schaltung arbeitet an einer Betriebsspannung von 6 bis 12 Volt Gleichspannung, die an den Punkten »+« und »−« anzuschließen ist.

Eine 9-Volt-Transistorbatterie ist zum Beispiel gut geeignet. Die Ruhestromaufnahme liegt bei etwa 6 mA.

Das Trimmpotentiometer R 13 ist so einzu-

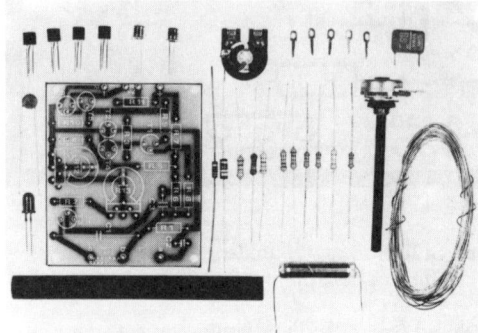

128 Alle Bauteile und die Druckplatine.

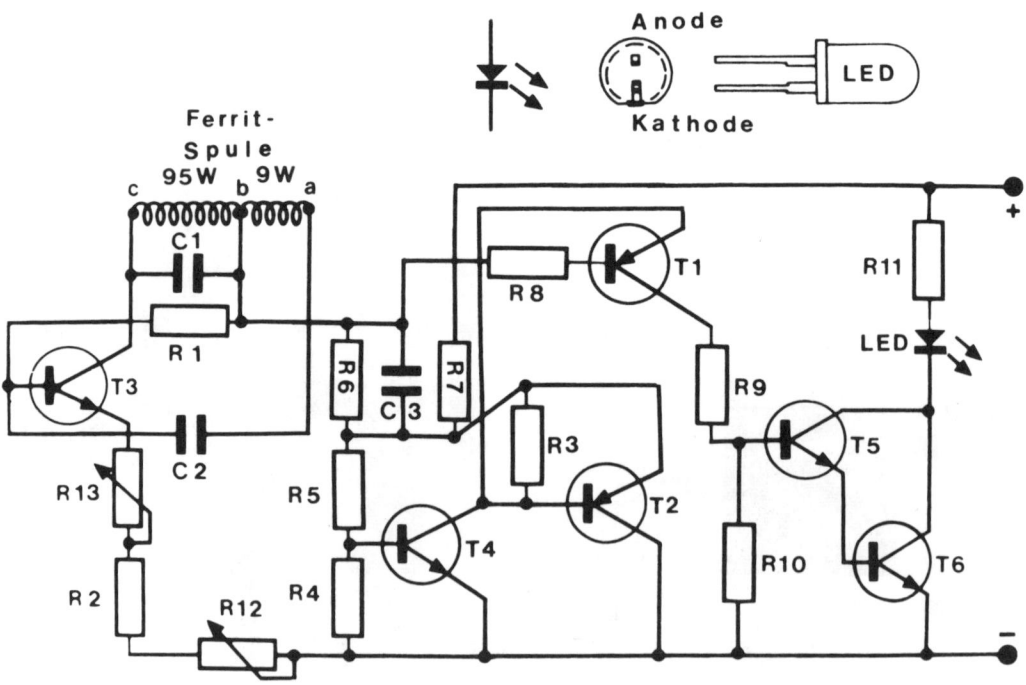

129 Schaltbild zum Metallsuchgerät.

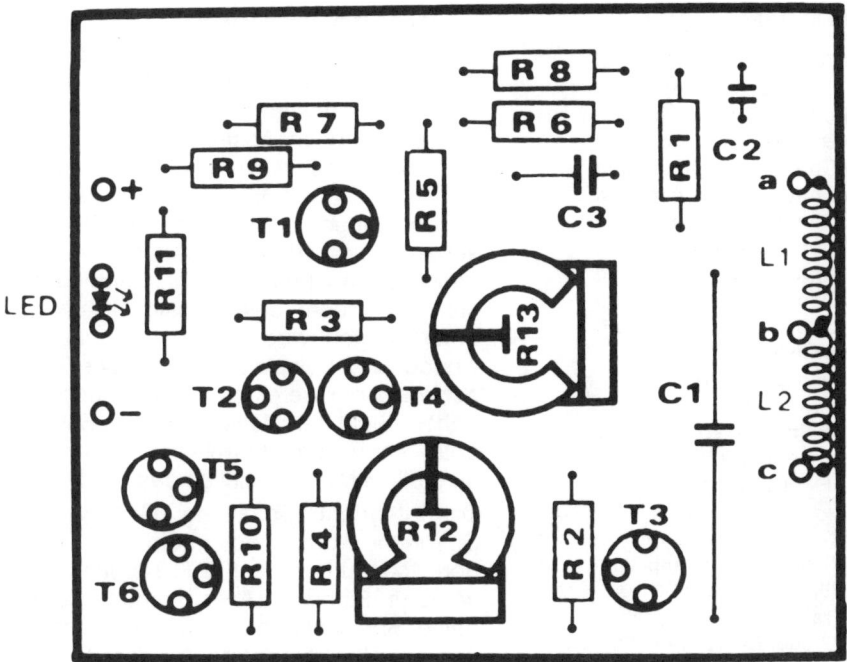

130 Bestückungsplan zum Metallsuchgerät.

stellen, daß die Leuchtdiode LED gerade erlischt. Mit dem Potentiometer R 12 läßt sich die gewünschte Empfindlichkeit des Gerätes nachstellen. Bei Annäherung an den Metallgegenstand leuchtet bei entsprechendem Abstand die Leuchtdiode auf. Durch Zurückdrehen des Potentiometers R 12 verringert sich die Empfindlichkeit, und der Abstand muß dementsprechend verkürzt werden.

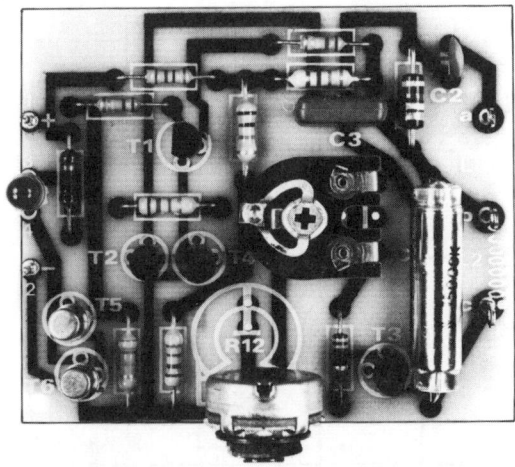

131 Die mit allen Bauteilen bestückte Druckplatine des Metallsuchgerätes.

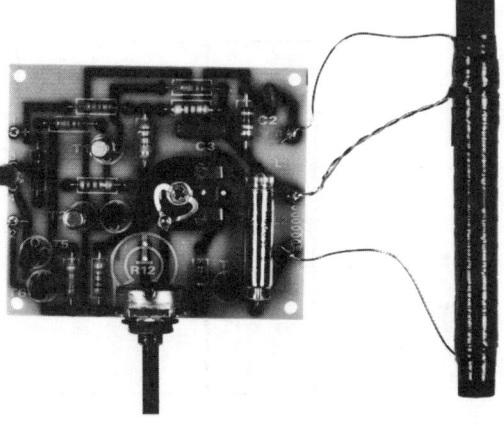

132 Die Platine mit der Ferritspule.

73

R 1 = 470 kOhm Schichtwiderstand
R 2 = 330 Ohm Schichtwiderstand
R 3 = 1,8 kOhm Schichtwiderstand
R 4 = 1,8 kOhm Schichtwiderstand
R 5 = 10 kOhm Schichtwiderstand
R 6 = 3,3 kOhm Schichtwiderstand
R 7 = 680 Ohm Schichtwiderstand
R 8 = 150 kOhm Schichtwiderstand
R 9 = 150 kOhm Schichtwiderstand
R 10 = 330 kOhm Schichtwiderstand
R 11 = 100 Ohm Schichtwiderstand
R 12 = 2,5 kOhm Potentiometer
R 13 = 470 Ohm Einstellregler

C 1 = 10 nF Styroflexkondensator
C 2 = 1 nF Keramikkondensator
C 3 = 0,22 µF Folienkondensator

T 1 = BC 327 oder BC 177 pnp-Transistor
T 2 = BC 327 oder BC 177 pnp-Transistor
T 3 = BC 239, BC 109 oder BC 108
npn-Transistor
T 4 = BC 237 oder BC 107 npn-Transistor
T 5 = BC 237 oder BC 107 npn-Transistor
T 6 = BC 237 oder BC 107 npn-Transistor

LED = Leuchtdiode
L1 / L2 = Ferritstabspulen
L 1 = 9 Windungen Cul 0,5 mm
L 2 = 95 Windungen Cul 0,5 mm

5 Stück Lötstützpunkte
1 Stück Druckplatine B 60019

Dieses Gerät kann aus einem Bausatz der Firma Diamant-Electronic aufgebaut werden (Bausatz: MS 04).

Füllstandsmelder

Soll in einem Gefäß oder Behälter der Füllstand einer bestimmten Flüssigkeit überwacht und beim Absinken unter ein bestimmtes Mindestniveau Alarm ausgelöst werden, ist der Aufbau eines Füllstandsmelders angebracht. Er ist vielseitig einsetzbar, und durch Aufleuchten einer Leuchtdiode wird angezeigt, wenn ein bestimmter Pegel des Flüssigkeitsstandes unterschritten wird. Eine praktische Anwendung ist beispielsweise bei der Scheibenwaschanlage eines Kraftfahrzeugs gegeben. Sinkt der Wasserstand im Behälter unter ein bestimmtes Niveau, so erinnert die aufleuchtende LED an das Nachfüllen.

Die Integrierte Schaltung IC 1 wird als Spannungskomperator betrieben. Über den Spannungsteiler R 2/R 3 erhält der invertierte Eingang (Anschlußpunkt 2) die halbe Speisespannung. Die Empfindlichkeit der Schaltung wird mit dem Einstellregler PI am nichtinvertierten Eingang (Anschlußpunkt 3) eingestellt.

Im Kollektorkreis von T1 liegt ein Relais, mit dem Verbraucher bis zu 8A (100W) geschaltet werden können. Die Fühler selbst, die man aus zwei blanken Drahtstücken herstellt, sind an den Lötanschlußpunkten 1 und 3 anzuschließen. Sie werden so angebracht, daß sie stets von der Flüssigkeit bedeckt sind. Ist der Flüssigkeitsspiegel abgesunken und werden die Fühler von der Flüssigkeit nicht mehr umspült, leuchtet die LED auf, und das

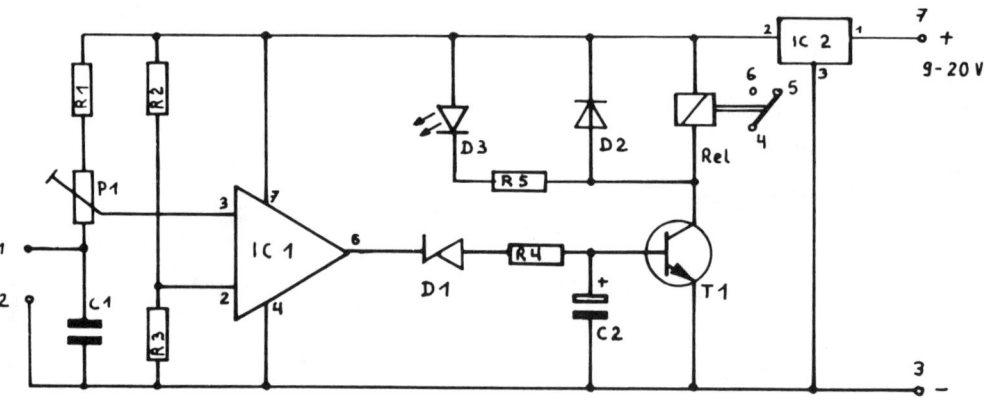

133 Schaltbild zum Füllstandsmelder.

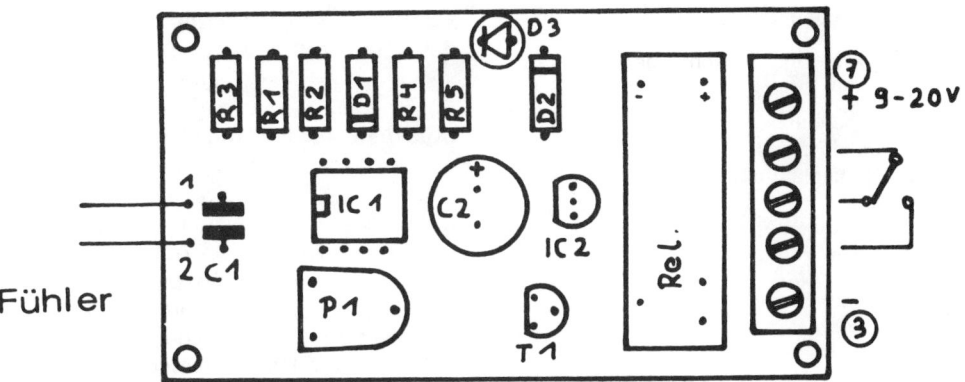

134 Bestückungsplan zum Füllstandsmelder.

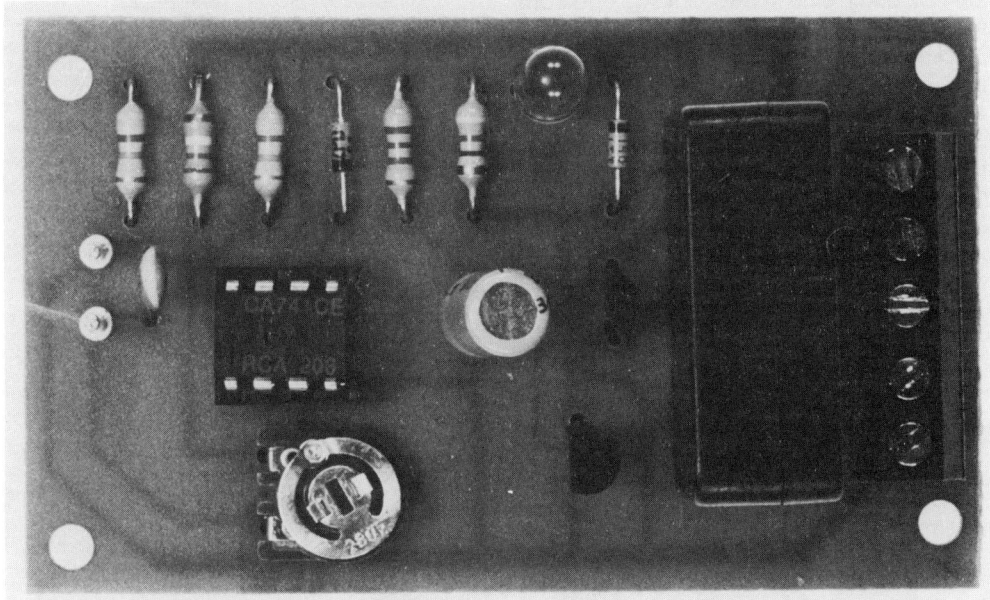

135 Die fertige Druckplatine des Füllstandsmelders.

Relais zieht an. Statt des Relais kann ein Summer eingebaut werden, der ebenfalls akustisch Alarm gibt.
Die Betriebsspannung, die zwischen 9 und 20 Volt Gleichspannung liegen kann, wird an den Lötstützpunkten 7 (+) und 3 (−) angeschlossen.

Stückliste zum Füllstandsmelder

R 1 = 270 kOhm Schichtwiderstand
R 2 = 47 kOhm Schichtwiderstand
R 3 = 47 kOhm Schichtwiderstand
R 4 = 2,7 kOhm Schichtwiderstand
R 5 = 470 Ohm Schichtwiderstand

C 1 = 1 nF Keramikkondensator
C 2 = 47 µF / 16 V Elko

T 1 = BC 238 B npn-Transistor
IC 1 = LM 741
IC 2 = 78 LO 8

D 1 = 4,7 bis 5,6 V Zenerdiode
D 2 = 1 N 4148 Diode
D 3 = Leuchtdiode

75

P 1   = 250 kOhm Einstellregler

Rel   = 12 V-Relais, 1 × Umschaltkontakte

1 Stück Anschlußklemme
2 Stück Lötstützpunkte
1 Stück Druckplatine HB 27

Dieses Gerät kann aus einem Bausatz der Firma Conrad-Electronic aufgebaut werden (Bausatz: Füllstandsmelder).

2-Klang-Glocke

Wem die Türglocke zu schrill meldet, der kann sie durch eine in der Tonfolge und Tonhöhe einstellbare wohlklingende 2-Klang-Glocke ersetzen. Eine elektronische Schaltung, mit nur wenigen Bauteilen zu realisieren, erzeugt einen 2-Klang, der im Lautsprecher (4 bis 8 Ohm Impedanz) hörbar gemacht wird.
Der Lautsprecher wird an den Lötstiften 2 und 3 angeschlossen, er soll eine Belastbarkeit von 10 Watt aufweisen. Für Außenmontage wird ein wasserdichter Druckkammerlautsprecher empfohlen.
Mit den beiden Trimmpotis R7 und R8

kann der 2-Klang-Toneffekt verändert werden. Die Stromaufnahme beträgt 500 mA.

Stückliste zur 2-Klang-Glocke

R 1 =   6,8 kOhm Schichtwiderstand
R 2 = 220   Ohm Schichtwiderstand
R 3 = 330   Ohm Schichtwiderstand
R 4 = 680   Ohm Schichtwiderstand
R 5 =   1 kOhm Schichtwiderstand
R 6 = 180   Ohm Schichtwiderstand
R 7 = 470   Ohm Einstellregler
R 8 =   1 kOhm Einstellregler

C 1 = 0,68 µF / 100 V Folienkondensator
C 2 = 1000 µF / 16 V Elko

T 1 = BC 237, BC 107 oder BC 239
       npn-Transistor
T 2 = BD 241 oder BD 243 npn-Transistor
IC 1 = SN 7404

D 1 = 1 N 4148 Diode
D 2 = 4,7 V / 0,5 W Zenerdiode

4 Stück Lötstützpunkte
1 Stück Druckplatine B 60062

Dieses Gerät kann aus einem Bausatz der Firma Diamant-Electronic aufgebaut werden (Bausatz: S 049).

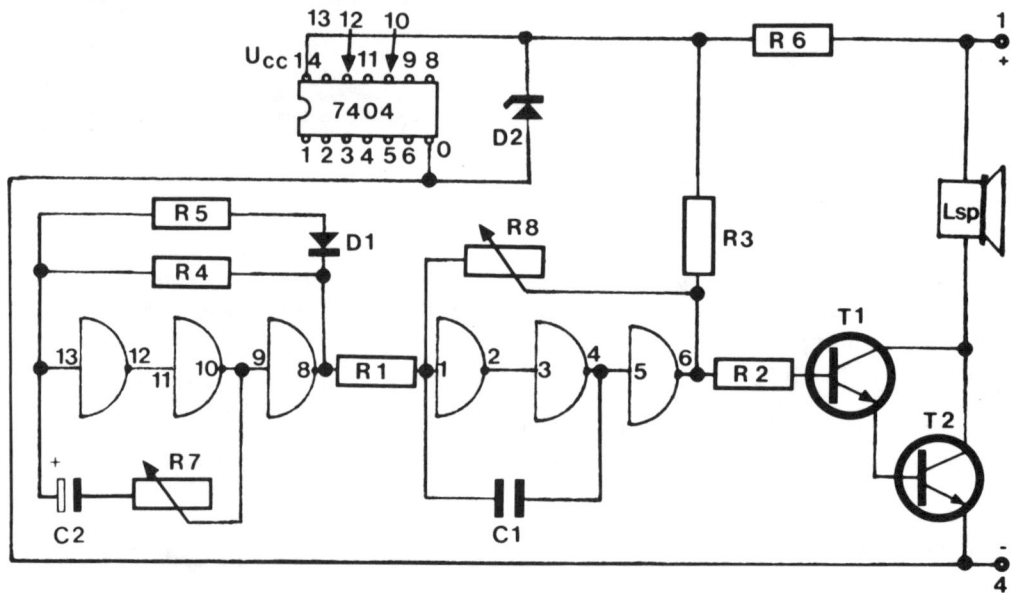

136   Schaltbild zur 2-Klang-Glocke.

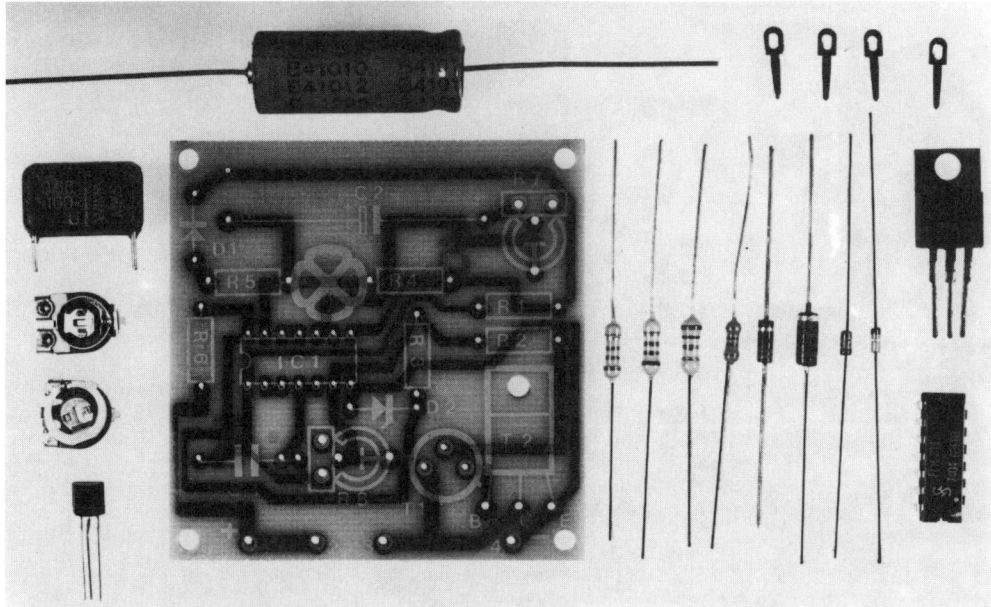

137   Alle Bauteile und die Druckplatine.

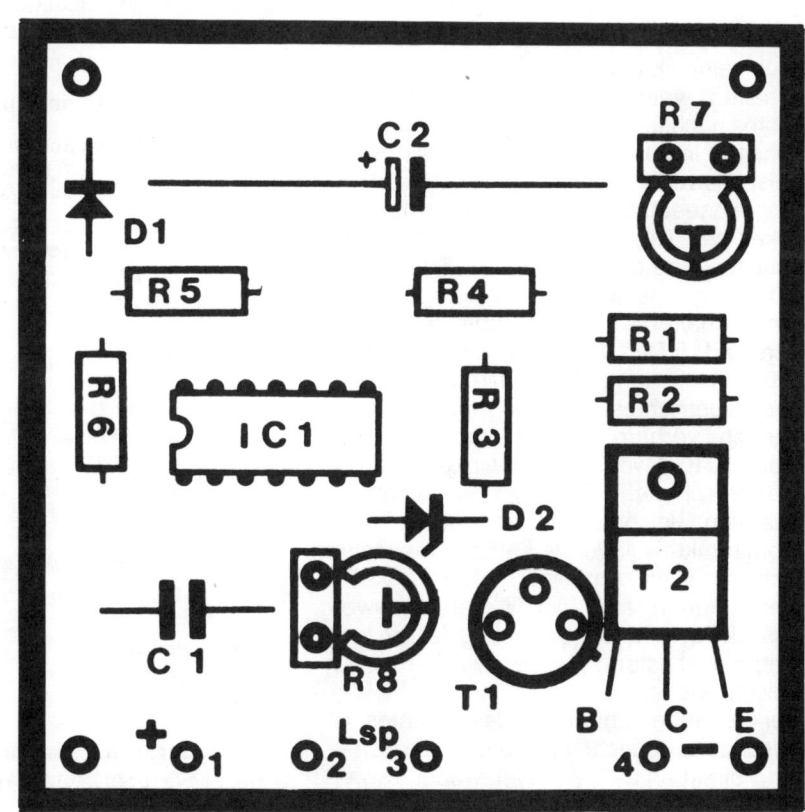

138   Bestückungsplan zur 2-Klang-Glocke.

Dämmerungsschalter

Elektronische Schaltungen, die automatisch eine künstliche Beleuchtung einschalten, wenn die Helligkeit des Tageslichtes nachläßt, nennt man Dämmerungsschalter. In der Praxis wird solch ein Gerät beispielsweise bei der Straßenbeleuchtung eingesetzt. Wird eine bestimmte Helligkeit des Tageslichtes unterschritten, so schalten sich die Lampen der Straßenbeleuchtung – gesteuert von einem Dämmerungsschalter – ein. Ein empfindlicher Widerstand (LDR) liegt am Eingang einer Brückenschaltung. Er mißt die Intensität des Tageslichtes. Ist genügend Licht vorhanden, verharrt die Schaltung in Ruhestellung. Erst wenn eine Helligkeitsschwelle unterschritten wird, kippt die Schaltung aus dem Gleichgewicht, und die im Thyristorstromkreis liegende Lampe La schaltet sich ein. Beim Ansteigen der Helligkeitswerte ändert sich der Widerstandswert des LDRs, und die Schaltung fällt in den Ursprungszustand zurück. Die Lampe La erlischt wieder.
Bei der Inbetriebnahme des Gerätes ist besondere Vorsicht geboten, da die Schaltung direkt an 220-Volt-Netzwechselspannung betrieben wird. Sie ist an den Anschlußpunkten 1 und 2 anzuschließen. Die Ansprechempfindlichkeit läßt sich mit dem Einstellpoti P 1 genau einstellen.

Stückliste zum Dämmerungsschalter

R 1 = 27 kOhm Schichtwiderstand
R 2 = 27 kOhm Schichtwiderstand
R 3 = 470 kOhm Schichtwiderstand
R 4 = 3,9 kOhm Schichtwiderstand
R 5 = 470 Ohm Schichtwiderstand
R 6 = 120 kOhm Schichtwiderstand
R 7 = 120 kOhm Schichtwiderstand

C 1 = 10 µF / 35 V Elko

IC 1 = µA 741, DIL 14 polig, Integrierter Schaltkreis
Thy = TIC 106 D 1 Thyristor
D1–D4 = 1 N 4001 Diode
ZD 1 = 10 V / 0,5 W Zenerdiode

P 1 = 100 kOhm Einstellregler
Si = Feinsicherung 2,5 A

8 Stück Lötstützpunkte
2 Stück Sicherungshalter
1 Stück Druckplatine B 60044

Dieses Gerät kann aus einem Bausatz der Firma Diamant-Electronic aufgebaut werden (Bausatz: LE 043).

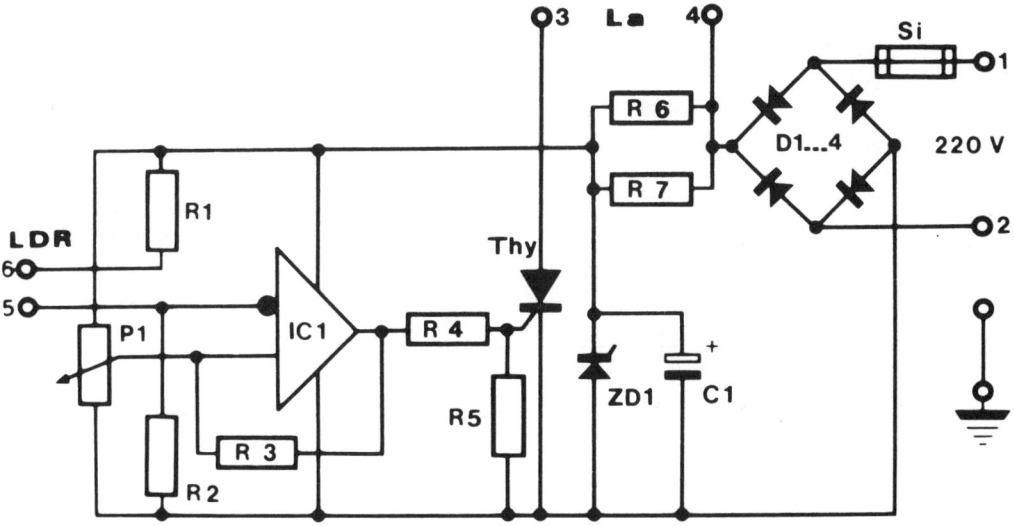

140 Schaltbild zum Dämmerungsschalter.

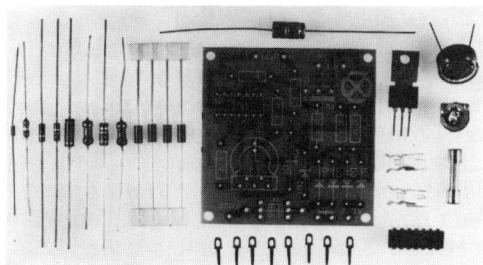

141 Alle Bauteile und die Druckplatine.

143 Die mit allen Bauteilen bestückte Druckplatine zum Dämmerungsschalter.

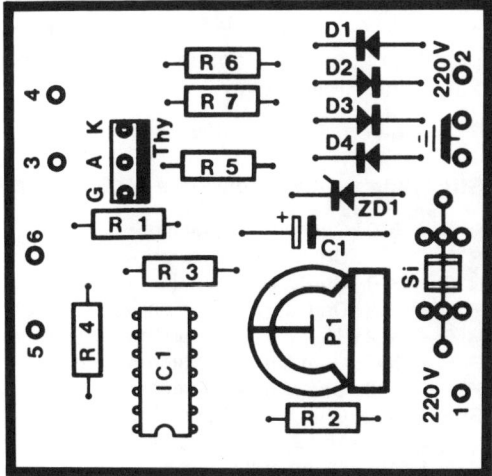

142 Bestückungsplan zum Dämmerungsschalter.

Lichtschranke als Zählgerät

Lichtschranken sind elektronische Geräte, bei denen im Ruhezustand ein Lichtstrahl auf eine Fotodiode trifft. Wird dieser Lichtstrahl unterbrochen, löst das Gerät eine Funktion aus. Nehmen wir als Beispiel einen automatischen Türöffner.
Vor einer Eingangstür sind an unsichtbarer Stelle links neben der Tür eine Licht-

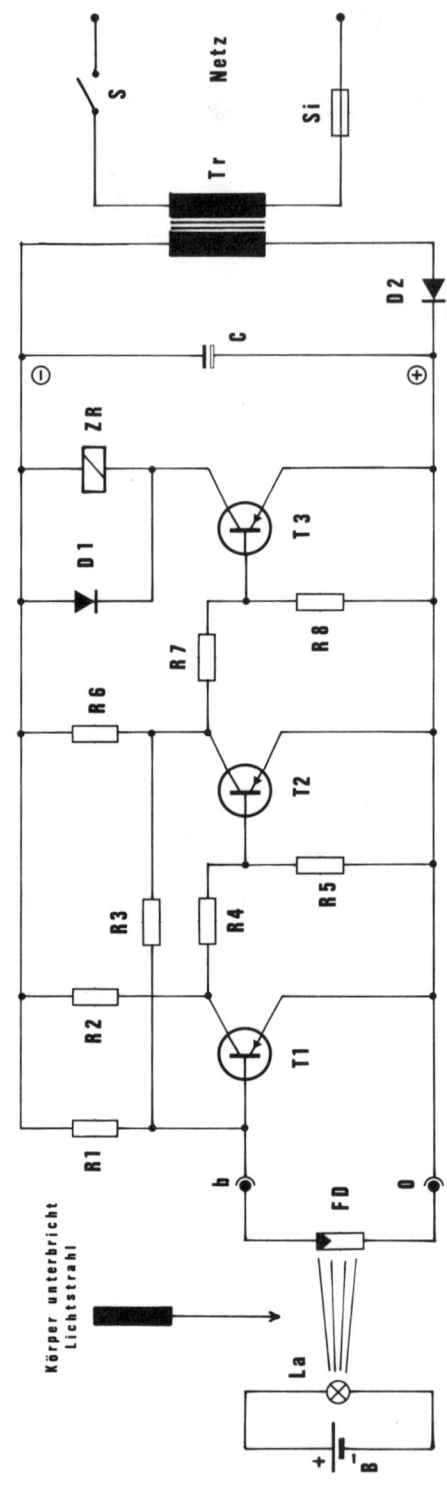

144 Schaltbild der Lichtschranke als Zählgerät.

quelle und rechts neben der Tür eine Foto-diode angeordnet. Solange der Lichtstrahl die Fotodiode trifft, bleibt die Tür geschlossen.

Wird jedoch der Lichtstrahl durch das Eintreten einer Person unterbrochen, öffnet ein Mechanismus die Tür. Nach einem gewissen Zeitabstand schließt sich die Tür wieder automatisch. Auch Einbruchsalarmanlagen arbeiten nach diesem Prinzip. Dort wird kein sichtbares Licht, sondern Infrarotlicht verwendet.

Lichtschranken können auch zum Zählen eingesetzt werden, nämlich dann, wenn ein Zählrelais in die Schaltung eingebaut wird. Jedesmal, wenn der Lichtstrahl durch beispielsweise eine Person oder einen Gegenstand unterbrochen wird, liefert die Schaltung einen Impuls, und das Zählrelais zählt eine Stelle weiter. An dem Beispiel der automatischen Türöffnung könnten nach dieser Methode die eintretenden Personen gezählt werden.

Die Schaltung ist einfach aufzubauen. Eine Fotodiode FD dient als Sonde. Ihr gegenüber befindet sich im Abstand von etwa 40 bis 60 cm eine kleine Glühlampe 6 V /.300 mA. Solange die Fotodiode vom Lichtstrahl der Lampe getroffen wird, befindet sich die Schaltung im Wartezustand, und das Zählrelais bleibt abgefallen. Wird der Lichtstrahl jedoch unterbrochen, zum Beispiel indem man einen Finger zwischen Fotodiode und Lampe hält, zieht das Relais sofort an. Beim Entfernen des Fingers fällt das Relais ab, da der ursprüngliche Zustand wieder erreicht worden ist. Jedesmal, wenn der Lichtstrahl unterbrochen wird, zieht das Relais an und zählt eine Stelle weiter.

Stückliste zur Lichtschranke als Zählgerät

R 1 = 820 kOhm / 1/8 W Schichtwiderstand
R 2 = 18 kOhm / 1/8 W Schichtwiderstand
R 3 = 390 kOhm / 1/8 W Schichtwiderstand
R 4 = 8,2 kOhm / 1/8 W Schichtwiderstand
R 5 = 8,2 kOhm / 1/8 W Schichtwiderstand
R 6 = 560 Ohm / 1/8 W Schichtwiderstand
R 7 = 390 Ohm / 1/8 W Schichtwiderstand
R 8 = 390 Ohm / 1/8 W Schichtwiderstand
C = 2200 µF / 25 V Elko
T 1 = AC 151 pnp-Transistor
T 2 = AC 151 pnp-Transistor
T 3 = AC 128 pnp-Transistor

FD = TP 50 oder TP 61 Fotodiode
D 1 = 1N 914 Si-Diode
D 2 = BY 127 Si-Diode
Tr = Netztransformator 220 V / 24 V
ZR = Zählrelais 210 Ohm Hengstler 400
S = Netzschalter einpolig
La 1 = Beleuchtungsquelle für Fotodiode
(6 V / 300 mA)
La 2 = Kontrollampe 24 V / 25 mA
Si = 300 mA Feinsicherung mit Halterung

Wechselsprechanlage

In Büros, Kliniken und Fabriken dienen bekanntlich Wechselsprechanlagen der Kommunikation zwischen den Mitarbeitern. Je nach Bedarf werden Anlagen mit einer oder mehreren Nebenstellen verwendet. Auch im Haushalt kann die Wechselsprechanlage nützlich sein. Will beispielsweise die Hausfrau ihre Familie zu Tisch bitten, könnte die »Hauptsprechstelle« in der Küche sein, die »Nebenstellen« in Vaters Zimmer oder denen der Kinder. Die Nebenstelle besteht nur aus einem Lautsprecher. Zwischen Haupt- und Nebenstelle ist ein doppelpoliges Kabel zu verlegen. Die beiden Lautsprecher werden einmal als Mikrofon und einmal als Lautsprecher verwendet.

Will die Hauptstelle der Nebenstelle etwas mitteilen, so wird der Lautsprecher bei der Hauptstelle als Mikrofon geschaltet. Die Mitteilung ertönt im Lautsprecher der Nebenstelle. Will umgekehrt die Nebenstelle an die Hauptstelle eine Durchsage geben, wird der Lautsprecher der Nebenstelle als Mikrofon benutzt. In der Hauptstelle kann die Durchsage im Lautsprecher abgehört werden.

Das Schaltbild zeigt die vollständige Schaltung der einfachen Wechselsprechanlage. Zwei Kleinlautsprecher dienen als Mikrofon beziehungsweise als Lautsprecher. Die Mikrofonempfindlichkeit des Lautsprechers läßt sich mit dem Gegenkopplungswiderstand R 1 des Operationsverstärkers IS 1 leicht an die Schaltung anpassen, da er als Strom-Spannungswandler geschaltet ist. Mit dieser Schaltungsart erreicht man eine sehr kleine Eingangsimpedanz. Der als Mikrofon arbeitende Lautsprecher wird somit praktisch im Kurz-

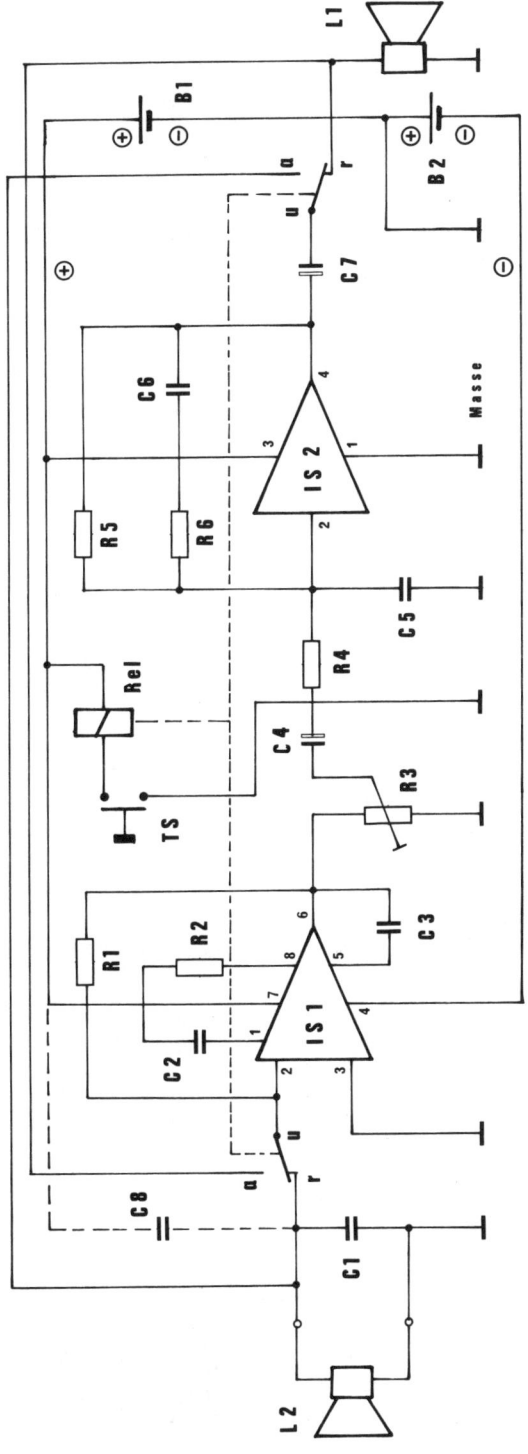

145 Schaltbild der Wechselsprechanlage.

schluß betrieben. Das ergibt eine gute Dämpfung.

Vorteilhaft ist, daß längere, unabgeschirmte Leitungen zwischen der Hauptstelle und der Nebenstelle angeschlossen werden können. Bei sehr großen Entfernungen zwischen den beiden Sprechstellen ist der Kondensator C 8 einzulöten. Zwischen den beiden IC's liegt ein Pegeleinsteller R 3. Der Kondensator C 1 sorgt dafür, daß Hf-Störungen unterdrückt werden, da die lange, unabgeschirmte Leitung zur Nebenstelle als Antenne wirken kann. Die beiden 9-Volt-Batterien versorgen die Anlage mit Strom. Der Ruhestrom ist sehr gering.

Im Wartezustand ist die Hauptstelle der Wechselsprechanlage stets auf »Empfang« geschaltet. Wird in der Nebenstelle gesprochen, kann das Gesagte in der Hauptstelle gehört werden. Will die Hauptstelle mit der Nebenstelle sprechen, so wird die Drucktaste TS in der Hauptstelle gedrückt. Das Relais zieht an. Über die Relaiskontakte a, u, r werden die Lautsprecher der Haupt- und Nebenstelle eingeschaltet.

Was jetzt hier gesprochen wird, kann in der Nebenstelle abgehört werden. Es ist stets nur ein Wechselsprechen möglich. Spricht eine Stelle, hört die andere und umgekehrt.

Stückliste zur Wechselsprechanlage

R 1 = 100 kOhm / 1/8 W Schichtwiderstand
R 2 = 1,5 kOhm / 1/8 W Schichtwiderstand
R 3 = 10 kOhm / lin. Einstellregler
R 4 = 1,2 kOhm / 1/8 W Schichtwiderstand
R 5 = 10 kOhm / 1/8 W Schichtwiderstand
R 6 = 47 kOhm / 1/8 W Schichtwiderstand
C 1 = 10 nF
C 2 = 470 pF
C 3 = 22 pF
C 4 = 10 µF Elko
C 5 = 4,7 nF
C 6 = 3,3 nF
C 7 = 220 µF Elko
C 8 = 22 µF Elko
IS 1 = LM 709 CN oder SN 72709 AN
IS 2 = MFC 4000
L 1 = Lautsprecher 70 Ohm, 58 mm ⌀
L 2 = Lautsprecher 70 Ohm, 58 mm ⌀
Rel = Relais
TS = Tastschalter
B 1 = 9-Volt-Batterie
B 2 = 9-Volt-Batterie

Drehzahlmesser

Zur Überwachung und Kontrolle von rotierenden Teilen wie Wellen, Räder, Zahnräder, Scheiben können fotoelektronische Drehzahlmesser verwendet werden. Mit dem nachstehend beschriebenen Gerät lassen sich praktisch alle rotierenden Teile messen oder überwachen, wenn sichergestellt ist, daß dies bei Tageslicht geschieht. Ist dieses nicht der Fall, genügt auch eine Stabtaschenlampe als Lichtquelle. Die Anzeige erfolgt direkt auf einem Meßinstrument. Um eine gute Ablesegenauigkeit zu erhalten, wurden vier Meßbereiche vorgesehen:

Bereich 1: bis 1000 U/min
Bereich 2: bis 5000 U/min
Bereich 3: bis 10000 U/min
Bereich 4: bis 100000 U/min

Die Umschaltung erfolgt über einen Stufenschalter, der rechts neben dem Anzeigeinstrument sitzt. Rechts oben befindet sich der Netzschalter mit der Anzeigekontrollampe, rechts unten sind die beiden Eingangsbuchsen für die Meßsonde zu erkennen.

Als Meßsonde dient ein Fotowiderstand, der in eine Papp- oder Metallhülse eingebaut wird und über ein abgeschirmtes Kabel mit den Eingangsbuchsen zu verbinden ist.

Fotowiderstände haben die Eigenschaft, ihren Widerstandswert je nach Helligkeitsunterschieden zu verändern. Schon sehr geringe Helligkeitsunterschiede erwirken relativ starke Änderungen des Wider-

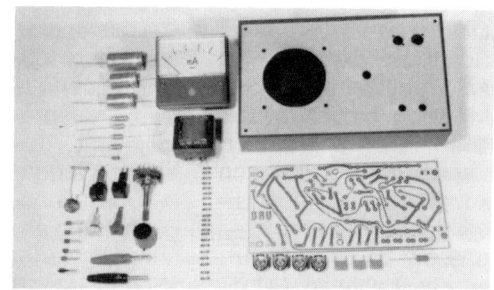

146 *Alle zum Bau des Gerätes erforderlichen Einzelteile, das Gehäuse mit der bearbeiteten Frontplatte und die gebohrte Platine.*

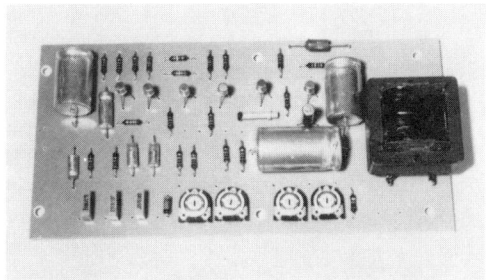

147 Ansicht der mit allen Bauteilen bestückten Platine.

standswertes. Durch jede Helligkeitsänderung entstehen Impulse, die über den Kondensator C 2 an einen zweistufigen Verstärker T 1 / T 2 weitergeleitet werden.
Die Impulse treffen verstärkt über C 4 auf einen Schmitt-Trigger T 3 / T 4. Dieser Schmitt-Trigger formt die Impulse zu Rechteckimpulsen um. Die Rechteckimpulse werden über C 5 und den Widerstand R 15 differenziert und erhalten so die Form von steilen Nadelimpulsen, die zur Ansteuerung des monostabilen Multivibrators T 5 / T 6 benötigt werden. Die Anzahl der Nadelimpulse entspricht genau der Anzahl der vom Fotowiderstand (Sonde) gelieferten Lichtimpulse. Je mehr Impulse vom Multivibrator geliefert werden, desto höher ist der Strom, der durch das Instrument M fließt.
Beim Umschalten von einem Bereich in den anderen müssen jeweils drei Bauteile umgeschaltet werden. Der Stufenschalter muß daher drei Bahnen und vier Schaltstellungen haben. Über Bahn 1 werden die Basiswiderstände R 15, R 16, R 17 und R 18, über Bahn 2 die Meßkondensatoren C 7, C 8, C 9 und C 10 umgeschaltet. Die Einstellregler R 22, R 23, R 24 und R 25 dienen zur Eichung der Bereiche. Ihre Umschaltung erfolgt durch Bahn 3.
Zur Eichung des Gerätes wird ein Tonenerator benötigt, da zwischen der Drehzahl und der Frequenz ein bestimmter Zusammenhang besteht. Der Tongenerator sollte eine Nf-Spannung von etwa 2 Volt abgeben, er wird an den Eingangsbuchsen a1/a2 angeschlossen. Es ist darauf zu achten, daß die Nf-Spannung führende

Buchse des Tongenerators mit der Buchse a2 und der Masseanschluß mit a1 des Drehzahlmessers zu verbinden ist.
Zuerst wird der Bereich 1 geeicht. Am Tongenerator ist eine Frequenz von 12,5 Hz einzustellen. Der Einstellregler R 22 wird nun solange verdreht, bis der Zeiger des Meßgerätes genau auf 0,75 mA zeigt, was einer Drehzahl von 750 U/min entspricht. Das leichte Pendeln des Zeigers rührt von der extrem niedrigen Frequenz her und ist normal. Alle weiteren Werte dieses Bereichs stimmen automatisch, da die Anzeige linear verläuft. Der Endausschlag von 1 mA in diesem Bereich kommt einer Drehzahl von 1000 U/min gleich.
Um den Bereich 2 zu eichen, stellen wir am Tongenerator eine Frequenz von 50 Hz ein. Den Einstellregler R 23 verdrehen wir solange, bis der Zeiger auf 0,6 mA (entspricht 3000 U/min) zeigt.
Wir schalten den Bereich 3 ein und stellen den Tongenerator auf 100 Hz. Der Einstellregler R 24 wird verdreht, bis der Zeiger des Meßwerkes auf 0,6 mA zeigt. In diesem Bereich entspricht das einer Drehzahl von 6000 U/min.
Zum Schluß wird noch der Bereich 4 geeicht, was mit einer Frequenz von 800 Hz geschieht. Der Regler R 25 ist solange zu verdrehen, bis der Zeiger auf 0,48 mA zeigt, was einer Drehzahl von 4800 U/min entspricht.
Der Zusammenhang zwischen der Drehzahl und der Frequenz erklärt sich folgendermaßen:
Mit einem fotoelektronischen Drehzahlmesser werden Lichtimpulse pro Sekunde gemessen. Der Fotowiderstand liefert eine bestimmte Anzahl von Impulsen in der Sekunde. Auch das von der Netzfrequenz stammende Licht einer elektrischen Glühlampe ändert sich hundertmal in der Sekunde von hell auf dunkel und umgekehrt.
Wird ein Fotowiderstand in die Nähe einer elektrischen Glühlampe gehalten, so ändert sich im Rhythmus der Nulldurchgänge (Helligkeitsunterschiede) hundertmal in der Sekunde sein Widerstandswert. Damit liefert er 100 Impulse pro Sekunde.
Wenn der Fotowiderstand bei Beleuchtung durch eine Glühlampe in der Sekunde 100 Impulse abzugeben vermag, so bedeutet das, daß er in der Minute 60 × 100 = 6000 Impulse liefert. Sorgen wir

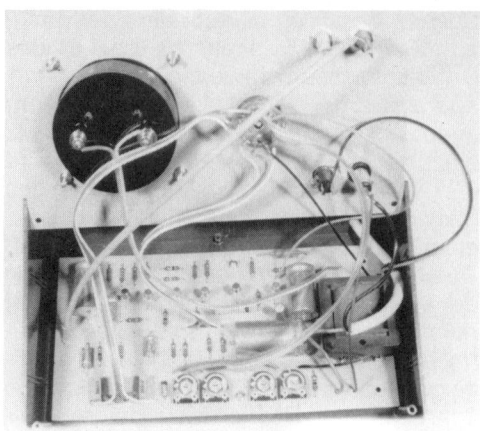

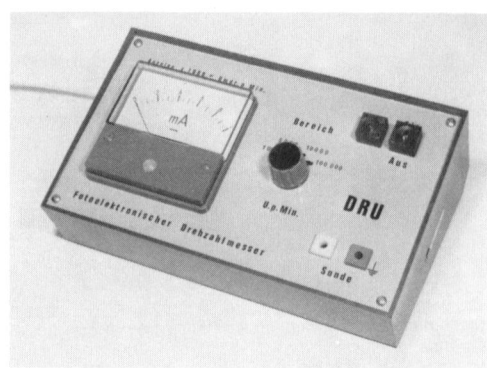

149   Ansicht des fertigen Drehzahlmessers.

148   Der Einbau der Platine in das Teko-Gehäuse.

nun dafür, daß eine sich drehende Welle oder ein Rad pro Umdrehung einen Impuls abgibt, entspricht das 6000 Impulsen und damit einer Drehzahl von 6000 U/min. Zur Eichung des Bereichs 3 (0 bis 10 000 U/min) genügt beispielsweise nur das Licht einer mit Wechselstrom gespeisten Glühlampe. Bringen wir die Sonde (Fotowiderstand) in die Nähe der Glühlampe, so wird unser Drehzahlmesser auf 0,6 mA, das entspricht 6000 U/min, ausschlagen. Um die Drehzahl einer sich drehenden Welle, beispielsweise eines Elektromotors, messen zu können, muß auf die Welle in Längsrichtung ein kleiner schwarzer Selbstklebefolienstreifen aufgeklebt werden.

Wird die Welle vom Tageslicht beschienen, ist eine Messung sofort möglich. Die im Tageslicht sehr hell erscheinende Welle reflektiert das Licht zum Fotowiderstand.

Nach jeder Umdrehung der Welle unterbricht der aufgeklebte schwarze Streifen diese Helligkeit. Im Fotowiderstand wird dadurch nach jeder Umdrehung ein Impuls erzeugt. Die Anzahl der Impulse entspricht somit der Drehzahl der rotierenden Welle. Alle anderen sich drehenden Teile wie Räder oder Scheiben können auf die gleiche Weise gemessen werden, wenn ein schwarzer Streifen auf die Lauffläche geklebt wird. Soll die Drehzahl einer umlau-

fenden Welle gemessen werden, auf die kein Tageslicht fällt, muß die Welle durch eine mit Gleichstrom gespeiste Lampe, am besten eine Taschenlampe, angestrahlt werden. Die Lampe darf deshalb nur mit Gleichstrom gespeist werden, weil bei Wechselstrom die Lichtfrequenz vom Drehzahlmesser, wie bereits erwähnt, angezeigt werden würde.

Beim Meßvorgang ist die Meßsonde so nahe wie möglich an das Meßobjekt heranzubringen und in Richtung auf die rotierende Welle zu richten. Das auf das Meßobjekt einfallende Licht, Tageslicht oder Gleichstromkunstlicht, darf nicht abgeschaltet werden, die Meßstelle muß hell erleuchtet sein. Während der Messung ist unbedingt darauf zu achten, daß alle aus dem Lichtnetz gespeisten Beleuchtungskörper ausgeschaltet sind, da sonst Fehlmessungen zustande kommen könnten. Der Drehzahlmesser ist so empfindlich, daß am Tage eingeschaltete Lampen, die mehrere Meter weit entfernt stehen, die Messung beeinflussen können. Sollte es beim Aufbau des Gerätes zu Schwingneigungen kommen, was sich dadurch bemerkbar macht, daß der Zeiger des Meßinstrumentes bei nicht angeschlossenem Fotowiderstand (Sonde) auf Vollausschlag zeigt, ist der Kondensator C 3 auszulöten, er entfällt dann ganz. Zu Eigenschwingungen kann es möglicherweise kommen, wenn in der Schaltung Transistoren mit einem sehr hohen Verstärkungsfaktor verwendet werden.

84

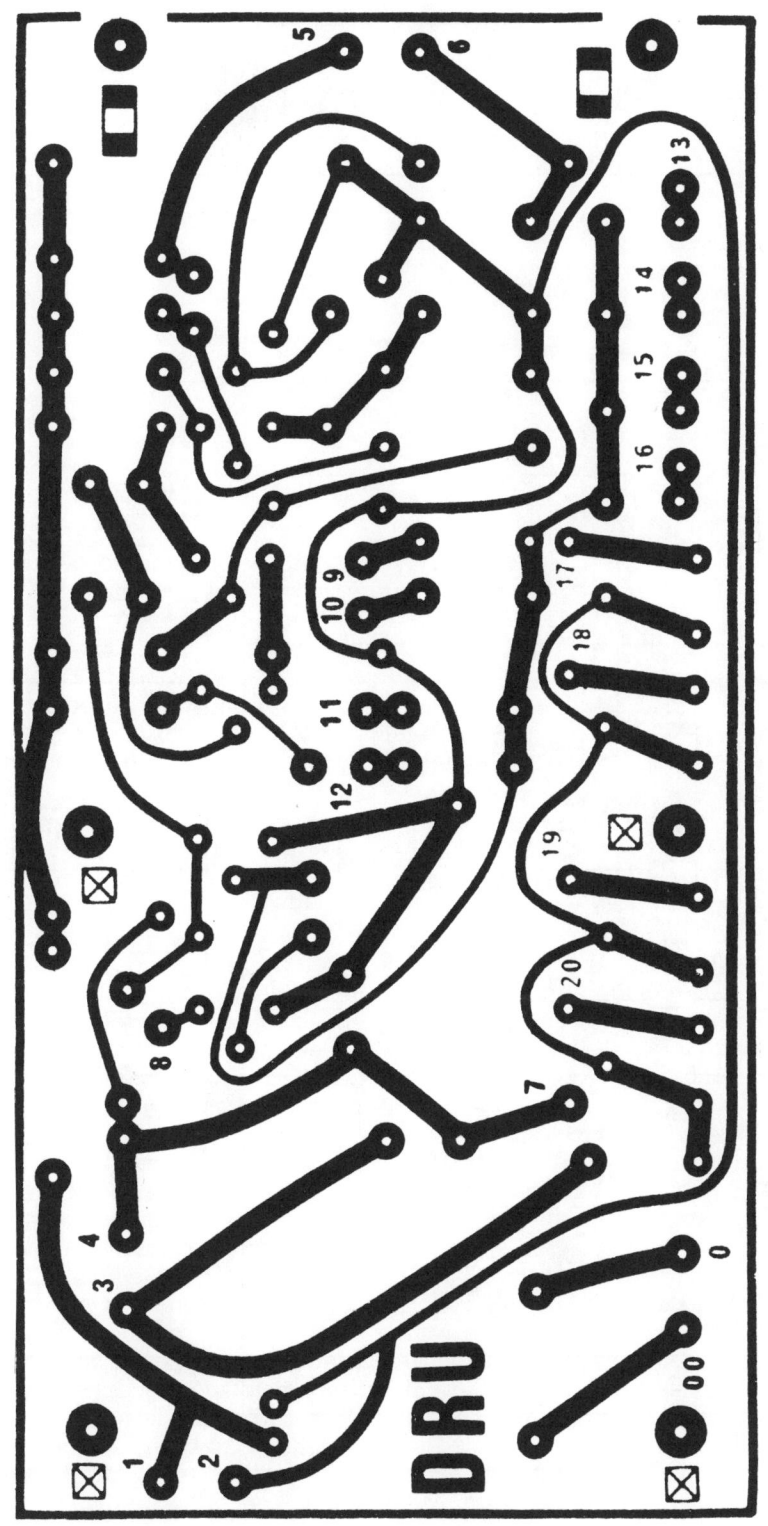

150 Druckvorlage im Maßstab 1:1 zum Drehzahlmesser.

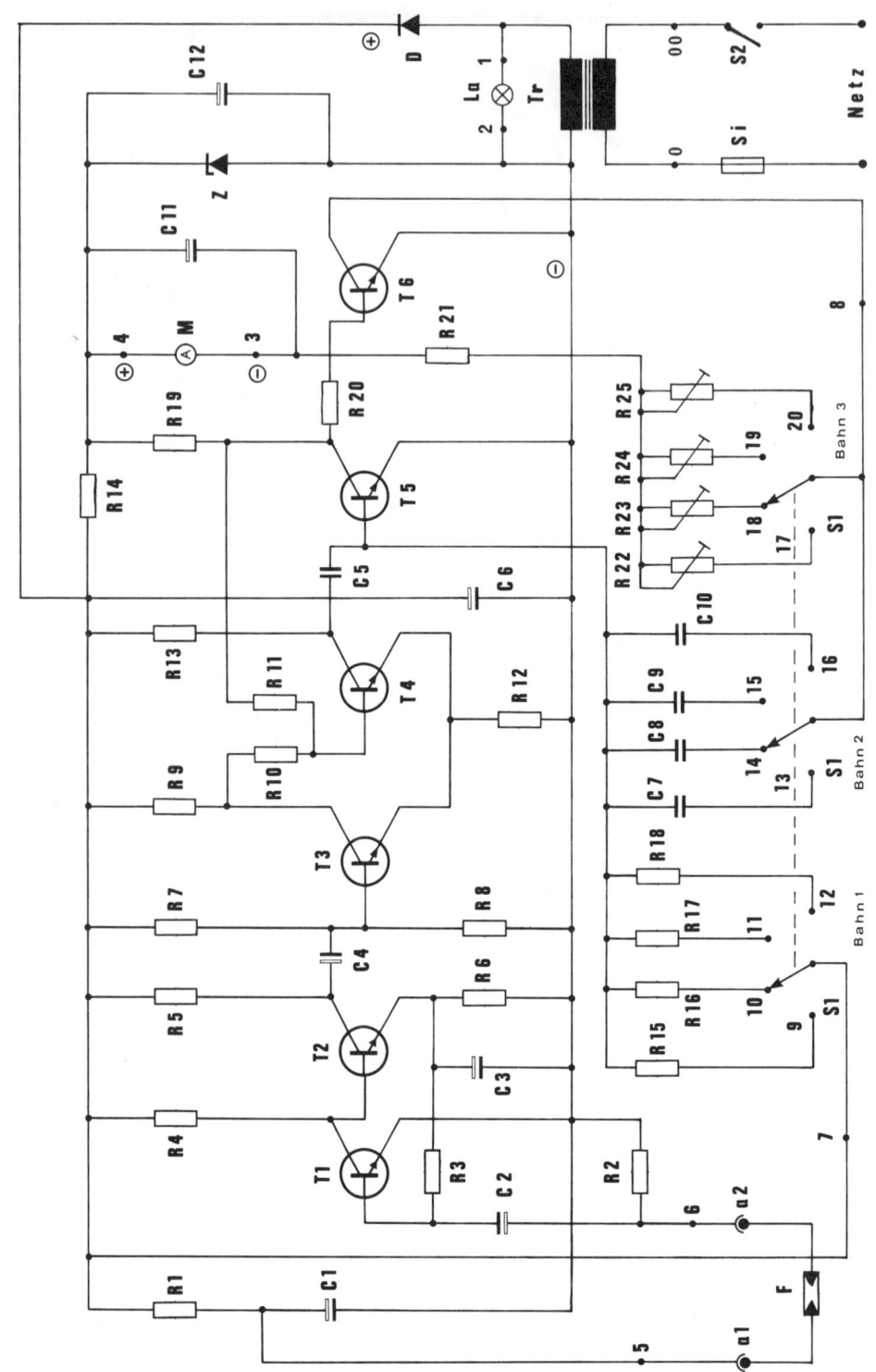

151 *Schaltbild zum Drehzahlmesser.*

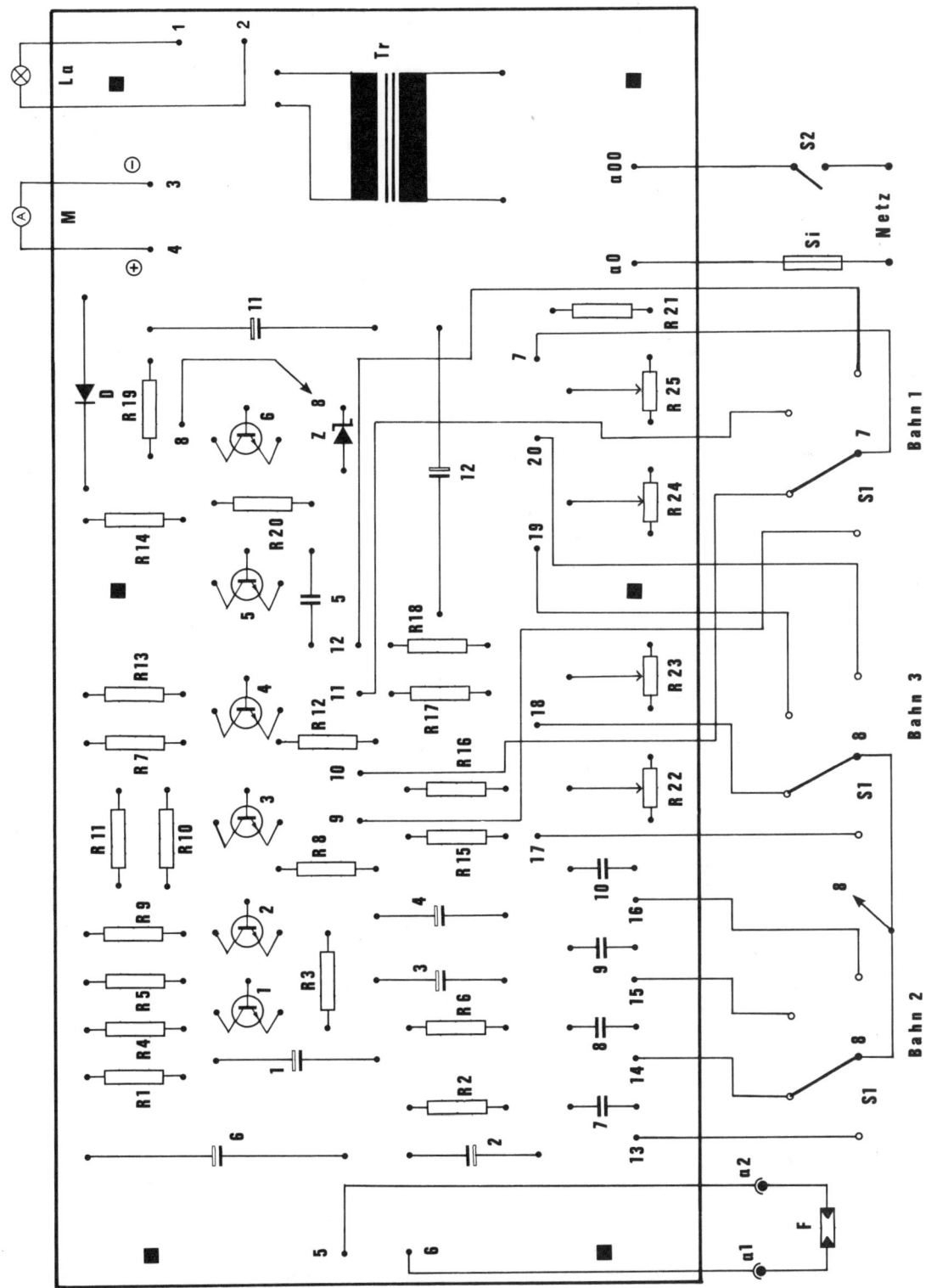

152 Bestückungs- und Verdrahtungsplan.

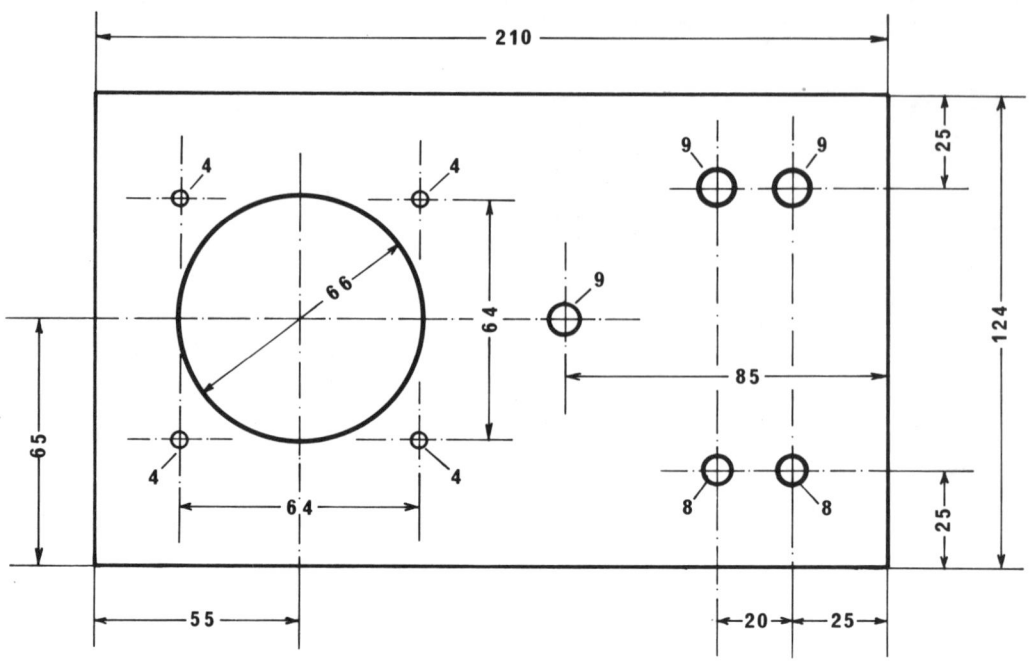

153 Bohrplan zur Frontplatte.

Stückliste zum Drehzahlmesser

R 1 =   5,6 kOhm / 1/8 W Schichtwiderstand
R 2 =   10 kOhm / 1/8 W Schichtwiderstand
R 3 =   33 kOhm / 1/8 W Schichtwiderstand
R 4 =   33 kOhm / 1/8 W Schichtwiderstand
R 5 =   8,2 kOhm / 1/8 W Schichtwiderstand
R 6 =   1,5 kOhm / 1/8 W Schichtwiderstand
R 7 =   82 kOhm / 1/8 W Schichtwiderstand
R 8 =   10 kOhm / 1/8 W Schichtwiderstand
R 9 =   15 kOhm / 1/8 W Schichtwiderstand
R 10 =   120 kOhm / 1/8 W Schichtwiderstand
R 11 =   100 kOhm / 1/8 W Schichtwiderstand
R 12 =   330 Ohm / 1/8 W Schichtwiderstand
R 13 =   8,2 kOhm / 1/8 W Schichtwiderstand
R 14 =   820 Ohm / 1/8 W Schichtwiderstand
R 15 =   68 kOhm / 1/8 W Schichtwiderstand
R 16 =   120 kOhm / 1/8 W Schichtwiderstand
R 17 =   68 kOhm / 1/8 W Schichtwiderstand
R 18 =   68 kOhm / 1/8 W Schichtwiderstand
R 19 =   22 kOhm / 1/8 W Schichtwiderstand
R 20 =   22 kOhm / 1/8 W Schichtwiderstand
R 21 =   100 Ohm / 1/8 W Schichtwiderstand
R 22 =   1 kOhm / lin. Einstellregler
R 23 =   1 kOhm / lin. Einstellregler
R 24 =   1 kOhm / lin. Einstellregler
R 25 =   1 kOhm / lin. Einstellregler

C 1 =   47 µF / 25 V Elko
C 2 =   10 µF / 25 V Elko
C 3 =   10 µF / 25 V Elko
C 4 =   10 µF / 25 V Elko
C 5 =   100 pF / 250 V Rohrkondensator
            keramisch
C 6 =   1000 µF / 25 V Elko
C 7 =   0,1 µF / 630 V
C 8 =   0,01 µF / 630 V
C 9 =   0,01 µF / 630 V
C 10 =   1 nF / 160 V
C 11 =   1000 µF / 25 V Elko
C 12 =   2200 µF / 25 V Elko
T 1 =   BC 108 npn-Transistor
T 2 =   BC 108 npn-Transistor
T 3 =   BC 108 npn-Transistor
T 4 =   BC 108 npn-Transistor
T 5 =   BC 108 npn-Transistor
T 6 =   BC 108 npn-Transistor
D   =   BY 127 Si-Diode
Z   =   Z 6 Zenerdiode
F   =   LDR 03 Fotowiderstand als Sonde in
            Papphülse einbauen
M   =   Meßinstrument Wisometer 65,
            1 mA Vollausschlag
S 1 =   Stufenschalter als Bereichsumschalter
            4 × 3 Kontakte (4 Schaltstellungen)

88

S 2 = Netzschalter einpolig
La = Kontrollampe, 12 V mit Fassung
Tr = Netztransformator 220 V / 12 V
a 1 = Eingangsbuchse für Fotowiderstand
a 2 = Eingangsbuchse für Fotowiderstand
1 Stück Drehknopf für Stufenschalter S 1
1 Stück Teko-Gehäuse Modell 363 pultförmig
1 Stück Adapterkabel (abgeschirmte Leitung)
          Zuführung für Sonde, etwa 1 m lang
1 Stück Papphülse für Fotowiderstand
2 Stück Bananenstecker für Adapterkabel-
          anschluß
1 Stück Platine DRU

Akustisch-elektronischer Schalter

Mit einem akustisch-elektronisch arbeitenden Schalter lassen sich bestimmte Funktionen durch Rufen, Pfeifen oder Klatschen schalten.

Die Schaltung besteht aus einem Nf-Vorverstärker T 1, einem regelbaren Nf-Verstärker T 2, der Steuerstufe T 3 und dem Thyristor Thy als Schalter. In seinem Stromkreis liegt das Relais.

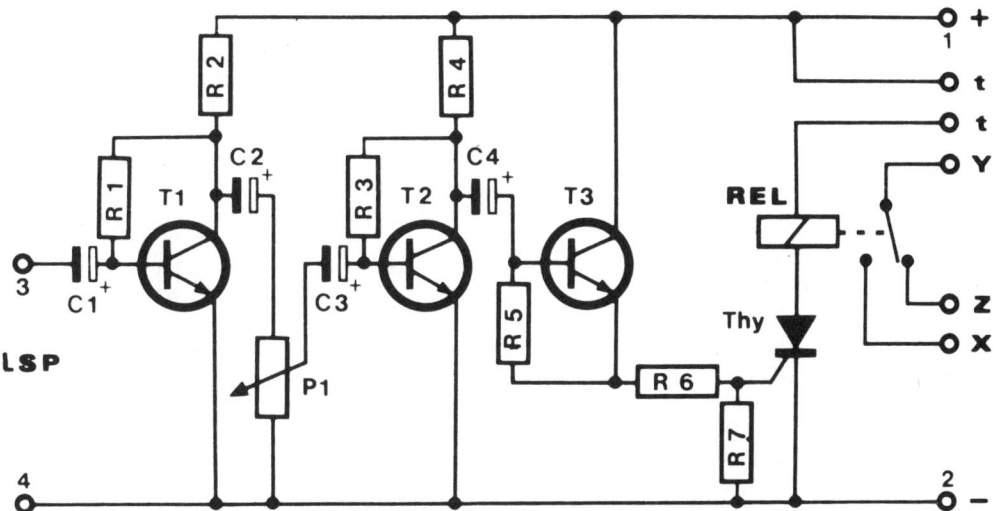

154 Schaltbild zum akustisch-elektronischen Schalter.

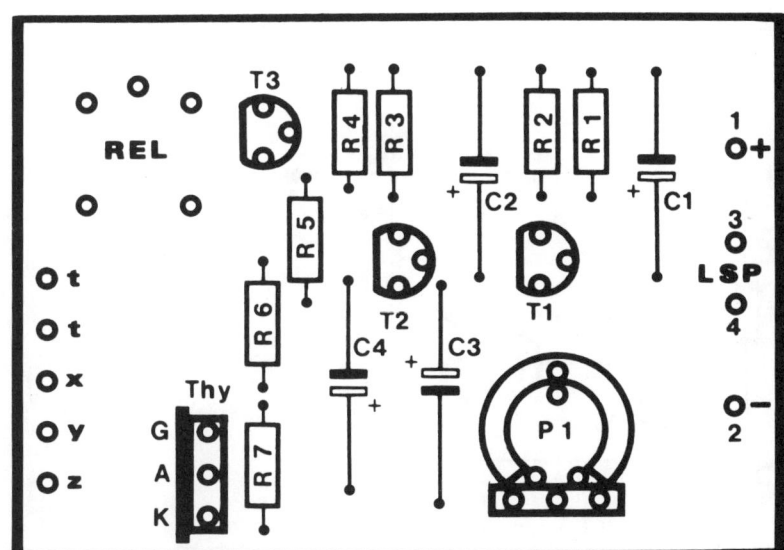

155 Bestückungsplan zum akustisch-elektronischen Schalter.

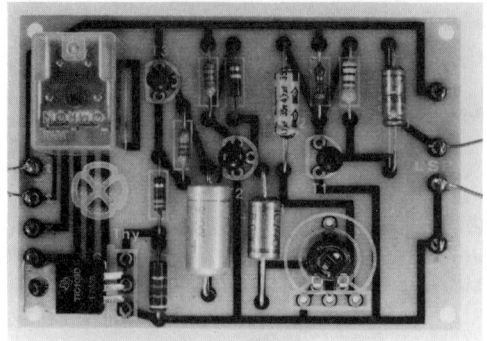

156 Die fertige Druckplatine.

Stückliste zum akustisch-elektronischen Schalter

R 1 =   1 MOhm Schichtwiderstand
R 2 =   4,7 kOhm Schichtwiderstand
R 3 = 100 kOhm Schichtwiderstand
R 4 =   2,2 kOhm Schichtwiderstand
R 5 =   2,2 kOhm Schichtwiderstand
R 6 = 330   Ohm Schichtwiderstand
R 7 = 470   Ohm Schichtwiderstand
P 1 =   4,7 kOhm Einstellregler
C 1 =   2,2 µF / 35 V Elko
C 2 =   4,7 µF / 35 V Elko
C 3 =   10 µF / 35 V Elko
C 4 = 100 µF / 16 V Elko
T 1 = BC 237 oder BC 239 npn-Transistor
T 2 = BC 237 oder BC 239 npn-Transistor
T 3 = BC 237 oder BC 239 npn-Transistor
Thy = TIC 106 DI Thyristor
Rel = 12-Volt-Relais
LSP = Mikrofon-Lautsprecher
Ta = Tastschalter (Ruhekontakt) an t/t
9 Stück Lötstützpunkte
1 Stück Druckplatine B 60049

Dieses Gerät kann aus einem Bausatz der Firma Diamant-Electronic aufgebaut werden (Bausatz: LE 048).

An den Anschlußpunkten 3 und 4 wird ein kleiner Lautsprecher angeschlossen, der als Mikrofon dient. Die Punkte t/t sind mit einem Tastschalter mit Ruhekontakt zu verbinden. Es handelt sich um die Rückstell- beziehungsweise Reset-Taste.

Durch einen Ruf in das Mikrofon (Lautsprecher) schaltet das Relais ein. Die Kontakte x/y werden geschlossen. Ein Gerät läßt sich einschalten. Soll der Urzustand wieder hergestellt werden, ist der Tastschalter zu drücken. Der geöffnete Ruhekontakt löst die Verbindung t/t, das Relais fällt wieder ab.

Die Empfindlichkeit der Schaltung kann durch den Einstellregler P 1 verändert werden, die Betriebsspannung beträgt 9 bis 12 Volt.

Lichtempfindlicher Schalter

Ein ähnlicher wie der eben beschriebene Schalter, läßt sich auch aus einem Bausatz der Firma Diamant-Electronic leicht

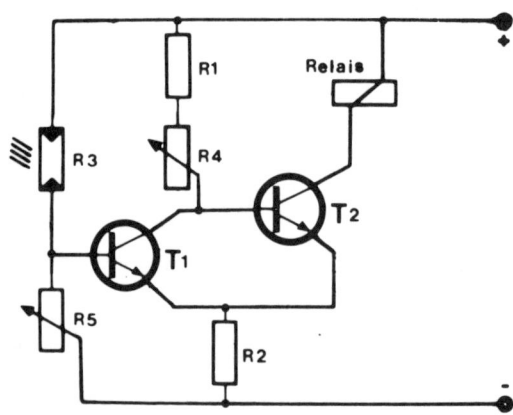

157 Schaltbild zum lichtempfindlichen Schalter.

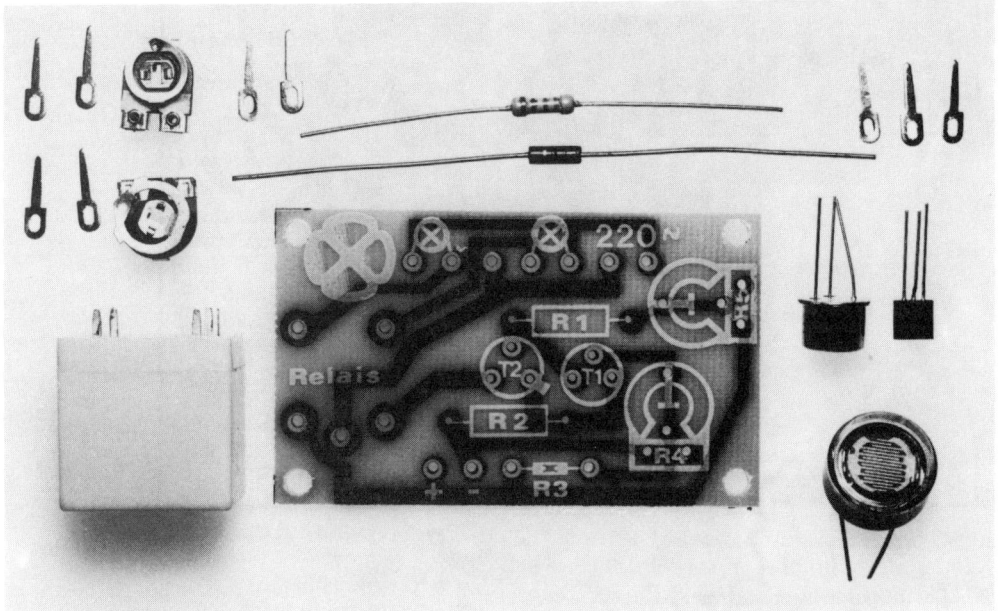

158 Alle Bauteile zum Bau des lichtempfindlichen Schalters.

aufbauen. Die Schaltung ist noch einfacher. Sie besteht – wie aus dem Schaltbild ersichtlich – aus nur zwei Transistoren, einigen Widerständen und einem Relais. Eine Gleichspannung von 9 bis 12 Volt wird für den Betrieb benötigt. Die Ansprechempfindlichkeit des lichtempfindlichen Widerstandes R 3 kann mit den beiden Einstellreglern R 4 / R 5 eingestellt werden.

Die Druckplatine ist so ausgelegt, daß zwei 220-V-Lampen bei eintretender Dunkelheit eingeschaltet werden können. Die beiden

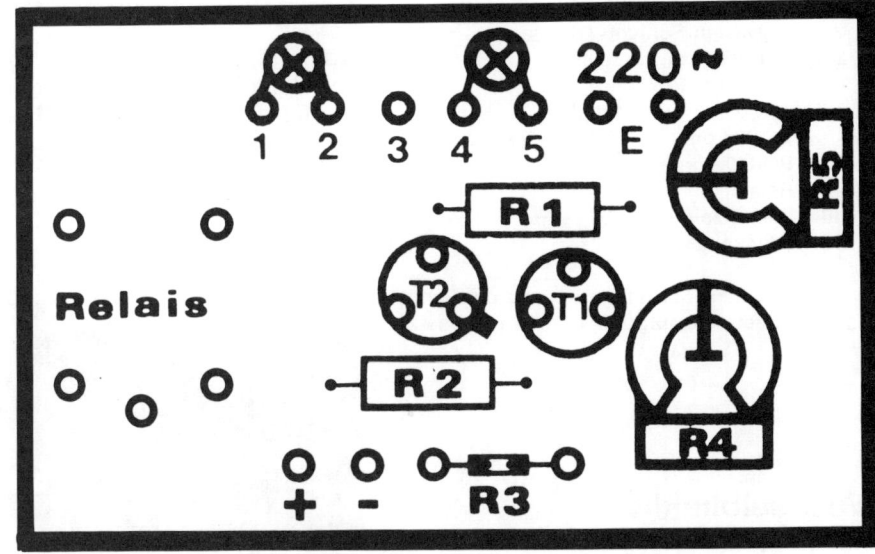

159 Bestückungsplan des lichtempfindlichen Schalters.

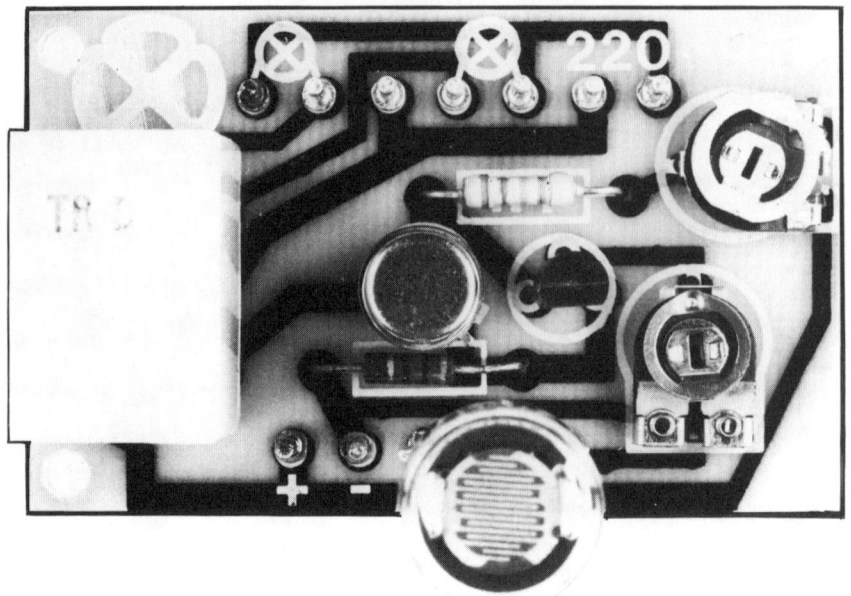

160 Der fertige, lichtempfindliche Schalter.

Lampen werden an den Punkten 1/2 und 4/5, die Netzspannung an E angeschlossen. Aus Sicherheitsgründen muß das Gerät in ein Gehäuse eingebaut werden, wenn mit Netzspannung gearbeitet wird.

Stückliste zum lichtempfindlichen Schalter

R 1 =   22 kOhm Schichtwiderstand
R 2 =   10 kOhm Schichtwiderstand
R 3 = LDR 03 Fotowiderstand
R 4 = 100   Ohm Einstellregler
R 5 = 100 kOhm Einstellregler
T 1 = BC 237 oder BC 107 npn-Transistor
T 2 = BC 140-6 npn-Transistor
Rel = Relais
11 Stück Lötstützpunkte
 1 Stück Druckplatine B 60024

Dieses Gerät kann aus einem Bausatz der Firma Diamant-Electronic aufgebaut werden (Bausatz: LE 029).

Wechselblinklicht

Manchmal ist es notwendig, die Blinkfolgezeit zu verändern. Mit der hier gezeigten

Schaltung ist dieses möglich. Durch Verdrehen des Einstellwiderstandes R 5 kann die Blinkfrequenz verändert werden. Der Regelbereich liegt zwischen ein und vier Blinkzeichen pro Sekunde. Ein Multivibrator mit den Transistoren T 1 und T 2 erzeugt die Blinkfrequenz. Die Blinklampen werden durch die Schalttransistoren T 3 und T 4 ein- und ausgeschaltet. Die Schaltung arbeitet an Betriebsspannungen von 6 V oder 12 V.
Während alle Bauteile bei 6-Volt- oder 12-Volt-Betrieb gleich bleiben, sind nur Lampen für die entsprechende Spannung einzusetzen.

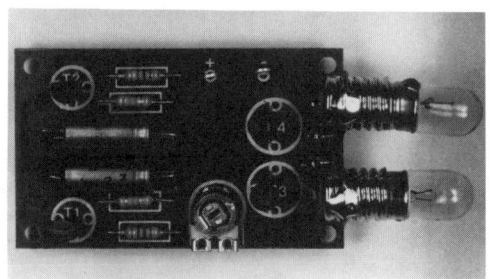

161 Die Druckplatine mit den Blinklampen.

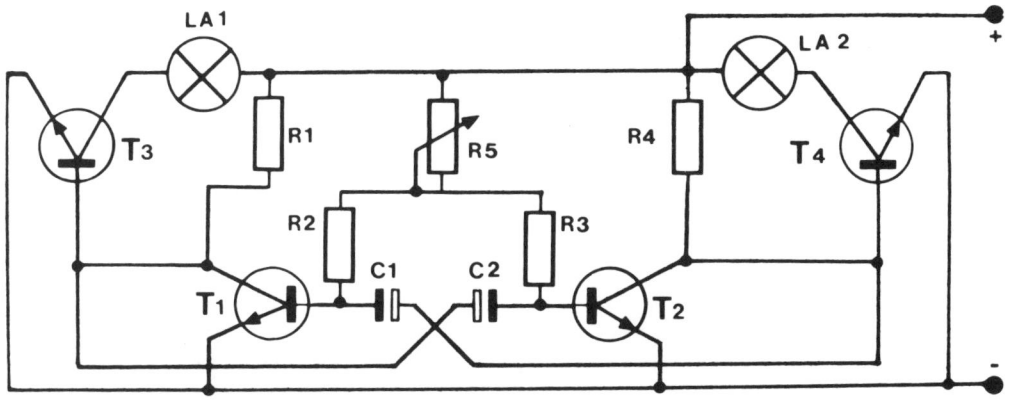

162 Schaltbild zum Wechselblinklicht.

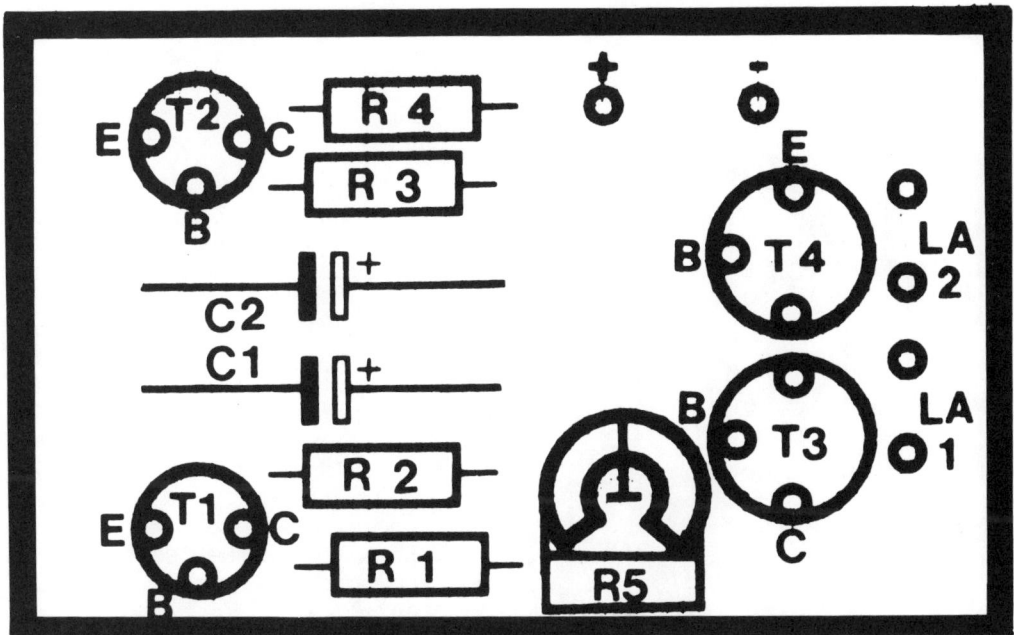

163 Bestückungsplan zum Wechselblinklicht.

Stückliste zum Wechselblinklicht

R 1 = 5,6 kOhm Schichtwiderstand
R 2 =   33 kOhm Schichtwiderstand
R 3 =   33 kOhm Schichtwiderstand
R 4 = 5,6 kOhm Schichtwiderstand
R 5 =   47 kOhm Einstellregler
C 1 =   47 µF / 12 V Elko
C 2 =   47 µF / 12 V Elko
T 1 = BC 237 oder BC 107 npn-Transistor
T 2 = BC 237 oder BC 107 npn-Transistor
T 3 = BC 239 oder BC 109 npn-Transistor

T 4 = BC 239 oder BC 109 npn-Transistor
La 1 = 6 V / 0,1 mA oder 12 V / 0,1 mA Lämpchen
La 2 = 6 V / 0,1 mA oder 12 V / 0,1 mA Lämpchen
2 Stück Fassungen E 10 für La 1 / La 2
6 Stück Lötstützpunkte
1 Stück Druckplatine B 60021
Betriebsspannung wahlweise 6 V oder 12 V
Stromverbrauch: I = 0,1 A

Dieses Gerät kann aus einem Bausatz der Firma Diamant-Electronic aufgebaut werden (Bausatz: LE 030).

Unterhaltungselektronik

Der Begriff Unterhaltungselektronik umschließt unter anderem Radio- und Fernsehgeräte, Mono- und Stereo-Verstärkeranlagen. Es sollen hier nun nicht etwa Bauanleitungen für solche Apparate beschrieben werden, das kann die Industrie weitaus besser. Es gibt aber eine Reihe interessanter Geräte, die ebenfalls in diesen Bereich passen. Kleine Verstärkeranlagen wie beispielsweise der Stereo-Kopfhörerverstärker und der Stereo-Aussteuerungsmesser kann man leicht selbst bauen.

Stereo-Kopfhörerverstärkeranlage

Immer mehr Hi-Fi-Fans hören Stereo-Musiksendungen über Stereo-Kopfhörer. Dies ist sicher keine Zeiterscheinung, denn wer einmal eine Übertragung mit Stereo-Kopfhörern gehört hat, ist begeistert und wird auf diesen klanglichen Genuß auch künftig nicht mehr verzichten wollen.

Stereo-Kopfhörerwiedergabe bringt wesentliche Vorteile gegenüber einer Lautsprecherstereowiedergabe. Warum das so ist, soll hier kurz gesagt werden.

Um Stereosendungen über Lautsprecher voll genießen zu können, muß der Betreffende sich in der Mitte der links und rechts installierten Lautsprecher befinden. Die Entfernung von ihm zu den Geräten soll etwa so weit sein, wie die Lautsprecher voneinander entfernt aufgestellt stehen. In der Regel wird das zwischen 2 m und 2,5 m sein. Jedes Umsetzen beeinträchtigt den Stereoeffekt; die Wiedergabe ist für die zuhörende Person dann nicht mehr stereofon.

Hier liegt der wesentliche Vorteil bei der Kopfhörerwiedergabe. Der linke Kanal des Verstärkers arbeitet auf die linke Hörmuschel, der rechte Kanal auf die rechte. Da der Kopfhörer fest am Kopf sitzt, ist es

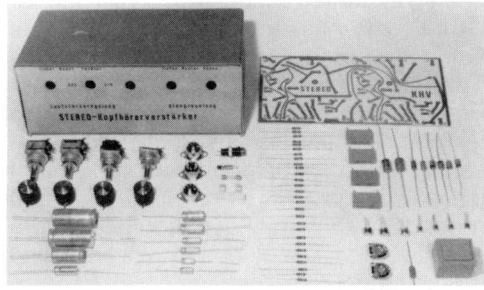

164 Alle zum Bau des Verstärkers erforderlichen mechanischen und elektronischen Bauteile sowie die Platine und das Gehäuse mit der fertiggebohrten Frontplatte. Die Eingangs- und Ausgangsbuchsen werden an der Rückseite montiert.

egal, ob sich die Person bewegt, umdreht oder im Raum hinundhergeht. Stets bleibt die Stereowiedergabe erhalten. Ein zweiter wesentlicher Vorteil liegt darin, daß keine Ablenkungen, Störungen oder durch im Raum entstehende Geräusche erfolgen können, weil die Schaumpolsterungen moderner Stereo-Kopfhörer Geräusche vom Ohr fernhalten.

Schließlich gibt es noch einen weiteren Vorteil: Befinden sich mehrere Personen im Zimmer und nicht alle möchten die Sendung hören, wird niemand gestört, da das

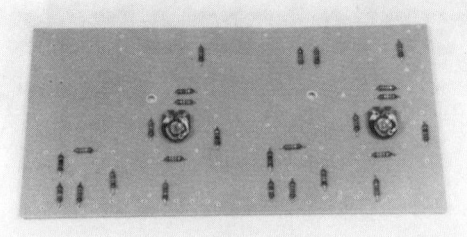

165 Bei der Bestückung der Platine mit Bauteilen beginnt man mit den Widerständen. Sind alle auf der Platine verlötet, werden die Kondensatoren, Transistoren und Elkos eingelötet.

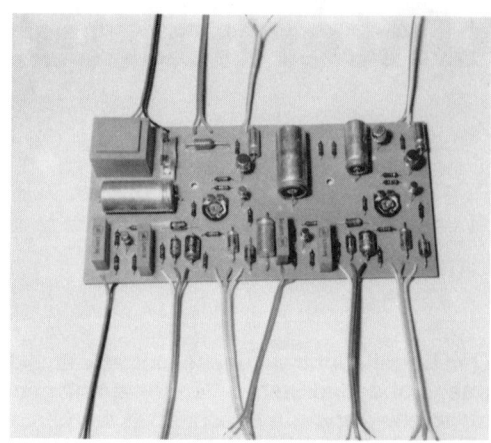

167 Beim nächsten Arbeitsgang sind die Verbindungsleitungen anzulöten. Sie führen zu den mechanischen Bauteilen an der Frontplatte.

vom Kopfhörer Übertragene nicht nach außen dringen kann.

Diese Beispiele sollen genügen, um die Vorteile einer Stereo-Kopfhöreranlage zu schildern.

Doch kommen wir jetzt zum Bau der Anlage selbst. Sie besteht aus dem eigentlichen Verstärker für beide Kanäle und einem Stereo-Aussteuerungsmesser. Beide Geräte werden in je ein formschönes Teko-Gehäuse eingebaut. Die schrägen Frontplatten der Gehäuse verleihen den fertigen Geräten ein ansprechendes Aussehen. Mit den beiden rechten Reglern lassen sich die Bässe und Höhen getrennt regeln. Sie können angehoben oder abgesenkt werden. Die beiden Regler links sind für die Lautstärkeregelung.

Der linke und der rechte Kanal lassen sich getrennt regeln, damit wird eine individuelle Einstellmöglichkeit gegeben. Der Lautstärkeregler für den rechten Kanal ist mit einem Netzschalter ausgerüstet. Der Betriebszustand (Ein-Aus) wird durch die

Lampe, die in der Mitte des Gehäuses zu erkennen ist, angezeigt. Die beiden Instrumente auf der Frontplatte des Aussteuerungsmessers dienen zur Anzeige der Aussteuerung des linken und des rechten Kanals. Netzschalter und Lampe sind in der Mitte befestigt. Der Aussteuerungsmesser wird am Ausgang, parallel zum Stereo-Kopfhörer, angeschlossen. Ein Stereo-Tonbandgerät, ein Stereo-Tuner oder ein Stereo-Plattenspieler werden an der Eingangsbuchse angeschlossen. Von dort gelangt das Signal in den linken und den rechten Verstärkerkanal, weiter über die Tiefen- und Höhenregelung zur Ausgangsbuchse, an die ein Stereo-Kopfhörer mit einer Impedanz von 2 × 400 Ohm oder 2 × 2000 Ohm angeschlossen wird. Die Ausgangsschaltung ist so ausgelegt, daß jeweils zwei Stereo-Kopfhörer betrieben werden können. Ebenfalls an der Ausgangsbuchse wird der Stereo-Aussteuerungsmesser angeschlossen.

An beiden Instrumenten, eins für den linken Kanal, das andere für den rechten Kanal, kann der Aussteuerungspegel mittels Lautstärkeregler des Verstärkers richtig eingestellt werden.

Zum Schluß noch einige Hinweise zur Eichung des Stereo-Aussteuerungsmessers:

Dazu werden die beiden Eingangsbuchsen Bu 1 und Bu 2 extern mit Hilfe eines

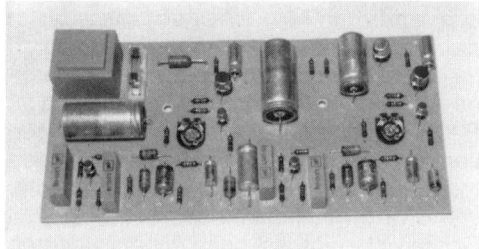

166 Die mit allen Bauteilen bestückte Platine. In der Mitte der Platine befinden sich die beiden Befestigungslöcher.

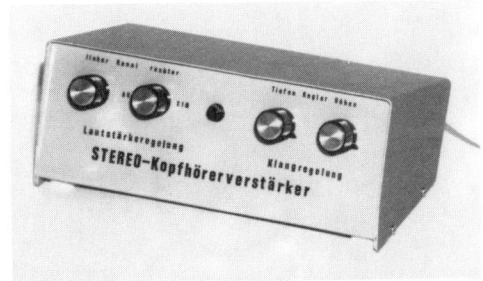

168 Die Montage der Potentiometer, der Lampe und der Eingangs- und Ausgangsbuchsen an der Frontplatte und der Rückwand des Gehäuses.

170 Blick auf den fertigen Stereo-Kopfhörerverstärker.

Kabels parallel geschaltet. An den Buchsen wird ein Tongenerator angeschlossen und eine Frequenz von 1000 Hz mit einer Spannung von 0,3 Volt eingespeist. Die beiden Einstellregler R 1 und R 6 werden voll auf Durchgang (kleinster Widerstand) gestellt und die beiden Einstellregler R 3 und R 8 so lange betätigt, bis die Instrumente A 1 und A 2 Vollausschlag zeigen. Jetzt sind die Regler R 1 und R 6 soweit zurückzudrehen, bis die Zeiger der Instrumente auf 0,5 mA zeigen. Damit ist der Eichvorgang beendet. Soll die Anzeige unempfindlicher werden, ist die Einstellung von R 1 und R 6 bei gleicher Eingangsspannung von 0,3 Volt so zu ändern, daß sich eine Anzeige von 0,1 oder 0,2 mA ergibt. Umgekehrt wird die Anzeige empfindlicher, wenn die Regler R 1 und R 6 bei 0,3 Volt Eingangsspannung auf 0,6, 0,7 oder 0,8 mA eingestellt werden.

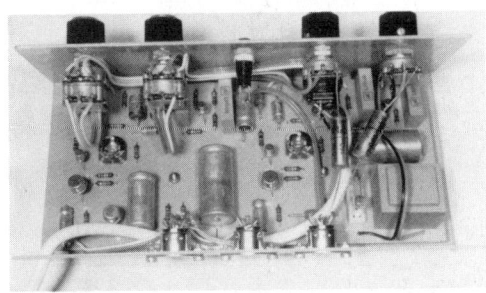

169 Nach der Montage der Platine am Gehäuseboden wird die Verdrahtung gemäß Verdrahtungsplan vorgenommen.

Stückliste zum Stereo-Kopfhörerverstärker

R 1 / R 1a =	150 kOhm / 1/8 W	Schichtwiderstand
R 2 / R 2a =	1 MOhm / 1/8 W	Schichtwiderstand
R 3 / R 3a =	220 Ohm / 1/8 W	Schichtwiderstand
R 4 / R 4a =	10 kOhm / 1/8 W	Schichtwiderstand
R 5 / R 5a =	15 kOhm / 1/8 W	Schichtwiderstand
R 6 / R 6a =	1,5 kOhm / 1/8 W	Schichtwiderstand
R 7 / R 7a =	3,3 kOhm / 1/8 W	Schichtwiderstand
R 8 / R 8a =	10 kOhm / 1/8 W	Schichtwiderstand
R 9 / R 9a =	50 kOhm / lin. Einstellregler	
R 10 / R 10a =	1 kOhm / 1/8 W	Schichtwiderstand
R 11 / R 11a =	22 kOhm / 1/8 W	Schichtwiderstand
R 12 / R 12a =	1,8 kOhm / 1/8 W	Schichtwiderstand
R 13 / R 13a =	10 kOhm / 1/8 W	Schichtwiderstand
R 14 =	2,2 kOhm / 1/8 W	Schichtwiderstand
R 15 =	10 kOhm / 1/8 W	Schichtwiderstand
C 1 / C 1a	0,47 µF / 160 V	
C 2 / C 2a	3,3 µF / 63 V	
C 3 / C 3a	3,3 µF / 63 V	
C 4 / C 4a	10 nF / 160 V	
C 5 / C 5a	0,1 µF / 160 V	
C 6 / C 6a	3,3 nF / 160 V	
C 7 / C 7a	22 nF / 160 V	
C 8 / C 8a	22 µF / 25 V Elko	

171 Die Anlage auf einem Tonbandgerät.

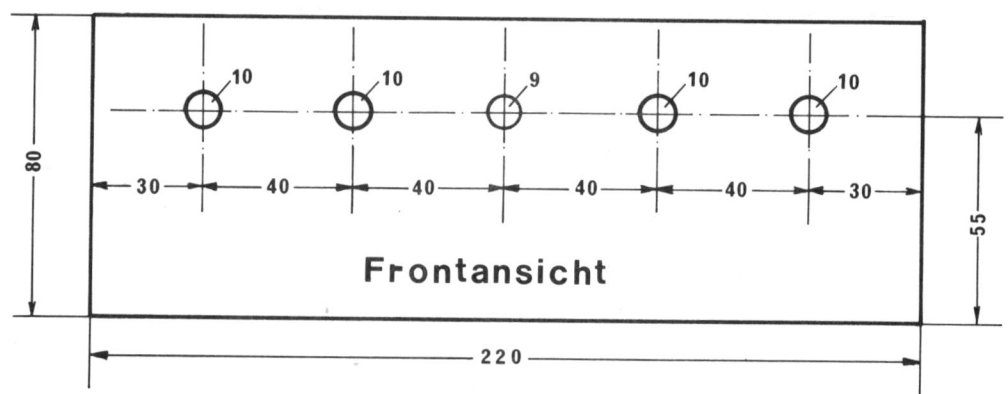

Frontansicht

Rückansicht

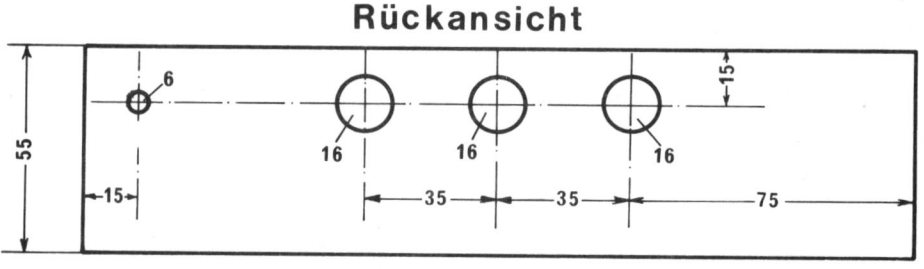

172 Bohrplan Frontplatte und Rückwand.

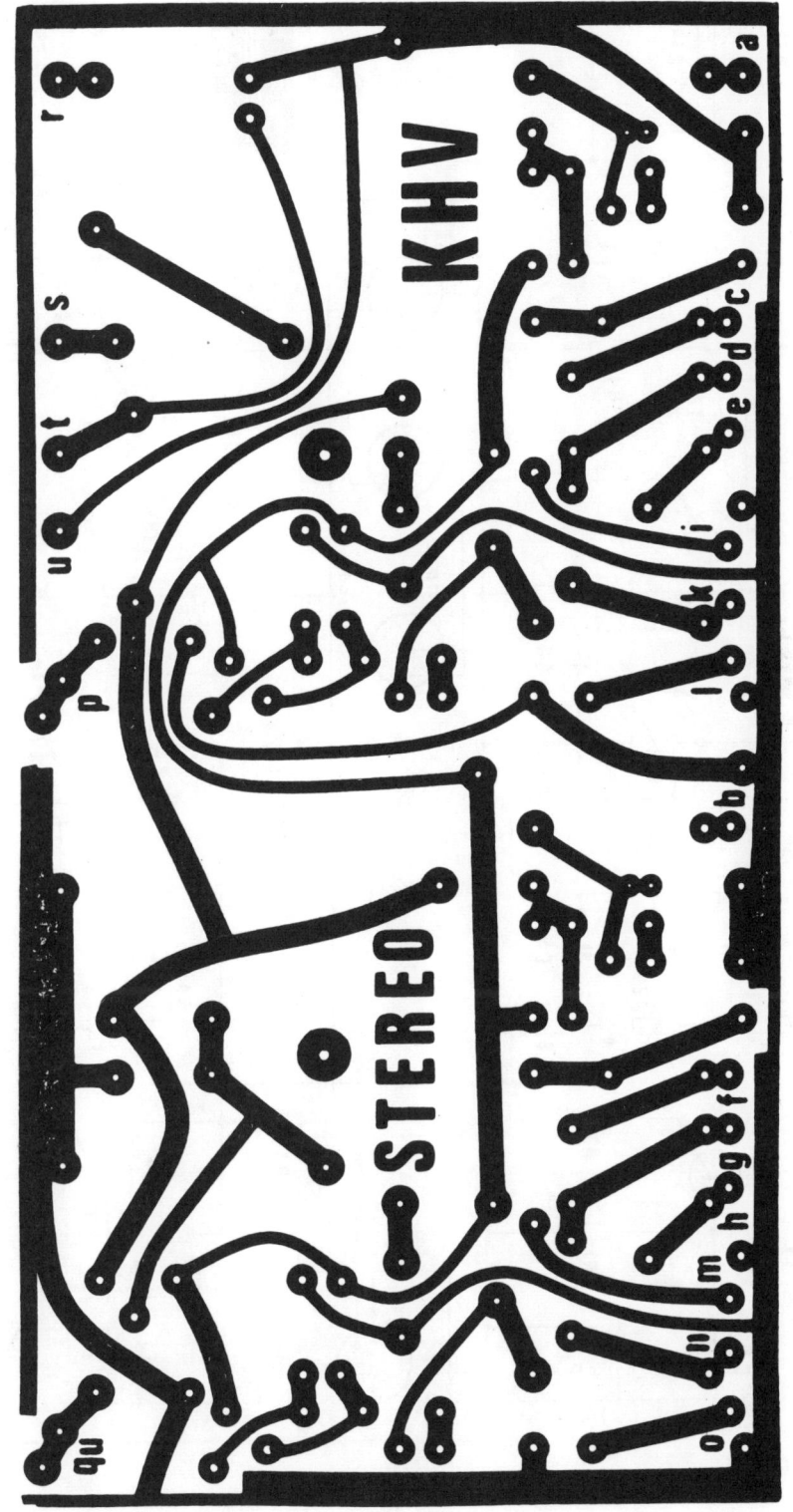

173　Druckvorlage des Stereo-Verstärkers im Maßstab 1:1.

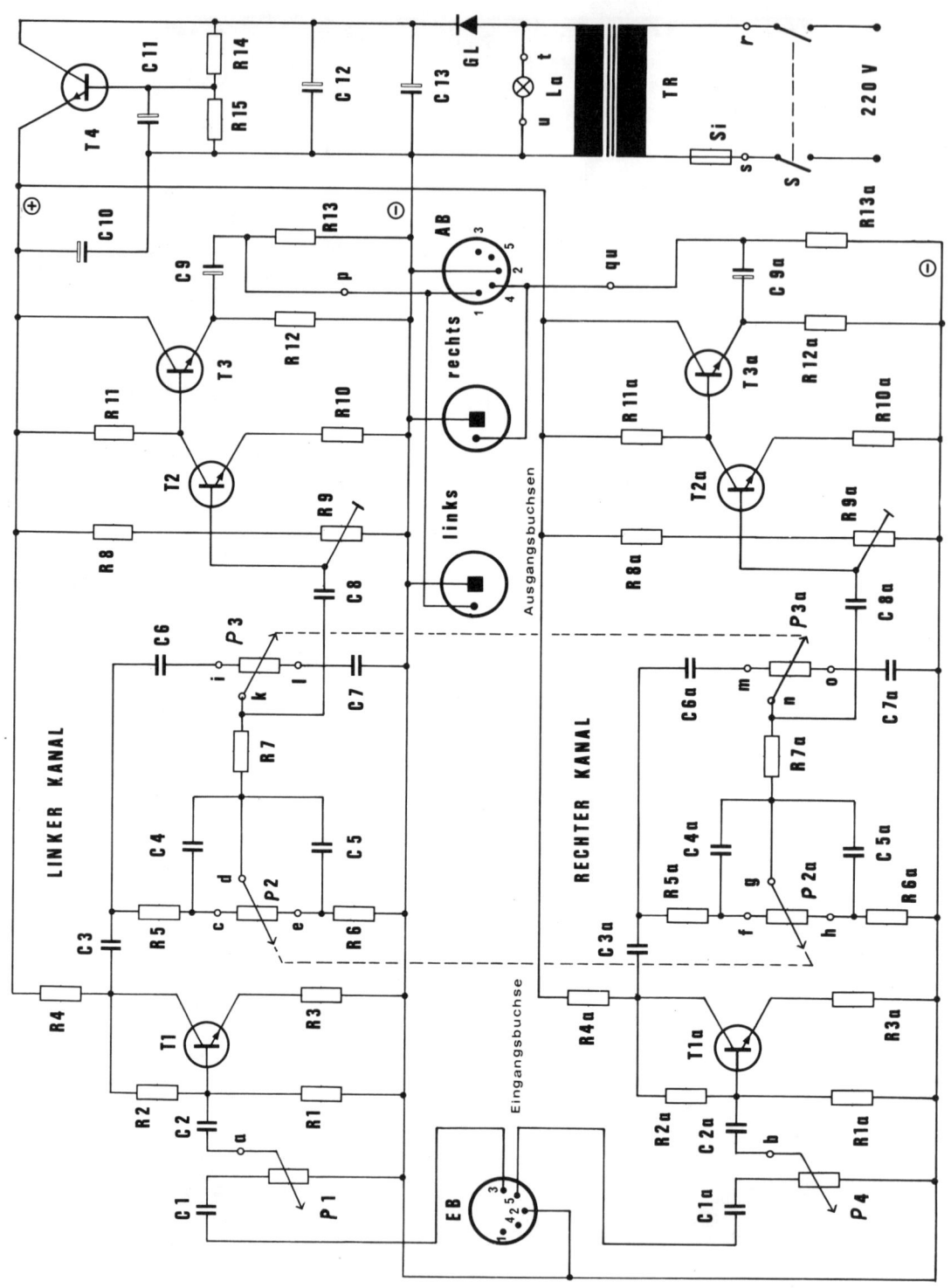

174 *Schaltbild zum Stereoverstärker.*

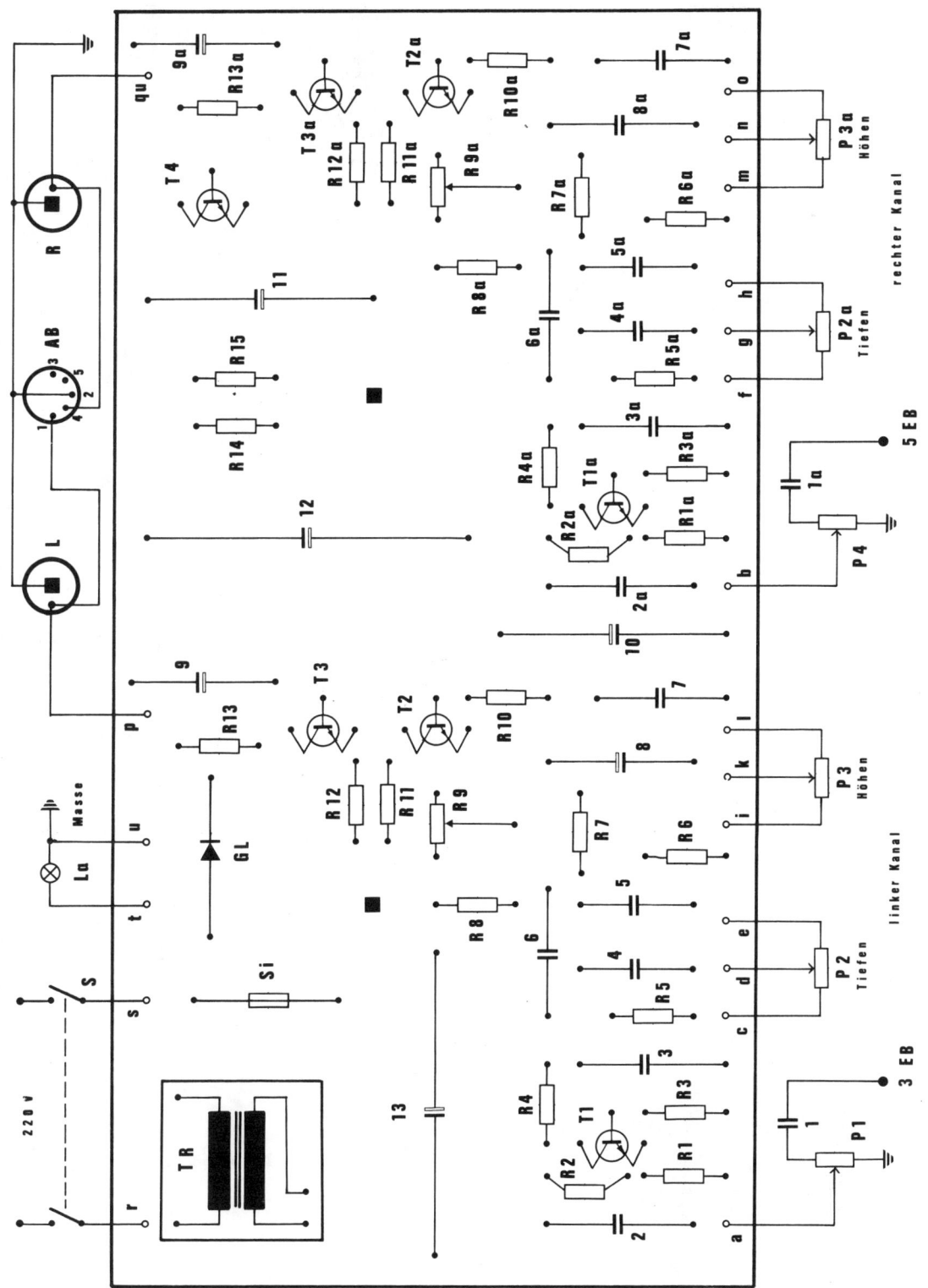

175   Bestückungs- und Verdrahtungsplan des Verstärkers.

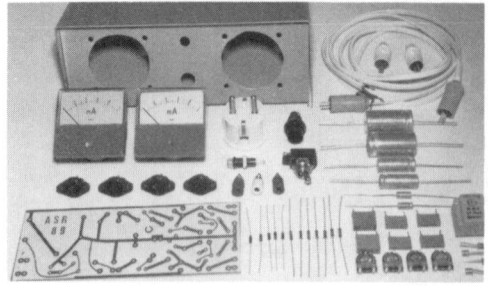

176 Alle zum Bau des Stereo-Aussteuerungsmessers erforderlichen Bauteile und das Teko-Gehäuse
mit der fertiggebohrten Frontplatte.

C 9 / C 9a		100 µF / 25 V Elko
C 10	=	100 µF / 35 V Elko
C 11	=	470 µF / 35 V Elko
C 12	=	1000 µF / 35 V Elko
C 13	=	1000 µF / 35 V Elko
T 1 / T 1a	=	BC 109 npn-Transistor
T 2 / T 2a	=	BC 109 npn-Transistor
T 3 / T 3a	=	2N 1613 npn-Transistor
T 4	=	2N 1613 npn-Transistor
P 1	=	100 kOhm / log. Potentiometer
P 2 / P 2a	=	2 × 100 kOhm / lin. Potentiometer
P 3 / P 3a	=	2 × 100 kOhm / lin. Potentiometer
P 4	=	100 kOhm / log. Potentiometer mit Schalter
S	=	Ein-Aus-Schalter sitzt auf P 4
Si	=	Feinsicherung 0,1 A mit Sicherungshalter für gedruckte Schaltung
Tr	=	Netztransformator 220 V / 24 V, Fertigteil der Firma Spitznagel, Typ: SPK 2230/24

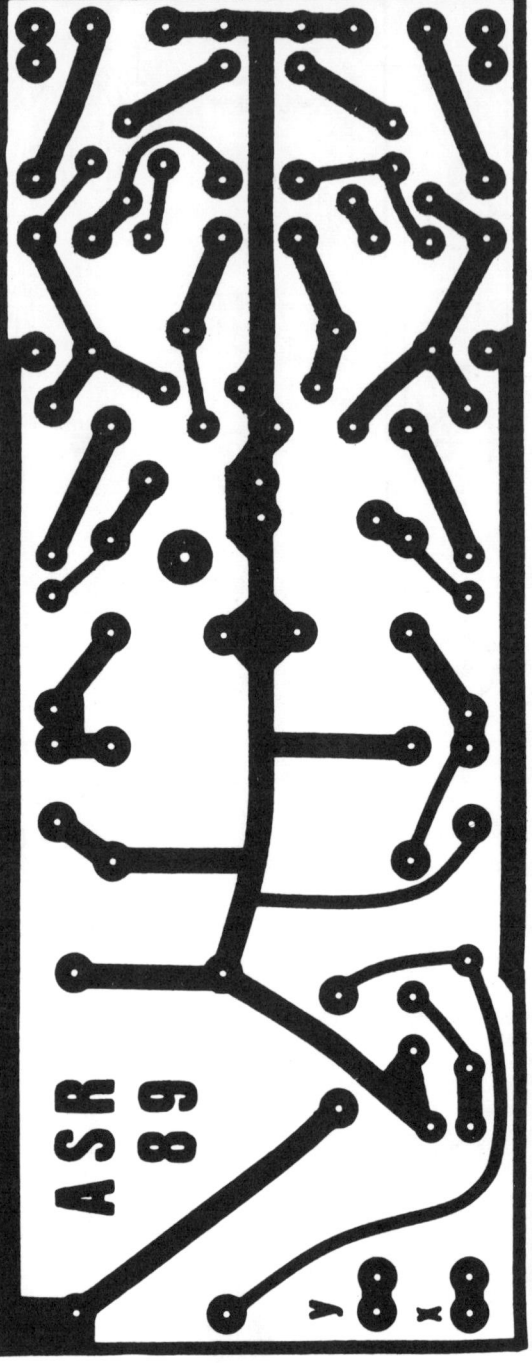

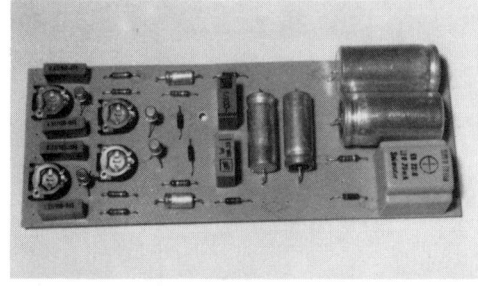

177 Die mit allen Bauteilen bestückte Platine des
Stereo-Aussteuerungsmessers.

178 Druckvorlage des Aussteuerungsmessers im
Maßstab 1:1.

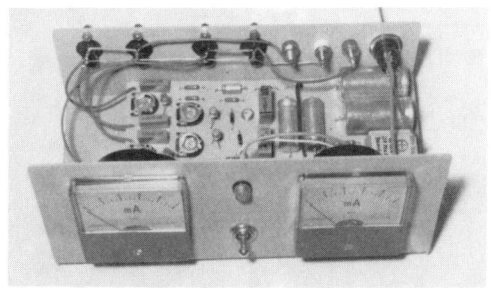

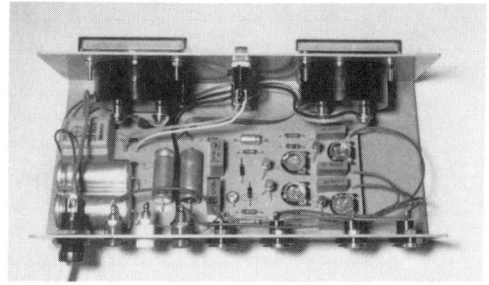

179   Blick in das geöffnete Gerät. Die Platine wird am
Gehäuseboden des Teko-Gehäuses festgeschraubt.

180   Blick von hinten in das geöffnete Gehäuse.

Gl	= BY 127 Gleichrichterdiode	AB	= Ausgangsbuchse

Gl   = BY 127 Gleichrichterdiode

La   = Telefonlampe 24 V / 0,02 A
         mit Fassung

EB   = Eingangsbuchse
         (5polige Diodenbuchse)

AB   = Ausgangsbuchse
         (5polige Diodenbuchse)
1 Stück Teko-Gehäuse Modell 363
1 Stück Netzstecker mit Kabel etwa 1,5 m lang
4 Stück Drehknöpfe
2 Stück Abstandsstücke, 10 mm lang
1 Stück Platine KHV

Frontansicht

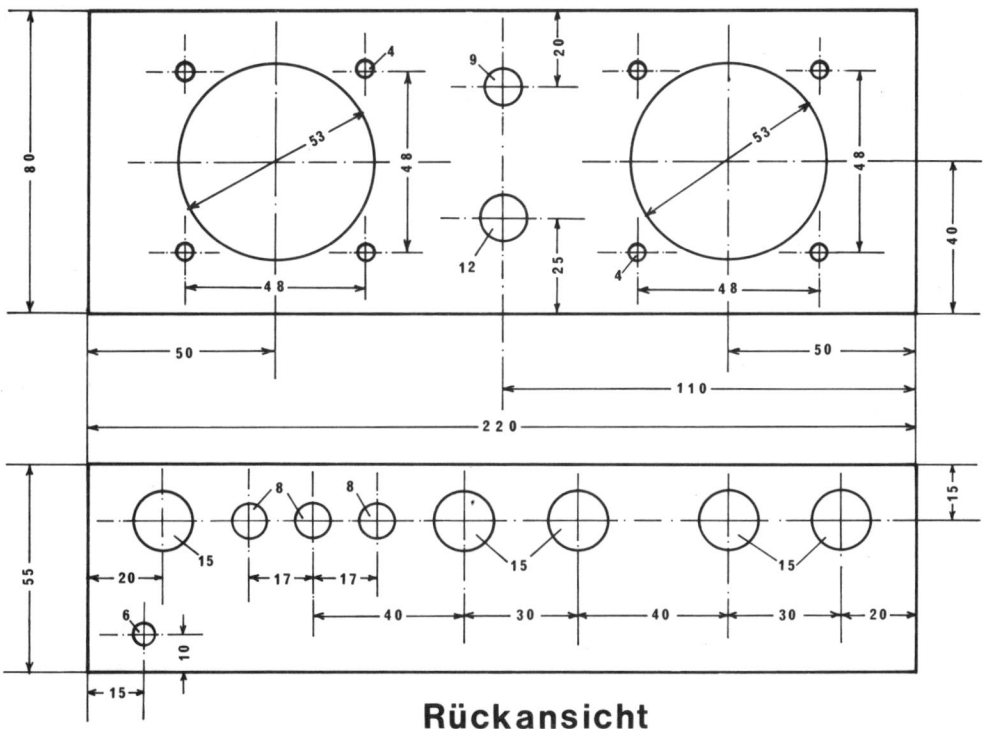

Rückansicht

181   Bohrplan zur Frontplatte des Aussteuerungsmessers.

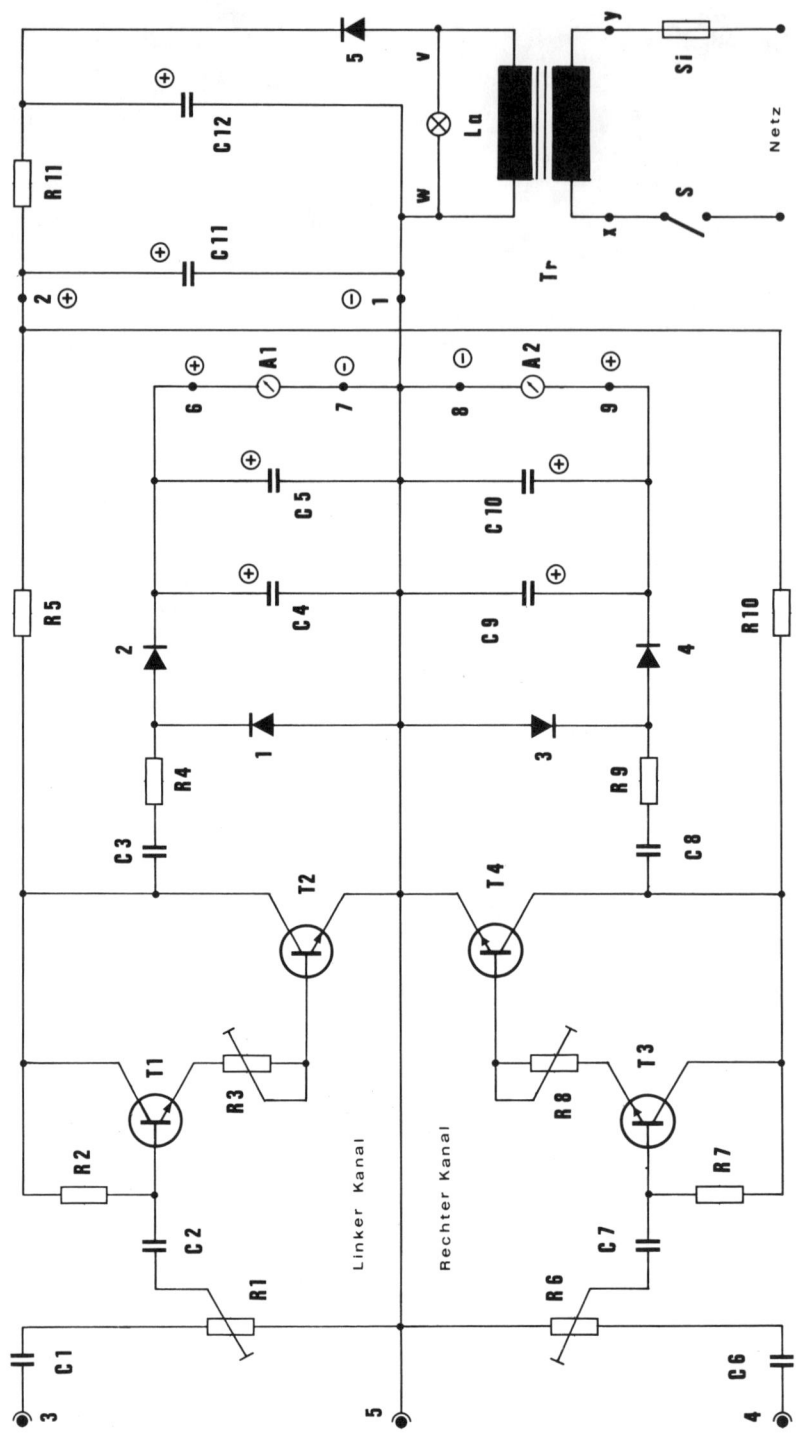

182   Schaltbild zum Aussteuerungsmesser.

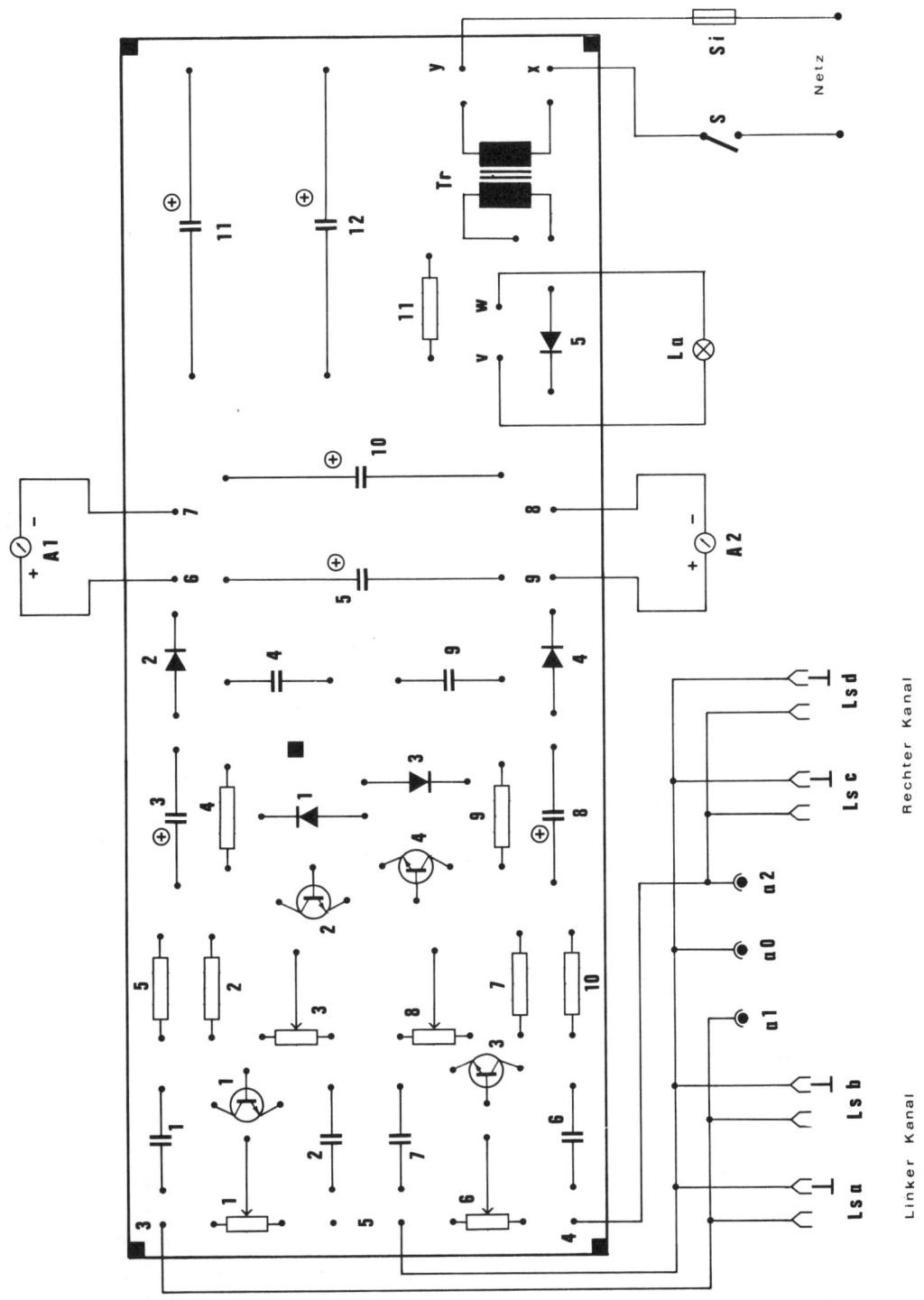

183 Bestückungs- und Verdrahtungsplan des Aussteuerungsmessers.

**Stückliste zum
Stereo-Aussteuerungsmesser**

R 1 = 100 kOhm Einstellregler
R 2 = 1 MOhm / 1/3 W Schichtwiderstand
R 3 = 100 kOhm Einstellregler
R 4 = 820 Ohm / 1/3 W Schichtwiderstand
R 5 = 2,2 kOhm / 1/3 W Schichtwiderstand
R 6 = 100 kOhm Einstellregler
R 7 = 1 MOhm / 1/3 W Schichtwiderstand
R 8 = 100 kOhm Einstellregler
R 9 = 820 Ohm / 1/3 W Schichtwiderstand
R 10 = 2,2 kOhm / 1/3 W Schichtwiderstand
R 11 = 470 Ohm / 1/3 W Schichtwiderstand
C 1 = 0,33 µF / 100 V
C 2 = 0,33 µF / 100 V
C 3 = 0,22 µF / 35 V Elko
C 4 = 1 µF / 100 V
C 5 = 470 µF / 25 V Elko
C 6 = 0,33 µF / 100 V
C 7 = 0,33 µF / 100 V
C 8 = 22 µF / 35 V Elko
C 9 = 1 µF / 100 V
C 10 = 470 µF / 25 V Elko
C 11 = 2200 µF / 25 V Elko
C 12 = 2200 µF / 25 V Elko
D 1 = AZ 15 Diode
D 2 = AZ 15 Diode
D 3 = AZ 15 Diode
D 4 = AZ 15 Diode
D 5 = OA 200 Diode
T 1 = BC 107 npn-Transistor
T 2 = BC 107 npn-Transistor
T 3 = BC 107 npn-Transistor
T 4 = BC 107 npn-Transistor
Tr = Netztransformator 220 V / 12 V
La = Lämpchen 12 V / 40 mA in Fassung
S = Netzschalter (einpoliger Kipphebel-
   schalter)
Si = Sicherung 300 mA mit Sicherungshalter
A 1 = Wisometer 52, 1 mA-Vollausschlag,
   Ri = 360 Ohm
A 2 = Wisometer 52, 1 mA-Vollausschlag,
   Ri = 360 Ohm
a0 = isolierte Buchse
a1 = isolierte Buchse
a2 = isolierte Buchse
Lsa = Lautsprecherbuchse (wird nur benötigt,
   wenn der Aussteuerungsmesser mit
   einer Lautsprecheranlage betrieben
   wird)
Lsb = Lautsprecherbuchse (wie oben)
Lsc = Lautsprecherbuchse (wie oben)
Lsd = Lautsprecherbuchse (wie oben)
1 Stück Teko-Gehäuse Nr. 354
1 Stück Netzstecker mit Kabel, etwa 1,5 m lang
1 Stück Platine ASR 89

Stroboskopscheiben als Drehzahlwächter

Legt man beim Abspielen von Schallplatten großen Wert auf einwandfreie Wiedergabequalität, so muß man den Plattenspieler von Zeit zu Zeit auf Einhaltung der Umlaufgeschwindigkeit überprüfen, denn schon Abweichungen von ±1 U/min machen sich bei der Wiedergabe unangenehm und störend bemerkbar. Aus diesem Grunde ist es unbedingt erforderlich, das Laufwerk in regelmäßigen Abständen auf richtige Umdrehungszahlen zu kontrollieren. Dieses geschieht mit Stroboskopscheiben, die man sich selbst leicht herstellen kann. Stroboskopscheiben sind nichts anderes, als in Sektoren aufgeteilte Scheiben, bei denen die Anzahl der Sektoren zu den Umdrehungszahlen in einem bestimmten Verhältnis stehen müssen. Zur Überprüfung dient die Netzfrequenz von 50 Hertz. Das bedeutet, daß der Strom im Gegensatz zum Gleichstrom seine Richtung hundertmal in der Sekunde ändert. Wird nun eine für eine bestimmte Drehzahl berechnete Stroboskopscheibe mit der gleichen Drehzahl in Rotation versetzt und dabei von einer mit Wechselstrom gespeisten Lampe beleuchtet, so hat man den Eindruck, daß die Sektoren stillstehen würden. Laufen die Sektoren scheinbar der Drehrichtung voraus, so ist das ein Zeichen dafür, daß die Drehzahl zu schnell ist. Bei entgegengesetztem Lauf der Sektoren liegt die wirkliche Dreh-

184 Zur Überprüfung der Drehzahl wird die Stroboskopscheibe auf den Plattenteller gelegt.

zahl darunter. Auf diese Weise kann man jede erforderliche Geschwindigkeit genau überwachen oder einregulieren.

Für die Überprüfung eines Plattenspielers kommen drei Geschwindigkeiten in Frage. 33$^1/_3$ U/min, 45 U/min und 78 U/min. Das sind die Umdrehungszahlen, auf die man jedes Laufwerk umstellen kann. Wollten wir nun jede der einzelnen Geschwindigkeiten überprüfen, müßten wir also drei Stroboskopscheiben anfertigen. In den meisten Fällen genügt jedoch schon eine Scheibe für zum Beispiel 78 U/min.

Da die Plattenteller über Reibräder genau berechneter Größe angetrieben werden, genügt zur Kontrolle eine Umdrehungszahl. Stimmt diese, so stimmen automatisch auch die anderen, es sei denn, die Gummiflächen der Reibräder sind abgelaufen.

Und nun zur Anfertigung der Stroboskopscheiben. Die Größe solcher Scheiben ist unwichtig. Für das bequeme Zeichnen der Sektoren hat sich ein Plattendurchmesser von etwa 20 cm bewährt. Auf einem starken Zeichenkarton schlägt man mit dem Zirkel einen Kreis von 10 cm Radius. Für das Einzeichnen der Sektoren ist jetzt die Formel wichtig, nach der die für jede Umlaufgeschwindigkeit erforderliche Sektorenzahl zu berechnen ist.

Sie lautet:
$$Z = \frac{6000}{n}$$

Z = Sektorenzahl; n = Umdrehungszahl/min.

Soll eine Scheibe für 78 U/min angefertigt werden, so beträgt die Sektorenzahl nach obiger Formel:

$$Z = \frac{6000}{n} \qquad Z = \frac{6000}{78} \qquad Z = 77$$

Der Kreis muß also in 77 gleiche Teile aufgeteilt werden. Nun müssen wir noch den für jeden Sektor erforderlichen Winkel bestimmen. Das können wir sehr leicht nach der Formel:

$$\text{Winkel } \alpha = \frac{360}{Z}$$

In unserem Fall wird die gefundene Zahl Z mit 77 eingesetzt

$$\alpha = \frac{360}{77} = 4{,}7 \text{ Grad}$$

Der Winkel für einen Sektor beträgt also 4,7 Grad. Da jeder Sektor aus einer schwarzen und weißen Fläche besteht, muß man ihn nochmals aufteilen. Es ist nicht unbedingt erforderlich, beide Flächen gleich groß zu machen. In der Praxis macht man den schwarzen Teilsektor etwas breiter.

Man kann zum Beispiel den Winkel von 4,7° in 3° und 1,7° aufteilen und den Sektor von 3° mit schwarzer Tusche ausfüllen. Die Scheibe wird auf etwa 1 mm starke Pappe geklebt und ausgeschnitten . Die Stroboskopscheibe ist fertig, und mit ihrer Hilfe kann nach der anfangs beschriebenen Methode kontrolliert werden, ob das Laufwerk die vorgeschriebene Geschwindigkeit einhält.

Der stroboskopische Effekt, der durch Bestrahlen einer mit Wechselstrom gespeisten Lampe zustande kommt, wird durch die meist in jedem Plattenspieler eingebaute Plattenbeleuchtungslampe hervorgerufen. Ist eine solche Lampe nicht vorgesehen, genügt jede gerade zur Verfügung stehende Tisch- oder Stehlampe zur Beleuchtung.

Sollen auch Scheiben für andere Umlaufgeschwindigkeiten angefertigt werden, so erhält man nach den erwähnten Formeln folgende Sektorenzahlen und Winkel:

n = 33$^1/_3$ U/min; Z = 180;
α = 2° n = 45 U/min: Z = 133; α = 2,7°.

Antennenverstärker

Der hier gezeigte doppelstufige Antennenverstärker eignet sich als Vorsatzgerät für UKW-Rundfunk- und alle VHF-Fernsehbänder. Es ist ratsam, ihn in ein Teko-Metallgehäuse einzubauen. Besonders vorteilhaft ist es, daß nach Fertigstellung des Antennenverstärkers keinerlei Abgleicharbeiten notwendig werden, da es sich um einen Breitbandverstärker ohne Induktivitäten handelt.

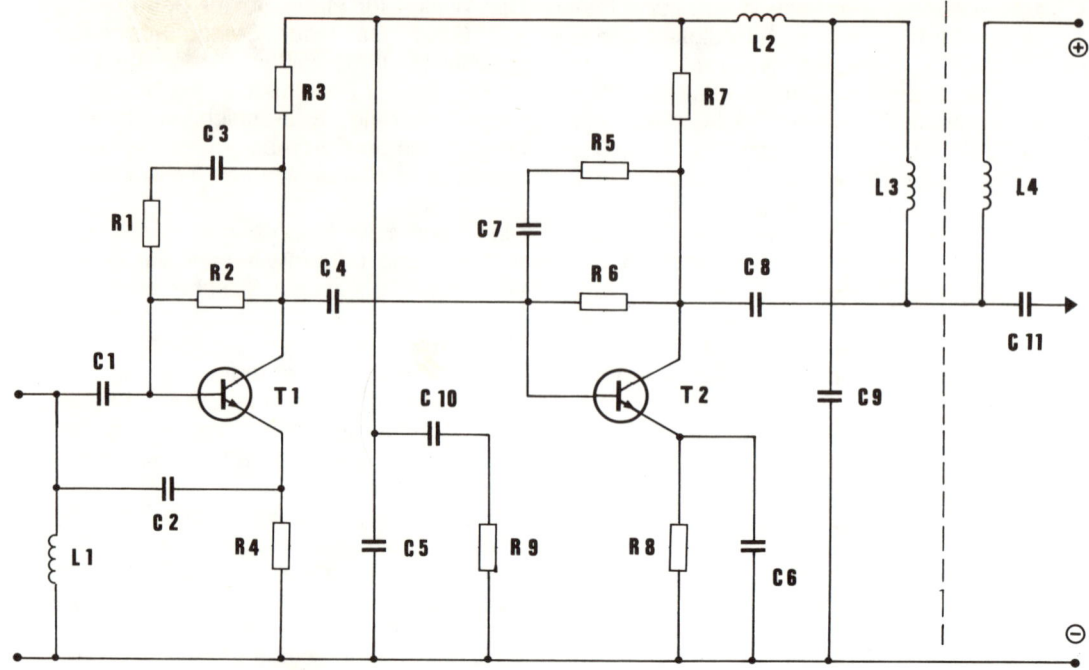

185   Schaltbild zum Antennenverstärker.

Stückliste zum Antennenverstärker

- R 1 = 270 Ohm / 1/8 W Schichtwiderstand
- R 2 = 18 kOhm / 1/8 W Schichtwiderstand
- R 3 = 1,8 kOhm / 1/8 W Schichtwiderstand
- R 4 = 18 Ohm / 1/8 W Schichtwiderstand
- R 5 = 270 Ohm / 1/8 W Schichtwiderstand
- R 6 = 18 kOhm / 1/8 W Schichtwiderstand
- R 7 = 1,2 kOhm / 1/8 W Schichtwiderstand
- R 8 = 18 Ohm / 1/8 W Schichtwiderstand
- R 9 = 170 Ohm / 1/8 W Schichtwiderstand
- C 1 = 1 nF / 250 V Kondensator
- C 2 = 3 pF / 250 V Kondensator
- C 3 = 100 pF / 250 V Kondensator
- C 4 = 100 pF / 250 V Kondensator
- C 5 = 1 nF / 250 V Kondensator
- C 6 = 15 pF / 250 V Kondensator
- C 7 = 100 pF / 250 V Kondensator
- C 8 = 100 pF / 250 V Kondensator
- C 9 = 1 nF / 250 V Kondensator
- C 10 = 1 nF / 250 V Kondensator
- C 11 = 1 nF / 250 V Kondensator
- L 1 = 0,68 µH Drosselspule
- L 2 = 0,68 µH Drosselspule
- L 3 = 0,68 µH Drosselspule
- L 4 = 0,68 µH Drosselspule
- T 1 = BF 125 oder BF 199 npn-Transistor
- T 2 = BF 125 oder BF 199 npn-Transistor

5-W-Nf-Verstärker

Das Schaltbild zeigt einen einfach aufzu-
bauenden Nf-Verstärker, für den nur wenige Bauteile notwendig sind.
Der Verstärker arbeitet an einer Betriebsspannung von 6 bis 12 Volt, die an den
Punkten 5 (minus) und 6 (plus) angelegt
wird. Ein 4 bis 8- Ohm-Lautsprecher ist an
den Punkten 3 und 4 anzuschließen. Die
Lautstärkeregelung erfolgt durch das Potentiometer P 1.

Stückliste zum 5-W-Nf-Verstärker

R 1 = 270 Ohm Schichtwiderstand
P 1 = 100 kOhm / log. Potentiometer
C 1 = 5 nF / 160 V Kondensator (Keramik)
C 3 = 470 pF / 160 V Kondensator (Keramik)
C 4 = 470 µF / 16 V Elko
ICI = TBA 810 S
6 Stück Lötstützpunkte
1 Stück Druckplatine B 60058
Dieses Gerät kann aus einem Bausatz der Firma
Diamant-Electronic aufgebaut werden (Bausatz:
V 047).

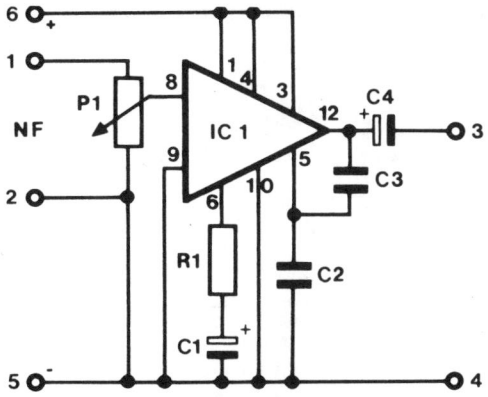

186 Schaltbild zum 5-W-Nf-Verstärker.

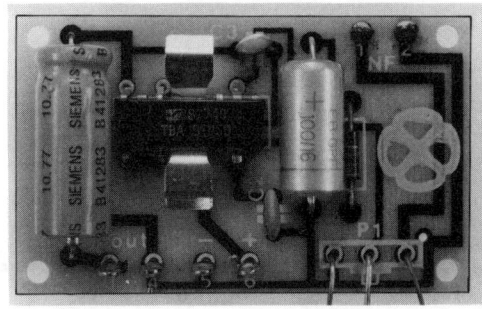

189 Die fertige Druckplatine ds 5-W-Nf-Verstärkers.

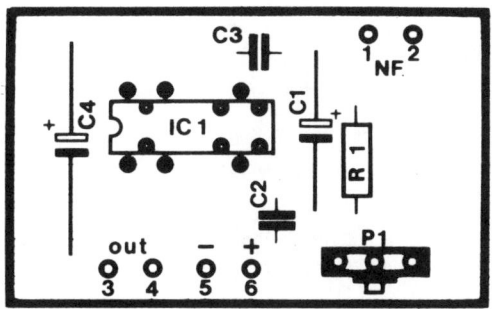

187 Bestückungsplan zum 5-W-Nf-Verstärker.

30-W-Nf-Verstärker

Zum Ausprobieren verschiedener Nf-Schaltungen ist es von Vorteil, einen Nf-Verstärker zu besitzen.

Der nachstehend beschriebene Verstärker ist für eine Leistung von 30 Watt (Musikleistung) bei einer Eingangsempfindlichkeit von 250 mV ausgelegt. Eine Klangregelung ist vorgesehen, der Klirrfaktor liegt bei 0,5 Prozent bis 0,7 Prozent, der Frequenzgang reicht von 20 bis 30000 Hz. Zur Spannungsversorgung wird ein Netzteil

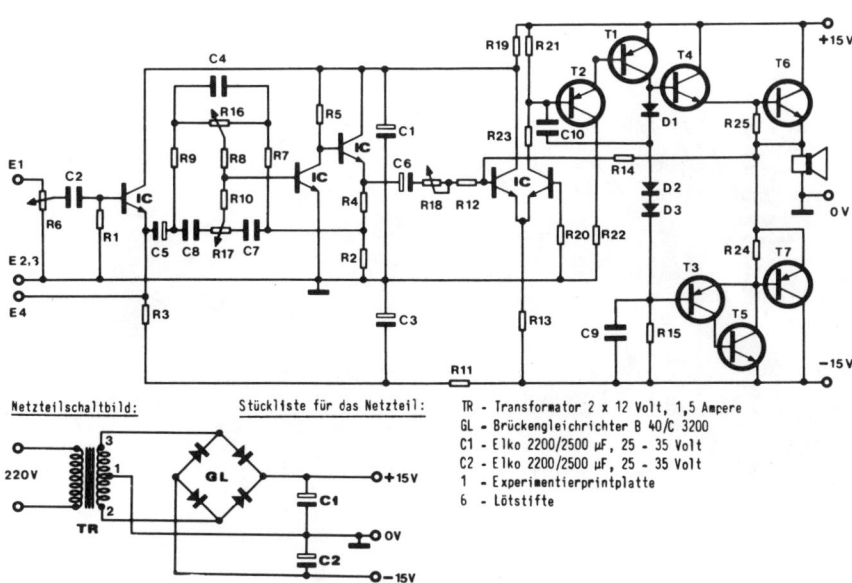

Netzteilschaltbild:

Stückliste für das Netzteil:

TR - Transformator 2 x 12 Volt, 1,5 Ampere
GL - Brückengleichrichter B 40/C 3200
C1 - Elko 2200/2500 µF, 25 - 35 Volt
C2 - Elko 2200/2500 µF, 25 - 35 Volt
1 - Experimentierprintplatte
6 - Lötstifte

188 Schaltbild des 30-W-Nf-Verstärkers.

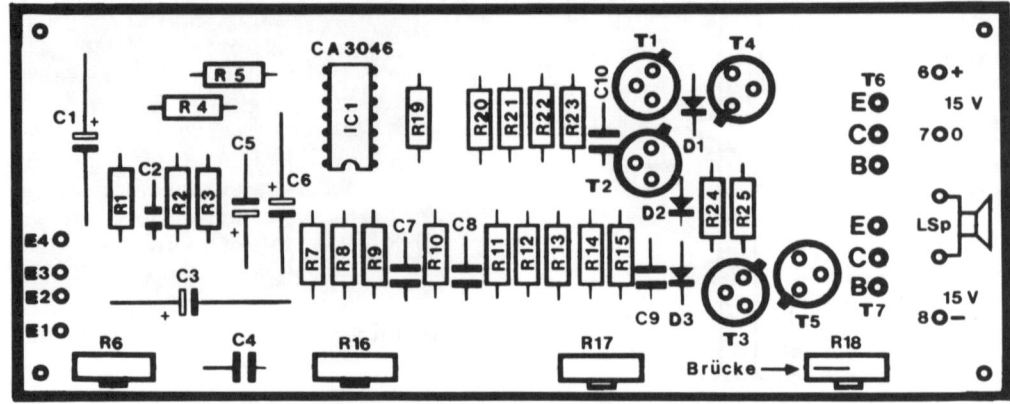

190 Bestückungsplan zum 30-W-Nf-Verstärker.

mit positiver und negativer Spannung (±15 Volt) benötigt.

Der Lautsprecher wird an den Lötstützpunkten LSp angeschlossen, er soll für eine Impedanz von 4 oder 8 Ohm und eine Leistung von mindestens 35 Watt ausgelegt sein.

An den Eingang E1 können Tuner, Recorder, Schallplattentonabnehmer, Mischpulte und Rundfunkgeräte angeschlossen werden. Für Tonbandgeräte ist der Anschluß E 4 vorgesehen. Die Zuleitungen müssen abgeschirmt sein. Mit zwei dieser Verstärker kann eine Stereoanlage aufge-

baut werden. Beim Aufbau eines Monoverstärkers ist bei R18 eine Drahtbrücke einzusetzen (siehe Bestückungsplan).

Stückliste zum 30-W-Nf-Verstärker

R 1 = 1 MOhm Schichtwiderstand
R 2 = 680 Ohm Schichtwiderstand
R 3 = 47 kOhm Schichtwiderstand
R 4 = 2,2 kOhm Schichtwiderstand
R 5 = 68 kOhm Schichtwiderstand
R 6 = 470 kOhm / log. Potentiometer
R 7 = 4,7 kOhm Schichtwiderstand
R 8 = 15 kOhm Schichtwiderstand

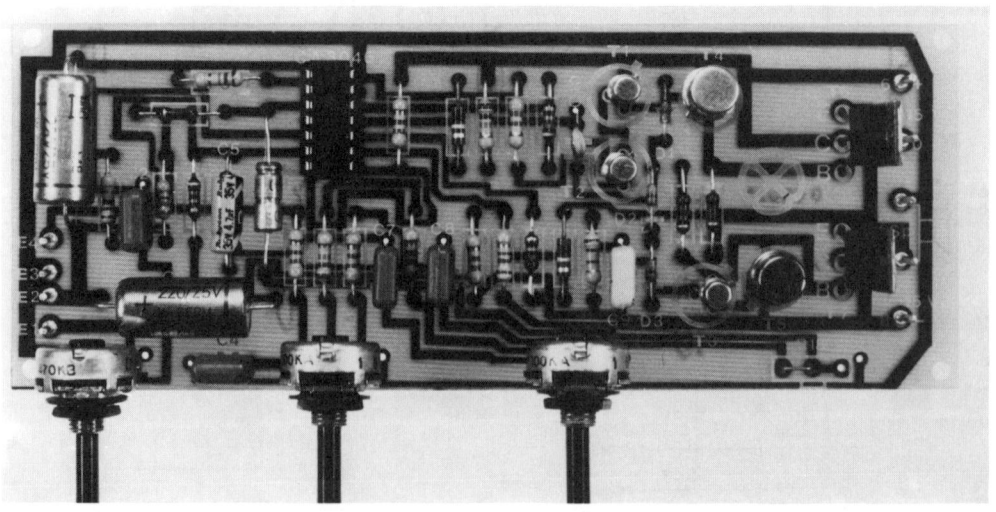

191 Die fertige Druckplatine des 30-W-Nf-Verstärkers.

110

R 9 =   4,7 kOhm Schichtwiderstand
R 10 =   4,7 kOhm Schichtwiderstand
R 11 =   4,7 kOhm Schichtwiderstand
R 12 =   6,7 kOhm Schichtwiderstand
R 13 =   82 kOhm Schichtwiderstand
R 14 = 100 kOhm Schichtwiderstand
R 15 =   6,8 kOhm Schichtwiderstand
R 16 = 100 kOhm / lin. Potentiometer
R 17 = 100 kOhm / lin. Potentiometer
R 18 = entfällt bei Mono-Verstärker
R 19 =   4,7 kOhm Schichtwiderstand
R 20 = 100 kOhm Schichtwiderstand
R 21 =   15 kOhm Schichtwiderstand
R 22 =   4,7 kOhm Schichtwiderstand
R 23 =   47 kOhm Schichtwiderstand
R 24 =   2,2 kOhm Schichtwiderstand
R 25 =   2,2 kOhm Schichtwiderstand
C 1 = 220 µF / 25 V Elko
C 2 = 0,1 µF Folienkondensator
C 3 = 220 µF / 25 V Elko
C 4 =   33 nF Folienkondensator
C 5 =   4,7 µF / 35 V Elko
C 6 = 0,47 µF / 63 V Elko
C 7 =   22 nF Folienkondensator
C 8 =   22 nF Folienkondensator
C 9 = 680 pF Keramikkondensator
C 10 =   68 pF Keramikkondensator
T 1 = BC 177 pnp-Transistor
T 2 = BC 177 pnp-Transistor
T 3 = BC 177 pnp-Transistor
T 4 = 2N 1613 npn-Transistor
T 5 = 2N 1613 npn-Transistor
T 6 = BD 241 oder BD 243 pnp-Transistor
T 7 = BD 242 oder BD 244 npn-Transistor
IC 1 = CA 3046 oder TBA 331 Integrierte
           Schaltung
D1 – D3 = 1N 4148 Dioden
9 Stück Lötstützpunkte
1 Stück Druckplatine B 60035

Dieses Gerät kann aus einem Bausatz der Firma Diamant-Electronic aufgebaut werden (Bausatz: V 012).

Licht-Blitz-Stroboskop

Ein Licht-Blitz-Stroboskop ist ein Gerät, mit dem Blitzlichteffekte erzeugt werden können, wie man sie beispielsweise in Diskotheken sehen kann. Solch ein Gerät läßt sich jedoch auch als Reklameblitzbeleuchtung für die Schaufensterwerbung und als Warn- und Alarmanzeige verwenden.

Da die Schaltung direkt am 220-V-Netz betrieben und eine Anodenspannung von 400 V erzeugt wird, ist besondere Vorsicht

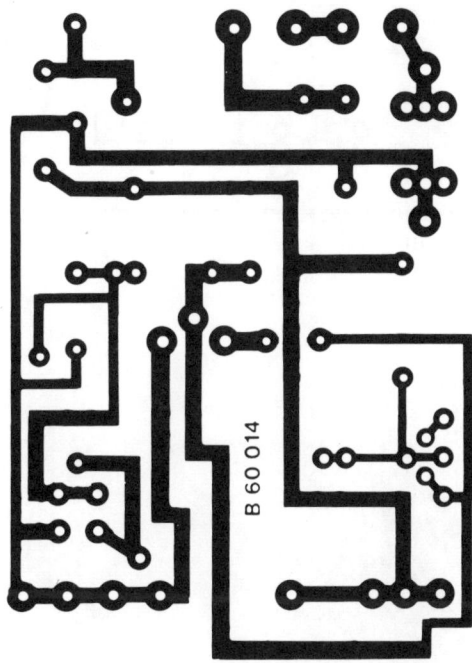

192 Druckvorlage im Maßstab 1:1 zum Licht-Blitz-Stroboskop.

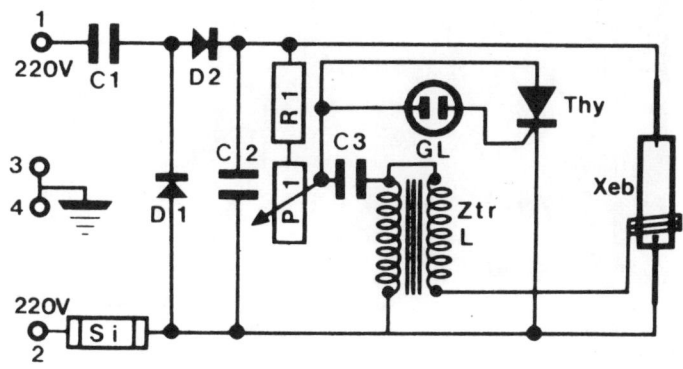

193 Schaltbild zum
Licht-Blitz-Stroboskop.

111

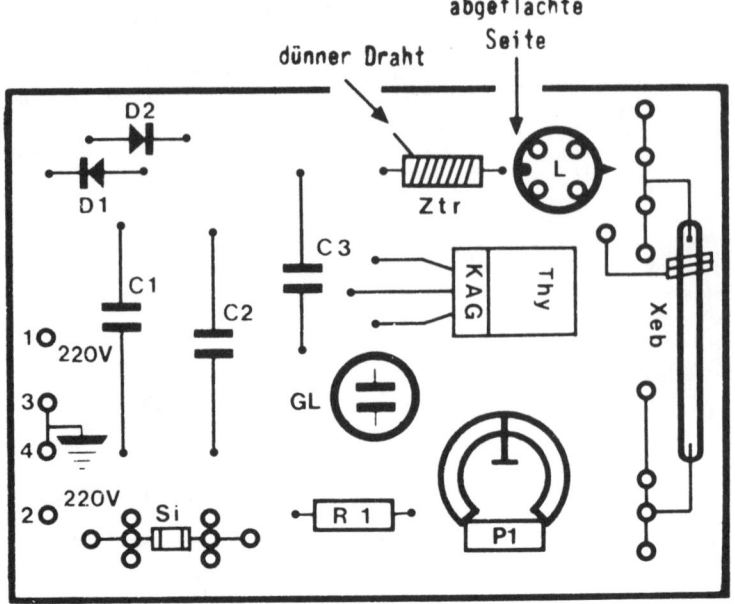

dünner Draht

abgeflachte Seite

geboten! Es entsteht eine Triggerspannung von sogar 5000 Volt. Daher ist es ratsam, das Gerät in ein Gehäuse einzubauen und es zu erden.

Wird an den Lötpunkten 1 und 2 die Netzspannung angeschlossen, so beginnt die Xenonblitzlampe zu blitzen. Die Blitzgeschwindigkeit läßt sich mit dem Trimmpotentiometer P1 verändern.

Stückliste zum Licht-Blitz-Stroboskop

R 1 = 2,7 MOhm Schichtwiderstand
C 1 = 0,33 µF / 400 V
C 2 = 1 µF / 400 V
C 3 = 0,22 µF / 400 V
D 1 = 1N 4007 Diode
D 2 = 1N 4007 Diode
Ztr = Zündtrafo liegend
(oder L = Zündtrafo stehend)
Xeb = Xenonblitzlampe
Gl = Glimmlampe
Thy = 106 D 1 Thyristor
P 1 = 2,2 MOhm Einstellregler
Si = 0,5 A-Sicherung
6 Stück Lötstützpunkte
2 Stück Sicherungshalter
1 Stück Druckplatine B 60014

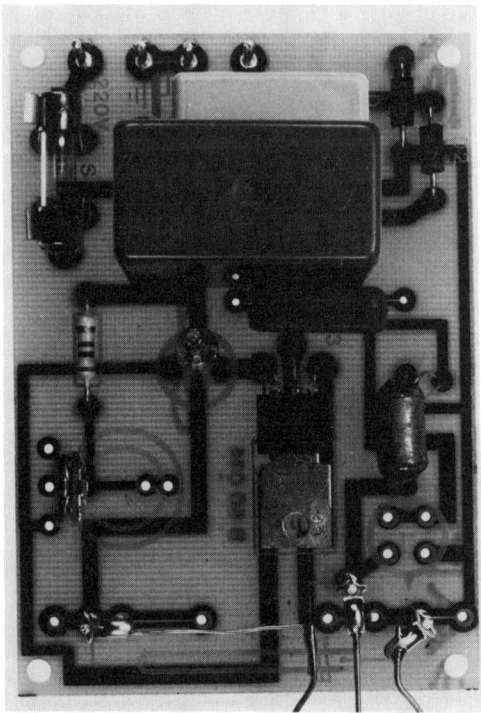

195 Die fertige Druckplatine des Licht-Blitz-Stroboskops.

Dieses Gerät kann aus einem Bausatz der Firma Diamant-Electronic aufgebaut werden (Bausatz: LE 027).

112

196 fischertechnik, elektronisch.

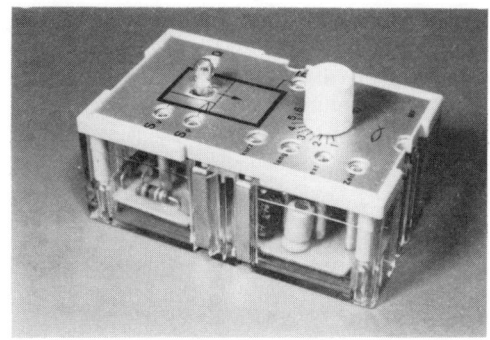

198 Der Mono-Flop-Baustein. Die elektronische Schaltung ist hier auf einer Druckplatine untergebracht und in ein transparentes Kunststoffgehäuse eingebaut worden. Buchsen, Regler und Lampe befinden sich auf der Frontplatte.

fischertechnik-Elektronik

Zahlreiche in diesem Buch beschriebene Geräte lassen sich aus den Grundelementen des fischertechnik-Konstruktions-Systems in Verbindung mit der fischertechnik-Elektronik nachvollziehen. Nahezu spielerisch wird man auf diese Weise an die Probleme der Elektronik herangeführt. So würden sich zum Beispiel Geräte wie die Lichtschranke, die Diebstahlsicherung, der Dämmerungsschalter, der Temperaturwächter, der Feuchtigkeitsfühler, die Magnetsteuerung, der Verzögerungsschalter, der Taktgeber und das Warngerät zum Nachbauen aus den Bauelementen der fischertechnik-Kästen gut eignen. Zu den mechanischen zum Zusammenstecken der einzelnen Baugruppen benötigten Teilen kommt der Elektronik-Baukasten mit einem Elektronik-Grundbaustein, einem Relais-, einem Gleichrichter-, einem Mikrofon-Lautsprecher-Baustein, Fotowiderständen, Lampen und Tastern dazu.

Wer größere und kompliziertere Modelle aufbauen möchte, kann weitere erforderliche Elektronikbausteine zusätzlich anschaffen.

Zum Betrieb dieser Elektronikbausteine wird eine Gleichspannung von 9 Volt benötigt. Sie kann dem Gleichrichterbaustein, dem ein Netztransformator vorgeschaltet wird, entnommen werden.

Bauteile und Bausteine aus diesem System lassen sich durch einfaches Stecken beziehungsweise Schieben zu einer Baueinheit zusammenfügen. Auch die elektri-

197 Elektronik-Baukästen aus dem Hobby-Programm.

199 Übersichtlich sind die Bauteile im Elektromechanik-Baukasten angeordnet.

113

200 Einige Elektronikbausteine mit dem Netztransformator.

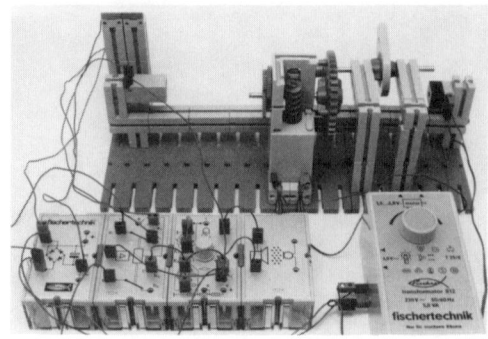

202 Die gleiche elektronische Lichtschranke aus einem anderen Blickwinkel.

schen oder elektronischen Einzelteile sind so ausgeführt, daß sie sich mit den anderen mechanischen Bauteilen leicht verbinden lassen. Der elektrische Kontakt wird durch kurze oder, wenn nötig, längere Kabelverbindungen hergestellt. Die einzelnen Kabel sind so gestaltet, daß an deren Enden je ein kleiner Stecker befestigt ist, der in die Kontaktbuchsen der Bauteile gesteckt wird. Lötarbeiten sind bei diesem System deshalb nicht erforderlich.

Werden für einen Schaltungsaufbau mehrere elektronische Bausteine benötigt, lassen sie sich ohne zusätzliche Kabelverbindung direkt zusammenstecken.

In den von fischertechnik herausgegebenen Anleitungen werden solche Versuche genau beschrieben und der Zusammen-

203 Eine elektronisch gesteuerte Lichtschranke. Zu Demonstrationszwecken übernimmt hier ein Elektromotor mit Nockenwelle die Unterbrechung des Lichtstrahles.

bau der Modelle anhand von Abbildungen (stufenweiser Aufbau) gezeigt. Vielfach braucht (und sollte) man sich an die Aufbauanleitung nicht genau zu halten, denn gerade durch eigene Ideen lassen sich viele Modelle auch anders, individueller gestalten, ohne dabei an Effekt einzubüßen.

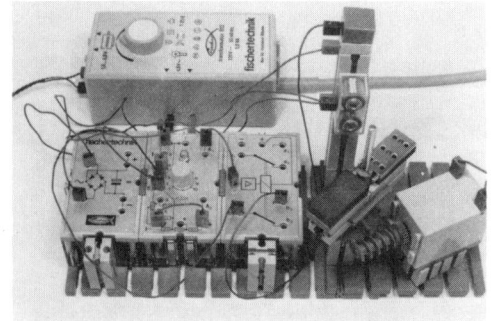

201 Versuchsaufbau einer Magnetfeldsteuerung. Alle Bauteile werden mit den Elektronikbausteinen auf einer Grundmontageplatte aufgesteckt. Der Netztransformator übernimmt die Stromversorgung der Schaltung.

Elektronische Spiele

Elektronische Spiele sind derzeit sehr beliebt. Sie selbst aufzubauen ist kompliziert, zumal die Schaltungen von den Herstellern meist nicht veröffentlicht werden. Auf

204 Weltraumspiel »Galaxy 2000«.

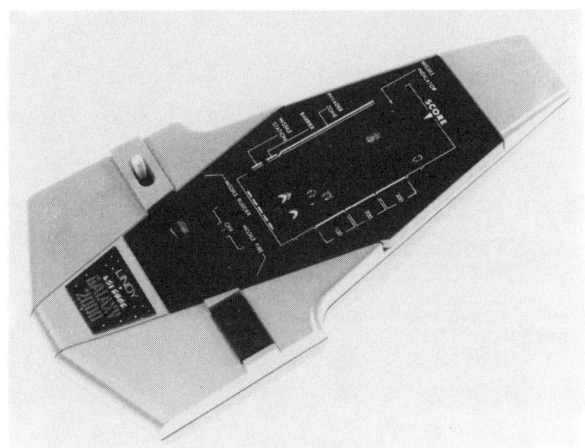

204 Weltraumspiel »Galaxy 2000«.

drei solcher Spiele soll hier jedoch hingewiesen werden.

GALAXY 2000 ist ein Weltraumspiel. Auf einem dreifarbigen Bildschirm ziehen sogenannte Außerirdische in Formationen abwärts, um die untere Station zu vernichten. Der Formationsflug verläuft jedoch nicht gradlinig, sondern im Zick-Zack-Kurs, was die Verteidigung erschwert. Abwehrrakteten starten, um den Angriff zu stoppen. Selbst pausenloses Betätigen der Feuertaste garantiert nicht, daß man allzu lange im Spiel bleiben kann.

LINDY CHAMPION ist ein Computer-Autorennen mit einem LDC-Flüssigkristall-Bildschirm. Das Handspiel hat die Form eines Rennwagens. Im Cockpit befindet sich der LCD-Bildschirm. Wird der Motor gestartet, das heißt das Spiel eingeschaltet,

so nimmt man an einem Formel-1-Rennen auf einem Rundkurs über mehrere Runden teil. Viele Autos kommen dem eigenen Fahrzeug entgegen. Ihnen muß man auszuweichen versuchen, indem man die Fahrspur wechselt.

INVADER 1000 ist ein Computerspiel, bei dem es darum geht, fremde Raumschiffe daran zu hindern, die eigenen Raketenbasen zu zerstören. Die zweifarbigen Symbole rücken von mehreren Seiten kommend an. In bestimmten Abständen taucht dann auch noch ein Ufo auf. Es zu treffen, bedeutet erhöhten Punktgewinn.

Bezugsquelle der Computerspiele:
Firma Klaus Lindenberg
LINDY-Elektronik GmbH
Postfach 1428
6800 Mannheim 1

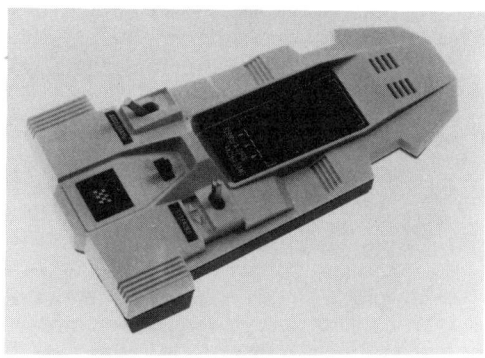

205 Autorennspiel »Lindy Champion«.

206 Raumschiffspiel »Invader 1000«.

Autoelektronik

Auch im Automobilbau spielt die Elektronik eine beachtenswerte Rolle. So sind elektronische Zündanlagen, Blinker, Drehzahlmesser und andere Überwachungsanlagen aus dem Kraftfahrzeug heute nicht mehr wegzudenken. Und auch für unsere Sicherheit entwickeln die Ingenieure immer bessere Geräte.

Kleinere Geräte wie Parklichtschalter, Scheibenwischerautomatik, Scheinwerferkontrollen und Autotester kann man leicht selbst aufbauen. Einige werden in diesem Abschnitt beschrieben.

Die verhältnismäßig kurzen Autoantennen ermöglichen in der Regel auch nur mäßigen Empfang eines schwachen Senders. Der Einbau eines Antennenverstärkers kann auch hier Abhilfe schaffen und den Empfang wesentlich verbessern. Kühlwasserverlust wird elektronisch sofort angezeigt und der Motor durch eine Drehzahlüberwachungsanlage schonender behandelt.

Die elektrische Anlage eines Kraftfahrzeugs

Die elektrische Anlage des Autos besteht im wesentlichen aus sieben Teilen: der Autobatterie (Akku 12 V oder 6 V), dem Zündschalter (Zündschloß), dem Anlasser (Starter), dem Regler, der Lichtmaschine (Generator), der Zündspule und dem Verteiler mit den Zündkerzen.

Hinzu kommt noch die Beleuchtungsanlage: das Blinkrelais mit den Blinklichtern und die Armaturen- und Innenbeleuchtung. Wie aus dem Funktionsschaltbild zu ersehen ist, liegt die Plus-Batteriespannung direkt am Anlasser, am Regler und am Zündschloß, das die Verbindung zur Zündspule herstellt. Der Minuspol der Batterie ist mit der Karrosseriemasse verbunden. Der Stromkreis wird also stets über das Massepotential geschlossen.

Der Anlasser hat die Aufgabe, den Motor zu starten. Es handelt sich hier um einen starken Elektromotor, auf dessen Welle das Anlasserritzel sitzt, das auf ein auf der Motorwelle befestigtes Zahnrad einwirkt. Der Antrieb ist stark untersetzt. Beim Anlassen des Motors wird der Batterie einiges abverlangt, da der Anlasserstrom etwa 90 bis 100 A (Ampere) betragen kann. Deshalb ist es auch ratsam, nach jedem mißglückten Start einige Sekunden zu warten und den Anlasser selbst nur jeweils 10 Sekunden zu betätigen, da sonst die Batterie zu schnell entladen wird.

Bei alten und entladenen Batterien fällt die Akkuspannung so stark ab, daß der Anlasser nicht mehr durchdreht. Hier hilft nur der Ausbau der alten oder leeren Batterie, an deren Stelle eine neue oder geladene Batterie eingesetzt wird.

Während der Fahrt übernimmt die Lichtmaschine die Ladung des Akkus. Der Regler sorgt dafür, daß ein eventuell voller Akku nicht überladen wird, was zur Beschädigung der Batterie führen könnte. Bei einer bestimmten Akkuspannung schaltet er die Lichtmaschine vom Akku ab, die Stromversorgung des Wagens erfolgt jetzt nur aus der Batterie selbst. Erst wenn deren Spannung einen bestimmten

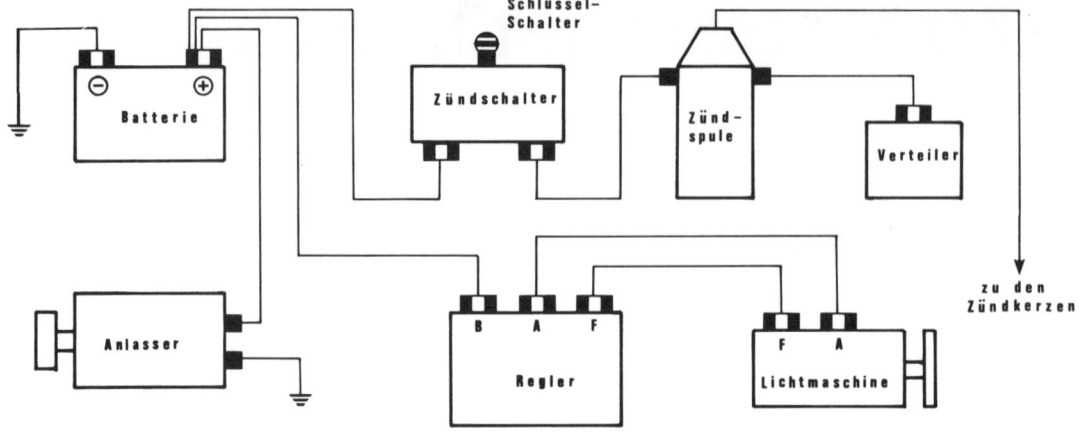

207 Funktionsschaltplan der elektrischen Anlage eines Autos.

Tiefstwert erreicht hat, wird die Lichtmaschine wieder auf Ladung geschaltet. Die Zündspule erhält über das Zündschloß Spannung. Sie liefert an den Verteiler die Zündspannung, die von dort den einzelnen Zündkerzen zugeführt wird.

Dies alles hat mit Elektronik nichts zu tun, es spielen sich hier elektrische Vorgänge ab, und dies seit einer Zeit, in der man von Elektronik noch nichts wußte.

Die Elektronik im Kraftfahrzeug findet dort ihre Anwendung, wenn irgendwelche Messungen durchzuführen sind, beispielsweise bei der elektronischen Drehzahlmessung oder Überwachung des Motors, beim Bestimmen des Schließwinkels für die richtige Zündeinstellung, bei verschiedenen Kontrollen des Motors oder der Wagenbeleuchtung, beim automatischen Einschalten des Parklichtes bei einsetzender Dunkelheit, bei einer elektronisch arbeitenden Scheibenwischerautomatik und so weiter.

Spannungs- messung an der Batterie

Die Autobatterie, auch Akku genannt, versorgt die elektrische Anlage eines Wagens mit Strom. Ohne sie könnte der Wagen nicht gestartet werden, die Lampen wür-

den nicht brennen, die Richtungsblinker nicht funktionieren, das Autoradio spielt nicht. Sie gehört zu den wichtigsten Teilen eines Autos und bedarf daher sorgfältiger Pflege. Ihr Betriebszustand sollte laufend überwacht werden, dazu gehört neben der äußerlichen Pflege, wobei das Einschmieren der Anschlußklemmen (Pole) mit Vaseline gemeint ist, auch die Kontrolle des Säurestandes und das Messen der Spannung.

Ein Spannungsmesser (Voltmeter) wird an den Polklemmen des Akkus so angeschlossen, daß der Pluspol des Anzeigeinstrumentes mit dem Pluspol der Batterie und der Minuspol des Instrumentes mit dem Minuspol der Batterie verbunden wird. Die meisten heutigen Autos sind mit 12-Volt-Batterien ausgerüstet, bei älteren Wagen findet man noch 6-Volt-Akkus.

Bei dieser Leerlaufmessung muß die Anzeige stets immer etwas höher liegen, etwa bei 12,6 V beziehungsweise 6,3 V. Unter Leerlaufmessung versteht man die Spannung, die angezeigt wird, wenn keine Verbraucher (zum Beispiel Lampen) angeschlossen sind. Da es manchmal vorkommt, daß innerhalb einer Batterie einzelne Zellen defekt werden können, ist es empfehlenswert, die Spannung einer jeden Zelle zu messen. Sie beträgt im geladenen Zustand 2,1 V. Danach besteht ein 6-Volt-Akku aus drei, ein 12-Volt-Akku aus sechs hintereinandergeschalteten Zellen.

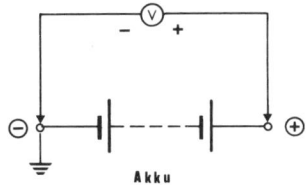

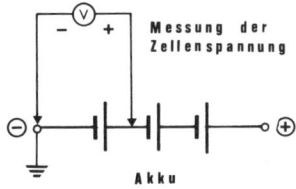

Messung der
Zellenspannung

208 Spannungsmessung an der Autobatterie (Akku).

Um den Zustand einer Batterie beurteilen zu können, ist es wichtig, ihre Spannung unter Last zu kennen. Dazu werden die Beleuchtungs- und Blinkanlage, das Autoradio und alle sonstigen Stromverbraucher im Wagen eingeschaltet.

Am Anzeigeinstrument werden wir feststellen können, daß die Spannung jetzt auf unter 12 Volt beziehungsweise unter 6 Volt absinkt, das ist normal. Wir betätigen jetzt für etwa 30 Sekunden den Anlasser des Wagens (Starter) und beobachten dabei genau das Meßinstrument. Eine Batterie ist gut und im geladenen Zustand, wenn die Spannung bei dieser Prüfung nicht unter 9,5 V beziehungsweise 4,8 V absinkt.

Diese Anlasserprobe ist unbedingt wichtig, da der Batterie nur in diesem Fall der größte Strom entnommen wird, um ihren Zustand testen zu können.

Läuft der Motor, so wird die Batterie über den Regeler von der Lichtmaschine laufend geladen. Der Regler hat die Aufgabe, die Lichtmaschine von der Batterie abzuschalten, wenn diese voll geladen ist, um einer Überladung zu begegnen, die für den Akku schädlich wäre. Die von der Lichtmaschine gelieferte Ladespannung kann bis zu 16 Volt bei einer 12-Volt-Batterie und 8 Volt bei einer 6-Volt-Batterie betragen.

Drehzahlmesser
für Kraftfahrzeuge

Es gilt heute als besonders sportlich, wenn ein Auto mit einem Drehzahlmesser ausgerüstet ist. Da es serienmäßig eingebaute Drehzahlmesser nur in Kraftwagen der höheren Preisklassen gibt, besteht oft der Wunsch, sich ein solches Gerät zu bauen. Vom Anschlußpunkt 3 gelangen die Zündimpulse über ein Differenzierglied R1/C1-R2/C2 an eine Impulsformerstufe T1. Diese Stufe hat gleichzeitig noch die Aufgabe, die Impulse zu begrenzen, um den angeschlossenen Multivibrator T2/T3 nicht zu übersteuern. Der monostabile Multivibrator hat nur einen stabilen Zustand, nämlich dann, wenn T3 durchgesteuert und T2 gesperrt ist. Wenn ein positiver Impuls auf die Basis von T2 gelangt, wird T2 leitend. Das entspricht einem Spannungssprung am Kollektor von T2, der sich über den Kondensator C5 auf die Basis von T3 überträgt. T3 wird sofort gesperrt. Die Entladung von C5 erfolgt über die Widerstände R8 und R9, worauf die Schaltung wieder in den stabilen Zustand zurückkippt. Durch den Einstellregler R9 kann die Zeitdauer verändert werden, in der T2 leitend ist und somit Strom durch das Instrument M fließt. Die Betriebsspannung wird vom Auto-Akku abgenommen und durch den Vorwiderstand R11 und die Zenerdiode Z stabilisiert. Das Gerät ist für Wagen mit 12-Volt-Anlagen ausgelegt.

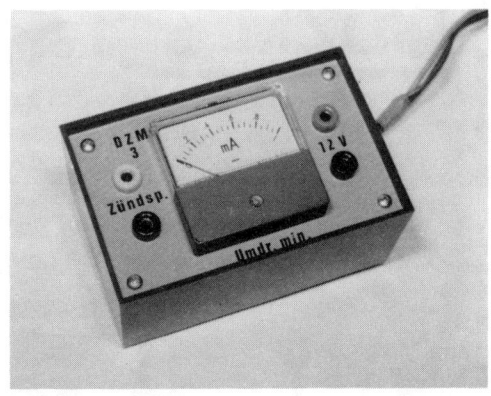

209 Der in ein Teko-Gehäuse eingebaute Drehzahlmesser.

210 Die Druckplatte wird am Boden des Teko-Gehäuses befestigt.

Die Eichung des Drehzahlmessers ist sehr einfach durchzuführen, wenn man einen Tongenerator zur Verfügung hat. Nach einer einfachen Formel kann die zu einer bestimmten Frequenz gehörende Drehzahl leicht ausgerechnet werden.
Die Formel lautet:

$$f = \frac{n \cdot Z}{120} \text{ für einen Viertaktmotor und}$$

$$f = \frac{n \cdot Z}{60} \text{ für einen Zweitaktmotor}$$

Es bedeuten:

f = die gesuchte Frequenz in Hz
n = die Drehzahl in U/min
Z = die Anzahl der Zylinder

Da fast alle Autos mit Viertaktmotoren ausgerüstet sind, kommt die obere Formel in Frage.

Hier ein Beispiel:

Wir suchen die Frequenz für eine Drehzahl von 6000 U/min bei einem Viertaktmotor mit vier Zylindern.

f = wird gesucht
n = 6000 U/min
Z = 4

Die Formel lautet:

$$f = \frac{6000 \cdot 4}{120} = 200$$

Zu einer Drehzahl von 6000 U/min gehört demnach eine Frequenz von 200 Hz.
Zusammenhang zwischen Drehzahl und Frequenz bei einem 4-Zylinder-Viertaktmotor:

1500 U/min = 50 Hz
3000 U/min = 100 Hz
4500 U/min = 150 Hz
6000 U/min = 200 Hz
8000 U/min = 266 Hz

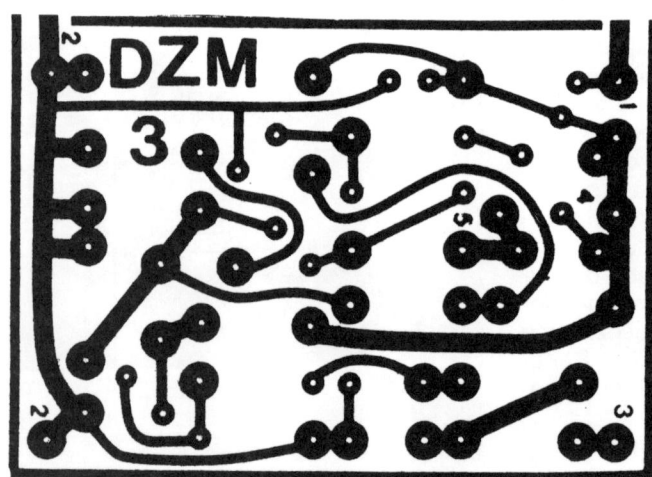

211 Druckvorlage des Drehzahlmessers im Maßstab 1:1.

Eichung des Gerätes

Ein Tongenerator wird an Punkt 3 der Platine angeschlossen. Die Erdungsleitung wird mit Punkt 1 (Minusleitung) in Verbindung gebracht. Die Akkuzuleitungen 1 und 2 sind mit einer Spannungsquelle von 12 Volt zu verbinden. Ein Transistornetzgerät leistet hierbei gute Dienste. Den Tongenerator stellen wir auf 100 Hz, die Ausgangsspannung sollte etwa 10 Volt betragen. Da zu einer Frequenz von 100 Hz eine Umdrehungszahl des Motors von 3000 U/min gehört, verdrehen wir den Regler des Einstellpotentiometers R 9 so lange, bis der Zeiger des Meßinstrumentes genau auf den Wert 0,3 mA zeigt. Damit ist unser Drehzahlmesser geeicht.

Wenn wir den Tongenerator auf zum Beispiel 200 Hz schalten, steigt der Meßgerätezeiger auf 0,6 mA, was einer Umdrehungszahl von 6000 U/min entspricht, schalten wir ihn auf 300 Hz, so stellt sich der Zeiger auf 0,9 mA (9000 U/min) ein. Ist kein Tongenerator vorhanden, so ist es auch möglich, den Drehzahlmesser mit der Netzfrequenz von 50 Hz zu eichen. Dazu benötigen wir einen Transformator, der uns die 220 Volt Netzspannung auf etwa 10 V–12 V herabsetzt. Ein Heiztransformator leistet hier gute Dienste. Er wird anstelle des Tongenerators an den Punkten 3 und 1 angeschlossen. Da zu einer Frequenz von 50 Hz eine Drehzahl des Motors von 1500 U/min gehört, wird der Einstellregler R 9 auf 0,15 mA eingestellt. Damit ist der Abgleichvorgang beendet. Die Anzeige in mA bedeutet:

0,2 mA =	2000	Umdrehungen in der Minute
0,4 mA =	4000	Umdrehungen in der Minute
0,6 mA =	6000	Umdrehungen in der Minute
0,8 mA =	8000	Umdrehungen in der Minute
1 mA =	10000	Umdrehungen in der Minute

Eingebaut wird der Drehzahlmesser in ein Teko-Gehäuse Nr. P/2. Im Kraftwagen soll der Drehzahlmesser möglichst dort eingebaut werden, wo das Instrument vom Fahrer aus gut gesehen werden kann. Die Montage selbst erfolgt durch einen Blechwinkel.

Danach bleibt noch das Verlegen der Kabel übrig. Die Minusleitung der Autobatterie liegt direkt am Chassis des Wagens, so daß wir die Leitung 1 (Minusspannung) ebenfalls am Chassis anschließen können. Leitung 2 wird mit dem Pluspol der Autobatterie in Verbindung gebracht. Es ist ratsam, diese Leitung über eine Sicherung von etwa 1 Ampere zu verlegen.

Ist das Gerät angeschlossen, können wir den Wagen starten. Wir werden sofort am Drehzahlanzeigeinstrument einen Zeigerausschlag feststellen, der immer größer wird, je mehr wir Gas geben. Die erste Probefahrt kann beginnen.

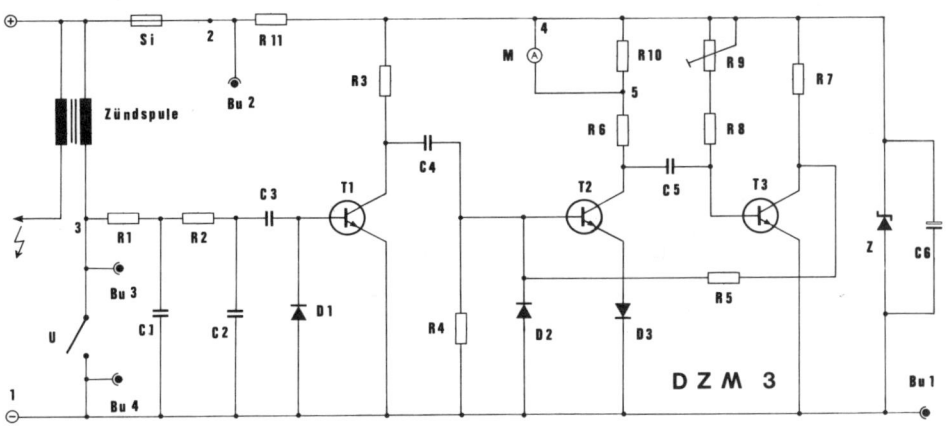

212 Schaltbild zum Drehzahlmesser.

Frequenztabelle für einen Viertakt-Otto-Motor:

Frequenz in Hz:	4-Zylinder	6-Zylinder	8-Zylinder
25	750		
37,5		750	
50	1500		750
75		1500	
100	3000		1500
150	4500	3000	
200	6000		3000
225		4500	
250	7500		
300	9000	6000	4500
375		7500	
400			6000
450		9000	
500			7500
600			9000

Umdrehungszahlen in Abhängigkeit der Frequenz:

Umdrehung/ Minute	4-Zylinder	6-Zylinder	8-Zylinder
750	25	37,5	50
1500	50	75	100
3000	100	150	200
4500	150	225	300
6000	200	300	400
7500	250	375	500
9000	300	450	600

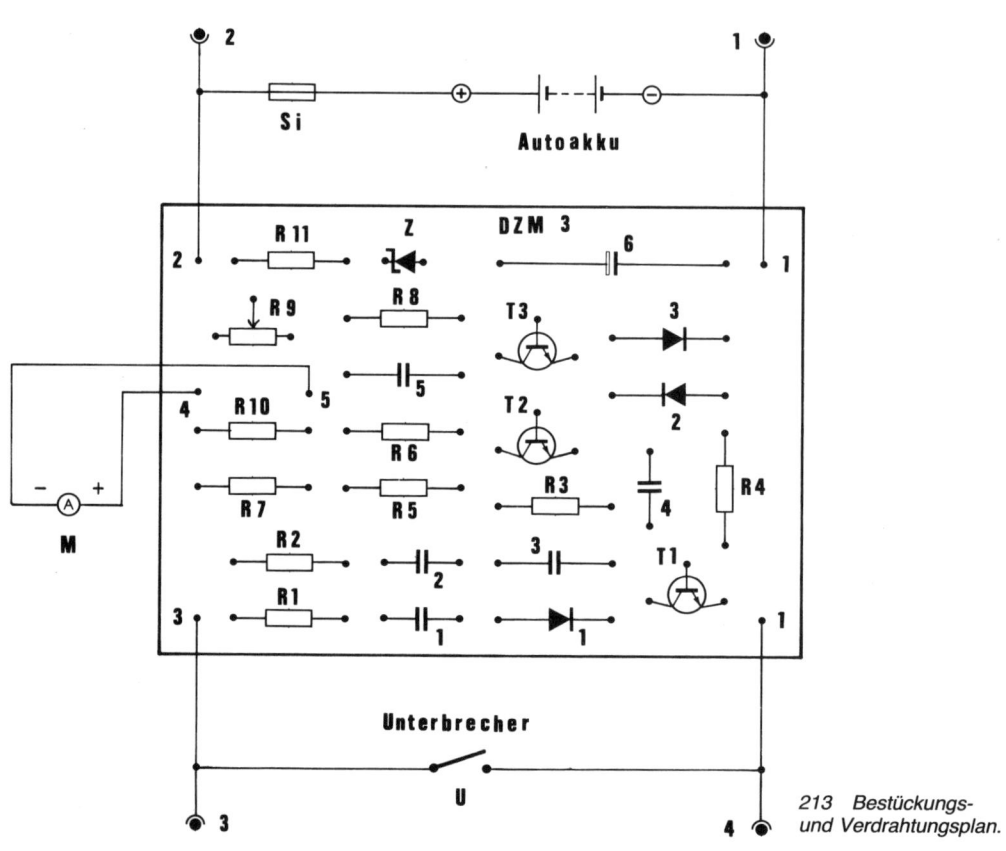

213 Bestückungs- und Verdrahtungsplan.

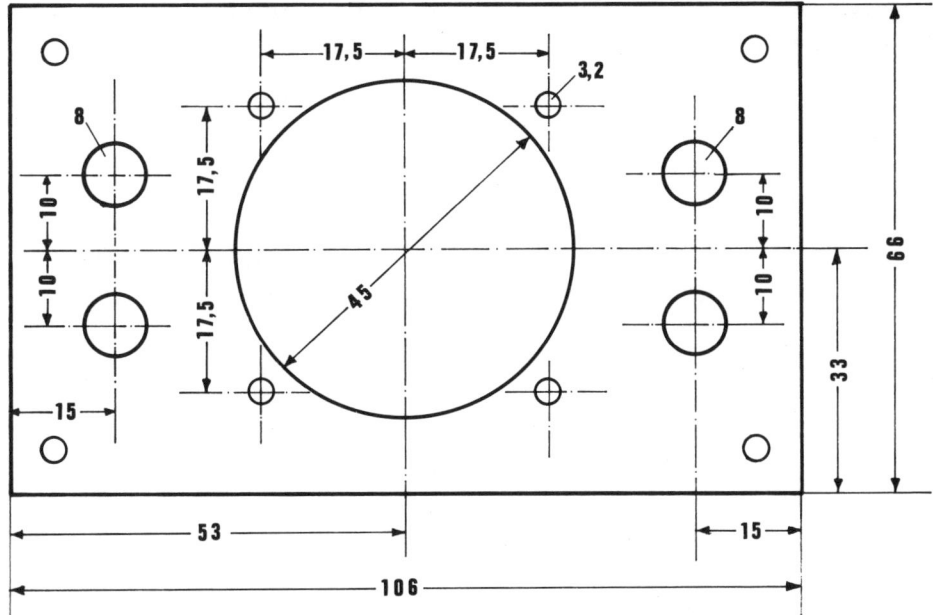

214   Bohrplan der Frontplatte.

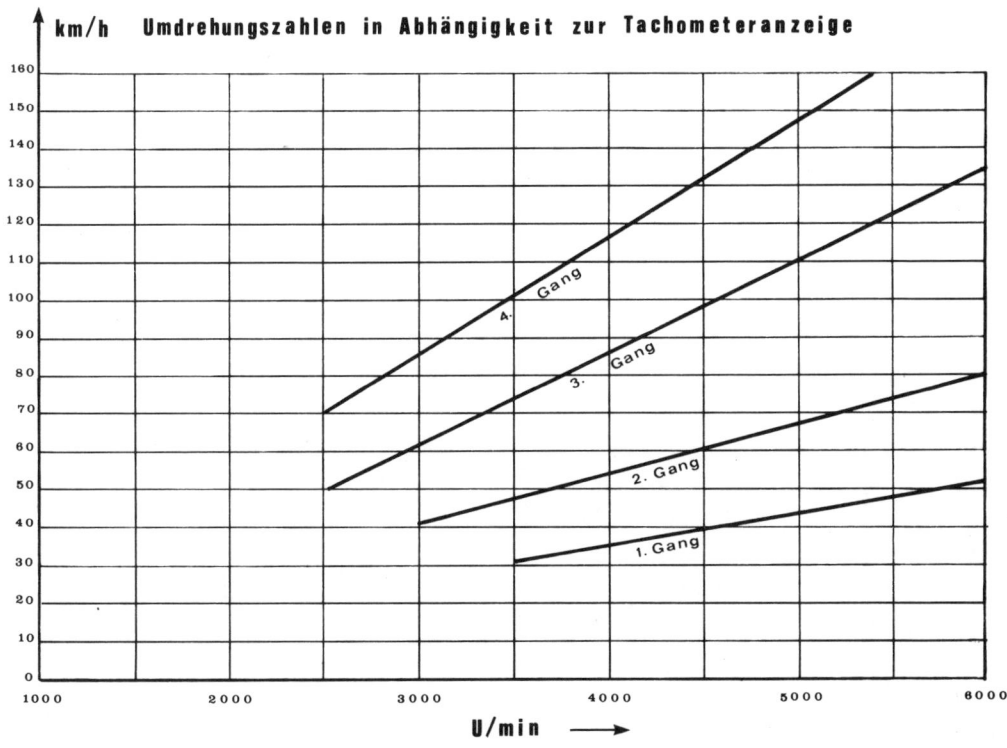

215   Umdrehungszahlen zur Tachometeranzeige.

Stückliste zum
Drehzahlmesser für Kraftfahrzeuge

R 1 = 8,2 kOhm / 1/8 W Schichtwiderstand
R 2 = 5,6 kOhm / 1/8 W Schichtwiderstand
R 3 = 4,7 kOhm / 1/8 W Schichtwiderstand
R 4 = 8,2 kOhm / 1/8 W Schichtwiderstand
R 5 = 4,7 kOhm / 1/8 W Schichtwiderstand
R 6 = 330 Ohm / 1/8 W Schichtwiderstand
R 7 = 330 Ohm / 1/8 W Schichtwiderstand
R 8 = 3,3 kOhm / 1/8 W Schichtwiderstand
R 9 = 10 kOhm / 1/8 W Schichtwiderstand
R 10 = 47 Ohm / 1/8 W Schichtwiderstand
R 11 = 330 Ohm / 1/3 W Schichtwiderstand
C 1 = 0,1 µF / 100 V Kondensator
C 2 = 0,1 µF / 100 V Kondensator
C 3 = 1 µF / 100 V Kondensator
C 4 = 0,1 µF / 100 V Kondensator
C 5 = 0,47 µF / 100 V Kondensator
C 6 = 47 µF / 25 V Elko
T 1 = BC 108 npn-Transistor
T 2 = BC 108 npn-Transistor
T 3 = BC 108 npn-Transistor
D 1 = OA 200 Diode
D 2 = OA 200 Diode
D 3 = OA 200 Diode
Z = OAZ 200 Zenerdiode
M = Meßinstrument Wisometer 65,
   1 mA Vollausschlag, Ri = 360 Ohm
Bu 1 = isolierte Buchse (Minusspannung)
Bu 2 = isolierte Buchse (Plusspannung)
Bu 3 = isolierte Buchse
   (Unterbrecherkontakteingang)
Bu 4 = isolierte Buchse (Masse)

Si = Sicherung 1 A mit Fassung zwischen
   Akku und Gerät
1 Stück Teko-Gehäuse P/2
1 Stück Platine DZM 3

Drehzahlmesser DM 12

Die beiden Transistoren T 1/T 2 bilden eine monostabile Kippstufe. Im Ruhezustand ist T 1 gesperrt und T 2 leitend.
Gelangt über das Eingangsnetzwerk ein positiver Impuls an die Basis von T 1 wird dieser leitend. Über den Widerstand R 1 wird der Kondensator C 1 entladen. Während dieser Zeit ist T 2 gesperrt. Erst nachdem das Potential an der Basis von T 2 durch das Entladen von C 1 wieder ausreichend hoch ist, schaltet T 2 durch und sperrt T 1. Die Zeitkonstante der Kippstufe wird durch C 1 und R 1 bestimmt. Sie muß kleiner sein als der kleinste Abstand zwischen zwei Zündimpulsen bei der höchsten Drehzahl des Motors.
Die Bauteile des Eingangsnetzwerkes (R 9, R 10, C 3, ZD 2 und ZD 3) beseitigen störende Spannungsspitzen, die zum Springen der Anzeige führen könnten.
Gegen Schwankungen der Versorgungs-

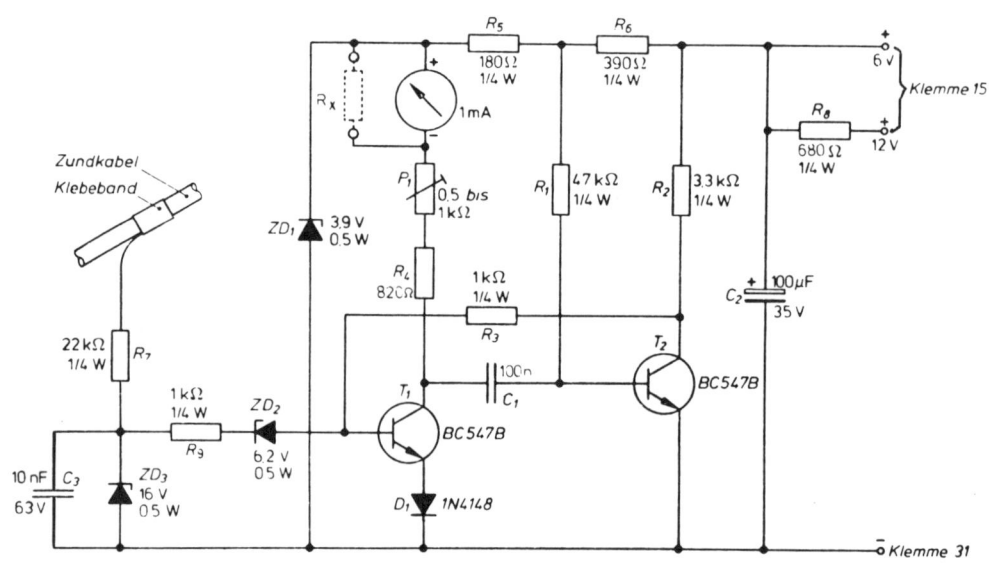

216 Schaltbild zum Drehzahlmesser DM 12.

124

217   Die fertige Drehzahlmesserplatine.

spannung wird die Schaltung durch die Bauteile ZD 1, R 5 und R 6 stabilisiert. Der Anzeigefehler des Meßinstrumentes liegt unter 1 Prozent.
Die Ankopplung an das Zündkabel erfolgt positiv. Die von R 7 kommende Leitung wird auf einer Länge von etwa 2 cm parallel zum isolierten Zündkabel durch Tesaband auf diesem befestigt.

Stückliste zum Drehzahlmesser DM 12

R 1 =   47 kOhm Schichtwiderstand
R 2 =   3,3 kOhm Schichtwiderstand
R 3 =   1 kOhm Schichtwiderstand
R 4 =   820 Ohm Schichtwiderstand
R 5 =   180 Ohm Schichtwiderstand
R 6 =   390 Ohm Schichtwiderstand
R 7 =   22 kOhm Schichtwiderstand
R 8 =   680 Ohm Schichtwiderstand
R 9 =   1 kOhm Schichtwiderstand
C 1 =   0,1 µF Folienkondensator
C 2 =   100 µF / 35 V Elko
C 3 =   10 nF / 63 V Folienkondensator
T 1 =   BC 547 B npn-Transistor
T 2 =   BC 547 B npn-Transistor
D 1 =   1N 4148 Diode
ZD 1 =   3,9 V / 0,5 W Zenerdiode
ZD 2 =   6,2 V / 0,5 W Zenerdiode
ZD 3 =   16 V / 0,5 W Zenerdiode
P 1 =   1 kOhm Einstellregler
4 Stück Lötstützpunkte
1 Stück Drehspulanzeigeinstrument
         (1 mA Vollausschlag)
1 Stück Druckplatine DM 12

Dieses Gerät kann aus einem Bausatz der Firma Conrad-Electronic aufgebaut werden (Bausatz: Drehzahlmesser DM 12).

Schließwinkelmeßgerät zur Zündeinstellung

Der Zündvorgang bei einer Kfz-Zündspulenanlage wird von der Unterbrechernockenwelle gesteuert. Die Anzahl der Unterbrechungen während einer Umdrehung ist abhängig von der Zylinderzahl des Motors. Bei einem 4-Zylinder-Motor wird viermal unterbrochen. Dabei dreht sich die Unterbrechernockenwelle stets um 90° (360° : 4 = 90°) weiter.
Die richtige Einstellung einer Kfz-Zündanlage hängt jedoch nicht nur vom Zündzeit-

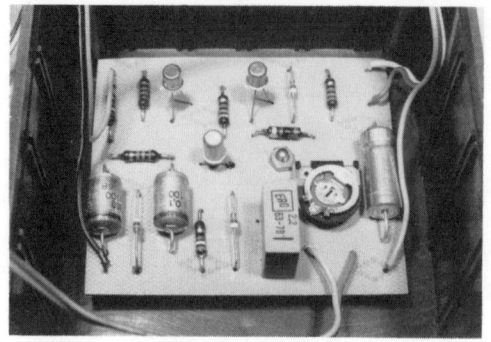

218 Die mit allen Bauteilen bestückte Platine wird in ein Teko-Gehäuse eingebaut.

219 Ansicht des fertigen Gerätes.

punkt ab, es ist auch der Schließwinkel des Unterbrecherkontaktes genau einzustellen. Der Schließwinkel bestimmt das Verhältnis der Schließzeit während eines Unterbrecherspieles. Für jeden Verteilertyp werden vom Hersteller Angaben über den Schließwinkel gemacht. Nehmen wir eine Angabe von 54° als Beispiel für einen 4-Zylinder-Motor.

Wenn die Schließzeit demnach 54° beträgt, dann bleiben für die Öffnungszeit 36° übrig $(90° - 54° = 36°)$.

Den Schließwinkel in Prozent erhalten wir nach folgender Formel:

$$\frac{54°}{90°} \cdot 100\% = 60\%$$

Die Einstellung erfolgt durch den Unterbrecherabstand.

Mit dem hier beschriebenen elektronischen Schließwinkelmeßgerät kann diese Einstellung überprüft werden. Die Anzeige des Schließwinkels erfolgt auf einem Drehspulinstrument, das direkt in Prozent geeicht werden kann.

Von der Eingangsbuchse »ab« gelangen die Impulse der Zündspule an den Eingangspunkt 4 der Schaltung. Die Masse des Fahrzeuges wird mit Buchse »aa« (Punkt 3) in Verbindung gebracht. Die Diode D 1 sorgt dafür, daß nur positive Spannungen durchgelassen werden, die über die Siebkette R 1/C 1 und R 2/C 2 an die

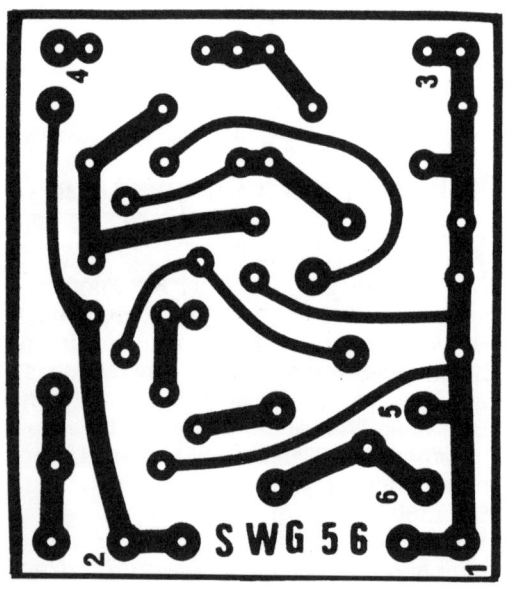

220 Druckvorlage im Maßstab 1:1 zum Schließwinkelmeßgerät.

Basis von T 1 gelangen. Am Kollektor von T 1 steht eine Rechteckspannung zur Verfügung, deren Impulsverhältnis genau dem Schließwinkel entspricht. Die Kollektorspannung wird von der Zenerdiode Z bei geschlossenem Unterbrecherkontakt begrenzt.

Das Integrationsglied R 5/C 3 sorgt für die Mittelwertbildung der Anzeige. Die Anzeige erfolgt durch ein Milliamperemeter mit einem Anzeigebereich von 0 - 10 mA. Das Meßgerät liegt im Emitterstromkreis des Transistors T 2.

Das Gerät arbeitet mit einer Betriebsspannung von 9 Volt. Eine 9-Volt-Batterie übernimmt die Stromversorgung. Wird der Schalter S eingeschaltet, ist das Gerät betriebsbereit. Mit dem Tastschalter TS kann der Zustand der Batterie überprüft werden. Die Eichung des Gerätes ist einfach und wird in der Weise vorgenommen, daß bei eingeschaltetem Gerät, aber nicht angeschlossener Zündspule, der Endausschlag des Zeigers mit dem Eichregler R 7 auf 100 Prozent (10mA) gebracht wird.

Wird die Eingangsbuchse »ab« mit der Plusspannung in Verbindung gebracht, so muß der Zeigerausschlag bis fast auf 0 absinken. Durch Drücken des Tastschalters TS überzeugt man sich vor jeder Messung, ob die Batteriespannung noch ausreichend ist. Der Zeiger muß stets Vollausschlag zeigen.

Die Messung des Schließwinkels wird bei laufendem Motor, bei Standgas, durchgeführt.

Durch die langsame Drehzahl des Motors bedingt, wird der Meßgerätezeiger etwas pendeln. Das richtige Meßergebnis liegt genau in der Mitte. In unserem Fall wird ein Wert von 60 Prozent (6 mA) angezeigt.

Stückliste zum Schließwinkelmeßgerät

R 1 = 2,2 kOhm / 1/8 W Schichtwiderstand
R 2 = 1,2 kOhm / 1/8 W Schichtwiderstand
R 3 = 3,9 kOhm / 1/8 W Schichtwiderstand
R 4 = 1,2 kOhm / 1/8 W Schichtwiderstand
R 5 = 4,7 kOhm / 1/8 W Schichtwiderstand
R 6 = 100 Ohm / 1/8 W Schichtwiderstand
R 7 = 500 Ohm / lin. Einstellregler
R 8 = 270 Ohm / 1/8 W Schichtwiderstand
C 1 = 0,1 µF / 100 V
C 2 = 0,1 µF / 100 V
C 3 = 2,2 µF / 63 V

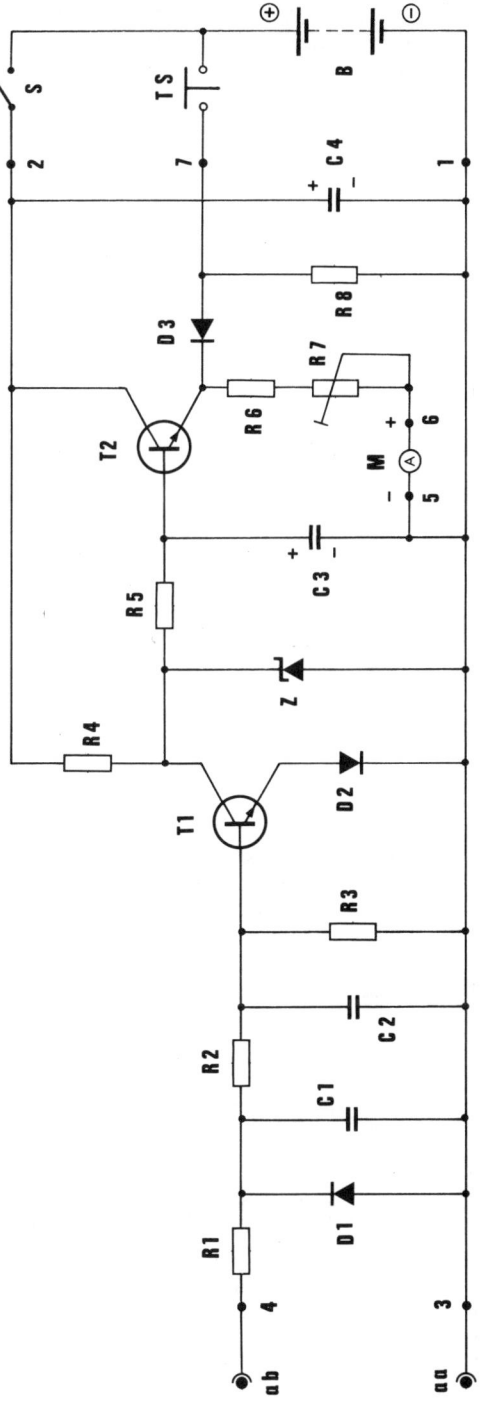

221 Schaltbild des Schließwinkelmessers.

127

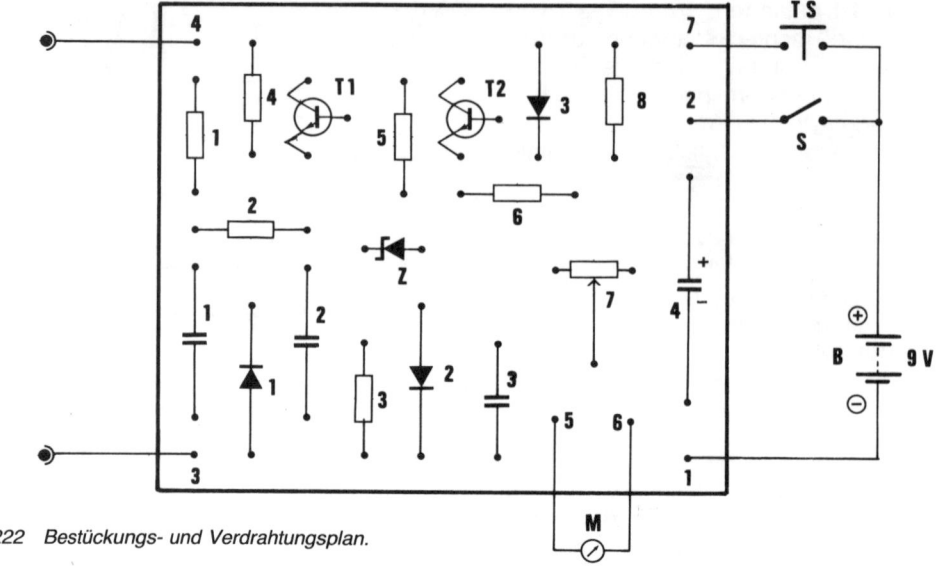

222 *Bestückungs- und Verdrahtungsplan.*

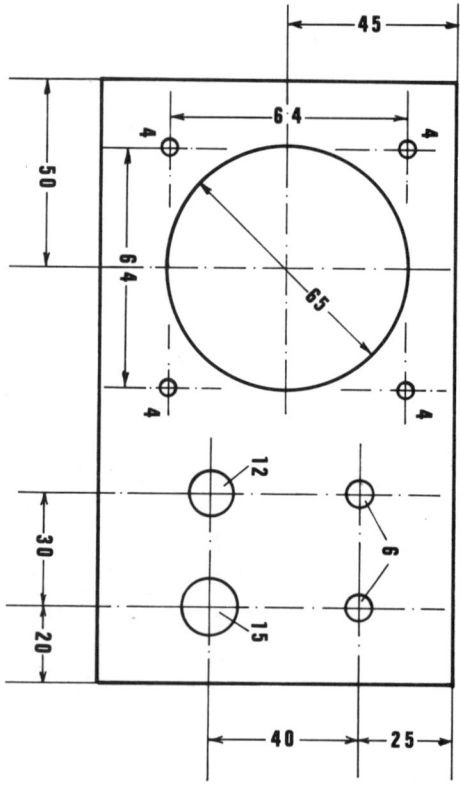

223 *Bohrplan der Frontplatte.*

C 4 = 100 µF / 25 V Elko
D 1 = 1N 914 Siliziumdiode
D 2 = 1N 914 Siliziumdiode
D 3 = 1N 914 Siliziumdiode
Z = Z 6 Zenerdiode
T 1 = BC 108 npn-Transistor
T 2 = BC 108 npn-Transistor
M = Meßinstrument Wisometer 65,
10 mA Vollausschlag, Ri = 4 Ohm
S = Kipphebelschalter einpolig
TS = Tastschalter mit 1 × Arbeitskontakt
B = 9-Volt-Transistorbatterie
aa = isolierte Buchse (Massebuchse)
ab = isolierte Buchse (Zündspule Eingang)
1 Stück Teko-Gehäuse P/3
1 Stück Platine SWG 56

Drehzahlwächter

Aus den technischen Daten der Kraftfahrzeuge geht hervor, daß es für jeden Motor eine Höchstdrehzahl gibt, die nicht überschritten werden darf. Will man nun ganz sicher gehen, benutzt man ein Gerät, das die Drehzahl optisch anzeigt. Ein kleines Lämpchen, das sich nachträglich leicht im Armaturenbrett an passender Stelle einbauen läßt, übernimmt die Anzeige. Das

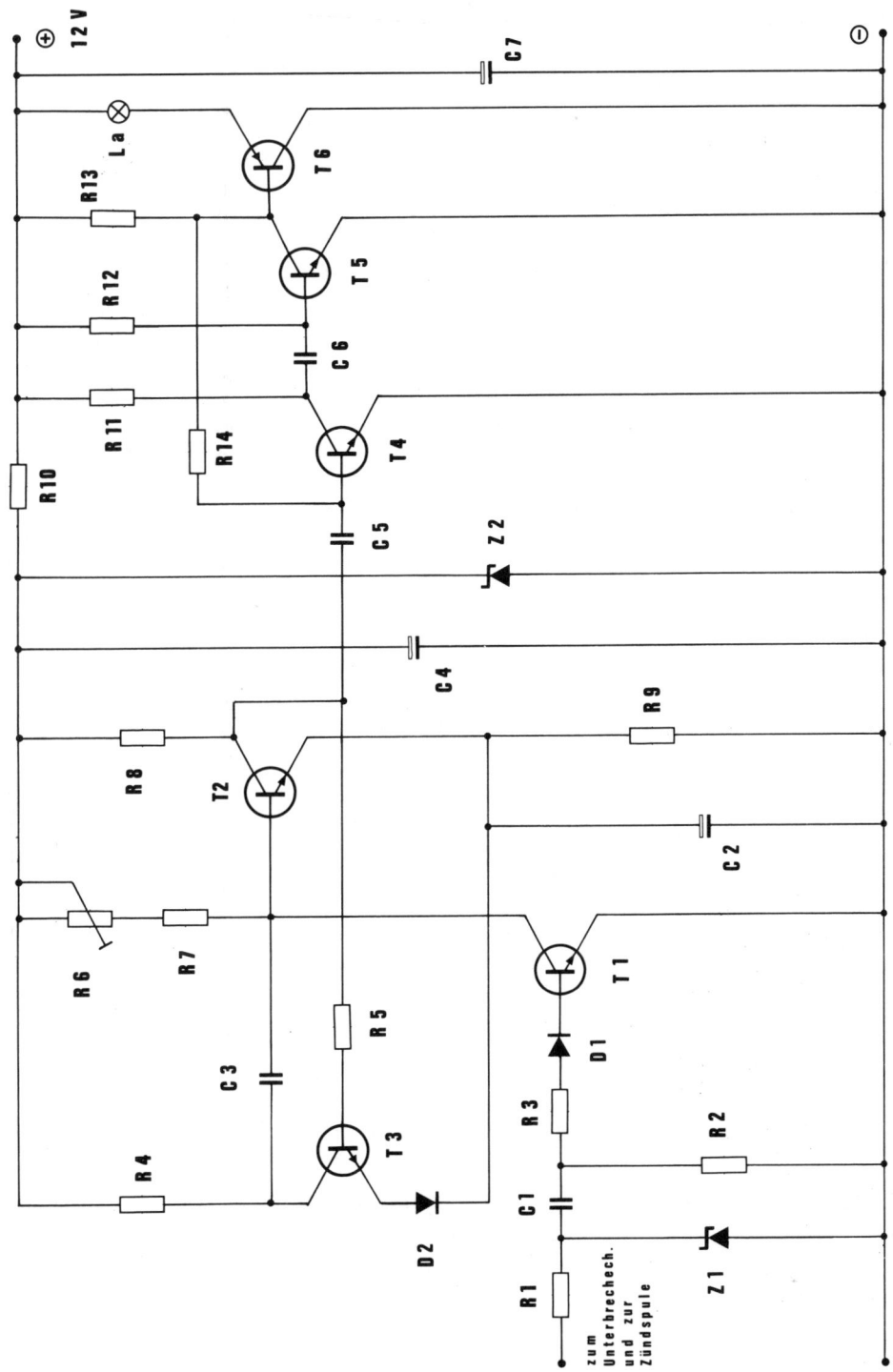

224 Schaltbild zum Drehzahlwächter.

hier im Schaltbild gezeigte Gerät arbeitet folgendermaßen:

Die Periodenzeit der vom Unterbrecherkontakt abgegriffenen Zündimpulse wird mit der vorgewählten Laufzeit der monostabilen Kippstufe T 2/T 3 verglichen. Die Kippstufe wird durch den Regler R 6 so eingestellt, daß die Laufzeit mit dem zeitlichen Abstand der Zündimpulse bei der zu überwachenden Drehzahl übereinstimmt. Beim Unterschreiten der zeitlichen Abstände der Triggerimpulse befindet sich die Kippstufe ständig im labilen Zustand und gibt am Ausgang ein Dauersignal ab. Hiermit ist ein Kriterium für das Überschreiten einer bestimmten Motordrehzahl gegeben.

Der Kippstufe ist eine weitere monostabile Kippstufe T 4/T 5 nachgeschaltet, die eine Anzeigelampe zum Leuchten bringt, solange eine bestimmte Drehzahl nicht erreicht wird. Erst beim Überschreiten derselben kippt die Stufe um, und die Lampe verlischt. Die gewünschte, zu überwachende Drehzahl kann mit dem Regler R 6 zuvor eingestellt werden.

Stückliste zum Drehzahlwächter

R 1 = 10 kOhm / 1/8 W Schichtwiderstand
R 2 = 10 kOhm / 1/8 W Schichtwiderstand
R 3 = 10 kOhm / 1/8 W Schichtwiderstand
R 4 = 4,7 kOhm / 1/8 W Schichtwiderstand
R 5 = 4,7 kOhm / 1/8 W Schichtwiderstand
R 6 = 50 kOhm / lin. Einstellregler
R 7 = 4,7 kOhm / 1/8 W Schichtwiderstand
R 8 = 4,7 kOhm / 1/8 W Schichtwiderstand
R 9 = 10 kOhm / 1/8 W Schichtwiderstand
R 10 = 470 Ohm / 1/8 W Schichtwiderstand
R 11 = 1 kOhm / 1/8 W Schichtwiderstand
R 12 = 100 kOhm / 1/8 W Schichtwiderstand
R 13 = 1,5 kOhm / 1/8 W Schichtwiderstand
R 14 = 4,7 kOhm / 1/8 W Schichtwiderstand
C 1 = 0,1 µF / 100 V
C 2 = 47 µF / 25 V Elko
C 3 = 2,2 µF / 63 V
C 4 = 100 µF / 25 V Elko
C 5 = 1 µF / 63 V
C 6 = 2,2 µF / 63 V
C 7 = 1000 µF / 25 V Elko
T 1 = BC 108 npn-Transistor
T 2 = BC 108 npn-Transistor
T 3 = BC 108 npn-Transistor
T 4 = BC 108 npn-Transistor
T 5 = BC 108 npn-Transistor
T 6 = BC 160 pnp-Transistor

D 1 = 1N 914 Diode
D 2 = 1N 914 Diode
Z 1 = Z 6,8 Zenerdiode
Z 2 = Z 8,2 Zenerdiode
La = Lämpchen 12 V / 0,1 A

Richtungs- und Warnblinkanlage

Wegen der hohen Einschaltstromstöße werden bei den Richtungs- und Warnblinkanlagen die Lampen über Relais ein- und ausgeschaltet. Die Relaiskontakte sind dadurch hohen Belastungen ausgesetzt. Durch das Einschalten von elektronisch gesteuerten Thyristoren Th 1 und Th 2 in den Lampenstromkreis kann dieser Nachteil behoben werden.

Die Schaltung, die der Zeitschrift »Funkschau« (Heft 17/71) entnommen wurde, zeigt eine thyristorgesteuerte Richtungs- und Warnblinkanlage. Der Taktgeber besteht aus einem astabilen Multivibrator, der aus den Transistoren T 1/T 2 und den beiden Thyristoren Th 1/Th 2 besteht. Schaltet der Transistor T 1 durch, zündet der Thyristor Th 1, T 2 und Th 2 sind dann gesperrt. Danach kippt der Multivibrator um, T 1 wird gesperrt und T 2 schaltet durch. Von T 2 wird der Thyristor Th 2 gezündet. Durch die Dioden D 1/D 2 werden die Zündkreise der Thyristoren von den frequenzbestimmenden Kondensatoren C 2/C 3 entkoppelt.

Über den Relaiskontakt wird die Richtungskontrollampe geschaltet. Bei Ausfall einer der Blinklampen La 1, La 2, La 3 oder La 4 bleibt die Kontrollampe La 6 dunkel. Die Warnblinkschaltung wird durch die Lampe La 5 angezeigt. Die Schaltung arbeitet an einer Betriebsspannung von 8 bis 15 Volt. Bei einer Spannung von 12 Volt beträgt die Blinkfrequenz 90 Impulse pro Minute.

**Stückliste zur
Richtungs- und Warnblinkanlage**

R 1 = 1,8 kOhm / 1/3 W Schichtwiderstand
R 2 = 68 Ohm / 1/3 W Schichtwiderstand
R 3 = 1 kOhm / 1/3 W Schichtwiderstand

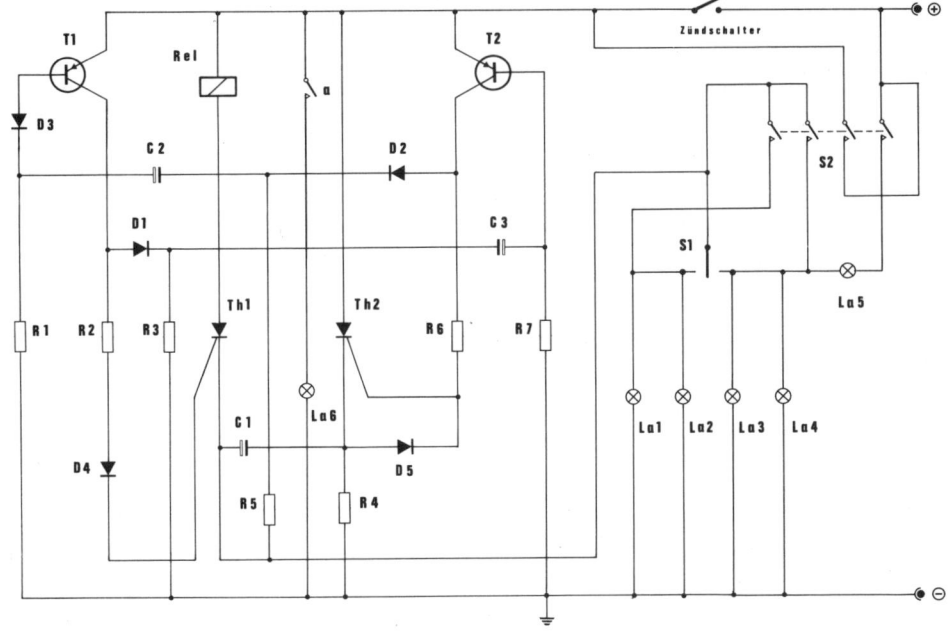

225 Schaltbild zur Richtungs- und Warnblinkleuchte.

R 4 = 100   Ohm / 1/3 W Schichtwiderstand
R 5 = 470   Ohm / 1/3 W Schichtwiderstand
R 6 = 120   Ohm / 1/3 W Schichtwiderstand
R 7 = 3,9 kOhm / 1/3 W Schichtwiderstand
C 1 = 470 µF / 25 V Elko
C 2 = 220 µF / 25 V Elko
C 3 = 220 µF / 25 V Elko
T 1 = BCW 79 pnp-Transistor
T 2 = BCY 78 pnp-Transistor
Th 1 = BSt C 0313
Th 2 = BSt B 0206
D 1 = BAY 61
D 2 = BAY 61
D 3 = BAY 61
D 4 = BAY 61
D 5 = BAY 61
Rel = Blinkrelais 50 m Ohm
S 1 = Richtungsschalter
S 2 = Warnlichtschalter
a   = Relaiskontakt
La 1 = 21-Watt-Lampe
La 2 = 21-Watt-Lampe
La 3 = 21-Watt-Lampe
La 4 = 21-Watt-Lampe
La 5 = 3-Watt-Lampe
La 6 = 3-Watt-Lampe

Auto-Testgerät

Es gibt viele Autofans, die an ihren Wagen am liebsten alles selber machen möchten. Diese Einstellung wird durch die heutigen hohen Reparaturkosten der Autowerkstätten noch begünstigt. Wer seinen Wagen selbst pflegen und kleine Reparaturen ausführen will, benötigt dazu Werkzeuge und ein Meßgerät, um bestimmte Motoreinstellungen, wie zum Beispiel Leerlaufdrehzahl und Schließwinkel, vornehmen zu können. Mit dem nachstehend beschriebenen Auto-Tester können diese Einstellungen erfolgen. Drehzahlen bis 10000 U/min lassen sich bei 4-Zylinder-, 6-Zylinder- und 8-Zylinder-Motoren messen, die richtige Leerlaufdrehzahl und der für jeden Motor vorgeschriebene Schließwinkel können eingestellt werden. Ferner ist es möglich, den Tester als Spannungsmesser bei allen Einrichtungen der elektrischen Anlage des Kraftfahrzeuges zu verwenden.

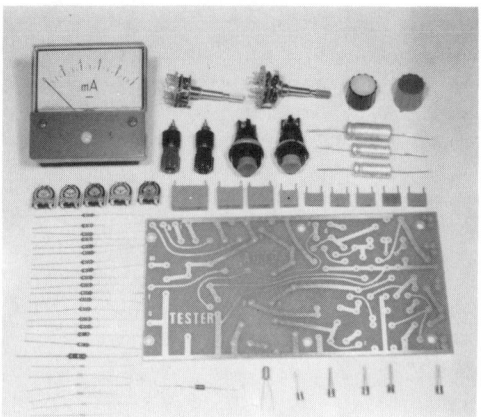

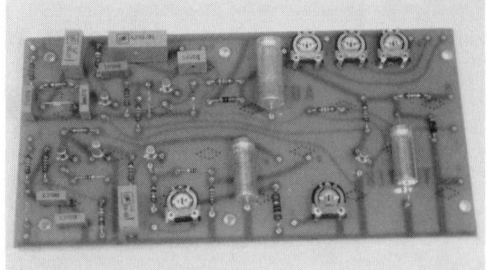

227 Die mit allen Bauteilen bestückte Platine des Autotesters.

226 Bauteile des Autotesters.

Die Bedienung des Gerätes ist unkompliziert, da alle gewünschten Meßarten an einem dreistufigen Schalter voreingestellt werden können. Die Zuführung der Meßgrößen erfolgt über zwei Buchsen (X und Y). Die Anzeige erscheint auf einem übersichtlichen Instrument, dem Wisometer 85. Das Schaltbild ist in den Drehzahlmesser oben und das Schließwinkelmeßgerät unten aufgeteilt. Der Stufenschalter S 1 (4 Bahnen: S 1a, S 1b, S 1c und S 1d) steht in Stellung 1, wenn der Drehzahlmesser, in Stellung 2, wenn der Schließwinkelmesser und in Stellung 3, wenn der Spannungsmesser eingeschaltet ist. Über ein flexibles Kabel wird bei allen Messungen die Buchse Y mit dem Wagenchassis (Masse) in Verbindung gebracht.
Betrachten wir zunächst den Drehzahlmesser. Die Zündimpulse gelangen über Buchse X und den Stufenschalter S 1 an Punkt a der Schaltung und von dort über ein Differenzierglied R 1/C 1, R 2/C 2 an eine Impulsformerstufe T 1. Diese Stufe hat gleichzeitig die Aufgabe, die Impulse zu begrenzen, um den nachfolgenden Multivibrator T 2/T 3 nicht zu übersteuern. Der monostabile Multivibrator hat nur einen stabilen Zustand, nämlich den, wenn T 3 durchgeschaltet und T 2 gesperrt ist. Gelangt ein positiver Impuls auf die Basis von T 2, wird T 2 leitend. Das entspricht einem Spannungssprung am Kollektor von

T 2, der sich über den Kondensator C 5 auf die Basis von T 3 überträgt. T 3 wird sofort gesperrt. Die Entladung von C 5 erfolgt über die Widerstände R 10 und den jeweils eingestellten Einstellungsregler R 7, R 8 oder R 9. Die Schaltung kippt darauf wieder in den stabilen Zustand zurück.
Durch die Einstellregler R 7, R 8 und R 9 kann die Zeitdauer verändert werden, in der T 2 leitend ist und somit Strom durch das Instrument M fließt. Die Betriebsspannung, die zwei hintereinandergeschalteten Taschenlampenbatterien entnommen wird, ist durch den Vorwiderstand R 13 und die Zenerdiode Z 1 stabilisiert. Die Schaltung ist so ausgelegt, daß an einem Meßinstrument mit 1 mA Vollausschlag ein Drehzahlbereich von 0-10000 U/min angezeigt wird. Dabei entspricht eine Anzeige von 0,1 mA einer Drehzahl von 1000 U/min.

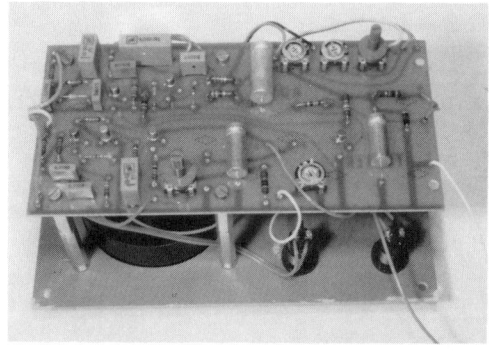

228 Platine und Frontplatte werden durch Distanzstücke verbunden. Die Verdrahtung geschieht gemäß dem Verdrahtungsplan.

132

Da die Anzeige linear ist, entspricht auch eine Steigerung von jeweils 0,1 mA einer Drehzahlzunahme von jeweils 1000 U/min. Eine Drehzahl von 4000 U/min wird auf der Skala mit 0,4 mA angezeigt.

Um den Leerlauf eines Motors richtig einstellen zu können, wurde eine Bereichsumschaltung vorgesehen, bei der der Anzeigebereich im unteren Drehzahlbereich nach Bedarf gespreizt werden kann. Durch Drücken des Tastschalters TS 1 wird der Kondensator C 6 dem Kondensator C 5 parallel geschaltet. Durch diese Maßnahmen wird erreicht, daß der Anzeigebereich des Meßinstrumentes nur noch 0 bis 1000 Umdrehungen in der Minute beträgt. Eine Steigerung von 0,1 mA bei dieser Anzeige entspricht jetzt nicht einer Drehzahlzunahme von 1000 U/min, sondern von nur 100 U/min.

Da fast alle Leerlaufdrehzahlen der Kraftfahrzeugmotoren unter 1000 U/min liegen, ist für die richtige Einstellung der Bereich von 10000 U/min zu grob. Im gespreizten Bereich (0 bis 1000 U/min) lassen sich jedoch diese Einstellungen einwandfrei durchführen.

Kommen wir nun zum Schließwinkelmeßgerät. Der Zündvorgang bei einer Kfz-Zündspule wird von der Unterbrechernockenwelle gesteuert. Die Anzahl der Unterbrechungen während einer Umdrehung ist abhängig von der Zylinderzahl des Motors. Bei einem 4-Zylinder-Motor wird viermal unterbrochen, dabei dreht sich die Nokkenwelle stets um 90 Grad (360°:4 = 90°) weiter.

Die richtige Einstellung einer Kfz-Zündanlage hängt jedoch nicht nur vom Zündzeitpunkt ab, sondern auch der Schließwinkel des Unterbrecherkontaktes muß genau eingestellt werden. Der Schließwinkel bestimmt das Verhältnis der Schließzeit während eines Unterbrecherspiels. Für jeden Verteilertyp werden vom Hersteller Angaben über den Schließwinkel gemacht. Nehmen wir eine Angabe von 54° als Beispiel für einen 4-Zylindermotor an. Beträgt die Schließzeit 54°, dann bleiben für die Öffnungszeit 36° übrig (90° − 54° = 36°). Den Schließwinkel in Prozent erhalten wir nach folgender einfacher Formel:

$$\frac{54°}{90°} \cdot 100\% = 60\%$$

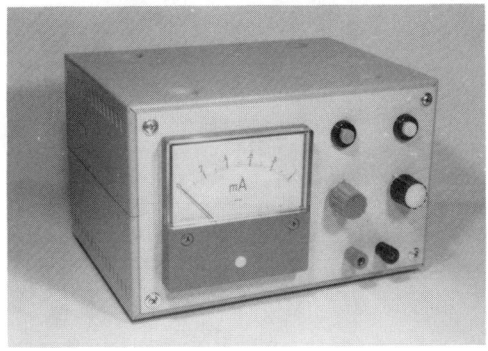

229 Das fertige Gerät.

Die Einstellung erfolgt durch den Unterbrecherabstand. Mit unserem Auto-Tester kann diese Einstellung überprüft werden. Die Anzeige des Schließwinkels erfolgt auf einem Drehspulinstrument, das direkt in Prozent geeicht werden kann. Eine Anzeige von 0,1 mA entspricht 10 Prozent, eine von 0,5 mA 50 Prozent und eine von 1 mA 100 Prozent.

Von der Eingangsbuchse X gelangen die Impulse über den Stufenschalter S 1 (jetzt in Stellung 2) an den Punkt b der Schaltung. Die Diode D 4 sorgt dafür, daß nur positive Spannungen durchgelassen werden, die über die Siebkette R 14/C 9 und R 15/C 10 an die Basis von T 4 gelangen. Am Kollektor von T 4 steht eine Rechteckspannung zur Verfügung, deren Impulsverhältnis genau dem Schließwinkel entspricht. Die Kollektorspannung wird von der Zenerdiode Z 2 bei geschlossenem Unterbrecherkontakt begrenzt. Das Integrationsglied R 18/C 11 sorgt für die Mittelwertbildung der Anzeige. Das Meßinstrument liegt im Emitterstromkreis von T 5.

Der Aufbau des Gerätes erfolgt auf einer Druckplatine mit den Abmessungen von 100 × 200 mm, die über vier Distanzstücke an der Frontplatte festgeschraubt wird.

Die Eichung des Gerätes:

1 Drehzahlmesser. Das Eichen läßt sich mit einem Tongenerator einfach durchführen, da zwischen der Frequenz

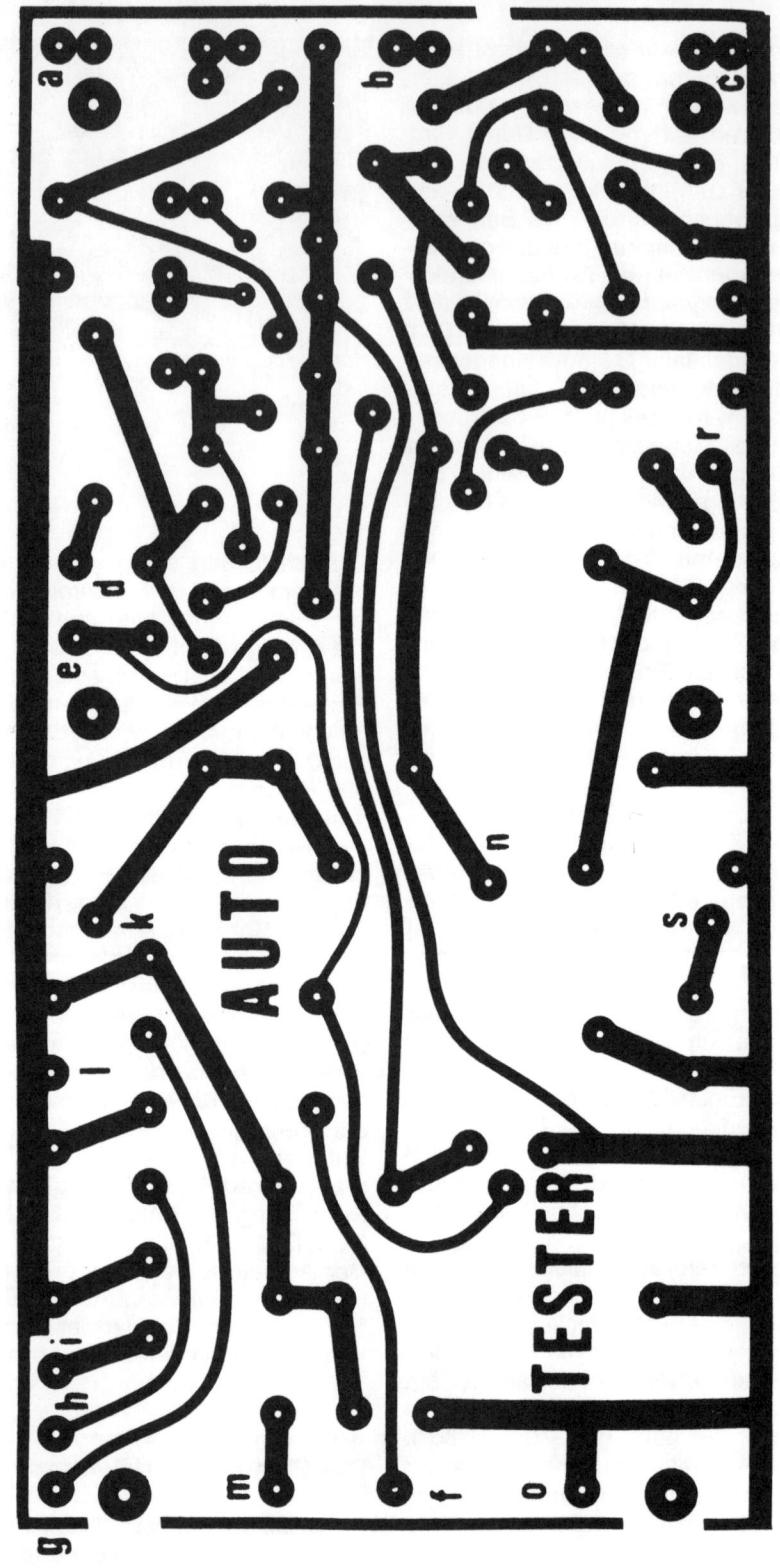

230   Druckvorlage im Maßstab 1:1 zum Autotester.

und der Drehzahl eines Motors ein bestimmter Zusammenhang besteht.

Meßbereichschalter S1 auf Stellung 1 schalten. Schalter S2 auf Stellung »4-Zylinder« schalten. Tongenerator an den Buchsen X/Y anschließen und eine Frequenz von 200 Hz. einstellen. Die Nf-Ausgangsspannung des Tongenerators sollte 10 Volt betragen. Der Einstellregler R7 auf der Druckplatine wird soweit verdreht, daß der Meßinstrumentzeiger auf 0,6 mA zeigt. Diese Anzeige entspricht einer Drehzahl von 6000 U/min.

Schalter S2 auf Stellung »6-Zylinder« schalten. Am Tongenerator ist jetzt eine Frequenz von 300 Hz einzustellen. Den Einstellregler R8 solange verdrehen, bis wiederum 0,6 mA angezeigt werden.

Schalter S2 auf Stellung »8-Zylinder« schalten. Die Frequenz ist auf 400 Hz zu erhöhen. Der Einstellregler R9 wird solange verdreht, bis 0,6 mA angezeigt werden. Da die Anzeige auf allen Bereichen linear erfolgt, ist damit der Eichvorgang beendet.

Anzeige	Umdrehungszahl je Minute	
0,1 mA	entspricht	1000 U/min
0,2 mA	entspricht	2000 U/min
0,3 mA	entspricht	3000 U/min
1 mA	entspricht	10000 U/min

Wird bei eingeschaltetem »4-Zylinder«- oder »6-Zylinder«-Bereich der Tastschalter TS1 gedrückt, erfolgt eine Bandspreizung des Anzeigebereiches. Eine angezeigte Umdrehungszahl von 1000 U/min (entspricht 0,1 mA) wird auf Vollausschlag (1 mA) gespreizt.

Anzeige	Umdrehungszahl je Minute	
0,1 mA	entspricht	100 U/min
0,2 mA	entspricht	200 U/min
0,3 mA	entspricht	300 U/min
1 mA	entspricht	1000 U/min

2 Schließwinkelmesser. Buchsen X und Y bleiben frei (Tongenerator von voriger Eichung abnehmen), Meßbereichschalter S1 auf Stellung 2 schalten. Den Einstellregler R21 solange verdrehen, bis

das Anzeigeinstrument Vollausschlag (1 mA) hat. Diese Anzeige entspricht 100 Prozent.

Wird die Eingangsbuchse X mit der Plusspannung unseres Testers in Verbindung gebracht, so muß der Zeigerausschlag bis fast auf Null absinken.

3 Spannungsmesser. Meßbereichschalter S1 auf Stellung 3 schalten. Eine bekannte Gleichspannung von 12 Volt an den Buchsen X (+) und Y (−) anschließen. Der Einstellregler R22 wird solange verdreht, bis eine Anzeige von 0,6 mA erreicht wird.

Anzeige	Gleichspannung in Volt	
0,1 mA	entspricht	2 Volt
0,2 mA	entspricht	4 Volt
0,3 mA	entspricht	6 Volt
0,4 mA	entspricht	8 Volt
0,5 mA	entspricht	10 Volt
0,6 mA	entspricht	12 Volt
0,7 mA	entspricht	14 Volt
0,8 mA	entspricht	16 Volt
0,9 mA	entspricht	18 Volt
1 mA	entspricht	20 Volt

Damit ist der Auto-Tester fertig und kann in das Gehäuse eingebaut werden. Durch die eingebauten Batterien ist er netzspannungsunabhängig. Ob er in der Garage, am Straßenrand oder am Parktplatz gebraucht wird, stets ist er betriebsbereit.

Durch Drücken des Tastschalters S2 kann die Betriebsspannung der eingebauten Batterie überprüft werden. Die Anzeige muß bei 0,45 mA (das entspricht 9 Volt) liegen. Man sollte sich angewöhnen, vor dem Messen jeweils den Batteriezustand zu testen, dann können keine Fehlmessungen entstehen.

Um die eingebaute Batterie zu schonen, sollte der Auto-Tester im nichtgebrauchten Zustand stets auf Bereich 3 (Schalter S1) »Spannungsmessung« geschaltet sein, da in dieser Stellung der Batterie kein Strom entnommen wird. Diese Stellung entspricht der »Aus«-Stellung des Gerätes, da nur von außen zugeführte Spannungen gemessen werden können.

Bei eingeschaltetem Drehzahlmeßbereich (Stellung 1) wird Strom von 50 mA, bei eingeschaltetem Schließwinkelmeßbereich (Stellung 2) von 20 mA der Batterie entnommen.

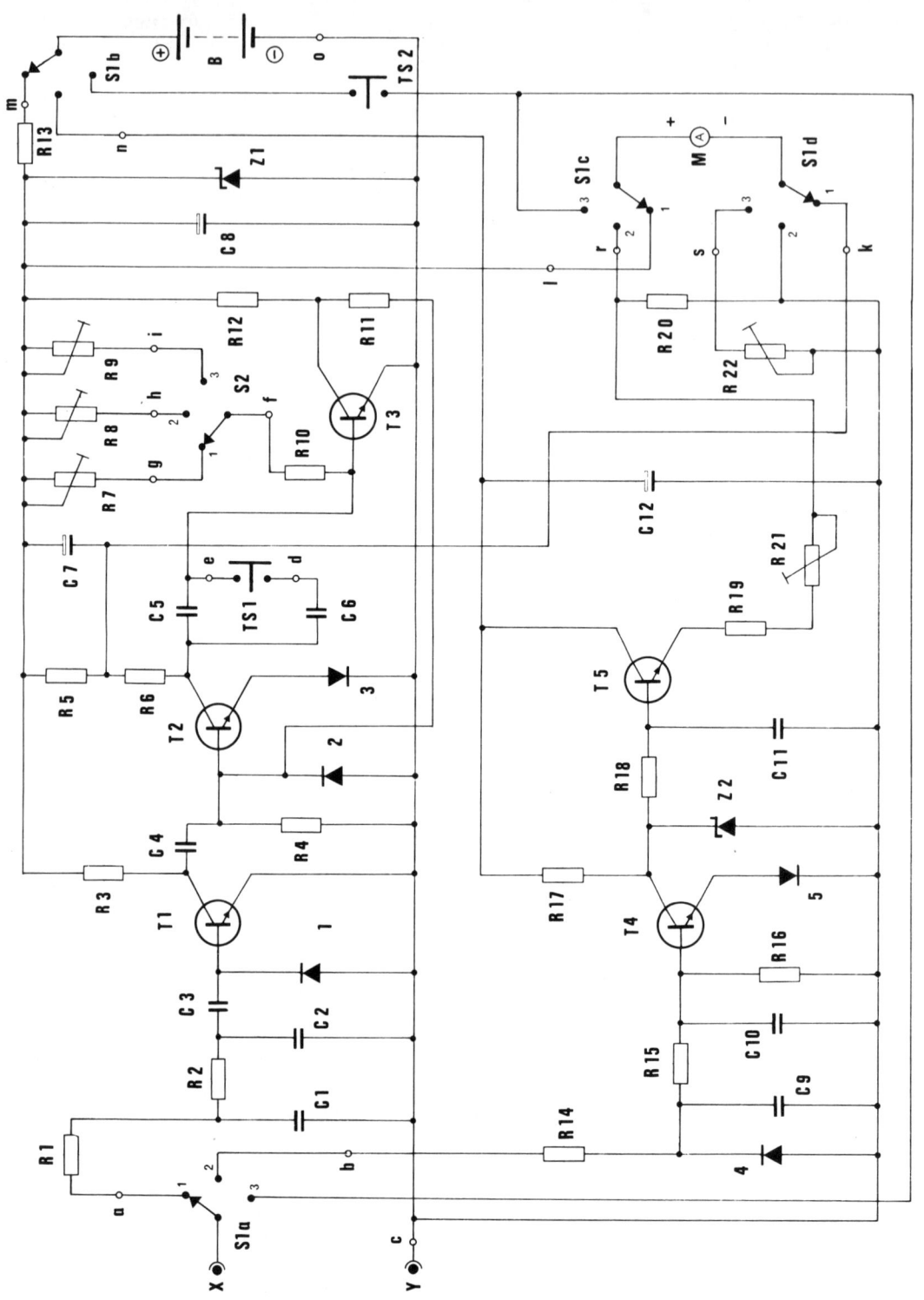

231 Schaltbild zum Autotester.

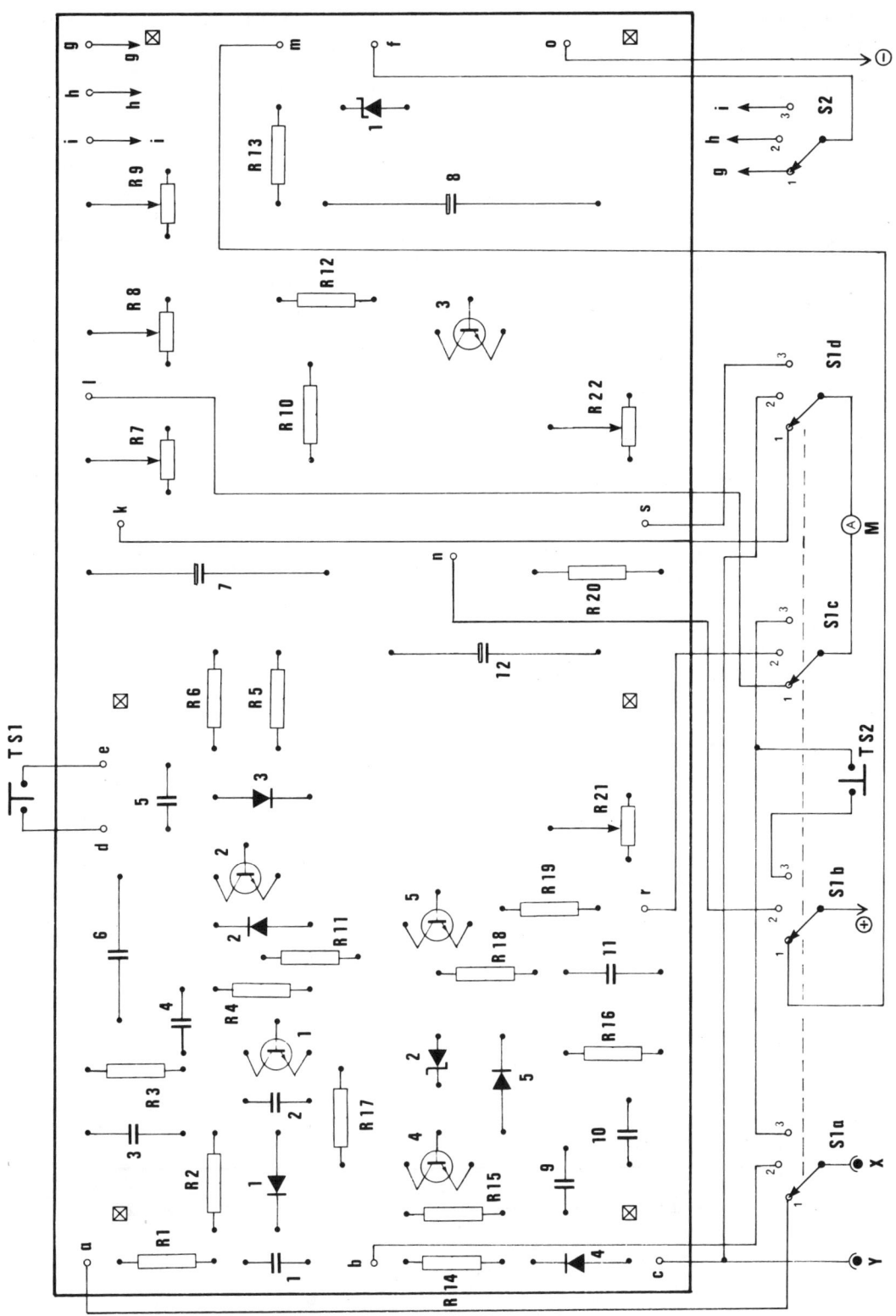

232 Bestückungs- und Verdrahtungsplan.

137

Der praktische
Umgang mit dem Auto-Tester

1 Messung der Drehzahl eines Kraftfahrzeuges. Der Stufenschalter S 1 wird in Stellung 1 (Drehzahlmessung) geschaltet, Stufenschalter S 2 ist auf die Zylinderzahl des zu messenden Motors zu stellen. In den meisten Fällen wird es sich um 4-Zylindermaschinen handeln, der Schalter S 2 ist auf Stellung 1 (ganz nach links) zu stellen. Bei einem 6-Zylindermotor ist die Schaltstellung 2, bei einem 8-Zylindermotor die Schaltstellung 3 einzuschalten.

Buchse Y ist mit dem Chassis des Autos (Masse), Buchse X mit dem Verteiler (Zündspule) zu verbinden. Der Motor wird angelassen, und am Instrument kann die Drehzahl direkt abgelesen werden.

Um die Anzeigegenauigkeit für niedrige Drehzahlen (Leerlaufdrehzahl unter 1000 U/min) zu verbessern, ist der Tastschalter TS 1 vorgesehen. Er bewirkt beim Drükken eine Spreizung des Drehzahlbereichs bis 1000 U/min. Vollausschlag des Instrumentenzeigers bedeutet in diesem Fall eine Drehzahl von nur 1000 U/min, gegenüber der sonstigen Anzeige von 10000 U/min.

Alle Leerlaufdrehzahlen lassen sich in diesem Bereich besonders gut und genau einstellen. Diese Spreizung des Drehzahlbereiches ist nur für 4-Zylinder- und 6-Zylindermotoren wirksam.

2 Messen des Schließwinkels. Der Stufenschalter S 1 wird in Stellung 2 (Schließwinkelmessung) gebracht. Die Stellung des Stufenschalters S 2 ist bei dieser Meßart bedeutungslos. Die Y-Buchse ist wieder mit dem Chassis in Verbindung zu bringen, die Impulse der Zündspule gelangen über die Buchse X in die Schaltung.

3 Spannungsmessung. Der Stufenschalter S 1 wird in die Stellung 3 (Spannungsmessung) gebracht. Die Stellung des Stufenschalters S 2 ist bei dieser Meßart bedeutungslos. Die zu messende Gleichspannung wird an den Buchsen X (+) und Y (−) angelegt. Die Anzeige erfolgt auf dem Instrument.

Stückliste zum Auto-Tester

R 1 = 8,2 kOhm / 1/8 W Schichtwiderstand
R 2 = 5,6 kOhm / 1/8 W Schichtwiderstand
R 3 = 4,7 kOhm / 1/8 W Schichtwiderstand
R 4 = 18 kOhm / 1/8 W Schichtwiderstand

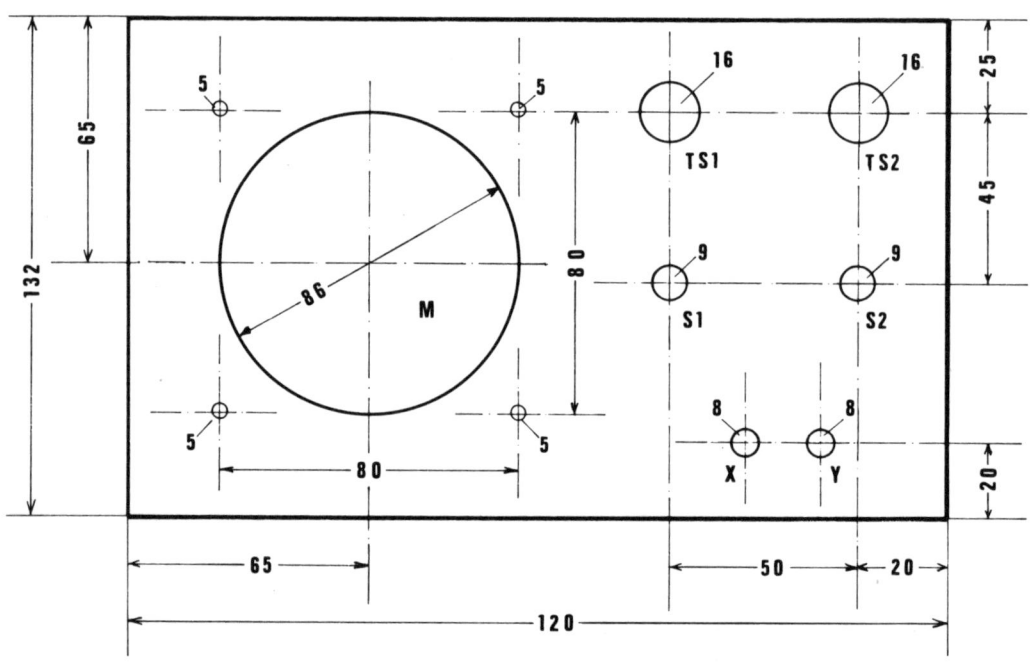

233 Bohrplan Frontplatte zum Auto-Tester.

R 5 = 33 Ohm / 1/8 W Schichtwiderstand
R 6 = 180 Ohm / 1/8 W Schichtwiderstand
R 7 = 5 kOhm / lin. Einstellregler
R 8 = 5 kOhm / lin. Einstellregler
R 9 = 1 kOhm / lin. Einstellregler
R 10 = 51 Ohm / 1/8 W Schichtwiderstand
R 11 = 10 kOhm / 1/8 W Schichtwiderstand
R 12 = 390 Ohm / 1/8 W Schichtwiderstand
R 13 = 100 Ohm / 1/8 W Schichtwiderstand
R 14 = 2,2 kOhm / 1/8 W Schichtwiderstand
R 15 = 1,2 kOhm / 1/8 W Schichtwiderstand
R 16 = 3,9 kOhm / 1/8 W Schichtwiderstand
R 17 = 1,2 kOhm / 1/8 W Schichtwiderstand
R 18 = 4,7 kOhm / 1/8 W Schichtwiderstand
R 19 = 100 Ohm / 1/8 W Schichtwiderstand
R 20 = 10 Ohm / 1/3 W Schichtwiderstand
R 21 = 1 kOhm / lin. Einstellregler
R 22 = 50 kOhm / lin. Einstellregler
C 1 = 0,1 μF / 100 V Eromet-Kondensator
C 2 = 0,1 μF / 100 V Eromet-Kondensator
C 3 = 1 μF / 100 V Eromet-Kondensator
C 4 = 0,1 μF / 100 V Eromet-Kondensator
C 5 = 0,47 μF / 63 V Eromet-Kondensator
C 6 = 5,6 μF / 63 V (4,7 μF + 1 μF parallel)
C 7 = 470 μF / 25 V Elko
C 8 = 220 μF / 25 V Elko
C 9 = 0,1 μF / 100 V
C 10 = 0,1 μF / 100 V
C 11 = 2,2 μF / 63 V
C 12 = 220 μF / 25 V Elko
D 1 = 1 N 914 Diode
D 2 = 1 N 914 Diode
D 3 = 1 N 914 Diode
D 4 = 1 N 914 Diode
D 5 = 1 N 914 Diode
Z 1 = ZD 4,7 Zenerdiode

Z 2 = Z 6 Zenerdiode
T 1 = BC 108 npn-Transistor
T 2 = BC 108 npn-Transistor
T 3 = BC 108 npn-Transistor
T 4 = BC 108 npn-Transistor
T 5 = BC 108 npn-Transistor
S 1 = Stufenschalter mit 4 × 3 Kontakten
    (3 Schaltstellungen)
S 2 = Stufenschalter mit 3 × 1 Kontakten
TS 1 = Tastschalter mit 1 × Arbeitskontakt
    (Schließer)
TS 2 = Tastschalter mit 1 × Arbeitskontakt
    (Schließer)
X = + Buchse, Zuführung von Drehzahl-
    impulsen
Y = − Buchse, Massebuchse
M = Meßinstrument Wisometer 85,
    1 mA Vollausschlag
B = 2 Taschenlampenbatterien
    hintereinandergeschaltet (9 Volt)
1 Stück Zeissler-Gehäuse 2000 mit Batteriehalter
2 Stück Drehknöpfe für S 1 und S 2
1 Stück Platine Auto-Tester

Kühlwasserverlust-Warngerät

Ein Kraftfahrzeugmotor arbeitet am wirtschaftlichsten bei einer Kühlwassertemperatur von etwa 80 Grad C. Die Kühler des Autos sind so ausgelegt, daß diese Tem-

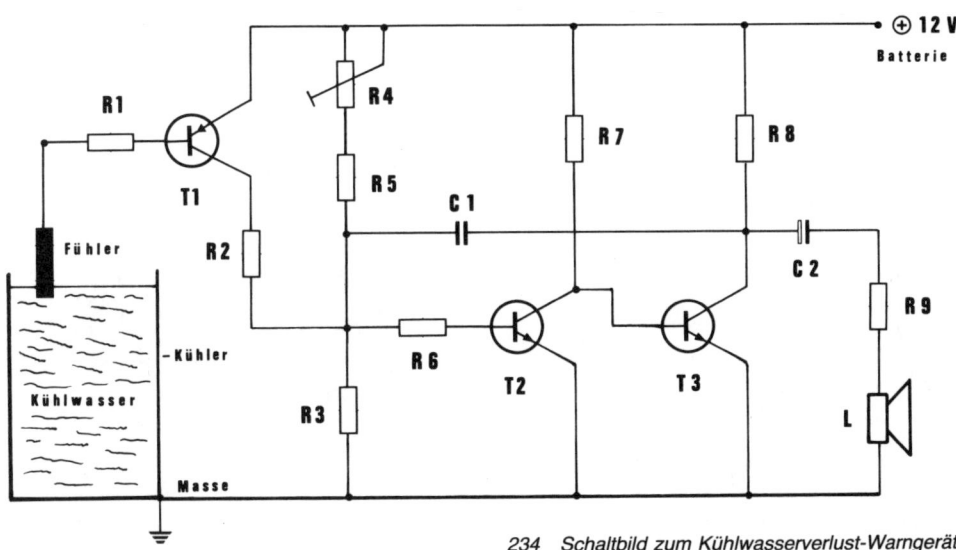

234 *Schaltbild zum Kühlwasserverlust-Warngerät.*

139

peratur bei vollem Kühlwasserstand gerade erreicht wird. Kühlwasserverlust macht sich daher durch ansteigende Temperaturen der Kühlerflüssigkeit bemerkbar, was vom eingebauten Kühlwasserthermometer angezeigt wird. Will man ganz sicher gehen, so kann man sich ein kleines Gerät aufbauen, welches den Kühlwasserverlust akustisch anzeigt. Es wird bereits der Verlust von etwa 1 Liter Kühlwasser durch einen aus dem Lautsprecher wahrnehmbaren Pfeifton gemeldet.

Wie die Schaltung zeigt, besteht das Gerät nur aus wenigen Einzelteilen. Über den Widerstand R 1 ist ein Fühler mit der Basis von T 1 verbunden. Dieser Transistor verstärkt den Fühlerstrom, wenn der Stromkreis geschlossen ist. Das tritt ein, sobald der Fühler mit dem Kühlwasser in Berührung kommt. Angekoppelt an den Transistor T 1 ist eine Multivibratorschaltung T 2/T 3, die so bemessen ist, daß eine Niederfrequenzschwingung von etwa 3 kHz erzeugt wird. Solange der Transistor T 1 Strom zieht, sorgt der Widerstand R 2 dafür, daß der Arbeitspunkt des Multivibrators so weit verschoben wird, daß die Nf-Schwingungen abreißen. Erst wenn der Kühlwasserstand gesunken ist und der Fühler nicht mehr von der Kühlflüssigkeit umgeben wird, bleibt T 1 gesperrt, und der Multivibrator kann arbeiten. Der Lautsprecher übermittelt jetzt einen Pfeifton.

Den Fühler fertigt man aus einem Kunststoffröhrchen von 4 mm ⌀ und einer Länge von 30 mm. In dieses Röhrchen wird ein passender Messingdraht gesteckt. An einem Ende ist die zur Basis von T 1 führende Verbindungsleitung anzulöten. Die Montage des Fühlers erfolgt oben in der Kühlermitte, etwa beim Einlaufstutzen. Es ist darauf zu achten, daß der Messingdraht und die daran angelötete Verbindungsleitung nicht an Masse zu liegen kommt. Die Isolation besorgt das Kunststoffröhrchen.

**Stückliste
zum Kühlwasserverlust-Warngerät**

R 1 = 1 MOhm / 1/8 W Schichtwiderstand
R 2 = 10 kOhm / 1/8 W Schichtwiderstand
R 3 = 27 kOhm / 1/8 W Schichtwiderstand
R 4 = 500 kOhm / lin. Einstellregler
R 5 = 100 kOhm / 1/8 W Schichtwiderstand
R 6 = 10 kOhm / 1/8 W Schichtwiderstand
R 7 = 1 kOhm / 1/8 W Schichtwiderstand
R 8 = 22 kOhm / 1/8 W Schichtwiderstand
R 9 = 15 Ohm / 1/3 W Schichtwiderstand
C 1 = 4,7 nF / 100 V Kondensator
C 2 = 10 µF / 25 V Elko
T 1 = BC 177 pnp-Transistor
T 2 = BC 108 npn-Transistor
T 3 = BC 108 npn-Transistor
L = Lautsprecher etwa 8 Ohm

Gleich- spannungswandler 6 V / 12 V

Gleichspannungswandler sind Geräte, die eine bestimmte Spannung in eine andere Gleichspannung umwandeln, wobei es bedeutungslos ist, ob die vorhandene Spannung verkleinert oder vergrößert werden soll. Solche Wandler werden dort benötigt, wo eine bestimmte Betriebsspannung vor-

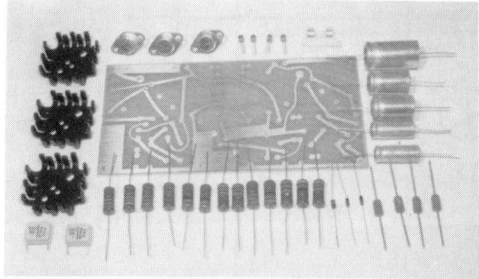

235 Alle zum Bau erforderlichen Einzelteile und die Platine.

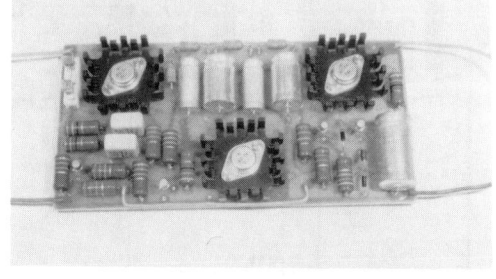

236 Die mit allen Bauteilen bestückte Platine.

140

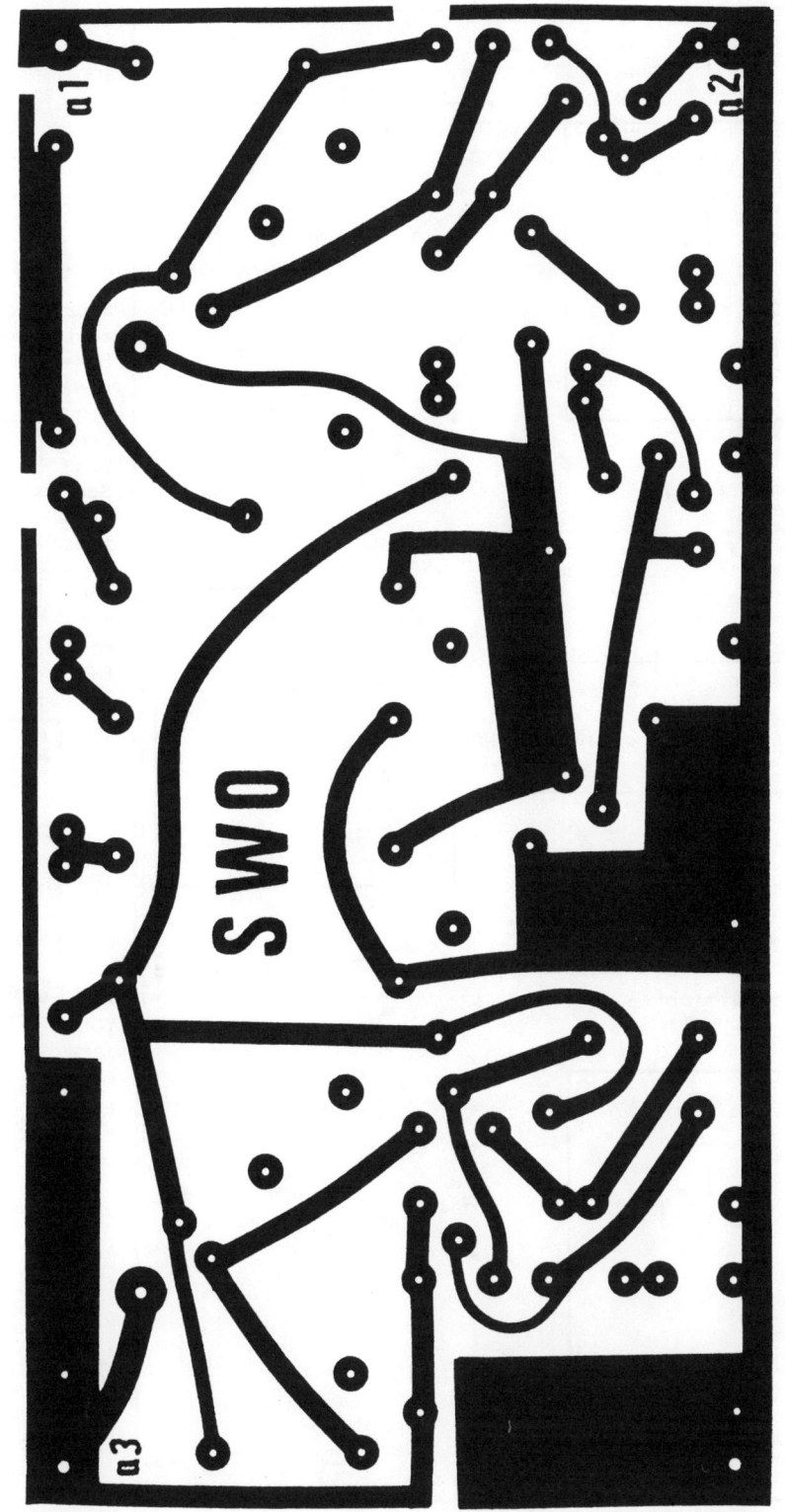

237   Druckvorlage im Maßstab 1:1 zum Gleichspannungswandler 6V/12V.

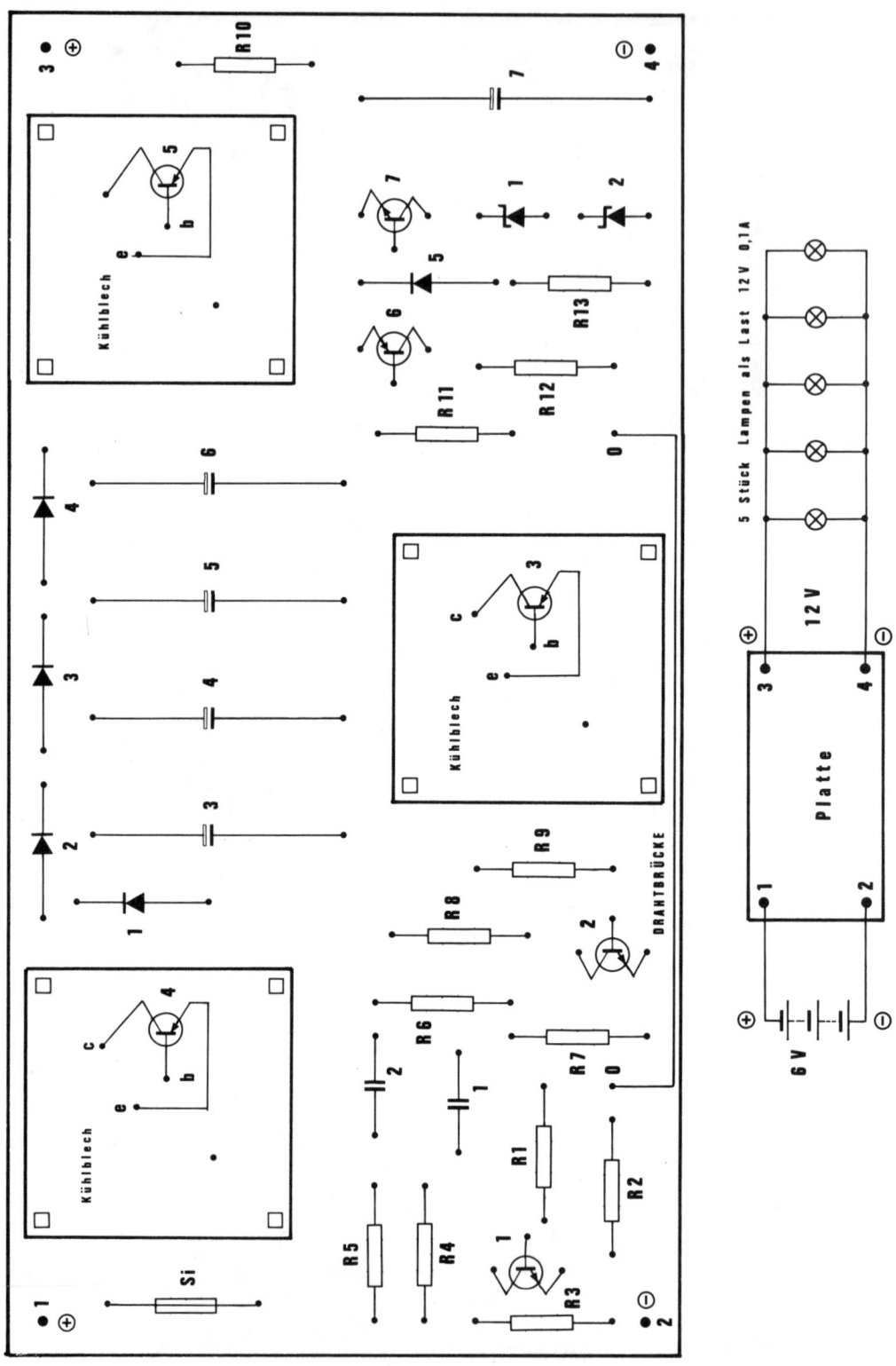

238 Bestückungs- und Verdrahtungsplan.

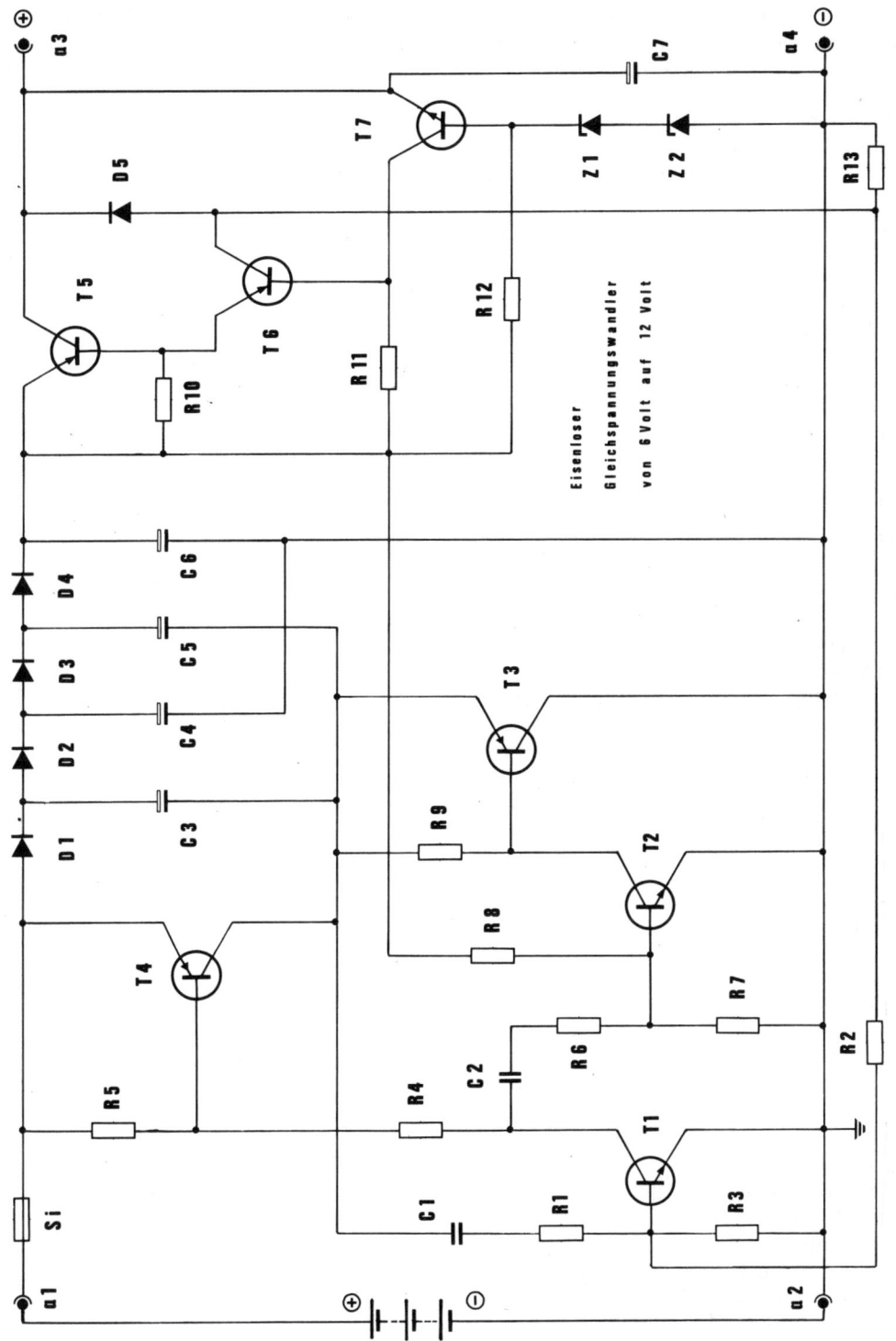

239   Schaltbild zum Gleichspannungswandler 6V/12V.

handen ist und Geräte angeschlossen werden sollen, die für eine andere Betriebsspannung gebaut sind.

Soll zum Beispiel ein Autoradio für 12-Volt-Betrieb in einem älteren Kraftfahrzeug, das mit einer 6-Volt-Anlage ausgerüstet ist, betrieben werden, kann ein Gleichspannungswandler dazwischengeschaltet werden, der die vorhandene Bordbetriebsspannung von 6 Volt auf 12 Volt heraufsetzt. Oder ein anderer Fall. Ein elektrischer Trockenrasierer für 12-Volt-Batteriespannung soll an der 6-Volt-Bordspannung arbeiten. Auch hier wird ein Wandler dazwischengeschaltet. Beim Modellbau kann solch ein Gerät ebenfalls nützlich sein, nämlich dann, wenn aus einer Akkuspannung von 6 Volt eine Spannung von 12 Volt gemacht werden soll, zum Beispiel für den Betrieb eines Fernsteuersenders; oder ein kleiner Elektromotor für 12 Volt soll betrieben werden, es stehen jedoch nur 6 Volt zur Verfügung.

Es gibt demnach eine Reihe von Anwendungsmöglichkeiten für dieses Gerät. Normalerweise ist eine Umwandlung von einer Spannung in eine andere nur bei Wechselspannung möglich, denn nur eine Wechselspannung kann transformiert werden. Bei allen Gleichspannungswandlern ist daher der Umweg über den Wechselstrom unumgänglich. In einer Oszillatorschaltung wird eine Niederfrequenz erzeugt, also eine Wechselspannung, die dann anschließend wieder gleichgerichtet wird. Zum Aufbau der Oszillatorspule wird ein Eisenkern benötigt, dessen Größe sich nach Frequenz und Leistung richtet.

Bei dem hier gezeigten Gerät kann auf diesen Eisenkern verzichtet werden, da die Wechselspannung durch einen astabilen Multivibrator T 1/T 2 erzeugt wird. Die Spule und damit der Eisenkern fallen weg, deshalb spricht man hier von einem eisenlosen Wandler.

Der freischwingende Mulitvibrator T 1/T 2 steuert die beiden Leistungstransistoren T 3/T 4 an, dadurch wird die Batteriespannung zu einer Rechteckspannung umgeformt, die an dem Kondensator C 1 zur Verfügung steht. Durch die Diodenkette D 1 bis D 4 und die an ihr liegenden Kondensatoren C 3 bis C 6 wird eine Aufstockung der Spannung auf 12 Volt erreicht. Die Transistoren T 5/T 6 und T 7 dienen

zur elektronischen Stabilisierung der Ausgangsspannung.

Aufgebaut wird die Schaltung auf einer Druckplatine mit den Abmessungen 200 × 100 mm. Die Platine kann, wenn es gewünscht wird, in ein Gehäuse eingebaut werden. An den Eingangspunkten 1 und 2 wird die Betriebsspannung von 6 Volt angeschlossen, an den beiden Ausgangspunkten 3 und 4 ist eine Spannung von 12 Volt verfügbar. Das Gerät ist für eine Ausgangsleistung von 6 Watt ausgelegt, das heißt, es kann ein Verbraucher angeschlossen werden, der bei einer Betriebsspannung von 12 Volt einen Strom von bis zu 0,5 A verbraucht. Geräte mit kleinerem Stromverbrauch können angeschlossen werden, Geräte mit größerem Stromverbrauch nicht!

Man testet das fertige Gerät am einfachsten, indem man an seinem Ausgang fünf 12 V / 0,1 A-Lämpchen anschließt, das ergibt gerade einen Strom von 0,5 Ampere.

Stückliste zum Gleichspannungswandler

R 1	=	2,2 kOhm / 1/3 W Schichtwiderstand
R 2	=	15 kOhm / 1/3 W Schichtwiderstand
R 3	=	22 kOhm / 1/3 W Schichtwiderstand
R 4	=	82 Ohm / 1/3 W Schichtwiderstand
R 5	=	33 Ohm / 1/3 W Schichtwiderstand
R 6	=	2,2 kOhm / 1/3 W Schichtwiderstand
R 7	=	22 kOhm / 1/3 W Schichtwiderstand
R 8	=	22 kOhm / 1/3 W Schichtwiderstand
R 9	=	82 Ohm / 1/3 W Schichtwiderstand
R 10	=	82 Ohm / 1/3 W Schichtwiderstand
R 11	=	1,2 kOhm / 1/3 W Schichtwiderstand
R 12	=	560 Ohm / 1/3 W Schichtwiderstand
R 13	=	4,7 kOhm / 1/3 W Schichtwiderstand
C 1	=	47 nF / 160 V Kondensator
C 2	=	47 nF / 160 V Kondensator
C 3	=	470 µF / 25 V Elko
C 4	=	1000 µF / 25 V Elko
C 5	=	470 µF / 25 V Elko
C 6	=	1000 µF / 25 V Elko
C 7	=	2200 µF / 25 V Elko
D 1	=	BY 127 Diode
D 2	=	BY 127 Diode
D 3	=	BY 127 Diode
D 4	=	BY 127 Diode
D 5	=	AAZ 15 Diode
Z 1	=	ZF 5,6 Zenerdiode
Z 2	=	ZF 8,2 Zenerdiode
T 1	=	BC 108 B npn-Transistor
T 2	=	BC 108 B npn-Transistor
T 3	=	AD 155 pnp-Transistor

T 4 = AD 155 pnp-Transistor
T 5 = AD 155 pnp-Transistor
T 6 = BCY 70 pnp-Transistor
T 7 = BC 108 B npn-Transistor
Si = Feinsicherung 1,5 A mit Sicherungs-
       halter für gedruckte Schaltung
B = 6-Volt-Gleichstromquelle, Autoakku
a1 = Eingang + 6 V
a2 = Eingang − 6 V
a3 = Ausgang + 12 V
a4 = Ausgang − 12 V
3 Stück Fingerkühlkörper 46 × 46 mm
1 Stück Platine SWO

Gleich-
spannungswandler 12 V / 6 V

Die meisten heutigen Autos haben eine
Bordspannung von 12 Volt. Dafür sind alle
elektrischen Einrichtungen des Kraftfahrzeuges ausgelegt. Es kann jedoch vorkommen, daß ein Kofferempfänger oder
ein Batterie-Rasierapparat angeschlossen
werden soll, der für eine Betriebsspannung von 6 oder 9 Volt konstruiert wurde.

In diesem Fall benötigen wir einen Spannungswandler, der die 12-Volt-Bordspan-
nung der Autobatterie auf die gewünschte
Spannung von 6 oder 9 Volt herabsetzt.
Bei dem hier gezeigten Gerät sind sogar
drei verschiedene Spannungen abnehm-
bar, nämlich 9 V, 7,7 V oder 6 V.
Der Spannungswandler wird in ein Metall-
gehäuse eingebaut und kann direkt mit der
Autobatterie in Verbindung gebracht werden.

Technische Daten
des Gleichspannungswandlers

Betriebsspannung   12 V
Stromaufnahme   1 A
Ausgangsspannung   6 V; 7,7 V; 9 V
Ausgangsstrom   250 mA

Stückliste zum
Gleichspannungswandler 12 V / 6 V

R 1 = 470   Ohm / 1/4 W
R 2 = 470   Ohm / 1/4 W
R 3 = 100   Ohm / 1/4 W
R 4 = 0,47 Ohm / 2 W
R 5 = 470   Ohm / 1/4 W

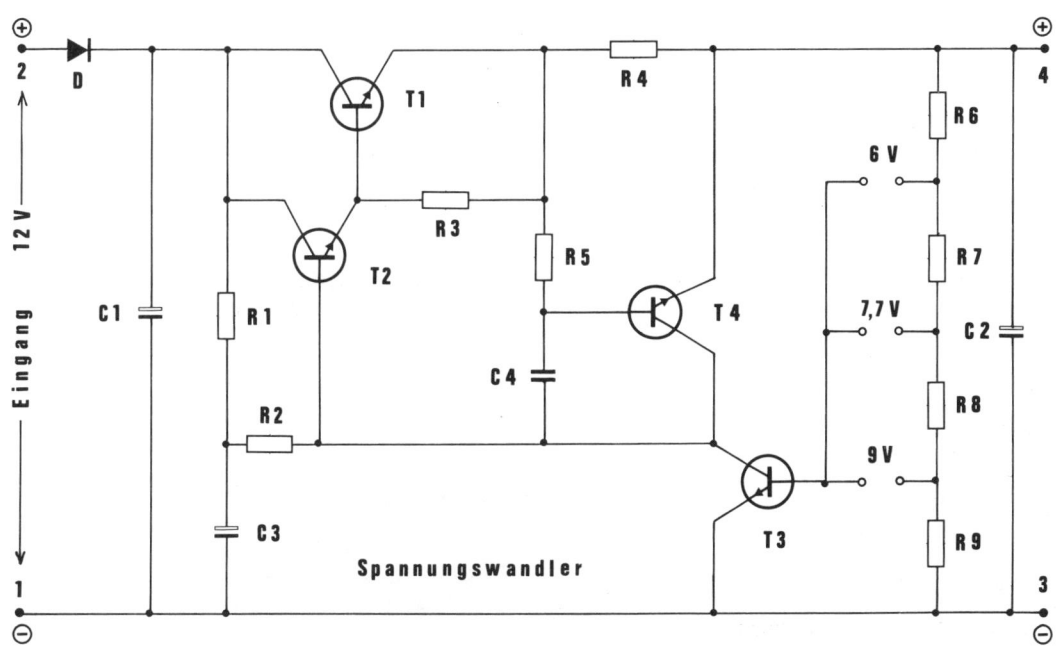

240   Schaltplan zum Gleichspannungswandler 12V/9V/7,5V/6V.

R 6 = 15 kOhm / 1/4 W
R 7 = 390 Ohm / 1/4 W
R 8 = 330 Ohm / 1/4 W
R 9 = 1,2 kOhm / 1/4 W
C 1 = 220 µF / 16 V Elko
C 2 = 220 µF / 16 V Elko
C 3 = 47 µF / 35 V Elko
C 4 = 1 nF / 125 V Kondensator
D 1 = 1 N 4005 Diode
T 1 = BD 165 npn-Transistor
T 2 = BC 171 npn-Transistor
T 3 = BC 171 npn-Transistor
T 4 = BC 171 npn-Transistor
1 Stück Gehäuse
1 Stück Druckplatine NT 305

242 Prüfaufbau der Warnblinkleuchte.

Warnblinkleuchte

Zur Sicherung haltender Fahrzeuge gehört eine tragbare Blinkleuchte, die unabhängig vom Bordnetz des Fahrzeugs arbeitet.

Wie das Schaltbild zeigt, kann dieses Gerät mit nur wenigen Bauteilen aufgebaut werden. Bei Verwendung von zwei komplementären Transistoren werden nur drei Widerstände, ein Kondensator und eine Lampe benötigt. In der Dunkelphase sind beide Transistoren gesperrt. Der Kondensator C wird über die Lampe La und die Widerstände R 1 und R 3 aufgeladen. Erreicht die Spannung an der Basis von T 1 einen bestimmten Wert, zieht der Transistor Basisstrom, was wiederum zur Folge hat, daß auch im Kollektorstromkreis ein Strom zu fließen beginnt. Dieser Strom bewirkt im Transistor T 2 ein schnelles Durchschalten, die Glühlampe leuchtet. Nun entlädt sich der Kondensator wieder langsam über den Widerstand R 3, die Kollektor-Emitterstrecke des Transistors T 2 wird umgeladen. Reicht der Basisstrom für den Transistor T 1 nicht mehr aus, werden beide Transistoren gesperrt, die Glühlampe erlischt.

Die Schaltung ist für 4,5 Volt Taschenlampenbetrieb ausgelegt, sie kann jedoch auch an einer Betriebsspannung von 6 Volt arbeiten.

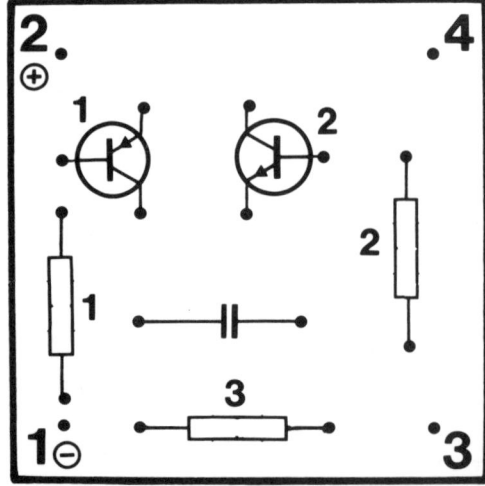

241 Bestückungsplan zur Warnblinkleuchte.

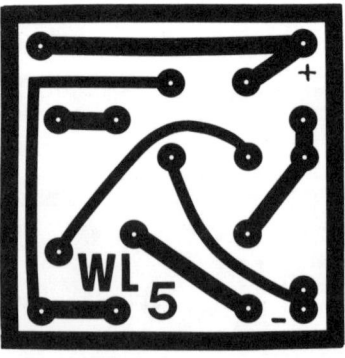

243 Druckvorlage zur Warnblinkleuchte im Maßstab 1 : 1.

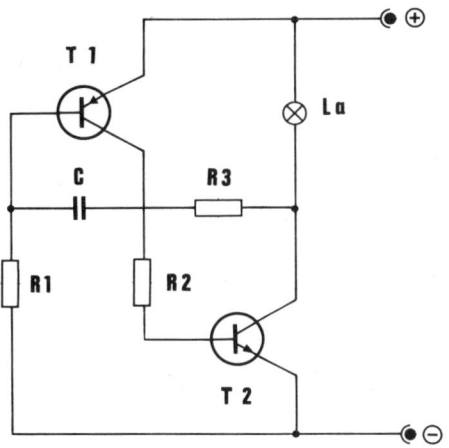

244 *Schaltplan zur Warnblinkleuchte.*

Scheibenwischerautomatik

Die Scheibenwischerautomatik übernimmt die Aufgabe, dem Fahrer das lästige An- und Abstellen des Scheibenwischers bei leichtem Nieselregen zu ersparen. Regnet es zum Beispiel nur wenig, so hat der Scheibenwischer nach einmaligem Überstreichen die Windschutzscheibe trocken gewischt, und alle erneuten Wischvorgänge erfolgen auf trockener Scheibe. Also wird wieder abgeschaltet. Es dauert jedoch nur einige Sekunden, dann ist die Scheibe wieder mit mehr oder weniger Regentropfen bedeckt, also wird wieder eingeschaltet. Dieser Vorgang wiederholt sich nun ständig, solange es regnet. Man kann sich leicht ausrechnen, wieviele Male bei leichtem, etwa eine halbe Stunde anhaltendem Regen ein- und ausgeschaltet werden müßte.

Eben diese Arbeit des lästigen Ein- und Ausschaltens nimmt uns die elektronische Automatik ab, und wir werden sie deshalb bald nicht mehr missen wollen.

Die Scheibenwischerautomatik besteht aus einem unsymmetrischen, astabilen Multivibrator T 1 und T 2. Am Kollektor von T 1 ist der Schalttransistor T 3 angeschlossen. In seiner Emitterleitung liegt das Schaltrelais Rel. Es zieht immer dann an, wenn der Transistor T 3 leitend wird. Der Multivibrator T 1/T 2 steuert diesen Vorgang. Über den Arbeitskontakt 9 bis 10

Stückliste zur Warnblinkleuchte

R 1 = 470 kOhm Schichtwiderstand
R 2 =   47 Ohm Schichtwiderstand
R 3 =   15 kOhm Schichtwiderstand
C   =   1 µF / 6 V
T 1 = BC 177 pnp-Transistor
T 2 = BC 108 npn-Transistor
La = 6 V / 0,1 A Lampe
4 Stück Lötstützpunkte
1 Stück Druckplatine WL 5

(Die Druckplatine kann fertig bezogen werden. Anfragen gegen Rückporto beim Verlag.)

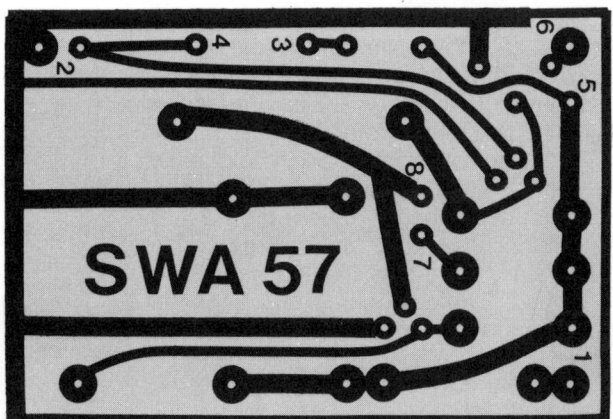

245. *Druckvorlage im Maßstab 1:1 zur Scheibenwischerautomatik.*

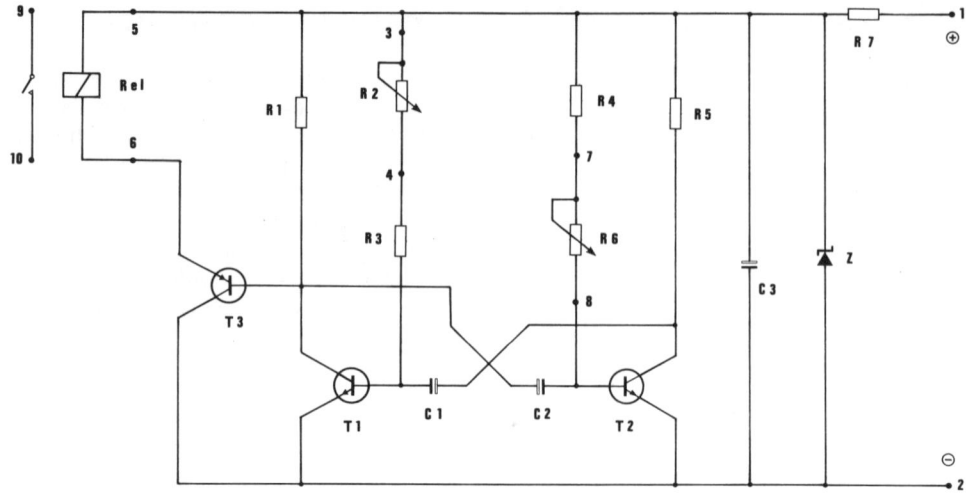

246 Schaltbild zur Scheibenwischerautomatik.

des Relais soll der Wischermotor eingeschaltet werden.

Wir erkennen, daß unsere Automatik für
zwei bestimmte Zeiten ausgelegt sein
muß, nämlich für die Zeit des Wischvor-
gangs, wenn das Relais geschaltet hat,
und für die Zeit der Pause, die zwischen
jedem Wischervorgang liegt.

In der Praxis hat es sich gezeigt, daß mit
Pausenzeiten von etwa 5 bis 50 Sekunden
gerechnet werden kann. Für den Wischervorgang selbst werden nur etwa 2 Sekunden benötigt, denn in der Regel genügt
schon ein zweimaliges Wischen der Wi-
scherblätter über die Scheibe.

Unsere Automatik ist so ausgelegt, daß wir
die Pausen wie auch die Einschaltzeiten
selbst bestimmen können, um die Möglichkeit zu haben, sie den jeweiligen Re-
genverhältnissen anzupassen. So können
mit dem Potentiometer R 2 die Pausenzeiten und mit dem Potentiometer R 6 die
Einschaltzeiten kontinuierlich eingestellt
werden. Je mehr Widerstand eingeschaltet wird, desto länger dauern die Pausen-
und Einschaltzeiten. Über diese beiden
Widerstände werden die Kondensatoren
C 1 und C 2 aufgeladen. Ist der eingestellte Widerstand klein, erfolgt die Aufladung
schnell, ist der Widerstand groß, dauert es
länger. Die Baustelle R 7, C 3 und Z dienen zur Stabilisierung.

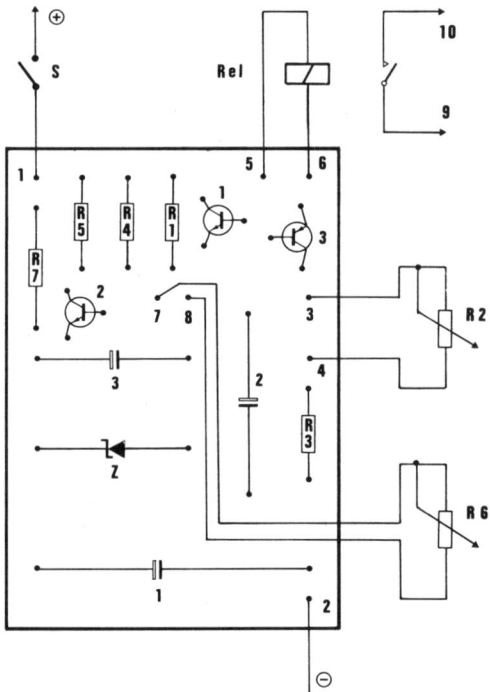

247 Bestückungs- und Verdrahtungsplan zur Scheibenwischerautomatik.

Stückliste zur Scheibenwischerautomatik

R 1 = 560 Ohm / 1/8 W Schichtwiderstand
R 2 = 25 kOhm / 0,2 W Potentiometer
        Preostat 24 L.Nr. 65102–000
R 3 = 3,3 kOhm / 1/8 W Schichtwiderstand
R 4 = 3,3 kOhm / 1/8 W Schichtwiderstand
R 5 = 220 Ohm / 1/8 W Schichtwiderstand
R 6 = 10 kOhm / 0,2 W Potentiometer mit
        Schalter
R 7 = 45 Ohm / 1 W Schichtwiderstand
C 1 = 2200 µF / 25 V Elko
C 2 = 470 µF / 25 V Elko
C 3 =   47 µF / 25 V Elko
T 1 = BC 108 npn-Transistor
T 2 = BC 108 npn-Transistor
T 3 = AC 153 pnp-Transistor
Z   = ZL 6 Zenerdiode
Rel = Haller-Relais Nr. 510 / 12 V / 2 × a
1 Stück Kühlstern für Zenerdiode ZL 6
2 Stück Drehknöpfe
1 Stück Platine SWA 57

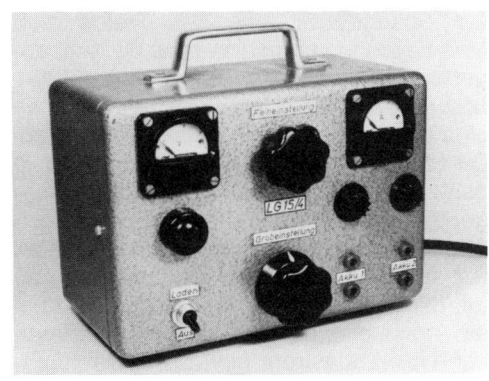

248 Das fertige Ladegerät.

Ladegerät
für die Autobatterie

Normalerweise wird die Autobatterie während der Fahrt von der Lichtmaschine aufgeladen. Fährt man jedoch viel mit eingeschalteter Beleuchtung, was beispielsweise im Winter der Fall ist, kann es schon mal vorkommen, besonders bei älteren Batterien, daß die Kapazität soweit abgesunken ist, daß der Anlasser morgens beim Start nicht durchdreht, weil die Batteriespannung zusammenbricht. Hier hilft nur: Batterie ausbauen und an ein Ladegerät anschließen.

Solche Ladegeräte kann man kaufen oder sie auch selbst bauen. Dazu erforderlich sind nur ein Trafo 220 V / 12 V / 6 V, ein Gleichrichter und ein Regler (Potentiometer). Es ist gut, wenn noch ein Amperemeter (Strommesser) zur Anzeige des Ladestroms und ein Voltmeter (Spannungsmesser) zur Anzeige der Ladespannung vorgesehen werden.

Wie die Bauteile zusammengeschaltet werden, zeigt das Schaltbild. Die Autobatterie wird mit einem Strom von etwa 5 A aufgeladen. Für diesen Strom müssen der Trafo und der Gleichrichter ausgelegt sein.

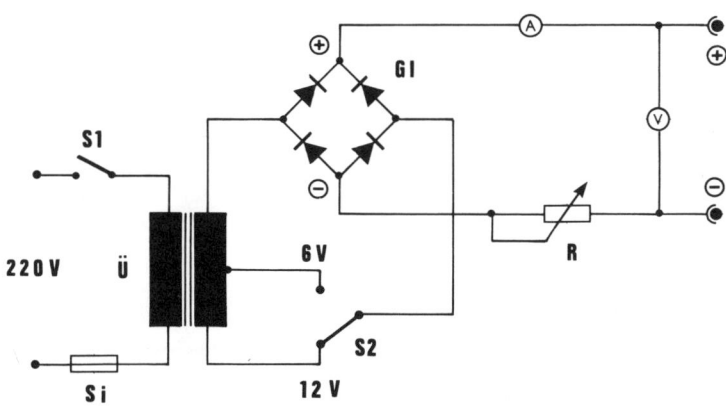

249 Schaltbild zum
Autobatterie-Ladegerät.

149

Die Sekundärwicklung des Trafos muß eine Leistung von mindestens 60 Watt abgeben. Die Autobatterie wird an den Plus- und den Minuspol, entsprechend plus an plus und minus an minus, angeschlossen. Da es 6-Volt und 12-Volt-Batterien gibt, je nach Lichtanlage des betreffenden Wagens, neuere Fahrzeuge haben nur noch 12-Volt-Anlagen, wird der Stufenschalter S 2 auf die geforderte Spannung geschaltet. Mit dem Regler R, es handelt sich um ein hochbelastbares Drahtpotentiometer, kann der Ladestrom eingestellt werden.

Stückliste zum Ladegerät

Ü = Netztransformator 220 V / 12 V / 6 V / 5 A
GI = Gleichrichter (muß mindestens 5 A aushalten)
R = Regler (hochbelastbar. Potentiometer etwa 2 Ohm)
S 1 = Netzschalter (Kipphebelschalter einpolig)
S 2 = Umschalter
Si = Netzsicherung, etwa 1 A
A = Amperemeter (Vollausschlag 5 A)
V = Voltmeter (Vollausschlag, etwa 15 V)
2 Stück Ausgangsbuchsen
1 Stück Gehäuse
1 Stück Netzkabel mit Stecker

Ladekontrolle für 12 V-Akkus

Akkumulatoren werden heute für die verschiedensten Zwecke benötigt. Dabei handelt es sich um wiederaufladbare Bat-

250   Druckplatine im Maßstab 1:1.

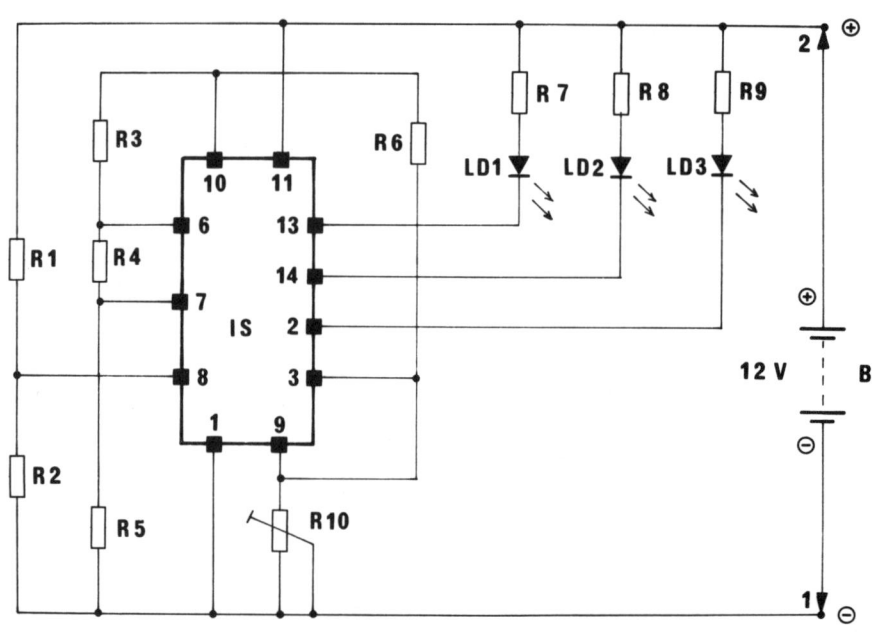

251   Schaltbild des Akku-Ladekontrollgerätes.

150

terien, die überall dort eingesetzt werden können, wo keine Netzspannung vorhanden ist. Akkus sind nicht billig und benötigen dauernde Wartung, sollen sie über mehrere Jahre gebrauchsfähig bleiben. Werden sie nur wenig benutzt, kann es leicht vorkommen, daß sie sich im Laufe der Zeit selbst entladen und im entscheidenden Augenblick, wenn sie gebraucht werden, versagen. Da ein leerer Akku jedoch eine Ladezeit von etwa 14 Stunden benötigt, um wieder voll einsatzfähig zu sein, muß man warten. Hinzu kommt, daß Akkus »sterben«, wenn sie über einen längeren Zeitraum ungeladen stehen. Dann hilft selbst eine Ladezeit von 14 und mehr Stunden nichts mehr. Der Akku ist unbrauchbar.

Auch eine Überladung schadet dem Akku auf Dauer. Die hier beschriebene von Siemens entwickelte Schaltung sorgt dafür, daß die beiden Fälle »Entladen« oder »Überladen« optisch angezeigt werden. Wird die Schaltung an einem unter Last stehenden Akku angeschlossen und leuchtet die rote Leuchtdiode LD 3 auf, ist das ein Zeichen dafür, daß die Sollspannung unterschritten und demzufolge der Akku entladen ist. Er muß unverzüglich nachgeladen werden.

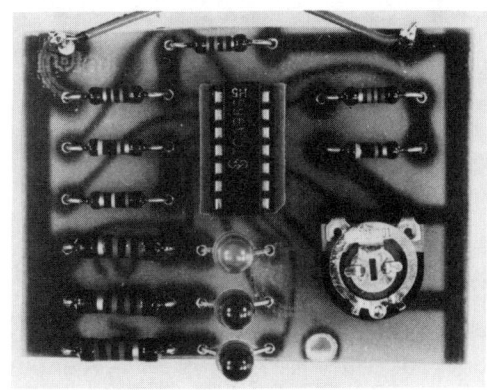

252 Die mit allen Bauteilen bestückte Druckplatine des Akku-Ladekontrollgerätes.

Nach Aufleuchten der grünen Leuchtdiode LD 1 ist der Akku geladen und damit betriebsbereit. Leuchtet jedoch die zweite rote Leuchtdiode LD 2 auf, wird angezeigt, daß der Akku überladen ist. Das kann beispielsweise der Fall sein, wenn die Ladezeit überschritten wurde.

Wichtigster Bestandteil der Schaltung ist der Integrierte Schaltkreis TCA 965 von Siemens, ein sogenannter Fensterdiskri-

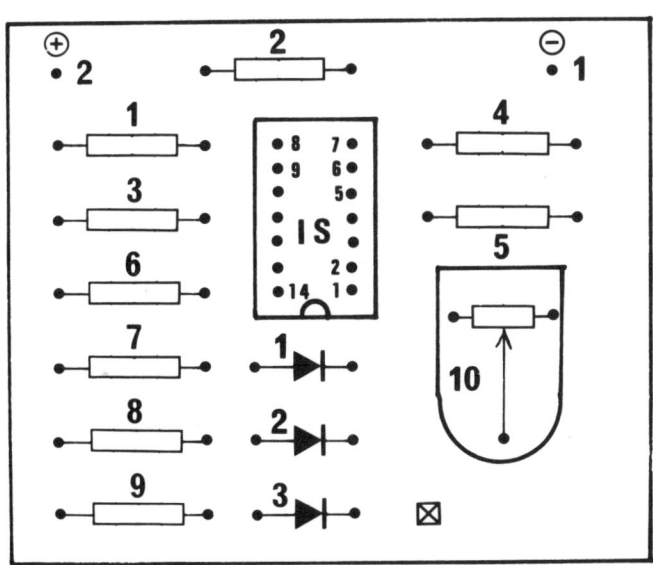

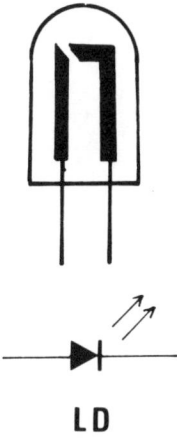

253 Bestückungsplan zum Akku-Ladekontrollgerät.

minator. Da die Meßgröße bereits als Akku-Spannung vorliegt, sie wird an Punkt 1 (Minus) und Punkt 2 (Plus) angeschlossen, ist kein spezieller Fühler notwendig. Aus dem jeweiligen Spannungswert des Akkus geht jederzeit sein Ladezustand hervor. Diese Tatsache macht sich diese Schaltung zunutze.

Ist der Akku geladen, so steht an seinen Klemmen eine Spannung von etwa 11,5 bis 14,5 Volt zur Verfügung. Wie schon erwähnt, zeigt eine grüne Leuchtdiode (LD 1) diesen Ladezustand an. Steigt die Spannung über 14,5 Volt, also bei beendeter Ladung, leuchtet sofort die Leuchtdiode LD 2 auf, sinkt die Spannung hingegen unter 11,5 Volt ab, leuchtet die Leuchtdiode LD 3.

Abschließend ist zu dieser Schaltung noch zu sagen, daß nur 12-Volt-Akkutypen beziehungsweise zwei in Reihe geschaltete 6-Volt-Typen überwacht werden können, da für das Funktionieren der Anzeige eine Betriebsspannung von etwa 12 Volt benötigt wird.

Stückliste zur Akku-Ladekontrolle

R 1 = 8,2 kOhm / 1/8 W Schichtwiderstand
R 2 = 2,7 kOhm / 1/8 W Schichtwiderstand
R 3 = 3,3 kOhm / 1/8 W Schichtwiderstand
R 4 = 820 Ohm / 1/8 W Schichtwiderstand
R 5 = 8,2 kOhm / 1/8 W Schichtwiderstand
R 6 = 10 kOhm / 1/8 W Schichtwiderstand
R 7 = 560 Ohm / 1/8 W Schichtwiderstand
R 8 = 560 Ohm / 1/8 W Schichtwiderstand
R 9 = 560 Ohm / 1/8 W Schichtwiderstand
R 10 = 100 Ohm / 0,2 W Einstellregler
IS = TCA 965, Integrierte Schaltung
(Siemens)
LD 1 = LD 371 grün, Leuchtdiode
LD 2 = LD 301 rot, Leuchtdiode
LD 3 = LD 301 rot, Leuchtdiode
1 Stück IS-Fassung, 14 polig
2 Stück Lötstifte, 1,3 mm ⌀
1 Stück Druckplatine Spw
(Platine kann fertig bezogen werden. Anfragen beim Verlag gegen Rückporto.)

Modellbauelektronik

Jeder kennt die schmucken Schiffs-, Flug- und Automodelle, die der begeisterte Modellbauer nicht nur gern vorzeigt, sondern sie auch meist ausnahmslos selbst gebaut hat. Durch den Einbau einer Funkfernsteueranlage werden diese Modelle noch interessanter, denn ohne die Elektronik bleiben sie gewöhnlich nur Anschauungsstücke.

Modellbauer schätzen die Vorteile der Elektronik, deshalb entwickeln sie für ihr Hobby immer neue Schaltungen und Geräte.

Drehzahlmesser für Luft- und Schiffsschrauben zur Kontrolle der Antriebsmotoren, elektronische Sirenen für Feuerlösch- und Polizeiboote und Blinkzeichengeber gehören zu den meistgebauten Schaltungen.

Es gibt auch noch andere Möglichkeiten, sich auf diesem Gebiet zu betätigen. Gemeint sind die Modelleisenbahn- und Autobahnanlagen. Auch für sie gibt es zahlreiche elektronische Schaltungen zum Nachbauen.

Drehzahlmesser für Luft- und Schiffsschrauben

Soll ein Flug- oder Schiffsmodell seine volle Leistung erbringen, ist es sehr wichtig, daß die vom Hersteller angegebenen Drehzahlen der Benzin- und Elektromotoren möglichst genau eingehalten werden. Der Wirkungsgrad hängt davon sehr ab. Nachfolgend wird ein Gerät beschrieben, mit dem man die Drehzahlen der genannten Motoren überprüfen kann.

Wichtigster Bestandteil der dafür erforderlichen Schaltung ist der Fotowiderstand F. Fotowiderstände haben die Eigenschaft, ihren Widerstandswert je nach Helligkeitsunterschieden zu verändern. Schon die geringsten Helligkeitsunterschiede führen zu Veränderungen der Widerstandswerte, und gerade das wird in unserer Schaltung ausgenutzt. Durch jede Helligkeitsänderung entstehen Impulse, die über C 2 an einen zweistufigen Verstärker T 1 / T 2 weitergeleitet werden. Die Impulse werden verstärkt und über C 4 einem Schmitt-Trigger T 3 / T 4 zugeführt. Der Schmitt-Trigger formt die Impulse in Rechteckimpulse um.

Über den Kondensator C 5 und den Widerstand R 15 werden die Impulse differenziert, um am Ausgang sehr steile Nadelimpulse, die zur Aussteuerung des folgenden monostabilen Multivibrators T 5 / T 6 benötigt werden, zu erhalten. Die Anzahl der Nadelimpulse entspricht genau der Anzahl der vom Fotowiderstand geliefer-

254 Bevor der Drehzahlmesser in ein Gehäuse eingebaut wird, überprüft man ihn mit einem kleinen Elektromotor, auf dessen Welle eine Schwungscheibe befestigt ist.

153

255 Der in ein Teko-Gehäuse eingebaute Drehzahlmesser für Modellmotoren.

auswirkt. Es genügt, das Licht einer Glühlampe, die mit 50-Hz-Wechselspannung
aus dem Lichtnetz betrieben wird, für die
Eichung zu verwenden. Die Möglichkeit
ergibt sich, indem wir mit dem hier beschriebenen Drehzahlmesser Impulse pro
Sekunde messen. Der Fotowiderstand liefert eine bestimmte Anzahl von Impulsen
pro Sekunde. Auch das von der Netzfrequenz stammende Licht einer elektrischen
Glühlampe ändert sich hundertmal in der
Sekunde von hell auf dunkel. Wird ein Fotowiderstand in die Nähe einer elektrischen Glühlampe gehalten, so ändert sich
im Rhythmus der Nulldurchgänge (Helligkeitsunterschiede) hundertmal in der Sekunde sein Wert, damit liefert er 100 Impulse pro Sekunde. Wir erkennen zwischen Drehzahl und Frequenz einen bestimmten Zusammenhang, der uns bei der
Eichung zugute kommt.

Wenn der Fotowiderstand, wie zuvor beschrieben, bei Beleuchtung durch eine
Glühlampe in der Sekunde 100 Impulse
abgibt, so bedeutet das, daß er in der Minute $60 \times 100 = 6000$ Impulse liefert. Mit
dem Einstellregler R 19 kann das Instrument direkt geeicht werden, indem der
Regler so lange verdreht wird, bis der Zeiger des Instrumentes M auf 0,6 mA steht.
Selbstverständlich muß der Fotowiderstand am Eingang der Schaltung von einer
Glühlampe aus dem Netz beleuchtet wer-

ten Lichtimpulse. Je mehr Impulse vom
Multivibrator geliefert werden, desto höher
ist der Strom, der durch das Instrument M
fließt.
Die Anzeige ist linear, was sich bei der Eichung des Gerätes besonders vorteilhaft

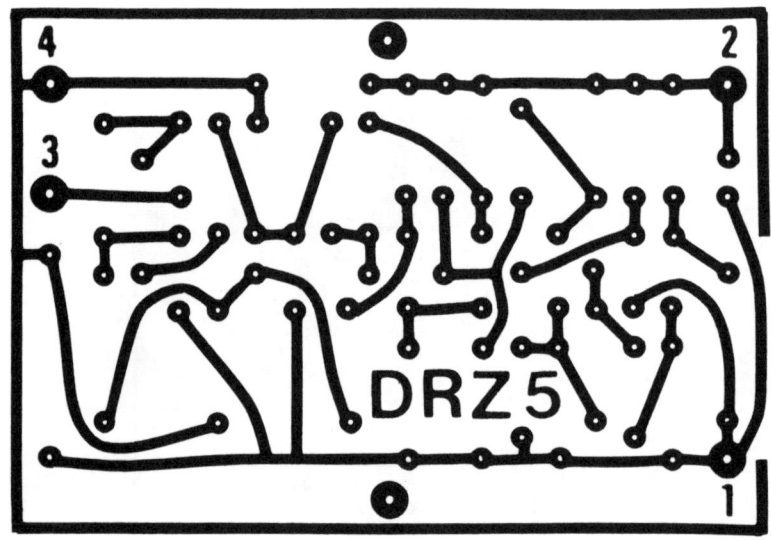

256 Druckvorlage
im Maßstab 1 : 1
zum Drehzahlmesser.

den, da das Instrument sonst nicht anzeigt. Damit ist der Drehzahlmesser bereits geeicht. Die Anzeige von 0,6 mA entspricht einer Drehzahl von 6000 U/min. Da die Anzeige linear verläuft, besagt das, daß eine Zunahme um 0,1 mA 1000 Umdrehungen gleichkommt.

$$0,1 \text{ mA} = 1000 \text{ U/min}$$
$$0,2 \text{ mA} = 2000 \text{ U/min}$$
$$0,3 \text{ mA} = 3000 \text{ U/min und so weiter}$$
bis
$$1 \text{ mA} = 10000 \text{ U/min}$$

Bei Zweiblattluftschrauben von Flugmodellen ist die Eichung des Gerätes mit 50 Hz Netzfrequenz so vorzunehmen, daß der Zeiger des Instrumentes nicht auf 0,6 mA, sondern auf 0,3 mA eingestellt wird. Um eine Direktanzeige für die Umlaufgeschwindigkeit bei Flugmodellmotoren zu erhalten, ist diese Änderung erforderlich, da eine Zweiblattluftschraube bei jeder Umdrehung zwei Impulse liefert. Das gleiche gilt selbstverständlich auch für die Zweiflügelschiffsschraube.

Zeigt das Instrument einen Wert von etwa 0,8 mA an, ist davon auszugehen, daß der Flugmodellmotor mit 8000 Touren in der Minute läuft. Die Anzeige entspricht direkt der Drehzahl der Luftschrauben oder Schiffspropeller in Umdrehung pro Minute.

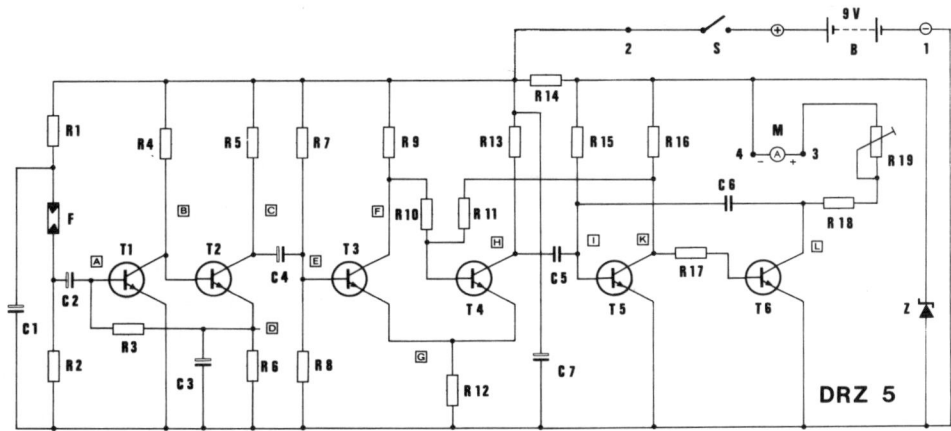

257 Schaltbild zum Drehzahlmesser für Modellmotoren.

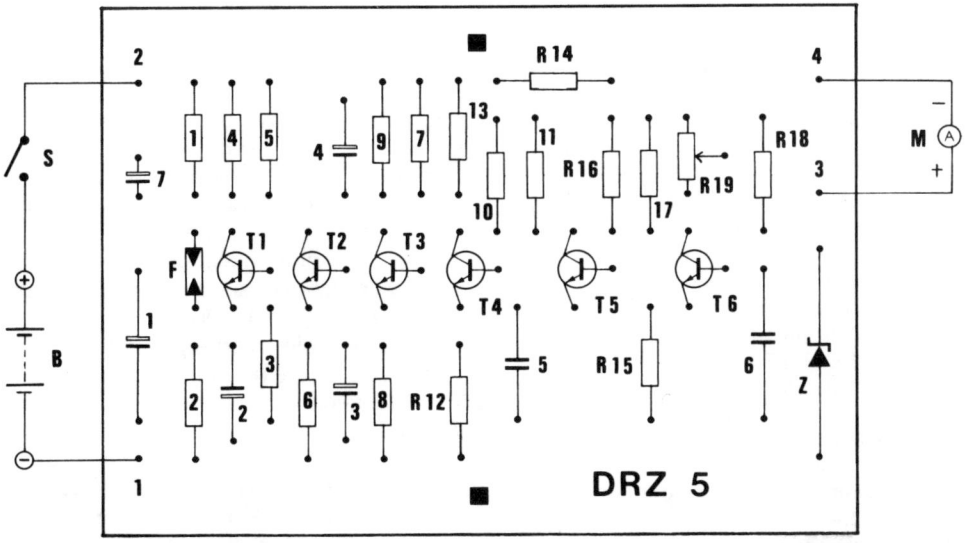

258 Bestückungsplan zum Drehzahlmesser.

Soll mit einem so geeichten Gerät die Drehzahl einer drei- oder auch vierflügeligen Schiffsschraube gemessen werden, so ist zu beachten, daß die angezeigte Drehzahl im ersten Fall mit 1,5 und im zweiten Fall mit 2 zu multiplizieren ist, da ja bei jedem Umlauf jetzt entweder drei oder vier Lichtimpulse auf den Fotowiderstand fallen.

Stückliste zum Drehzahlmesser für Luft- und Schiffsschrauben

R 1 =   5,6 kOhm / 1/8 W Schichtwiderstand
R 2 =   10 kOhm / 1/8 W Schichtwiderstand
R 3 =   33 kOhm / 1/8 W Schichtwiderstand
R 4 =   33 kOhm / 1/8 W Schichtwiderstand
R 5 =   8,2 kOhm / 1/8 W Schichtwiderstand
R 6 =   1,5 kOhm / 1/8 W Schichtwiderstand
R 7 =   82 kOhm / 1/8 W Schichtwiderstand
R 8 =   10 kOhm / 1/8 W Schichtwiderstand
R 9 =   15 kOhm / 1/8 W Schichtwiderstand
R 10 = 120 kOhm / 1/8 W Schichtwiderstand
R 11 = 100 kOhm / 1/8 W Schichtwiderstand
R 12 = 330 Ohm / 1/8 W Schichtwiderstand
R 13 =   8,2 kOhm / 1/8 W Schichtwiderstand
R 14 = 820 Ohm / 1/8 W Schichtwiderstand
R 15 =   68 kOhm / 1/8 W Schichtwiderstand
R 16 =   22 kOhm / 1/8 W Schichtwiderstand
R 17 =   22 kOhm / 1/8 W Schichtwiderstand
R 18 = 510 Ohm / 1/8 W Schichtwiderstand
R 19 =   5 kOhm / lin. Einstellregler
C 1 =   10 µF / 25 V Elko
C 2 =   10 µF / 25 V Elko
C 3 =   10 µF / 25 V Elko
C 4 =   2 µF / 25 V Elko
C 5 = 100 pF / 250 V Keramikrohrkondensator
C 6 =   10 nF / 250 V Rollpapierkondensator
C 7 =   47 µF / 25 V Elko
Z   = ZP 5,1 Zenerdiode
F   = LDR 03 Fotowiderstand
T 1 = BC 108 npn-Transistor
T 2 = BC 108 npn-Transistor
T 3 = BC 108 npn-Transistor
T 4 = BC 108 npn-Transistor
T 5 = BC 108 npn-Transistor
T 6 = BC 108 npn-Transistor
M   = Meßinstrument, Vollausschlag 1 mA,
        Ri = etwa 1000 Ohm
S   = Schalter (einpoliger Kipphebelschalter)
B   = 9-Volt-Transistorbatterie
1 Stück Teko-Gehäuse P/3
1 Stück Platine DRZ

Tonkreisstufen für Steuerzwecke

Die Tonsignale gelangen auf den Eingang (Punkt 5), von dort über den Einstellregler R 1 und den Kondensator C 1 an die Basis von Transistor T 1. Im Kollektorkreis dieses Transistors liegt der Resonanzkreis L/CK 1/CK 2, in dem die Selektion der Tonfrequenz vorgenommen wird. Der Kreiskondensator besteht aus den beiden Teilkondensatoren CK 1/CK 2. Um die Selektion zu verbessern, wird das Signal zwischen den beiden Kondensatoren abgenommen, die Belastung des Kollektors durch die nachfolgende Transistorstufe wird dadurch verkleinert.

Das Gleichrichten des Signals erfolgt hinter dem Emitter des Transistors T 2. Die so entstehende Gleichspannung steuert einen Schmitt-Trigger T 3/T 4, der wiederum ab einer bestimmten Höhe der Eingangsspannung die Relaisstufe T 5 durchschaltet. Es können mehrere solcher Selektionsschaltstufen, wie sie im Schaltbild gezeigt sind, parallel geschaltet werden. Im vorliegenden Fall sind es acht. Ihre Zusammenschaltung erfolgt am Eingangseinstellregler R 1. Je nach Eingangsfrequenz sprechen die verschiedenen Relaisstufen getrennt an.

Der Aufbau wird so vorgenommen, daß stets zwei Selektionsschaltstufen auf einer Druckplatine untergebracht werden. Wird nur eine Schaltfrequenz benötigt, kann die Druckplatine in der Mitte durchgeschnitten werden, da sie symmetrisch aufgebaut ist.

Die acht Relais wurden hier auf einer getrennten, gleichgroßen Druckplatine aufgebaut. Eine 8-Kanalanlage, wie diese, besteht demnach aus vier Druckplatinen für die acht Schaltstufen (Größe: 100 × 75 mm) und einer gleichgroßen Relaisplatte für alle acht Relais. Alle fünf Grundplatten lassen sich zu einem Block zusammenbauen, die Montage erfolgt gemäß Abbildung übereinander.

Der Abgleich der Frequenz erfolgt durch Auswahl von geeigneten Kondensatoren CK 1/CK 2. Sie sollen möglichst gleichgroße Werte haben. Ein Feinabgleich läßt sich durch einen kleinen Kondensator erreichen, der parallel zum Tonkreis L geschaltet wird. Die Schaltung ist für eine

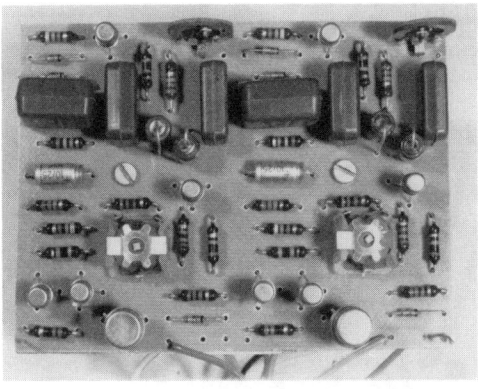

259 Die mit allen Bauteilen bestückte Doppelschalt-platine.

260 Vier Doppelschaltstufen können übereinander zu einer 8-Kanalanlage zusammengebaut werden.

Betriebsspannung von 6 Volt ausgelegt. Die Relaisplatte wurde für Haller-Relais der Type 3532/6 V/1xu entworfen. Für Abgleichzwecke können anstelle der Relais auch 6 V / 50 mA Lämpchen an den Punkten 3/4 eingelötet werden. Durch den zwischen die Selektionsstufe und die Relaisstufe eingefügten Schmitt-Trigger wird erreicht, daß die Relaisstufe erst ab einer bestimmten, einstellbaren Eingangsspannung am Einstellregler R 1 sicher anspricht. Ob die Signalspannung groß oder klein ist, spielt dabei keine Rolle. Dadurch läßt sich das oft auftretende Relaisklappern bei schwankenden Eingangsspannungen vermeiden.

Anfertigung der Tonkreisspulen-Steuerung

Für jeden der acht Kanäle wird ein Siemens-Schalenkernsatz B 65531 AL 1200 o.L., 11 mm $\varnothing$ × 7 mm hoch, verwendet. Die hier angegebenen Wickeldaten und Kreiskondensatoren gelten nur für diesen Schalenkern. Alle Werte ändern sich, sofern andere Schalenkerne benutzt werden.
Die Tonkreisspulen werden nach den in der Tabelle angegebenen Daten gewickkelt. Dazu wird dünner Kupferlackdraht (0,06 und 0,1 mm) verwendet, mit dem vorsichtig umzugehen ist, weil dieser

Draht leicht reißen kann. Da stets zwei gleiche Kondensatoren mit gleichen Werten als Kreiskondensatoren hintereinandergeschaltet werden, wird für die Berechnung der Kreisfrequenzen nur der halbe Wert eingesetzt. Zwei gleichgroße hintereinandergeschaltete Kondensatoren erge-

261 Blick auf den 8-Kanal-Tongenerator, die 8-Kanal-Schaltstufen und die 8-Kanal-Relaisplatte.

157

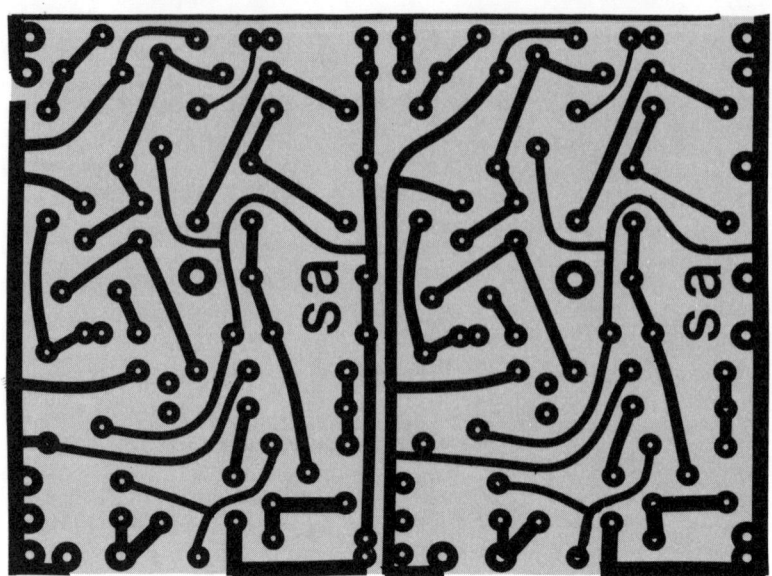

ben in der Schaltung den halben Wert eines Kondensators. Werden zum Beispiel wie bei Kanal 2 zwei Kondensatoren von 68 nF hintereinandergeschaltet und parallel zum Tonkreis gelegt, so ist nur der halbe Wert, nämlich 34 nF, als Kreiskondensator wirksam.

Die Resonanzfrequenz eines Tonkreises berechnet sich folgendermaßen:

$$f = \frac{1000}{2 \cdot \pi \cdot R \cdot C}$$

f = Resonanzfrequenz in kHz
π = 3,14
R = Blindwiderstand in kOhm
C = Kreiskondensator in nF

Die Größe des Blindwiderstandes errechnet sich nach der Formel:

$$R = \frac{f \cdot L}{160}$$

R = Blindwiderstand in kOhm
L = Induktivität in mH
f = Resonanzfrequenz in kOhm

Kanal	Frequenz in Hz	Kreiskondensator CK =	C	L	n	R
1	900	2 × 0,1 µF	50 nF	650	730	3,6 kOhm
2	1400	2 × 68 nF	34 nF	380	566	3,3 kOhm
3	2000	2 × 47 nF	23,5 nF	195	400	2,4 kOhm
4	2600	2 × 47 nF	23,5 nF	165	370	2,7 kOhm
5	3200	2 × 33 nF	16,5 nF	150	355	3,0 kOhm
6	3800	2 × 33 nF	16,5 nF	105	295	2,5 kOhm
7	4600	2 × 22 nF	11 nF	110	300	3,2 kOhm
8	5400	2 × 15 nF	7,5 nF	120	315	4,0 kOhm

C = wirksamer Kreiskondensator
L = Induktivität in mH (Milli-Henry)

n = Windungszahl, Draht:
Kanäle 1 bis 4: 0,06 mm Ø,
Kanäle 5 bis 8: 0,1 mm Ø
(Kupferlackdraht)

R = Blindwiderstand

Berechnungen der Windungszahlen für Tonkreisspulen

Zur Ermittlung der Windungszahlen von Spulen wird der Induktivitätsfaktor AL, auch AL-Wert genannt, herangezogen. Der AL-Wert ist die auf die Windungszahl $n = 1$ bezogene Induktivität L.

$$AL = \frac{L}{n^2}$$

Der AL-Wert wird in nH (lies: Nano-Henry) angegeben (1 nH = 10^{-9}H). Bei der Berechnung der Induktivität L einer Spule erhält man aus den gegebenen AL-Werten und der Windungszahl die Induktivität L in nH (1000 nH = 1 mH).

Soll die Induktivität L aus einer bekannten Windungszahl und dem AL-Wert errechnet werden, so lautet die Formel:

$$L = AL \cdot n^2$$

Ist die Induktivität gegeben und der AL-Wert bekannt, läßt sich die Windungszahl nach folgender Formel ermitteln:

$$n = \sqrt{\frac{L}{AL}}$$

Welche Induktivität man bei verschiedenen Windungszahlen erhält, wurde nachstehend zusammengestellt. Die angegebenen Werte gelten auch hier ausschließlich für den Siemens-Schalenkern AL 1200 o. L. Die Wickeldaten wurden von 50 zu 50 Windungen und unter 100 Windungen von 10 zu 10 Windungen angegeben. Auf diese Weise kann man sich leicht Tonkreise für andere Frequenzen ausrechnen.

n	L in mH	n	L in mH
1000	1200	300	108
950	1083	250	75
900	972	200	48
850	876	150	27
800	768	100	12
750	675	90	9,7
700	588	80	7,7
650	507	70	5,9
600	432	60	4,3
550	363	50	3,0
500	300	40	1,9
450	243	30	1,08
400	192	20	0,48
350	147	10	0,12

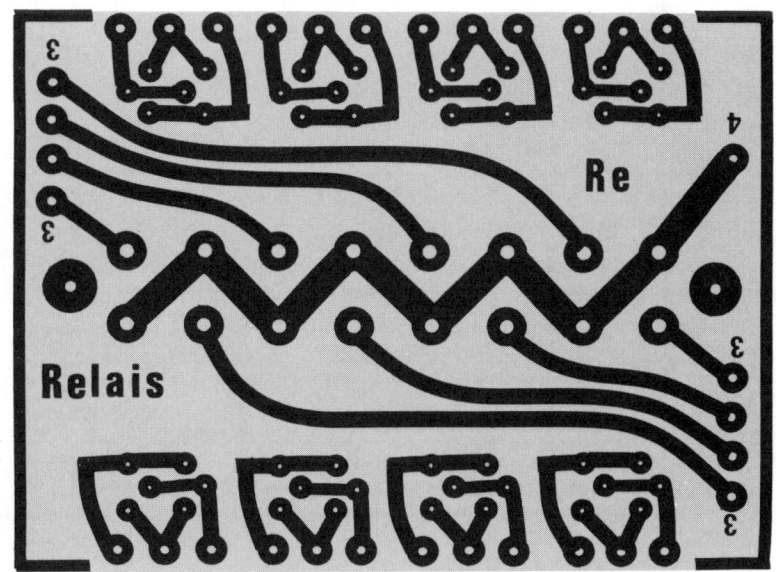

263 Druckvorlage im Maßstab 1:1 zur 8-Kanal-Relaisplatine.

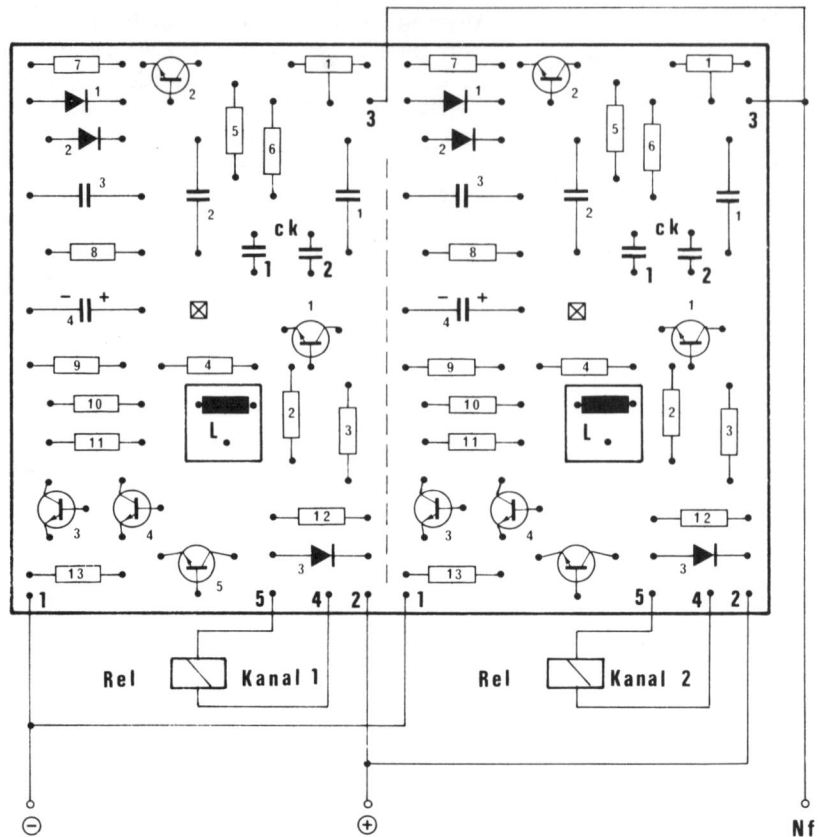

264 Bestückungsplan zur Doppelschaltstufe.

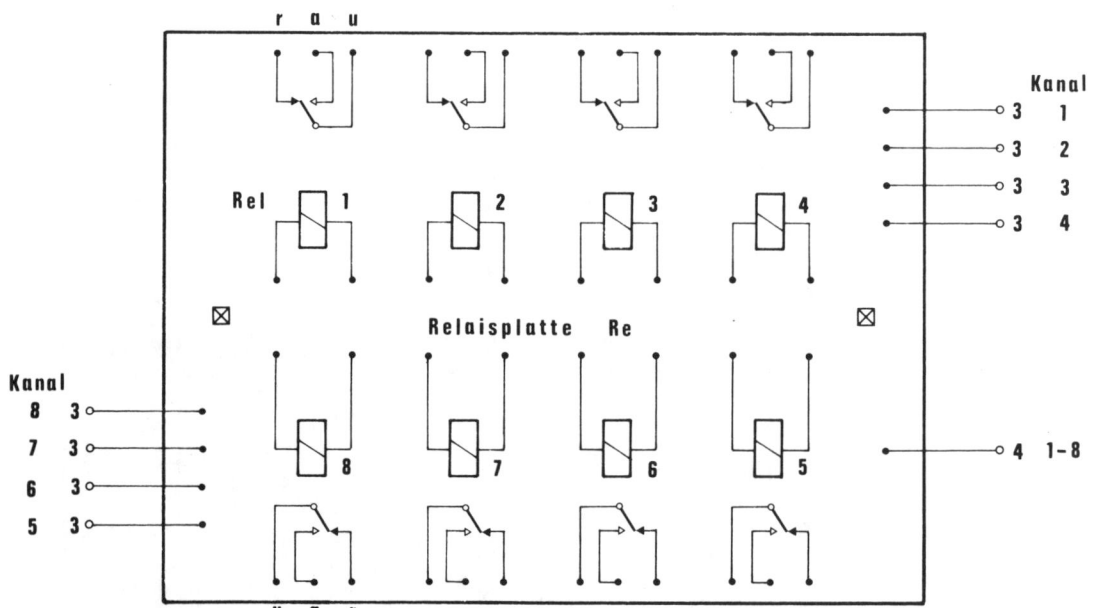

265 Bestückungsplan zur Relaisplatine.

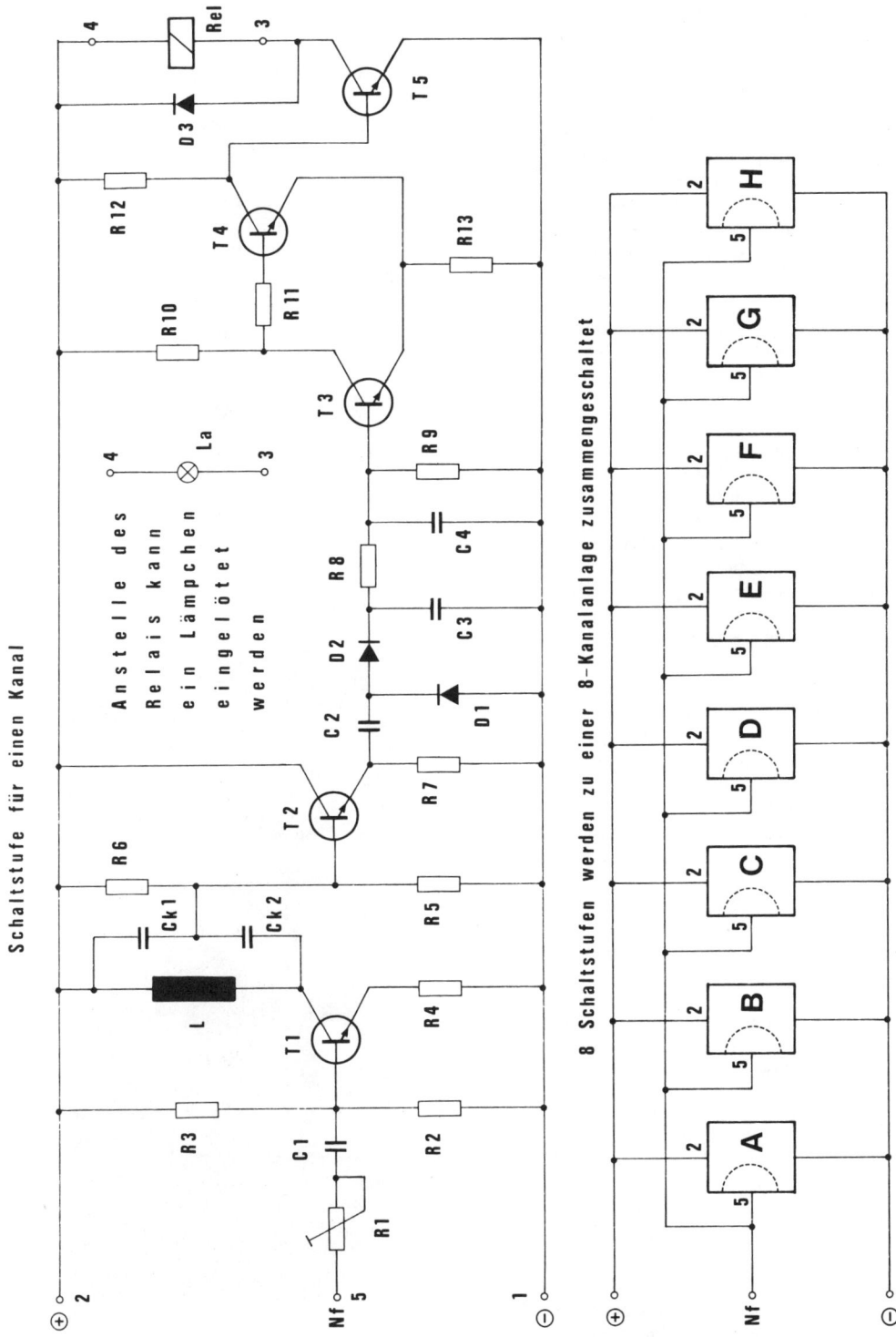

Schaltstufe für einen Kanal

Anstelle des
Relais kann
ein Lämpchen
eingelötet
werden

8 Schaltstufen werden zu einer 8-Kanalanlage zusammengeschaltet

266   Steuerstufe für einen Kanal.

Stückliste für eine Steuerstufe

R 1 = 25 kOhm / lin. Einstellregler
R 2 = 8,2 kOhm / 1/8 W Schichtwiderstand
R 3 = 22 kOhm / 1/8 W Schichtwiderstand
R 4 = 1,2 kOhm / 1/8 W Schichtwiderstand
R 5 = 22 kOhm / 1/8 W Schichtwiderstand
R 6 = 15 kOhm / 1/8 W Schichtwiderstand
R 7 = 4,7 kOhm / 1/8 W Schichtwiderstand
R 8 = 22 kOhm / 1/8 W Schichtwiderstand
R 9 = 47 kOhm / 1/8 W Schichtwiderstand
R 10 = 4,7 kOhm / 1/8 W Schichtwiderstand
R 11 = 33 kOhm / 1/8 W Schichtwiderstand
R 12 = 4,7 kOhm / 1/8 W Schichtwiderstand
R 12 = 1,2 kOhm / 1/8 W wenn sehr
kräftige Relais verwendet werden.
(Relaisstrom 100 mA)
R 13 = 22 Ohm / 1/8 W Schichtwiderstand
C 1 = 0,47 μF / 100 V
C 2 = 0,68 μF / 100 V
C 3 =   1 μF / 100 V
C 4 =   10 μF / 25 V Elko
CK 1 = Kreiskondensator, je nach Frequenz
verschieden (siehe Tabelle)
CK 2 = Kreiskondensator, je nach Frequenz
verschieden (siehe Tabelle)
L   = Induktivität, je nach Frequenz
verschieden (siehe Tabelle)
T 1 = BC 108 B npn-Transistor
T 2 = BC 108 B npn-Transistor
T 3 = BC 108 B npn-Transistor
T 4 = BC 108 B npn-Transistor
T 5 = 2N 1613 npn-Transistor
D 1 = 1N 914 Si-Diode
D 2 = 1N 914 Si-Diode
D 3 = 1N 914 Si-Diode
Rel = 6 V-Relais; z. B. Haller 3532 / 6 V = 1 × u
Wicklung: 110 – 3330 – 0,14 CuL

Achtung! Das Relais sitzt nicht auf der Druckplatine Sa der Schaltstufe, sondern auf der Re-
laisdruckplatine Re, wo alle Relais der Anlage
zusammengefaßt wurden.

La   = Skalenlampe 6 V / 0,05 A mit Fassung
Diese Lampe kann anstelle des Relais
Verwendung finden, wenn für Prüf-
zwecke beispielsweise nur die optische
Anzeige gewünscht wird. Schaltungs-
änderungen sind in diesem Fall nicht
erforderlich.
1 Stück Druckplatine Sa. Eine Druckplatine Sa
ist jeweils für zwei Kanäle ausgelegt. Für
8 Kanäle werden demnach vier Druckplatinen Sa benötigt.
1 Stück Druckplatine Re. Eine Druckplatine Re
ist für alle acht Kanäle ausgelegt. Auf ihr
können alle acht Relais aufgebaut werden. Werden weniger Relais benötigt,
bleiben die nicht benutzten Plätze frei.

8-Kanal-Tonoszillator für Steuerzwecke

Zum Ansteuern von Selektionsschaltstufen werden Signale benötigt, die von fre-
quenzstabilen Oszillatoren erzeugt werden. Die gezeigte Schaltung, eine Twin-T-
Oszillatorschaltung, ist als äußerst fre-
quenzstabil bekannt. Da zum Steuern jeweils nur eine Frequenz gesendet werden
soll, kommt man mit einem Oszillator aus,
bei dem die frequenzbestimmenden Glieder C 1, C 2, C 3, R 1, R 2 und R 3 umgeschaltet werden. Die Umschaltung erfolgt

*267   Blick auf den 8-Kanal-Tongenerator für
Fernsteuersender.*

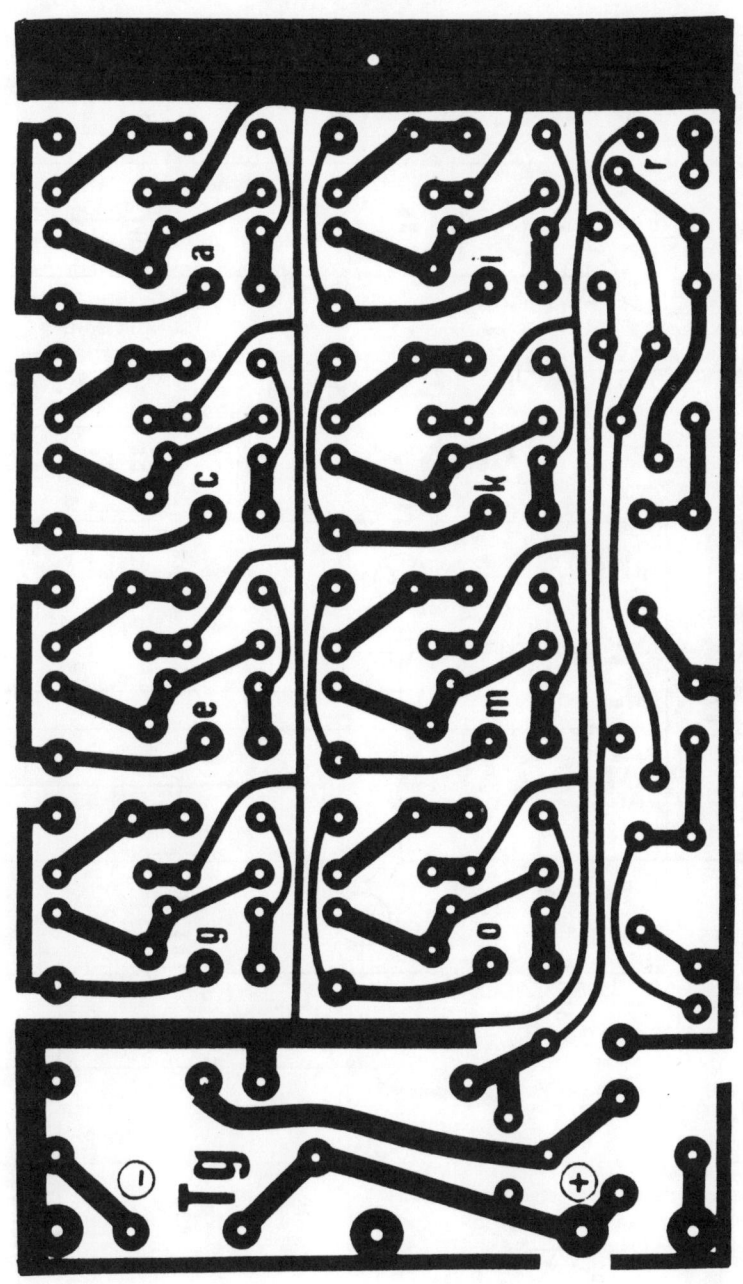

268   Druckvorlage im Maßstab 1:1 zum 8-Kanal-Tonoszillator.

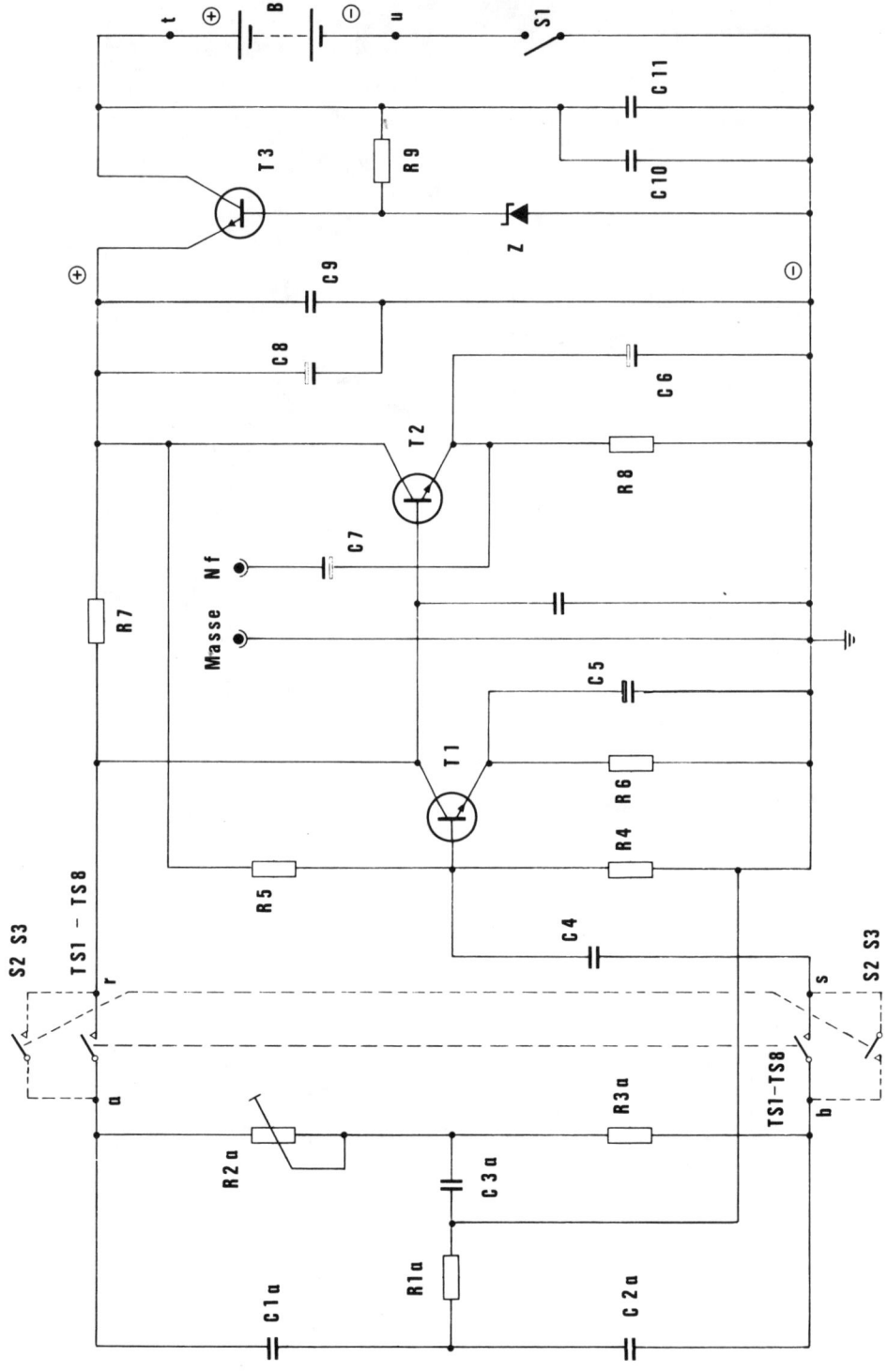

269   Schaltbild zum Tongenerator für 8 Kanäle (gezeichnet 1 Kanal).

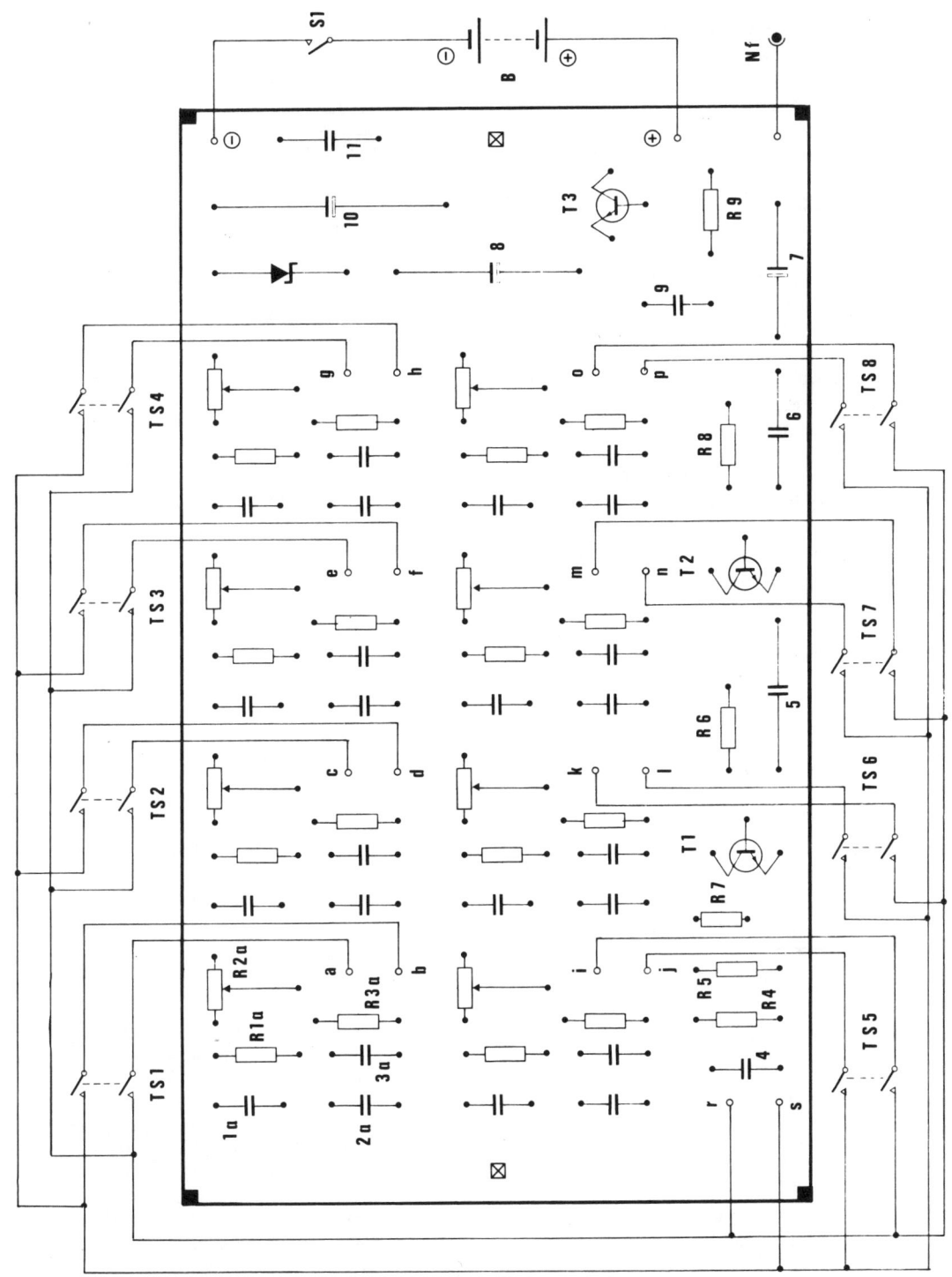

270　Bestückungsplan zum 8-Kanal-Tonoszillator.

durch einen doppelpoligen Tastschalter mit zwei Arbeitskontakten. Alle acht Tonfrequenzen werden durch je einen Tastschalter erzeugt, der die frequenzbestimmenden Bauteile an die Transistoren T 1 / T 2 schaltet.

Eine Spannungsstabilisierungsschaltung T 3 sorgt für eine konstante Betriebsspannung.

Die Oszillatorschaltung ist für eine Betriebsspannung von 12 Volt ausgelegt.

Aufgebaut wird sie auf einer Druckplatine mit den Maßen 165 × 95 mm. Sie paßt in ein Teko-Gehäuse Nr. 334. In die Frontplatte des Gehäuses wurden Löcher zur Aufnahme der acht Tasten eingearbeitet. Zwei Schalter wurden vorgesehen, mit denen es möglich ist, zwei wählbare Frequenzen dauernd einzuschalten.

Der besondere Vorteil dieser Schaltung ist, daß zur Erzeugung der Tonfrequenzen keine Tonkreisspulen (Induktivitäten) verwendet werden. Die frequenzbestimmenden Glieder werden aus Kondensatoren und Widerständen zusammengesetzt.

Stückliste zum 8-Kanal-Tonoszillator

Kanal 1 Frequenz f = 900 Hz;
Anschlüsse a−b

C 1a = 4,7 nF / 160 V
C 2a = 4,7 nF / 160 V
C 3a = 10 nF / 160 V
R 1a = 10 kOhm / 1/8 W Schichtwiderstand
R 2a = 100 kOhm / lin. Einstellregler
R 3a = 100 kOhm / 1/8 W Schichtwiderstand

Kanal 2 Frequenz f = 1400 Hz;
Anschlüsse c−d

C 1b = 3,3 nF / 160 V
C 2b = 3,3 nF / 160 V
C 3b = 10 nF / 160 V
R 1b = 10 kOhm / 1/8 W Schichtwiderstand
R 2b = 50 kOhm / lin. Einstellregler
R 3b = 51 kOhm / 1/8 W Schichtwiderstand

Kanal 3 Frequenz f = 2000 Hz;
Anschlüsse e−f

C 1c = 2,2 nF / 160 V
C 2c = 2,2 nF / 160 V
C 3c = 10 nF / 160 V
R 1c = 10 kOhm / 1/8 W Schichtwiderstand
R 2c = 50 kOhm / lin. Einstellregler
R 3c = 51 kOhm / 1/8 W Schichtwiderstand

Kanal 4 Frequenz f = 2600 Hz;
Anschlüsse g−h

C 1d = 1,5 nF / 160 V
C 2d = 1,5 nF / 160 V
C 3d = 10 nF / 160 V
R 1d = 10 kOhm / 1/8 W Schichtwiderstand
R 2d = 50 kOhm / lin. Einstellregler
R 3d = 51 kOhm / 1/8 W Schichtwiderstand

Kanal 5 Frequenz f = 3200 Hz;
Anschlüsse i−j

C 1e = 1 nF / 160 V
C 2e = 1 nF / 160 V
C 3e = 6,8 nF / 160 V
R 1e = 10 kOhm / 1/8 W Schichtwiderstand
R 2e = 100 kOhm / lin. Einstellregler
R 3e = 51 kOhm / 1/8 W Schichtwiderstand

Kanal 6 Frequenz f = 3800 Hz;
Anschlüsse k−l

C 1f = 1 nF / 160 V
C 2f = 1 nF / 160 V
C 3f = 6,8 nF / 160 V
R 1f = 10 kOhm / 1/8 W Schichtwiderstand
R 2f = 50 kOhm / lin. Einstellregler
R 3f = 56 kOhm / 1/8 W Schichtwiderstand

Kanal 7 Frequenz f = 4600 Hz;
Anschlüsse m−n

C 1g = 1 nF / 160 V
C 2g = 1 nF / 160 V
C 3g = 4,7 nF / 160 V
R 1g = 8,2 kOhm / 1/8 W Schichtwiderstand
R 2g = 50 kOhm / lin. Einstellregler
R 3g = 43 kOhm / 1/8 W Schichtwiderstand

Kanal 8 Frequenz f = 5400 Hz;
Anschlüsse o−p

C 1h = 1 nF / 160 V
C 2h = 1 nF / 160 V
C 3h = 4,7 nF / 160 V
R 1h = 6,8 kOhm / 1/8 W Schichtwiderstand
R 2h = 50 kOhm / lin. Einstellregler
R 3h = 39 kOhm / 1/8 W Schichtwiderstand
R 4 = 22 kOhm / 1/8 W Schichtwiderstand
R 5 = 100 kOhm / 1/8 W Schichtwiderstand
R 6 = 2,2 kOhm / 1/8 W Schichtwiderstand
R 7 = 6,8 kOhm / 1/8 W Schichtwiderstand
    (wird stehend eingebaut)
R 8 = 820 Ohm / 1/8 W Schichtwiderstand
R 9 = 390 Ohm / 1/8 W Schichtwiderstand
C 4 = 10 nF / 160 V
C 5 = 4,7 µF / 63 V
C 6 = 330 pF / Styroflexkondensator
C 7 = 22 µF / 35 V Elko

C 8 = 100 µF / 35 V Elko
C 9 = 0,22 µF / 100 V
C 10 = 470 µF / 25 V Elko
C 11 = 0,47 µF / 100 V
C 12 = 220 pF Styroflexkondensator
T 1 = BC 108 B npn-Transistor
T 2 = BC 108 B npn-Transistor
T 3 = 2N 1613 npn-Transistor
Z = ZW 9,1 Zenerdiode

1 Stück Teko-Gehäuse Mod. 334
  (200 × 100 × 60 mm)
2 Stück Abstandsstücke 6 mm Ø × 10 mm hoch
4 Stück M3-Zylinderkopfschrauben (zur Befestigung der Druckplatine mittels Abstandsstücke
  im Gehäuse)
1 Stück Druckplatine Tg

TS 1 = Tastschalter mit 2 × a Kontakten (blau)
TS 2 = Tastschalter mit 2 × a Kontakten (gelb)
TS 3 = Tastschalter mit 2 × a Kontakten (grün)
TS 4 = Tastschalter mit 2 × a Kontakten (rot)
TS 5 = Tastschalter mit 2 × a Kontakten (blau)
TS 6 = Tastschalter mit 2 × a Kontakten (gelb)
TS 7 = Tastschalter mit 2 × a Kontakten (grün)
TS 8 = Tastschalter mit 2 × a Kontakten (rot)
S 1 = Kipphebelschalter, einpolig
       (Ein-Aus-Schalter)
S 2 = Stufenschalter 2 × 2 Kontakte
S 3 = Stufenschalter 2 × 2 Kontakte
a = Minus-Buchse (blanke Telefonbuchse)
b = Plus-Buchse (isolierte Telefonbuchse)
c = Nf-Buchse (isolierte Telefonbuchse)
aa = Ladebuchse Minus
     (blanke Telefonbuchse)
bb = Ladebuchse Plus
     (isolierte Telefonbuchse)
2 Stück Drehknöpfe für Schalter S 1 und S 2

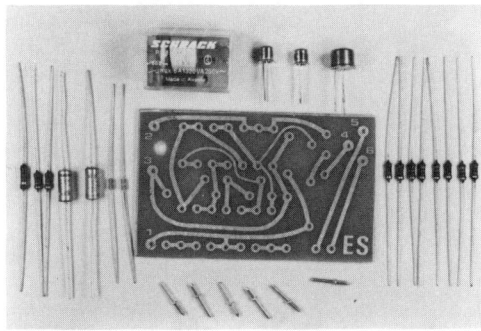

271 Alle Bauteile und die Druckplatine zum elektronischen Schalter.

so fort. Zum Schalten kann entweder ein
Tastschalter oder ein Fernsteuerkanal verwendet werden. Soll eine Digitalanlage zur
Steuerung dienen, wird ein Servo über ein
Gestänge aus Stahldraht mit einem Mikroschalter verbunden. Stets, wenn das Servo den Schalthebel nach einer Seite bewegt, gibt der Mikroschalter Kontakt. Damit wird der elektronische Schalter gesteuert.
Welche elektrischen Verbraucher durch
den elektronischen Schalter ein- beziehungsweise wieder ausgeschaltet werden
können, hängt von seinem Verwendungszweck ab. So ist es beispielsweise möglich, die Beleuchtung, Elektromotoren und
den Blinklichtgeber ein- und wieder auszuschalten.

Elektronischer Schalter

Für einen elektronischen Schalter gibt es
eine Reihe von Anwendungsmöglichkeiten. Seine Arbeitsweise ist mit einem
Stromstoßrelais der Märklin-Modelleisen-
bahn zu vergleichen. Bei jedem Stromstoß
wird dort der Motor in die entgegengesetzte Fahrtrichtung umgesteuert.
Der hier beschriebene elektronische Schalter arbeitet ähnlich. Mit dem ersten Kom-
mando schaltet das Relais ein, mit dem
nächsten wieder aus, dann wieder ein und

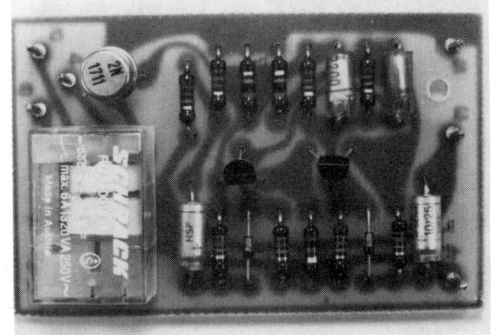

272 Die fertige Druckplatine des elektronischen
Schalters.

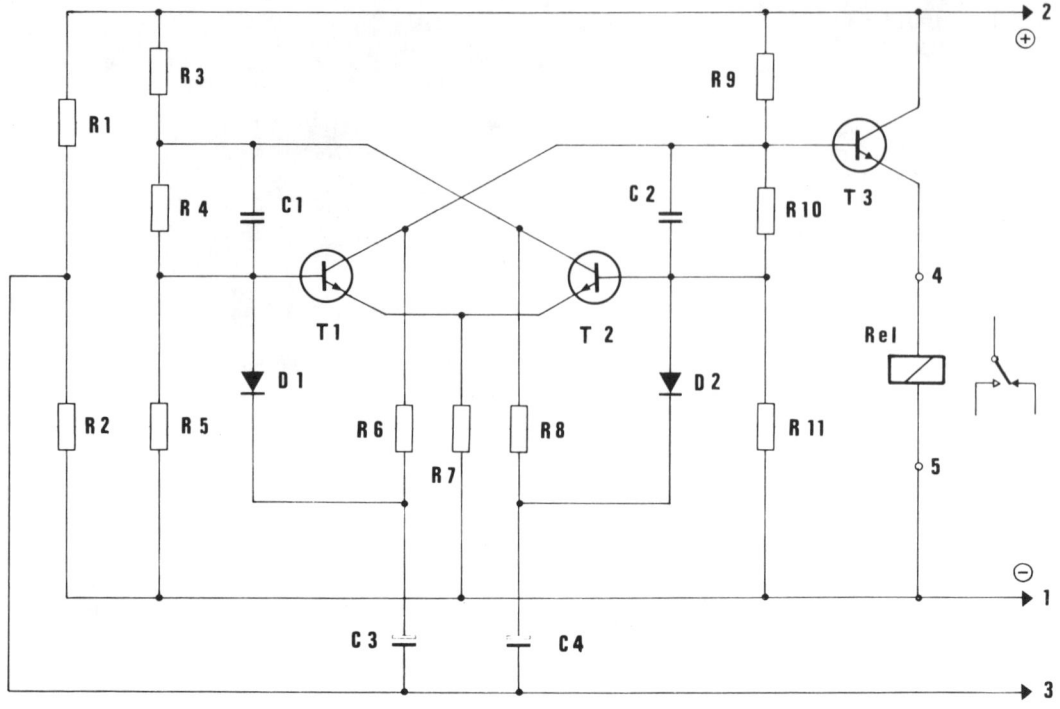

273   Schaltbild zum elektronischen Schalter.

Der elektronische Schalter besteht aus einem Multivibrator T1/T2 (Flip-Flop-Schaltung), dem ein Schalttransistor T3 nachgeschaltet ist, der vom Transistor T1 gesteuert wird. Ist T1 leitend, wird auch T3 leitend, und das im Emitterstromkreis liegende Relais zieht an. Beim nächsten Steuerimpuls springt die Schaltung um, und der Transistor T2 wird leitend; T1 ist jetzt gesperrt. Das hat zur Folge, daß auch T3 gesperrt wird; das Relais fällt ab und bleibt bis zum nächsten eintreffenden Impuls abgefallen.

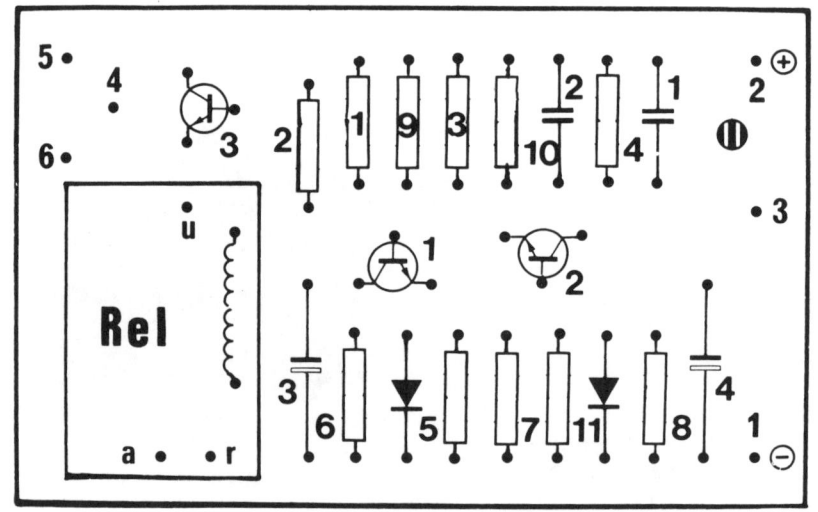

274
Bestückungsplan
zum
elektronischen
Schalter.

275 Druckvorlage zum elektronischen Schalter im Maßstab 1:1. (Die Druckplatine kann fertig bezogen werden. Anfragen beim Verlag gegen Rückporto.)

275 *Druckvorlage zum elektronischen Schalter im Maßstab 1:1. (Die Druckplatine kann fertig bezogen werden. Anfragen beim Verlag gegen Rückporto.)*

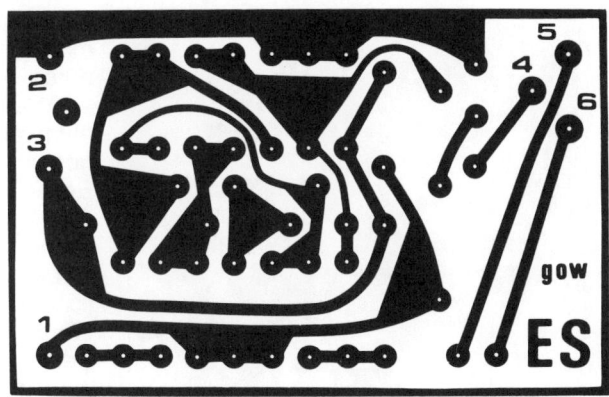

Stückliste zum elektronischen Schalter

R 1 = 4,7 kOhm / 1/8 W Schichtwiderstand
R 2 = 4,7 kOhm / 1/8 W Schichtwiderstand
R 3 =   1 kOhm / 1/8 W Schichtwiderstand
R 4 = 4,7 kOhm / 1/8 W Schichtwiderstand
R 5 = 10 kOhm / 1/8 W Schichtwiderstand
R 6 = 10 kOhm / 1/8 W Schichtwiderstand
R 7 = 100 Ohm / 1/8 W Schichtwiderstand
R 8 = 10 kOhm / 1/8 W Schichtwiderstand
R 9 =   1 kOhm / 1/8 W Schichtwiderstand
R 10 = 4,7 kOhm / 1/8 W Schichtwiderstand
R 11 = 10 kOhm / 1/8 W Schichtwiderstand
C 1 = 2,2 nF / 160 V
C 2 = 2,2 nF / 160 V
C 3 = 10 µF / 25 V
C 4 = 10 µF / 25 V
D 1 = 1N 914 Diode
D 2 = 1N 914 Diode
T 1 = BC 108 npn-Transistor
T 2 = BC 108 npn-Transistor
T 3 = 2N 1711 npn-Transistor
Rel. = für 6-V-Betriebsspannung:
        6-V-Schrack-Printrelais RU 110006
        für 12-V-Betriebsspannung:
        12-V-Schrack-Printrelais RU 110012
1 Stück Druckplatine ES
6 Stück Lötstifte, 1,3 mm ∅ (Lötpunkte 1–6)

Feldstärkemeßgerät

Soll die Abstrahlung der Trägerwelle eines Fernsteuersenders kontrolliert oder eine Senderantenne überprüft werden, wird ein Feldstärkemeßgerät benötigt. Da solch ein Gerät nur aus wenigen Einzelteilen besteht, nämlich einer Spule L, drei Kondensatoren C 1 bis C 3, einem Widerstand R, einer Diode D und einem Anzeigeinstrument M, ist der Aufbau schnell gemacht. Die Spule L und der Kondensator C 2 bilden einen Resonanzkreis für die gerade zu empfangende Frequenz. Wird wie in unserem Fall für den Kondensator C 2 ein Drehkondensator verwendet, kann ein bestimmtes Frequenzband überstrichen werden. Die gezeigte Schaltung wurde so ausgelegt, daß neben der am häufigsten gebrauchten Fernsteuerfrequenz von 27,12 MHz auch noch die Frequenz 40,68 MHz überwacht werden kann. Die Hf des zu überwachenden Fernsteuersenders gelangt über die Antenne an den Schwingkreis L/C 2.

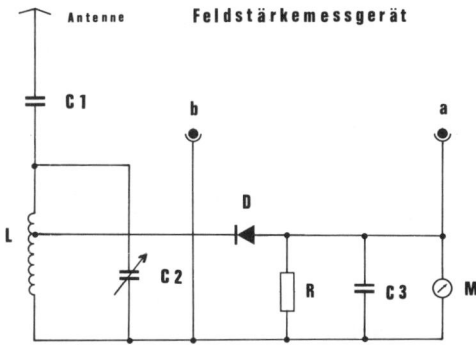

276 *Schaltbild des Feldstärkemessers.*

277   Ansicht des Feldstärkemessers. Die Abstimmung erfolgt mit dem Drehknopf.

Um den Schwingkreis nicht zu sehr zu bedämpfen, wird die Diode D an einer Anzapfung von vier Windungen, vom unteren Ende gerechnet, angelötet. Sie hat die Aufgabe, die Trägerfrequenz gleichzurichten, um sie mit einem Meßinstrument anzeigen zu können.

Gemessen wird nun folgendermaßen: Der Sender wird mit ausgezogener Antenne auf den Arbeitstisch gestellt. Im Abstand von etwa einem Meter wird der Feldstärkemesser ebenfalls mit ausgezogener Antenne danebengestellt. Der Sender ist einzuschalten, und mit dem Abstimmdrehknopf wird der Feldstärkemesser auf die Stelle gestellt, an der ein Zeigerausschlag des Meßinstrumentes festzustellen ist. Es wird auf Maximum abgeglichen. Sollte der Zeigerausschlag zu groß sein und bis zum Anschlag reichen, ist der Feldstärkemesser weiter vom Sender zu entfernen, bis die Anzeige etwa die Hälfte der Instrumentenskala ausmacht. Sollte andererseits beim Durchdrehen des Abstimmkreises überhaupt keine Anzeige erfolgen, sendet der Sender entweder nicht, oder die abgestrahlte Leistung ist so klein, daß der Feldstärkemesser nicht anspricht. Er wird in diesem Fall so nah an den Sender herangeschoben, bis eine Anzeige sichtbar wird.

Ist der Feldstärkemesser auf Maximum-

ausschlag des Zeigers abgeglichen, läßt man ihn unberührt stehen und versucht, durch Verdrehen der Ausgangstrimmer am Sender, diesen ebenfalls auf Maximum abzustimmen. Durch wechselseitiges Abgleichen des Oszillators und der Endstufe kann der Punkt gefunden werden, bei dem die beste Abstrahlung zu erreichen ist. Der gleiche Abgleichvorgang ist bei Verwendung mehrerer unterschiedlicher Antennen zu wiederholen. Auf diese Weise kann leicht ermittelt werden, mit welcher Antenne die meiste Sendeenergie abgestrahlt wird.

Alle Bauteile des Feldstärkemessers können auf einer Lötösenleiste verlötet und direkt auf dem Drehkondensator montiert werden. Zwei flexible Leitungen führen zum Anzeigeinstrument. Eingebaut wird der Feldstärkemesser in ein Teko-Gehäuse P4. Eine besondere Stromquelle wird nicht benötigt, deshalb entfällt der Schalter. Das Gerät ist somit ständig betriebsbereit. Die recht große und übersichtliche Skala des Wisometer 85 sorgt für eine gute Ablesegenauigkeit, auch aus größerer Entfernung. Um eine gute Einstellmöglichkeit beim Abgleich zu bekommen, wurde ein Mentor-Feintrieb 1:6 vorgesehen. Er arbeitet direkt auf den Drehkondensator C2. Die Antenne, eine ausziehbare Teleskopstabantenne von etwa 1,4 m Länge, wird an der Oberseite des Gehäuses festgeschraubt. Sie läßt sich fast vollständig in das Gehäuse einschieben.

Stückliste zum Feldstärkemesser

R   = 5,1 kOhm / 1/8 W Schichtwiderstand
C 1 = 22 pF / 250 V Keramikkondensator
C 2 = 0–30 pF Drehkondensator
C 3 = 10 nF / 160 V Keramikscheibenkondensator
D   = AAZ 15 Diode
M   = Wisometer 85 Meßinstrument,
        Vollausschlag 50 µA
L   = Empfangsspule 6 Windungen auf Dorn
        12 mm $\varnothing$, wickeln. Draht: Kupferlackdraht
        1 mm $\varnothing$. Anzapfung bei 4 Windungen vom
        kalten Ende gerechnet.
1 Stück Teleskopstabantenne
2 Stück isolierte Buchsen a/b
1 Stück Teko-Gehäuse P/4

278 Blick auf eine Märklin-Großanlage. Für Hobby-Elektroniker gibt es bei einer Modellbahnanlage ein vielseitiges Betätigungsfeld.

Modelleisenbahnanlage

Bevor man mit dem Bau einer Modelleisenbahnanlage beginnt, sollte feststehen, was man mit ihr anfangen will. Soll sie nur Austellungsstück sein, wird man auf die Landschaftsgestaltung besonderen Wert legen und den Zugbetrieb automatisch ablaufen lassen (solche Anlagen sind meistens vor Weihnachten in den Kaufhäusern zu bewundern), oder will man mit der Anlage spielen, wobei der Zugbetrieb individuell gestaltet wird? In diesem Fall müssen die Weichen jeweils selbst gestellt und die Züge rangiert werden. Diese Betriebsart ist die weit interessantere.

Auch sollte man vor Baubeginn überlegen, welche Landschaftsart aufgebaut werden soll. Möglich sind beispielsweise Gebirgslandschaften mit Tunnels und Brücken, Industriegebiete, Städte, Bahnhofsgelände oder eine Kombination aus diesen Vorschlägen.

Interessant sind immer Industriegebiete,

jedoch auch Städte können ihren Reiz haben, wenn in den Straßen die zum Maßstab der Modelleisenbahn passenden Automodelle aufgestellt werden. Durch sie bekommt eine Modellstadt erst Leben.

Es folgt die Frage nach der Größe der Anlage. Hier ist man auf die räumlichen Gegebenheiten angewiesen, denn eine Eisenbahnanlage kann nur so groß werden, wie eben im Zimmer oder im Hobbykeller Platz vorhanden ist.

Steht die Größe fest, muß man überlegen, ob die Anlage auf einer oder mehreren später zusammensetzbaren Platten aufgebaut werden soll. Es ist ratsam, eine Platte nicht größer als höchstens 1,8 m × 1,1 m zu planen, soll sie transportiert werden, was wohl für die meisten Anlagen in Frage kommt, die den Sommer »spielfrei« haben und irgendwo aufbewahrt werden.

Da die meisten Zimmertüren etwa 1,9 m hoch sind, ist es bei einer Plattenlänge von 1,8 m möglich, sie hochkant zu transportieren. Denn man muß berücksichtigen,

279 So könnte ein Bahnhofsaufbau aussehen.

280 E-Lokschuppen mit Industriegebiet.

daß bei einer fertigen Eisenbahnplatte, auf der alle Gleise und Häuser fest montiert sind, ein ganz schönes Gewicht zusammenkommt. Eine Breite von 1,1 m sollte man deshalb nicht überschreiten, da wohl in fast allen Fällen die Anlage so aufgestellt wird, daß sie eine Zimmerwand begrenzt, man also nur von einer Seite herankommen kann.

Entgleist am äußersten Gleis ein Zug, so muß man sich von vorn über die Platte beugen, um an die Wagen heranzukommen. Dieses wird dann schwierig, wenn die Plattenbreite 1,1 m überschreitet. Am vorderen Plattenrand stehende Häuser, Lampen oder Masten dürften dabei beschädigt werden.

Am Schluß der Überlegungen taucht nun noch die Frage auf, ob Einzugbetrieb oder Mehrzugbetrieb gewünscht wird. Sollen zwei Züge auf einem Gleis fahren, muß mit Oberleitung gearbeitet werden. Diese Frage sollte man unbedingt vor Baubeginn klären, denn man benötigt längs der Strekkenführung stets etwas Platz für die Befestigung der Oberleitungsmasten. Ein nachträglicher Einbau dieser Masten in die fertige Anlage bringt Schwierigkeiten und Probleme mit sich.

Ein Neuling des Modelleisenbahnbaus muß zuvor entscheiden, ob er eine Gleichstrom- oder eine Wechselstrombahn bevorzugt. Hier ist guter Rat teuer. Denn beide Systeme haben Vor- und Nachteile, weshalb wir uns hier auf die Beschreibung der Unterschiede beschränken wollen.

Beim Wechselstromsystem der Firma Märklin erhält die Bahn den zum Fahren nötigen Fahrstrom sowohl aus dem Metallkörper der Schienen selbst (Massepol) als auch über Punktkontakte in der Mitte der Schienen. Die Stromaufnahme erfolgt über Schleifer und über die Räder der Loks. Bei Oberleitungsbetrieb bleibt einmal die Stromzufuhr über die Schienen (Masse) erhalten, die Zuleitung über die Punktkontakte entfällt jedoch, dafür erfolgt die Stromabnahme aus der Oberleitung über die Drahtbügel der Elektroloks, wie dies ja auch in Wirklichkeit der Fall ist.

Die Umschaltung der Loks von Vorwärts- auf Rückwärtsfahrt geschieht durch einen Stromstoß. Kurzzeitig wird eine etwas höhere Spannung auf die Lok gegeben. Dort schaltet ein Stromstoßrelais die Wicklung des Elektromotors um, und die Fahrtrichtung der Lok ändert sich. Die Geschwindigkeitsregelung erfolgt über einen Fahrtregler am Transformator (Trafo). Durch Drehen des Fahrtreglerknopfes wird erreicht, daß verschiedene Spannungen am Transformator abgegriffen werden. Je höher die abgenommene Spannung ist, desto schneller fährt die Lok.

Bei Verwendung von zwei Trafos läßt sich Zweizugbetrieb auf einem Gleis durchführen. Dazu werden die beiden Trafos, wie auf dem Prinzipschaltbild gezeigt, in den Stromkreis geschaltet. Mit dem Fahrtregler von Trafo TR 1 wird der Motor M 1 der E-Lok geregelt (Stromzufuhr über die Oberleitung), und mit dem Fahrtregler des

281 Blick auf die Modellstadt mit Fernsehturm.

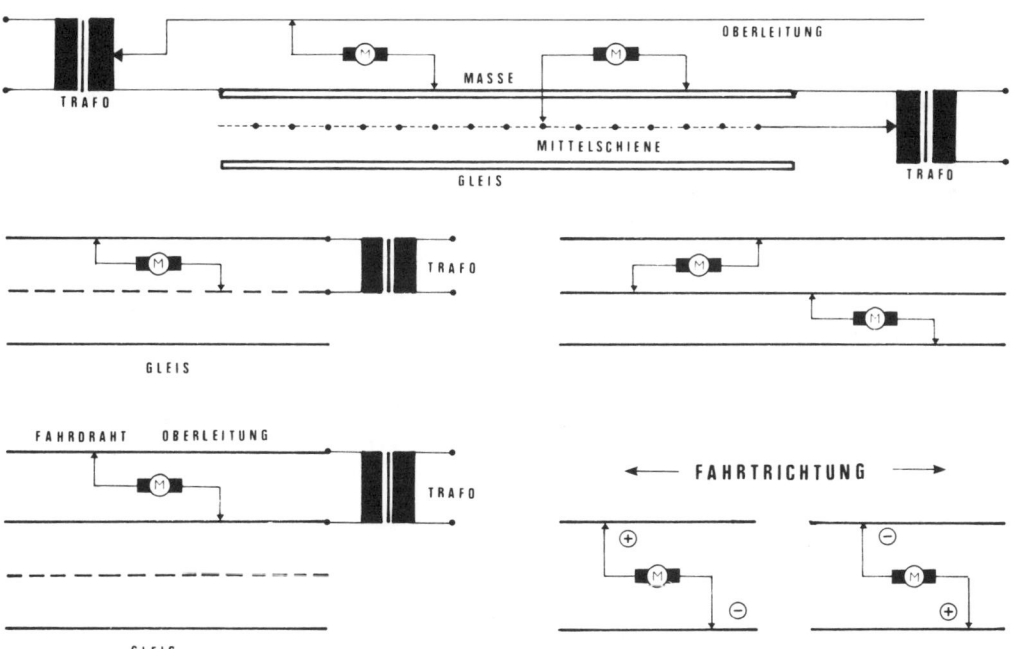

282 Prinzipschaltbild verschiedener Systeme. Oben: Märklin-Wechselstromsystem. Mitte: Trix-Gleichstrom-system. Unten: Fleischmann-Gleichstromsystem.

Trafos TR 2 kann der Motor M 2 einer anderen Lok beeinflußt werden. Die beiden Loks lassen sich auf demselben Gleis getrennt regeln und fahren.

Beim Gleichstrombetrieb der Firma Trix erfolgt die Stromzufuhr einmal über eine Mittelschiene und jeweils eine Außenschiene, so daß auf einem Gleis stets zwei Züge fahren können. Eine Lok erhält den Fahrstrom über die linke Außenschiene und die Mittelschiene, und eine zweite Lok erhält den Fahrstrom über die rechte Außen- und die Mittelschiene.

Beim Gleichstromsystem der Firma Fleischmann gibt es dagegen keine Mittelschiene, dort erfolgt die Stromzufuhr über die linke und die rechte Schiene. An einer Schiene liegt der Pluspol, an der anderen der Minuspol. Der Wechsel der Fahrtrichtung wird dadurch erreicht, daß die Polung an den beiden Schienen umgekehrt wird. Die Stromabnahme erfolgt über die Räder des Fahrwerkes. Beide Seiten sind voneinander isoliert. Auch beim Gleichstromsystem erfolgt die Geschwindigkeitsregelung durch mehr oder weniger zugeführte Fahrspannung.

Fahrpult für die Modellbahn

Elektronisch gesteuerte Fahrtregler haben den Zweck, das vorbildgetreue langsame Anfahren und Abbremsen von Lokomotiven auch bei Modelloks zu erreichen. Es vermeidet Anrucken und abruptes Stehenbleiben der Züge.

283   Das fertige Modellbahnfahrpult.

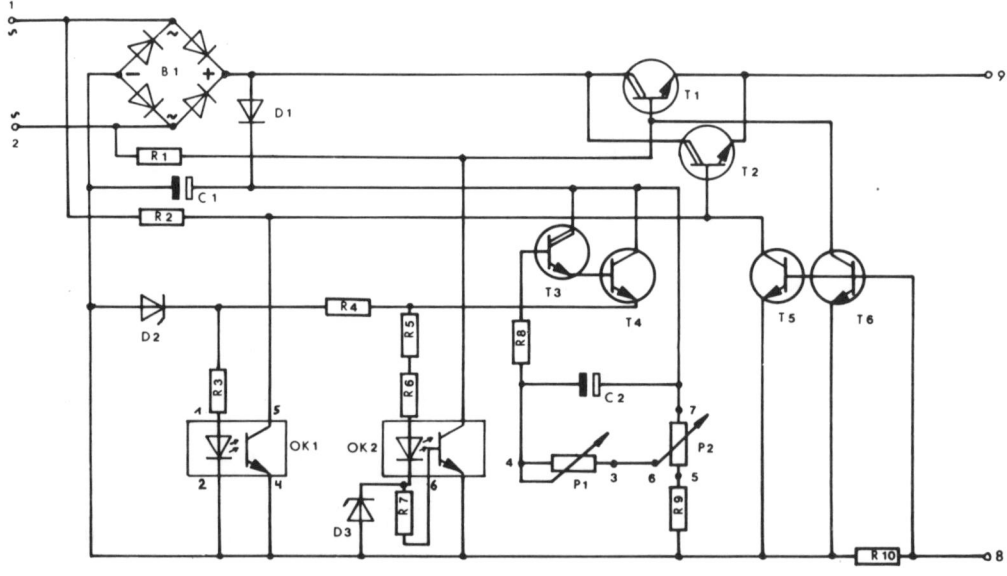

284   Schaltbild zum Modellbahnfahrpult.

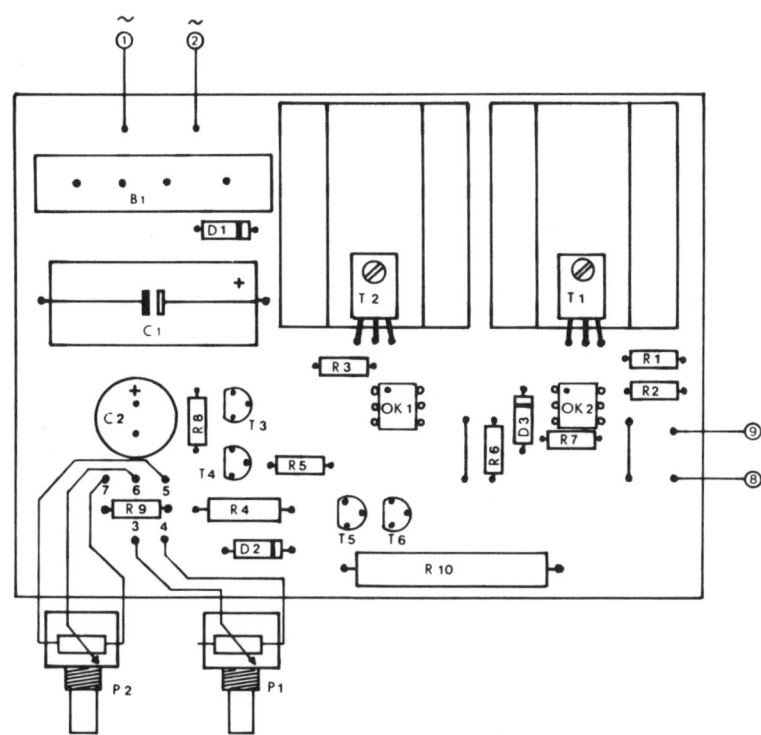

Über einen Brückengleichrichter wird eine Wechselspannung von 100 Hz gewonnen, die den beiden Darlington-Längstransistoren T 1 und T 2 zugeführt wird. Über die Widerstände R 1 und R 2 werden die beiden Längstransistoren abwechselnd mit der jeweiligen positiven Halbwelle der Wechselspannung durchgeschaltet. Mit dem Potentiometer P 2 werden zwei Optokoppler gesteuert. Sie regeln den Steuerstrom der Basisspannung von T 1 und T 2. Hierdurch wird die Fahrgeschwindigkeit verändert.

Um ein zeitlich versetztes Ansteuern der Optokoppler zu erreichen, wird an dem Kathodenanschluß der Leuchtdiode des Optokopplers 2 eine Zenerdiode D 3 eingesetzt. Wird die Steuerspannung der Zenerdiode unterschritten, so wird deren Stabilisierung unwirksam. Damit steigt der Innenwiderstand des Transistors im Optokoppler, und der Transistor öffnet.

Durch die beiden Darlington-Transistoren T 3 und T 4 ist es möglich, mit einem einfachen RC-Glied eine Verzögerung der Steuerbefehle durch langsames Aufladen von C 2 zu erreichen. Dadurch wird ein langsames Durchsteuern von T 3 und T 4 bewirkt. Die Verzögerungszeit wird mit dem Potentiometer P 1 stufenlos eingestellt.

Ist der Transistor T 4 durchgeschaltet, fließt

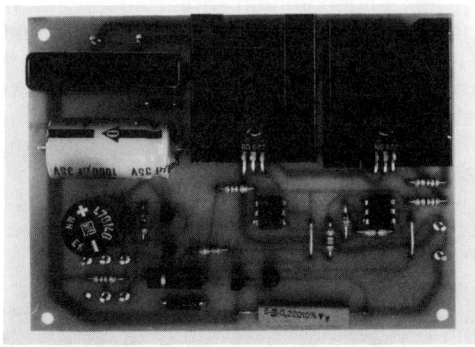

286 Die fertige Druckplatine des Fahrpultes.

durch die LED's Strom. Die Transistoren in den Optokopplern werden niederohmig und sperren die beiden Längstransistoren T 1 und T 2.

Wird der Fahrtregler P 2 in die entgegengesetzte Richtung gedreht, sinkt die Emitterspannung von T 4, und der Strom durch die LED's wird geringer. Die Optokopplertransistoren werden hochohmiger, und die Leistungstransistoren erhalten über R 1 und R 2 ihre zur Ansteuerung nötige Basisspannung und werden somit leitend.

Um bei auftretenden Kurzschlüssen den Ausfall des Fahrpultes zu vermeiden, wurde eine elektronische Kurzschlußstrombegrenzung vorgesehen, die aus den Transistoren T 5, T 6 und dem Widerstand R 10 besteht. Bei Kurzschluß fällt an R 10 eine Spannung von etwa 0,6 V ab, wodurch die beiden Transistoren durchsteuern und die beiden Längstransistoren sperren.

Lang anhaltende Kurzschlüsse sollten jedoch vermieden werden, weil sonst die beiden Transistoren wegen des fließenden Kurzschlußstromes von max. 2,5 A heiß und dadurch zerstört werden.

Der Fahrtregler eignet sich für alle Gleichstrombahnen, er kann jedoch auch bei Wechselstrombahnen eingesetzt werden, wenn man das Umschaltrelais aus- und statt dessen zwei Dioden einbaut. Die Umschaltung erfolgt dann durch einen Umpolschalter.

Sollten Märklin-Wechselstrom-Loks mit diesem Fahrpult betrieben werden, ist folgendermaßen zu verfahren:

Zunächst wird das Lokgehäuse vom Fahrgestell abgenommen. Anschließend werden die beiden vom Motor kommenden Drähte, die zum Fahrtrichtungsumschalterelais führen, am Umschalterelais selbst abgelötet. Danach wird das Relais abmontiert, weil man es nicht mehr benötigt. Anstelle des Relais wird eine Lötöse am Fahrgestell angeschraubt, an die zwei Dioden (1 N 4001 o. ä.) anzulöten sind. Die beiden freien Motoranschlußdrähte werden an je eine Diode angelötet. Dabei ist bedeutungslos, welcher Draht zu welcher Diode führt. Die Fahrtrichtungsänderung erfolgt jetzt durch den Umpolschalter.

Stückliste zum Modellbahnfahrpult

R 1	= 820	Ohm Schichtwiderstand
R 2	= 820	Ohm Schichtwiderstand
R 3	= 270	Ohm Schichtwiderstand
R 4	= 150	Ohm Schichtwiderstand
R 5	= 39	Ohm Schichtwiderstand
R 6	= 180	Ohm Schichtwiderstand
R 7	= 470 kOhm	Schichtwiderstand
R 8	= 1 kOhm	Schichtwiderstand
R 9	= 150	Ohm Schichtwiderstand
R 10	= 0,22	Ohm Drahtwiderstand
C 1	= 1000 μF / 35 V	Elko
C 2	= 470 μF / 40 V	Elko
T 1	= BD 677 npn-Transistor	
T 2	= BD 677 npn-Transistor	
T 3	= BC 517 npn-Transistor	
T 4	= BC 338–40 oder BC 140 npn-Transistor	
T 5	= BC 108, BC 238 oder BC 547 npn-Transistor	
T 6	= BC 108, BC 238 oder BC 547 npn-Transistor	
D 1	= 1N 4001 oder 4002 Diode	
D 2	= ZD 9,1 V Zenerdiode	
D 3	= ZD 8,2 V Zenerdiode	
P 1	= 25 kOhm Potentiometer	
P 2	= 1 kOhm Potentiometer	
B 1	= B 403200/2200 Brückengleichrichter	
OK 1	= SU 25 oder CNY 17 Optokoppler	
OK 2	= SU 25 oder CNY 17 Optokoppler	

9 Stück Lötstützpunkte
2 Stück Kühlkörper für T1/T2
1 Stück Druckplatine HB 33

Dieses Gerät kann aus einem Bausatz der Firma Conrad-Electronic aufgebaut werden (Bausatz: Modellbahnfahrpult »Automatik de Luxe«).

Ampelanlage für die Modellstadt

Alle Straßenkreuzungen unserer Städte sind mit Verkehrsampelanlagen ausgerüstet. Will man eine Modellstadt vorbildgetreu aufbauen, gehören an die Kreuzungspunkte auch Ampeln. Zwei Möglichkeiten bieten sich an: Entweder man begnügt sich mit Ampel-Attrappen oder man baut gleich eine vorschriftsmäßige, elektronisch gesteuerte Ampelanlage ein.
Die hier gezeigte Schaltung wird auf zwei gleichgroßen Platinen aufgebaut. Eine Platine nimmt die eigentliche elektronische

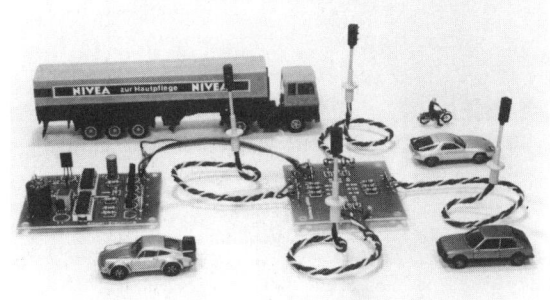

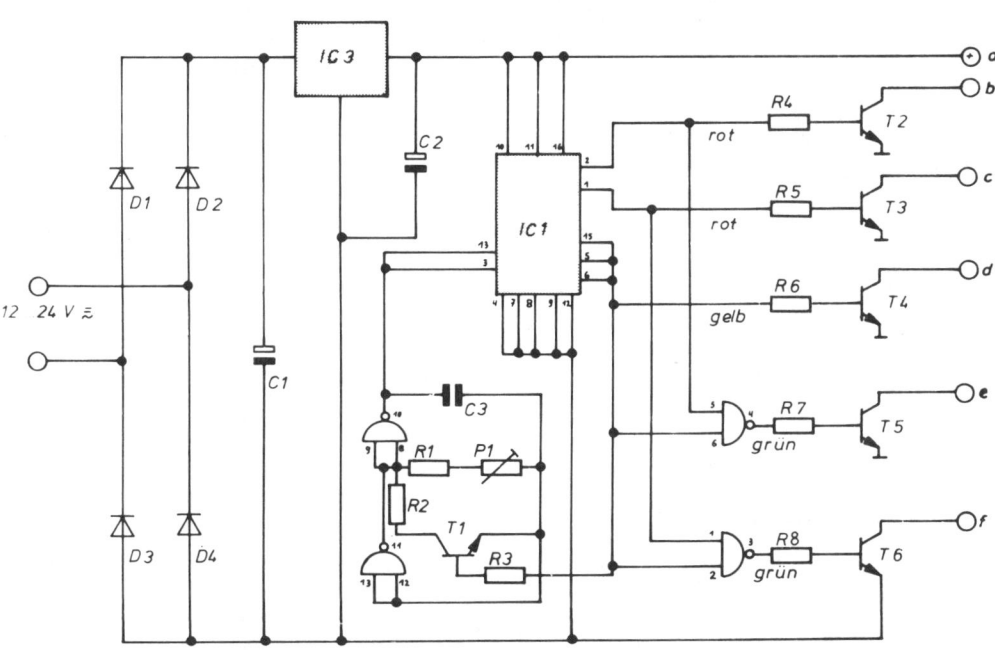

288 Schaltbild zur Ampelanlage.

289 Druckplatine, Ampelsteuerung.

290 Kreuzungsplatine.

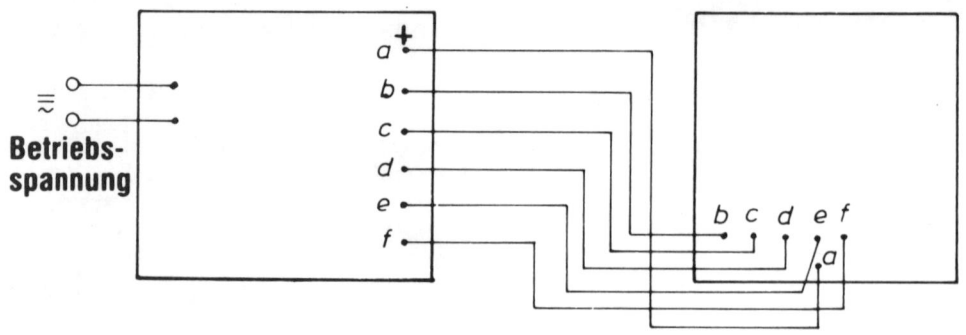

291 Verdrahtung der Steuerplatine mit der Kreuzungsplatine.

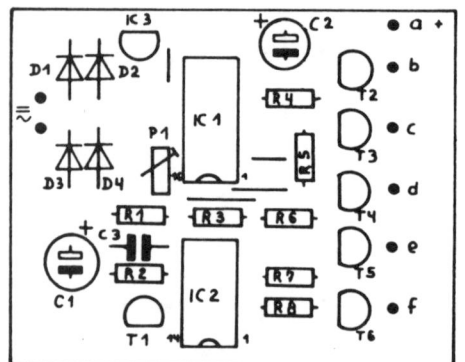 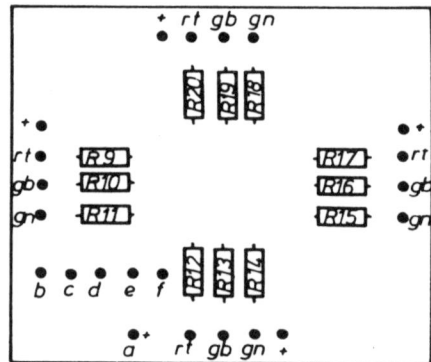

292 Bestückungsplan Ampel-Steuerung (links), Bestückungsplan Kreuzungsplatine (rechts).

Schaltung auf, während die andere eine Art Verteilerfunktion für die vier Ampeln ausübt. Auf dieser Kreuzungsplatine sind auch die zwölf Vorwiderstände für die Leuchtdioden untergebracht. Hauptplatine und Verteilerplatine werden über flexible Kabel miteinander verbunden.

Die Modellampelanlage funktioniert beim Anlegen einer Betriebsspannung von 12 bis 24 Volt Gleich- oder Wechselspannung. Die Stromaufnahme beim Betrieb mit vier Ampeln beträgt etwa 80 mA. Mit dem Einstellregler P 1 kann die Länge der Ampelphase eingestellt werden.

Stückliste zur Verkehrsampelanlage

R 1 = 4,7 MOhm Schichtwiderstand
R 2 = 3,3 MOhm Schichtwiderstand
R 3 = 2,2 MOhm Schichtwiderstand
R 4 – R 8 = 47 kOhm Schichtwiderstand
R 9 – R 20 = 470 Ohm Schichtwiderstand
C 1 = 100 μF / 40 V Elko
C 2 = 47 μF / 16 V Elko
C 3 = 0,56 μF – 0,68 μF
T 1 – T 6 = BC 237, BC 238 oder BC 239
             npn-Transistor
D 1 – D 4 = 1N 4148 oder 1N 914 Dioden
IC 1 = CMOS IC (16 polig)
IC 2 = CMOS IC (14 polig) CD 4001 oder MC 14001

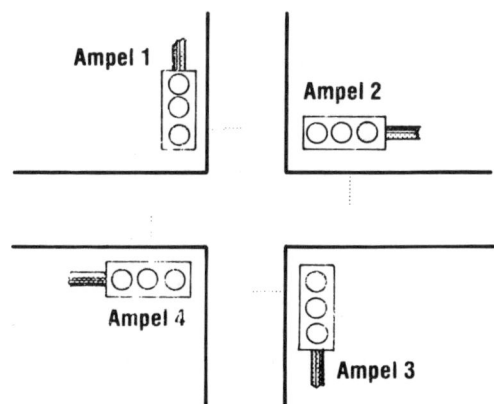

293 Anordnung der einzelnen Ampeln.

IC 3 = UA 78 L 12 oder UA 78 L 12 AWC
P 1 = 5 MOhm Einstellregler
30 Stück Lötstützpunkte
 1 Stück Druckplatine HB 53
 1 Stück Druckplatine HB 53−1
 4 Stück Verkehrsampeln Nr. 3.002

Dieses Gerät kann aus einem Bausatz der Firma Conrad-Electronic aufgebaut werden (Bausatz: Verkehrsampel-Steuerung).

Dampflokgeräuschgenerator

Dampflokfreunde können das Fahren ihrer Modelldampflok auf der Modelleisenbahnanlage auch akustisch untermalen, wenn sie die hier beschriebene Schaltung eines Dampflokgeräuschgenerators nachgebaut haben. Das Gerät erzeugt das Geräusch einer fahrenden Dampflok, und durch Betätigen des Tastschalters ertönt sogar ein Pfeifsignal.

Die Geschwindigkeit des Fahrgeräusches (schnell/langsam) beeinflußt man durch Anschließen der Fahrspannung an die Punkte »e«. Von »Z« nach »c« ist eine Drahtbrücke zu legen. Soll jedoch das Geräusch der Fahrgeschwindigkeit nur mit dem Potentiometer P 1 geregelt werden, so ist eine Drahtbrücke von »Z« nach »+« zu legen.

Der Lautsprecher wird in die Kollektorleitung von T 5 nach dem Pluspol gelegt. Die Lautstärke ist durch P 2 regelbar. Die Betriebsspannung des Dampflokgeräuschgenerators beträgt 12 bis 15 V Gleichspannung, die gut gesiebt und stabilisiert sein muß.

Stückliste zum Dampflokgeräuschgenerator

R 1 = entfällt
R 2 = 4,7 kOhm Schichtwiderstand
R 3 = 10 kOhm Schichtwiderstand
R 4 = 10 kOhm Schichtwiderstand
R 5 = 4,7 kOhm Schichtwiderstand
R 6 = 10 kOhm Schichtwiderstand
R 7 = 10 kOhm Schichtwiderstand

294 Verdrahtungsplan der Ampel-Kreuzung.

295 Der fertige Dampflokgeräuschgenerator.

179

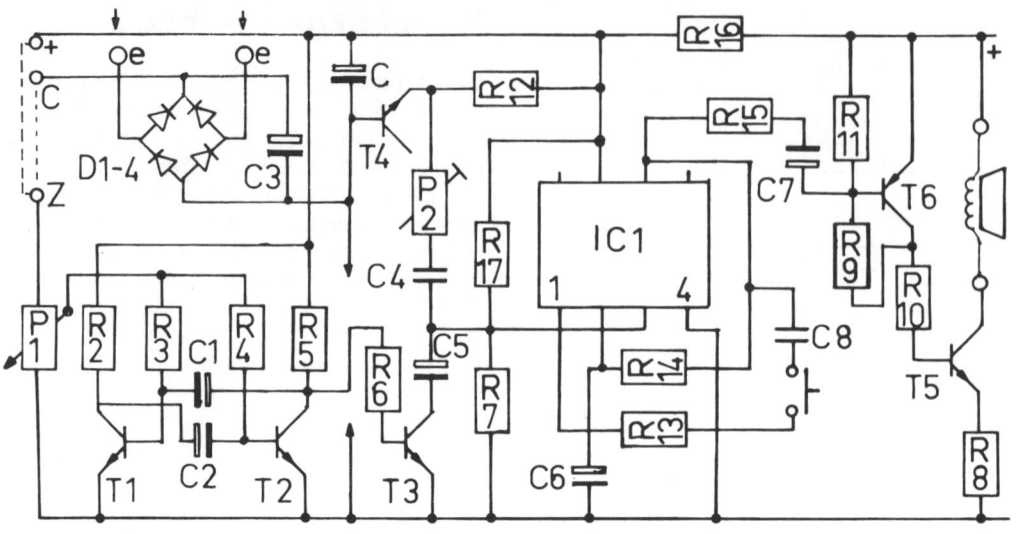

296 Schaltbild zum Dampflokgeräuschgenerator.

R 8 = 100 Ohm Schichtwiderstand
R 9 =   1 MOhm Schichtwiderstand
R 10 = 270 Ohm Schichtwiderstand
R 11 = 22 kOhm Schichtwiderstand
R 12 =   1 MOhm Schichtwiderstand
R 13 =   1 kOhm Schichtwiderstand
R 14 = 22 kOhm Schichtwiderstand
R 15 = 10 kOhm Schichtwiderstand
R 16 = 100 Ohm Schichtwiderstand
R 17 = 10 kOhm Schichtwiderstand

C 1 = 100 µF / 40 V Elko
C 2 =   10 µF / 16 V Elko
C 3 = 2,2 µF / 16 V Elko
C 4 =   10 nF Folienkondensator
C 5 = 2,2 µF / 16 V Elko
C 6 = 2,2 µF / 16 V Elko
C 7 = 2,2 µF / 16 V Elko
C 8 =   10 nF Folienkondensator
T 1 – T 4 = BC 237 npn-Transistoren
T 5 = BV 135 npn-Transistor

297 Die fertige Druckplatine.

T 6 = BC 307 npn-Transistor
IC 1 = 741
D 1 – D 4 = 1N 4148 Dioden
P 1 = 10 kOhm Potentiometer
P 2 = 22 kOhm Einstellregler
6 Stück Lötstützpunkte
1 Stück Drucktastschalter
1 Stück Lautsprecher
1 Stück Druckplatine Nr. 24

Dieses Gerät kann aus einem Bausatz der Firma Conrad-Electronic aufgebaut werden (Bausatz: Dampflok-Generator mit Pfeifton).

Modellbahnhupsignal

Im Gegensatz zu Dampfloks, die sich durch ein Pfeifsignal bemerkbar machen, verwenden Dieselloks und Triebwagen eine Art Hupsignal. Die nachstehend gezeigte Schaltung kann solch ein Hupsignal für Modellbahnen erzeugen.

An den Lötstützpunkten 3 und 4 wird ein Lautsprecher (1 W) angeschlossen. Für den direkten Einbau in eine Diesellok kann auch ein Miniaturlautsprecher mit einer

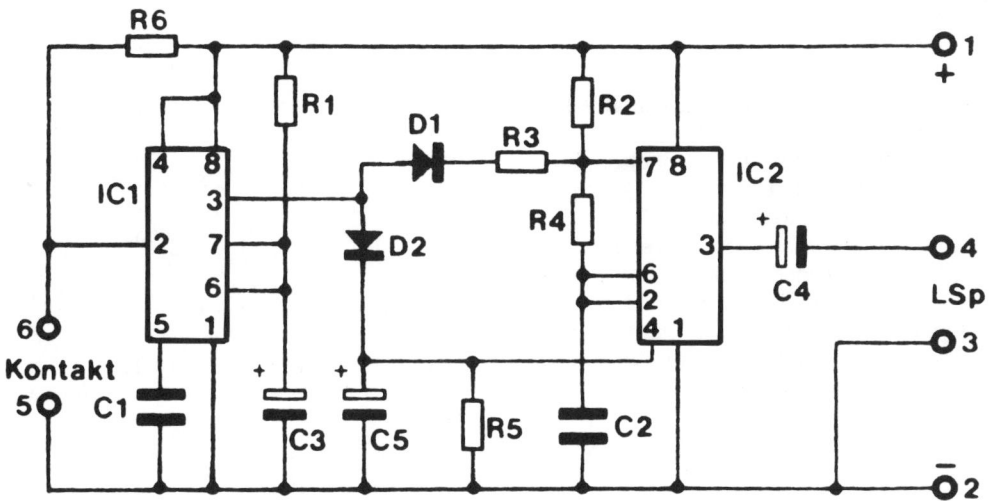

298 Schaltbild zum Modellbahnhupsignalgenerator.

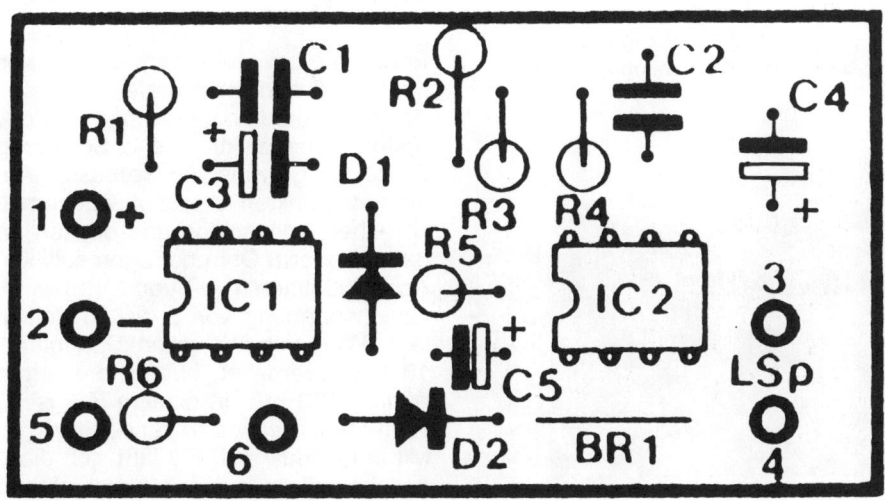

299 Bestückungsplan zum Modellbahnhupsignalgenerator.

300 Modellbahnhupsignalgenerator.

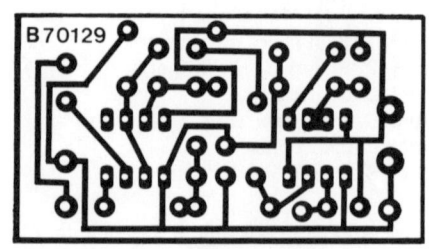

302 Druckvorlage im Maßstab 1:1 zum Modellbahn-
hupgenerator.

Belastbarkeit von minimal 200 mW eingebaut werden. Eine Gleichspannung von
9 Volt wird an den Anschlußstiften 1 (+)
und 2 (−) angeschlossen.
Werden die Punkte 5 und 6 über einen
Schalter oder Relaiskontakt geschlossen,
gibt der Lautsprecher einen Ton ab, der
etwa dem einer Triebwagen-Signalhupe
entspricht: Man nimmt zunächst einen
Grundton wahr und etwas später automatisch einen weiteren Ton.

Stückliste zur Modellbahnhupe

R 1 = 390 kOhm Schichtwiderstand
R 2 =   68 kOhm Schichtwiderstand
R 3 =   33 kOhm Schichtwiderstand
R 4 =   33 kOhm Schichtwiderstand
R 5 =   68 kOhm Schichtwiderstand
R 6 = 330 kOhm Schichtwiderstand
C 1 =   0,1 µF / 100 V Folienkondensator
C 2 =   33 nF / 100 V Folienkondensator

C 3 =   2,2 µF / 16 V Elko
C 4 =   100 µF / 16 V Elko
C 5 =   4,7 µF / 16 V Elko
IC 1 = NE 555 Integrierter Schaltkreis
IC 2 = NE 555 Integrierter Schaltkreis
D 1 =   1N 4001 oder 1N 4003 Diode
D 2 =   1N 4001 oder 1N 4003 Diode
6 Stück Lötstützpunkte
1 Stück Druckplatine B 70129

Dieses Gerät kann aus einem Bausatz der Firma
Diamant-Electronic aufgebaut werden (Bausatz:
S 260).

Motorradgeräuschgenerator

Freunde von Motorradmodellen können
ihr Modell nun auch mit einem echt klin-
genden Motorlaufgeräuschgenerator aus-
rüsten. Eine elektronische Schaltung erzeugt das gewünschte Geräusch. An den
Lötstütztpunkten 3 und 4 wird ein Lautsprecher angeschlossen, dessen Impedanz 4 oder 8 Ohm betragen soll. An den
Anschlußstiften 1 (+) und 2 (−) wird eine
Gleichspannung von 5 bis 18 Volt angelegt. Wird mit der vollen Spannung von
18 Volt gearbeitet, beträgt die Stromaufnahme 200 mA. In diesem Fall ist ein 4-
Watt-Lautsprecher zu verwenden.
Mit dem Trimmpoti R 3 läßt sich die Lauf-
geschwindigkeit des Motors verändern.
Bei Dauerbetrieb ist der Transistor T 1 auf
einen Kühlkörper zu setzen.

301 Die fertige Druckplatine.

303 Der Motorradgeräuschgenerator im Größenvergleich zu Preiser-Figuren im Maßstab 1:87 (HO).

Stückliste zum Motorradgeräuschgenerator

R 1 = 220 Ohm Schichtwiderstand
R 2 = 1,2 kOhm Schichtwiderstand
R 3 = 4,7 kOhm Einstellregler
C 1 = 4,7 µF / 16 V Elko
C 2 = 10 µF / 16 V Elko
T 1 = BD 135 oder BD 137 npn-Transistor

T 2 = BC 237 B oder BC 547 B npn-Transistor
IC 1 = NE 555 Integrierter Schaltkreis
4 Stück Lötstützpunkte
1 Stück Druckplatine B 70154

Dieses Gerät kann aus einem Bausatz der Firma Diamant-Electronic aufgebaut werden (Bausatz: MG 269).

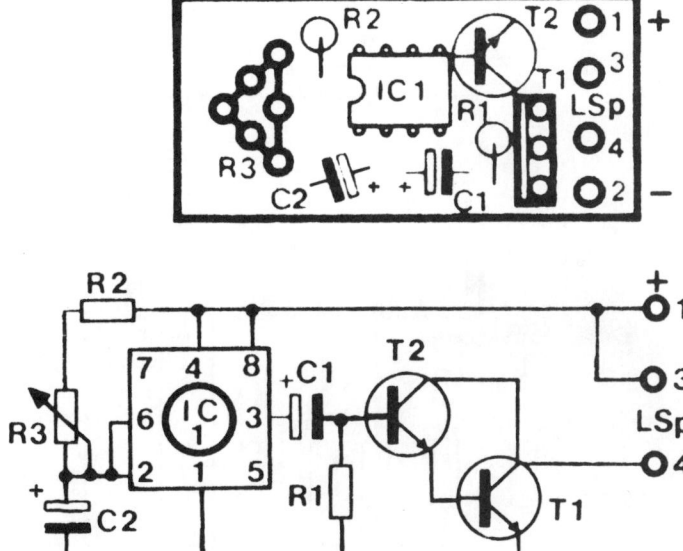

304 Bestückungsplan und Schaltbild zum Motorradgeräuschgenerator.

305 Der fertige Motorradgeräuschgenerator.

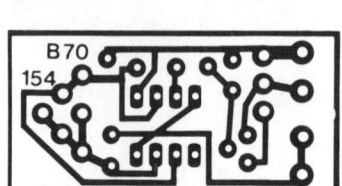

306 Druckvorlage im Maßstab 1:1 zum Motorradgeräuschgenerator.

308 Der fertige Flugzeugpropellergeräuschgenerator.

Flugzeugpropellergeräuschgenerator

Für Modellbauer, die Spaß am Zusammenbau von vorbildgetreuen Flugzeugmodellen haben, ist diese Schaltung gedacht.

Sie erzeugt ein Geräusch, daß dem eines Propellerflugzeuges nahe kommt. Das kleine Gerät kann zusammen mit einem kleinen Lautsprecher in ein Flugzeug direkt eingebaut werden. Die Betriebsspannung, 9 V Gleichspannung, wird von außen zugeführt, wenn nicht die Möglichkeit besteht, auch eine 9-Volt-Batterie mit einzubauen. Der Stromverbrauch liegt bei etwa 35 mA.

Durch Verdrehen der Trimmpotis P 1 und P 2 kann das Propellergeräusch verändert werden. Das Poti P 1 sorgt für den Toneffekt »hell/dunkel«, mit dem Poti P 2 läßt

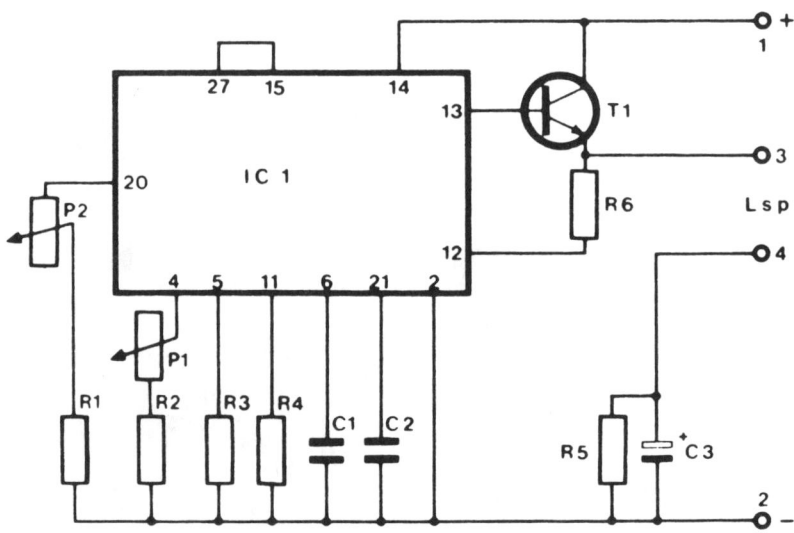

307 Schaltbild zum Flugzeugpropellergeräuschgenerator.

184

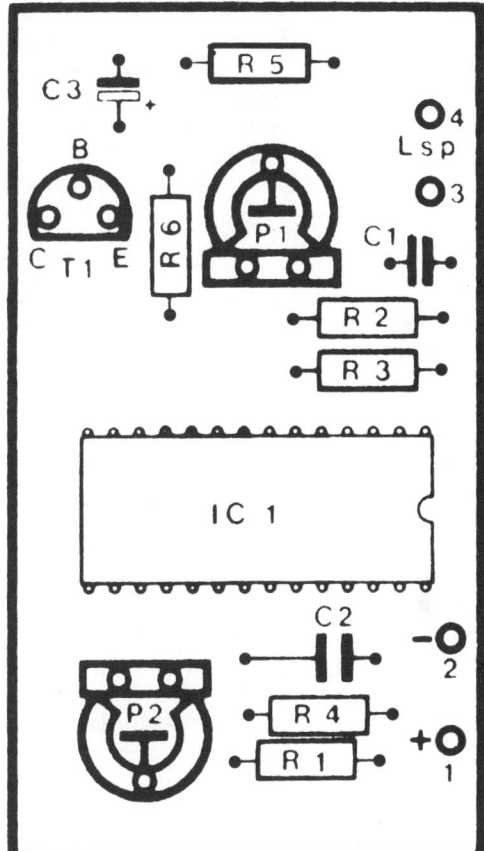

309 Bestückungsplan zum Flugzeugpropellergeräuschgenerator.

310 Fertige Druckplatine zum Flugzeugpropellergeräuschgenerator.

sich die »Fluggeschwindigkeit« beeinflussen.
Soll die Lautstärke vergrößert werden, ist
ein Nf-Verstärker nachzuschalten. Um
Störungen zu vermeiden, sind dann beide
Geräte durch abgeschirmte Leitungen miteinander zu verbinden.

Stückliste zum
Flugzeugpropellergeräuschgenerator

R 1 = 100 kOhm Schichtwiderstand
R 2 = 39 kOhm Schichtwiderstand

R 3 =   47 kOhm Schichtwiderstand
R 4 = 150 kOhm Schichtwiderstand
R 5 = 100 Ohm Schichtwiderstand
R 6 = 47 kOhm Schichtwiderstand
C 1 = 470 pF Keramik-Scheibenkondensator
C 2 = 47 nF / 63 V Folienkondensator
C 3 = 10 µF / 16 V Elko
T 1 = BC 237 B oder BC 547 B npn-Transistor
IC 1 = SN 76477 N Integrierter Schaltkreis
P 1 = 100 kOhm Einstellregler
P 2 =   1 MOhm Einstellregler
4 Stück Lötstützpunkte
1 Stück Druckplatine B 60110

Dieses Gerät kann aus einem Bausatz der Firma
Diamant-Electronic aufgebaut werden (Bausatz:
FLS 113).

185

Digitaler Rundenzähler

Auf einer Modellautorennbahn darf ein Rundenzähler nicht fehlen. Die hier gezeigte Schaltung besteht aus zwei Platinen. Eine (B 70134A) beherbergt den Steuerteil, die andere (B 70134B) den Anzeigeteil. Durch mehradriges Flachbandkabel werden beide Platinen miteinander verbunden. Dabei ist genau auf die Bezeichnungen zu achten!

An den Lötstiften 3 und 4 wird ein Tastschalter angeschlossen. Er bewirkt, daß die Ziffern der Siebensegmentanzeige auf »00« gesetzt werden. Die Betriebsspannung, 4,5 Volt bis 5 Volt Gleichspannung, ist an den Lötstiften 1 (+) und 2 (−) anzuschließen. Die Spannung kann einem Netzgerät oder einer Taschenlampenbatterie entnommen werden.

An die Anschlußpunkte 5 und 6 wird ein lichtempfindlicher LDR-Widerstand angelötet. Die Zuleitungen sollten nicht länger als 20 cm sein. Dieser LDR-Widerstand ist in die Fahrbahn der Modellautoanlage so einzubauen, daß er von dem Modellrennwagen überfahren wird. Beim Überfahren des LDRs wird dieser kurz abgedunkelt. Das weniger einfallende Licht verändert den Widerstandswert des LDRs und die Ziffernanzeige schaltet um eine Stelle weiter. Sollte die Raumhelligkeit nicht ausreichen, so ist der LDR von oben mit einer kleinen Lampe (6 oder 12 V) zu beleuchten.

Es ist auch möglich, den LDR seitlich von der Fahrbahn einzubauen und die Lichtquelle auf der gegenüberliegenden Fahrbahnseite zu installieren. Der Wagen schattet den LDR ab. In diesem Fall ist es vorteilhaft, wenn der LDR in ein kleines Röhrchen eingebaut wird, damit kein seitliches Streulicht einfallen kann.

Da die Ziffernanzeige zweistellig ist, lassen sich bis zu 99 Runden zählen. Mit dem Tastschalter können die angezeigten Zahlen jederzeit gelöscht beziehungsweise auf »00« gesetzt werden.

Die Schaltung kann außerdem als Stückzähler und für verschiedene andere Anwendungsmöglichkeiten benutzt werden.

311 Der Rundenzähler mit Faller-Ams-Fahrzeugmodellen.

312 Auch für die Fleischmann-Autorennbahn ist der Rundenzähler gut geeignet.

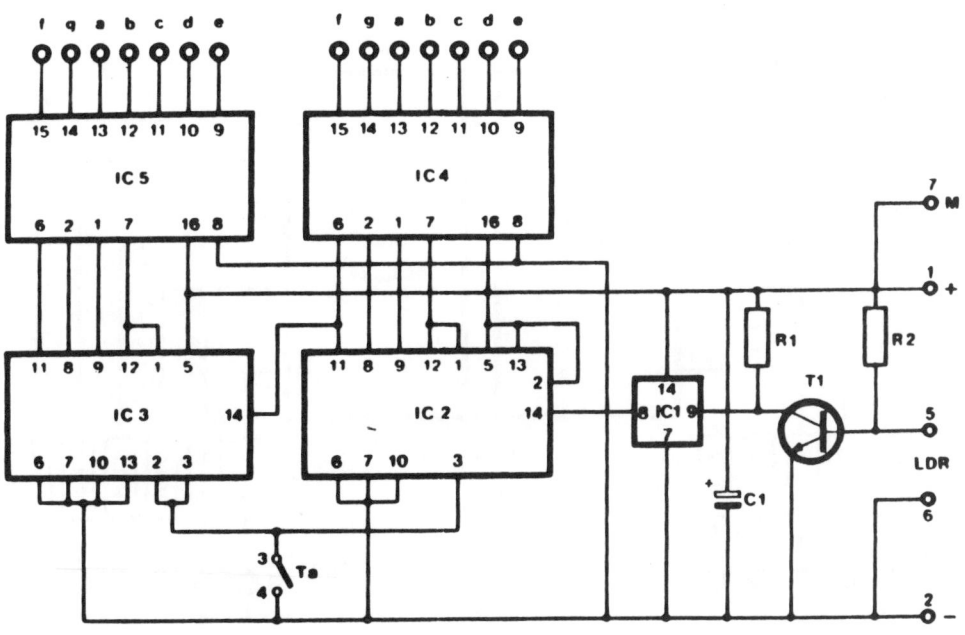

313 Schaltbild des Steuerteils des Rundenzählers.

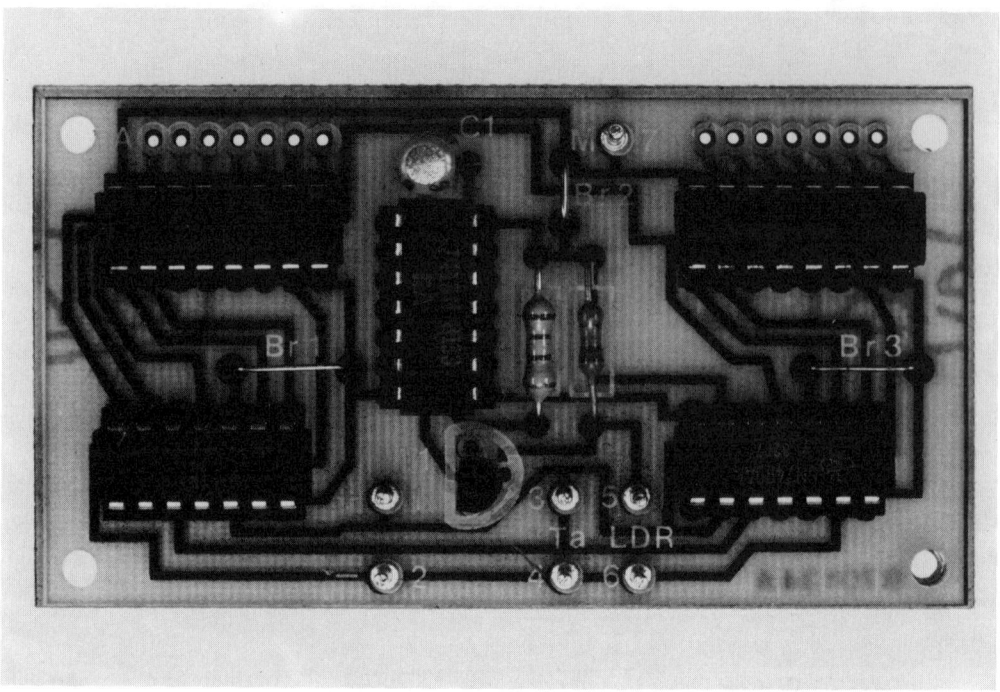

314 Die fertige Druckplatine des Steuerteils zum Rundenzähler.

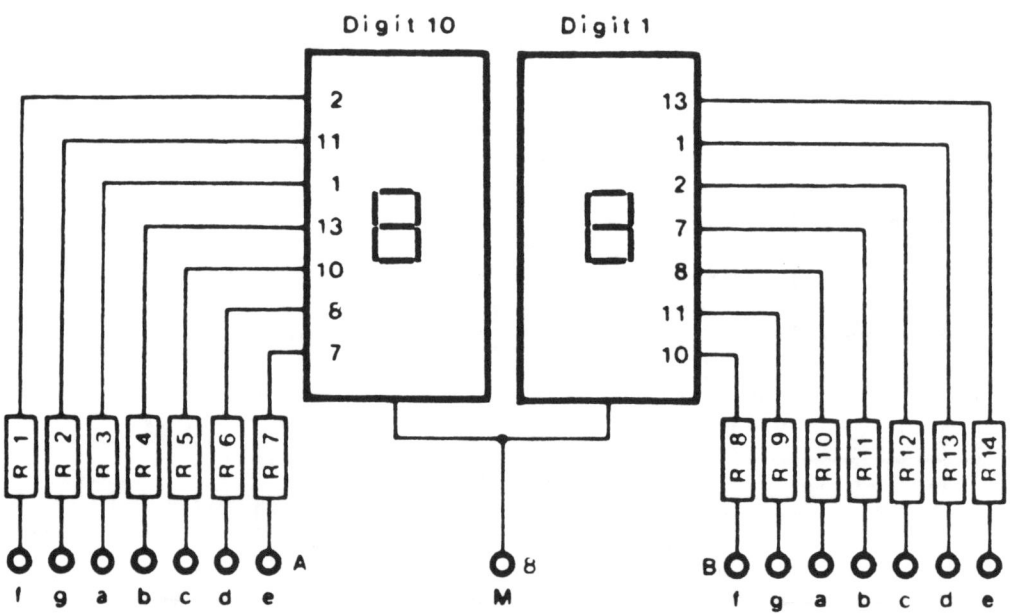

315 Schaltbild des Anzeigeteils zum Rundenzähler.

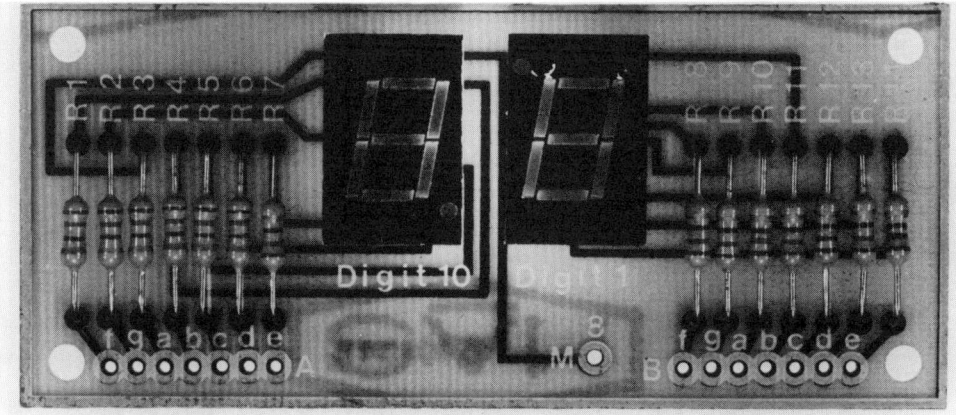

316 Die fertige Druckplatine zum Anzeigeteil des Rundenzählers.

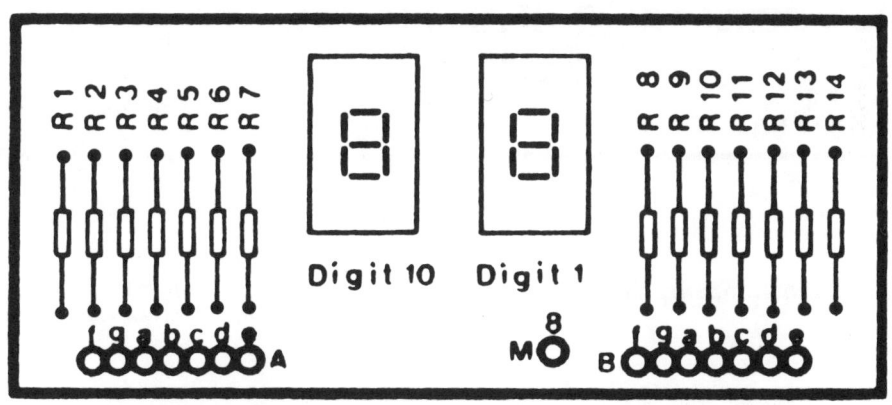

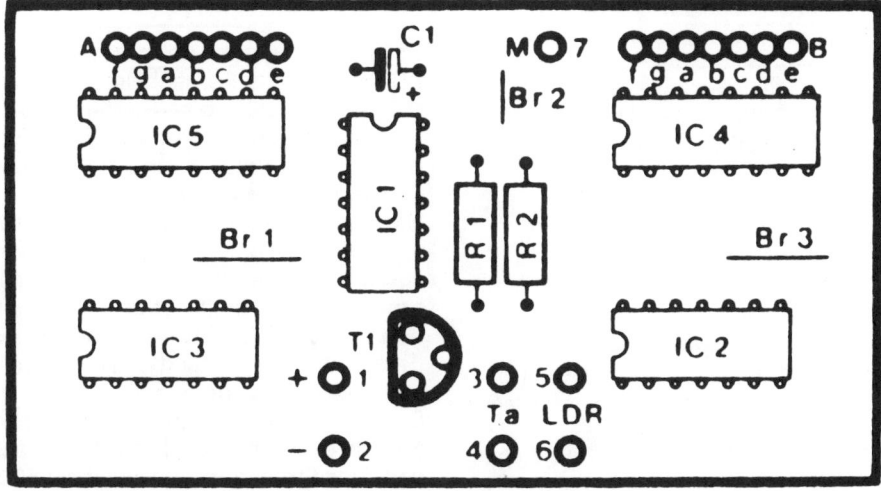

317 Bestückungsplan zum Rundenzähler. Oben: Anzeigeteil, unten: Steuerteil.

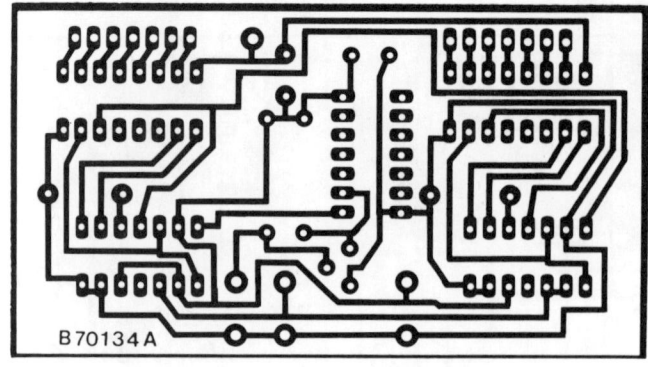

318 Druckvorlage im Maßstab 1:1 zum Rundenzähler Steuerteil.

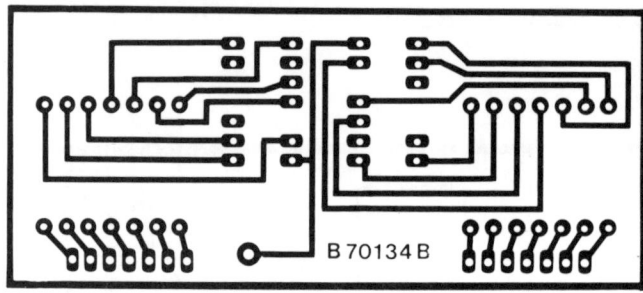

319 Druckvorlage im Maßstab 1:1 zum Rundenzähler Anzeigeteil.

Stückliste zum Rundenzähler

1 Steuerteil

R 1 = 2,2 kOhm Schichtwiderstand
R 2 = 22 kOhm Schichtwiderstand
C 1 = 1 µF / 16 V Elko
T 1 = BC 237 B oder BC 547 B npn-Transistor
IC 1 = SN 7413 Integrierter Schaltkreis
IC 2 = SN 7490 Integrierter Schaltkreis
IC 3 = SN 7490 Integrierter Schaltkreis
IC 4 = SN 7447 Integrierter Schaltkreis
IC 5 = SN 7447 Integrierter Schaltkreis
LDR = LDR 07, LDR 05 oder LDR 03
    lichtempfindlicher Widerstand
Ta = Tastschalter als Öffner
    (im Ruhezustand geschlossen)
6 Stück Lötstützpunkte
1 Stück Druckplatine B 70134 A

2 Anzeigeteil

R 1 – R 14 = 180 Ohm Schichtwiderstand
Digit 1 = DL 307, DL 707 oder DL 7750 Siebensegmentanzeige mit gemeinsamer Anode
Digit 10 = DL 307, DL 707 oder DL 7750 Siebensegmentanzeige mit gemeinsamer Anode
1 Stück Druckplatine B 70134 B

Dieses Gerät kann aus einem Bausatz der Firma Diamant-Electronic aufgebaut werden (Bausatz: DIG 231).

FBI-Sirene

Es ist anzunehmen, daß die amerikanische FBI-Sirene aus Fernsehfilmen jedermann bekannt ist. Solch eine Sirene läßt sich als elektronische Schaltung aufbauen. Sie eignet sich zum Beispiel für den Einbau in beliebige Modellfahrzeuge.
Die Schaltung besteht aus zwei Multivibratoren T 1 / T 2 und T 3 / T 4, einem Endverstärker T 6 und der Spannungsstabilisierung T 5. Die Multivibratoren sorgen für den auf- und abschwellenden Ton, der im Endverstärker verstärkt und in einem Lautsprecher hörbar gemacht wird.
Die 12 Volt betragende Betriebsspannung wird an den Lötstiften 1 und 4 angeschlossen. Der Stromverbrauch liegt bei 500 mA. An den Lötstiften 2 und 3 ist der Lautsprecher anzuschließen.

190

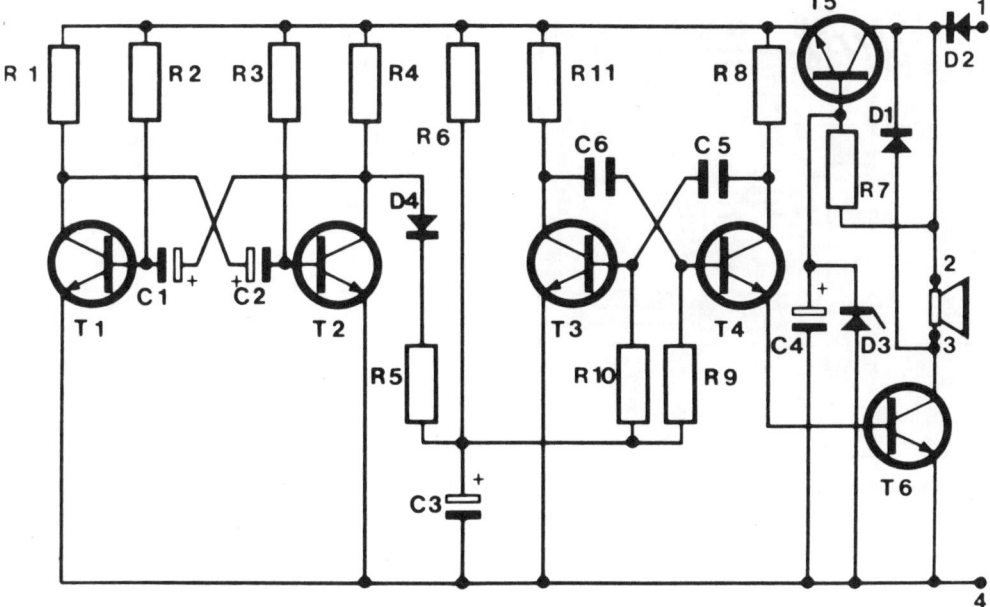

320   Schaltbild zur FBI-Sirene.

Bei längerem Betrieb der Sirene ist es ratsam, den Transistor T 6 durch Aufschrauben einer Kühlfahne gegen Überlastung zu schützen.

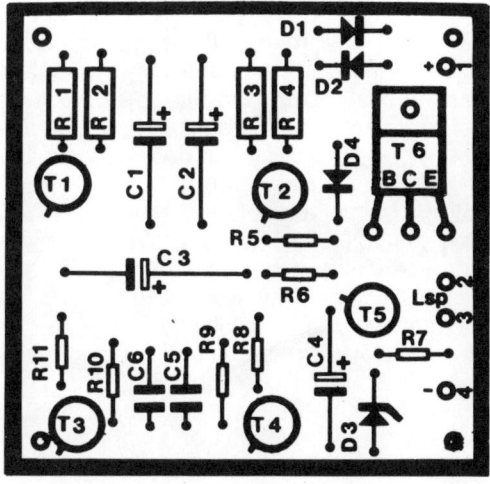

321   Bestückungsplan zur FBI-Sirene.

Stückliste zur FBI-Sirene

R 1 = 2,2 kOhm Schichtwiderstand
R 2 = 47 kOhm Schichtwiderstand
R 3 = 47 kOhm Schichtwiderstand
R 4 = 4,7 kOhm Schichtwiderstand
R 5 = 1 kOhm Schichtwiderstand
R 6 = 18 kOhm Schichtwiderstand
R 7 = 2,2 kOhm Schichtwiderstand
R 8 = 680 Ohm Schichtwiderstand
R 9 = 15 kOhm Schichtwiderstand
R 10 = 15 kOhm Schichtwiderstand
C 1 = 47 µF / 25 V Elko
C 2 = 47 µF / 25 V Elko
C 3 = 100 µF / 35–40 V Elko
C 4 = 4,7 µF / 35–40 V Elko
C 5 = 0,022 µF / 100 V Kondensator
C 6 = 0,033 µF / 100 V Kondensator
D 1 = 1N 4001 Diode
D 2 = 1N 4001 Diode
D 3 = 6,8 V / 500 mW Zenerdiode
D 4 = 1N 4148 Diode
T 1 = BC 237 oder BC 239 npn-Transistor
T 2 = BC 237 oder BC 239 npn-Transistor
T 3 = BC 237 oder BC 239 npn-Transistor
T 4 = BC 237 oder BC 239 npn-Transistor
T 5 = BC 237 oder BC 239 npn-Transistor
T 6 = BD 241 oder BD 243 npn-Transistor
4 Stück Lötstützpunkte
1 Stück Druckplatine B 60055

Dieses Gerät kann aus einem Bausatz der Firma Diamant-Electronic aufgebaut werden (Bausatz: S 051).

322   Die fertige Druckplatine zur FBI-Sirene.

schen Schaltung nachbilden, so daß beispielsweise Polizei- und Feuerlöschbootmodelle damit ausgerüstet werden können.

Ein Lautsprecher mit einer Impedanz von 4 bis 8 Ohm und einer Belastbarkeit von 3 bis 5 Watt wird an den Lötstützpunkten 3 und 4 angeschlossen. Die Betriebsspannung, 12 V Gleichspannung, ist an die Punkte 1 (+) und 2 (−) anzulegen. Im Lautsprecher ertönt das auf- und abschwellende Geräusch des Martinshorns. Sollte jedoch jemand auf die Idee kommen, diese Sirene in sein Kraftfahrzeug einzubauen, um schneller durch den Großstadtverkehr zu kommen, der sei hingewiesen, daß dieses selbstverständlich unzulässig ist. In der Bundesrepublik ist diese Sirene als Kraftfahrzeugsignal nicht zugelassen und die Benutzung im Freien nicht erlaubt.

Martinshorn

Feuerwehr- und Polizeieinsatzfahrzeuge sowie Rettungs- und Notarztwagen sind bekanntlich mit dem sogenannten Martinshorn ausgerüstet. Dieses markante Geräusch läßt sich auch in einer elektroni-

Stückliste zum Martinshorn

R 1 = 180 Ohm Schichtwiderstand
R 2 = 820 Ohm Schichtwiderstand
R 3 = 680 Ohm Schichtwiderstand
R 4 = 6,8 kOhm Schichtwiderstand
R 5 = 330 Ohm Schichtwiderstand
R 6 = 220 Ohm Schichtwiderstand
R 7 = 910 Ohm Schichtwiderstand

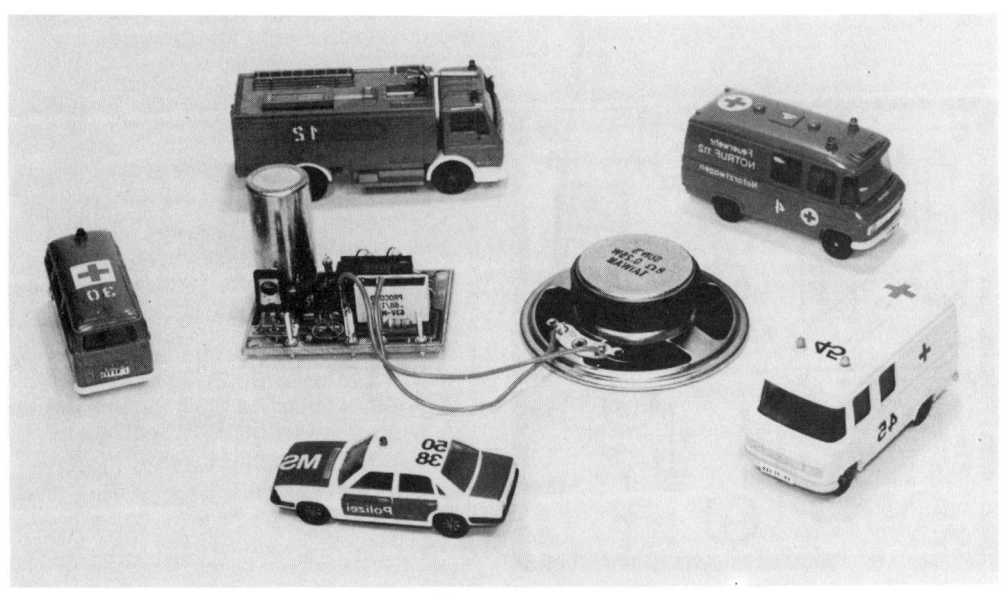

323   Martinshorn für Polizei-, Feuerwehr- und Sanitätsfahrzeuge.

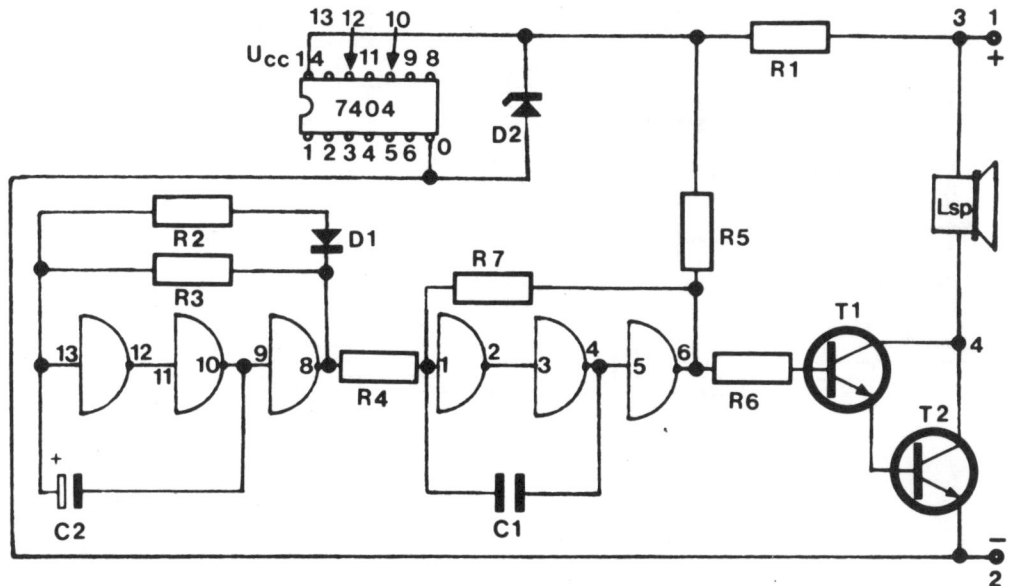

324 Schaltbild zum Martinshorn.

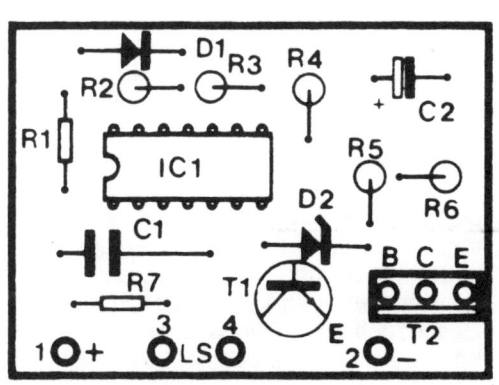

325 Bestückungsplan zum Martinshorn.

326 Die fertige Druckplatine des Martinshorns.

C 1 = 0,68 µF / 100 V Folienkondensator
C 2 = 1000 µF / 16 V Elko
T 1 = BC 237 B oder BC 547 B npn-Transistor
T 2 = BD 135 oder BD 137 npn-Transistor
IC 1 = SN 7404 Integrierter Schaltkreis
D 1 = 1N 4148 Diode
D 2 = 4,7 V / 0,5 W Zenerdiode
4 Stück Lötstützpunkte
1 Stück Druckplatine B 70144

Dieses Gerät kann aus einem Bausatz der Firma
Diamant-Electronic aufgebaut werden (Bausatz:
S 251).

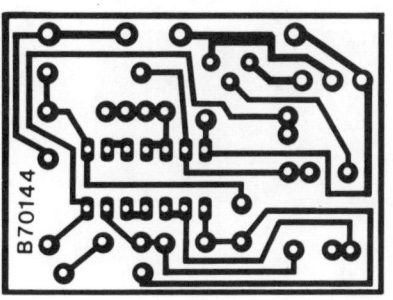

327 Druckvorlage zum Martinshorn im Maßstab 1 : 1.

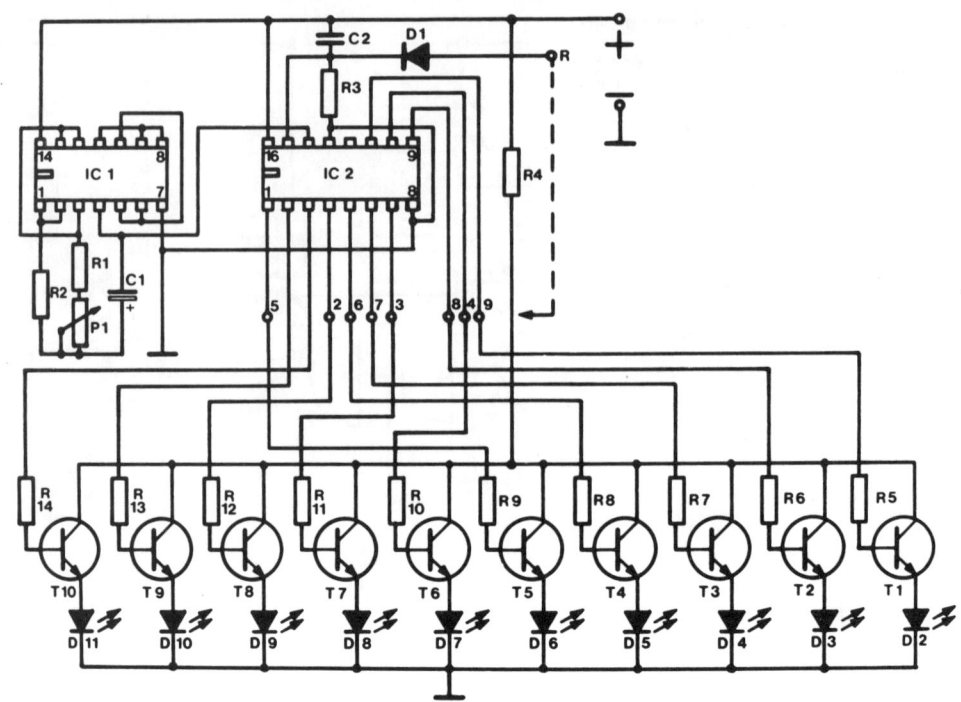

328 Schaltbild zur Reklame-Lauflichtkette.

Reklame-Lauflichtkette

Modellbahnanlagen sind interessanter geworden, seit es die kleinen Leuchtdioden gibt. Sie benötigen wenig Strom, sind platzsparend und lassen sich auch nachträglich an allen Stellen der Anlagen einbauen. Besonders gut eignen sie sich als Lauflichtketten für Lichtreklamen.

Geschäftshäuser, Kinos oder andere Gebäude, bei denen diese Blickpunkte eingesetzt werden, beleben das Bild der Modellbahnanlage.

Ein Gerät für zehn Leuchtdioden ist verhältnismäßig leicht aufzubauen.

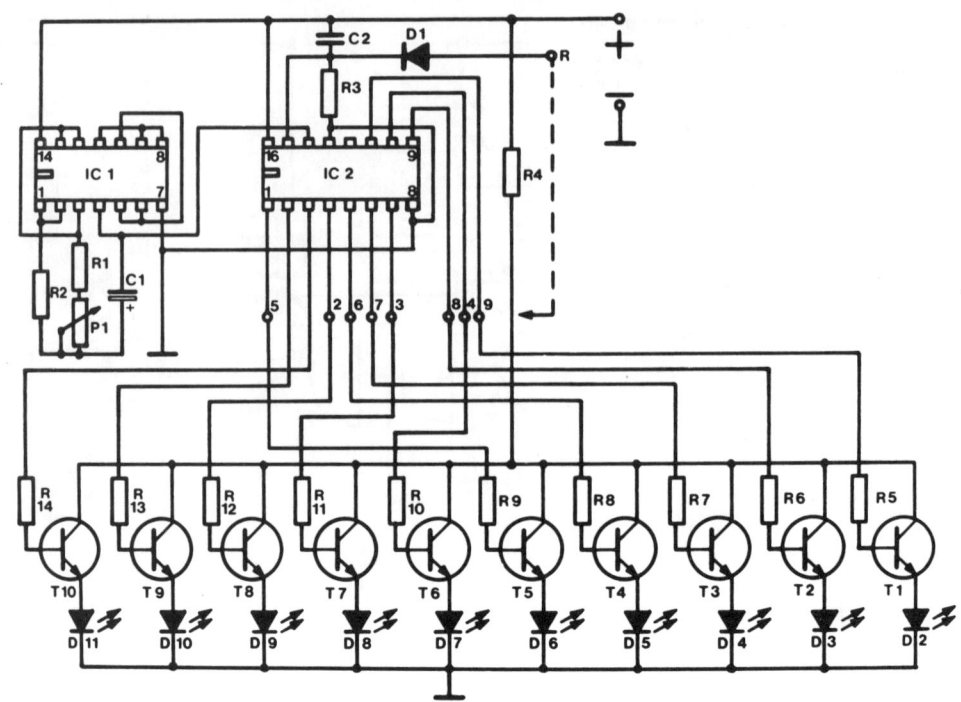

329 Alle Bauteile und die Druckplatine zur Reklame-Lauflichtkette.

Stückliste zur Reklame-Lauflichtkette

R 1 = 27 kOhm Schichtwiderstand
R 2 = 150 kOhm Schichtwiderstand
R 3 = 150 kOhm Schichtwiderstand
R 4 = 560 Ohm (für 12 Volt) Schichtwiderstand
R 5 – R 14 = 27 kOhm Schichtwiderstände
C 1 = 1 µF Folienkondensator
C 2 = 0,033 µF Folienkondensator
T 1 – T 10 = BC 237 npn-Transistor
D 1 = 1N 4148 Diode
D 2 – D 11 = LED Leuchtdioden
IC 1 = CD 4001 Integrierter Schaltkreis
IC 2 = CD 4017 Integrierter Schaltkreis

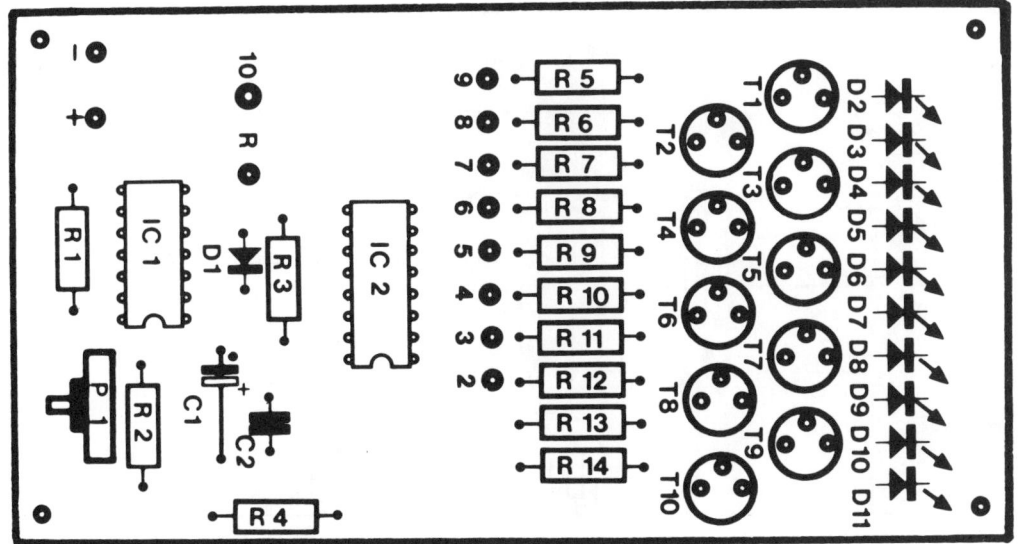

330 Bestückungsplan zur Reklame-Lauflichtkette.

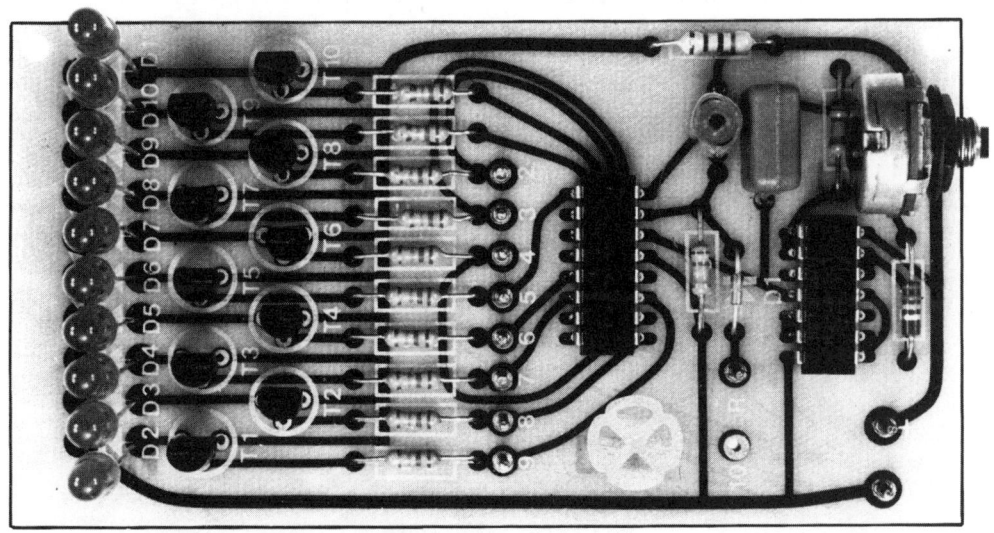

331 Die fertige Druckplatine der Reklame-Lauflichtkette.

P 1 = 1 MOhm / lin. Potentiometer
7 Stück Lötstützpunkte
1 Stück Druckplatine B 60056

Dieses Gerät kann aus einem Bausatz der Firma Diamant-Electronic aufgebaut werden (Bausatz: LE 045).

Schiffsdiesel-geräuschgenerator

In Schiffsmodellen, deren Vorbilder mit Dieselmotoren angetrieben werden, zum Beispiel Fisch- und Krabbenkutter oder

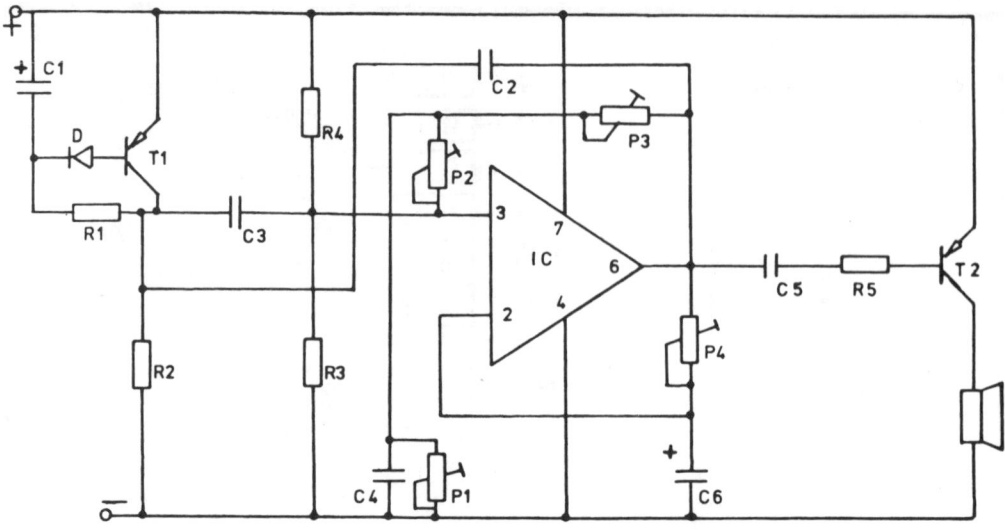

332 Schaltbild zum Schiffsdieselgeräuschgenerator.

Schlepper, läßt sich eine elektronische Schaltung einbauen, die dazu beiträgt, die Vorbildtreue auch akustisch zu gewährleisten.

Die hier beschriebene Schaltung erzeugt ein Geräusch, das dem eines Schiffsdieselmotors ähnelt.

Am Endtransistor T 2 kann direkt ein Lautsprecher angeschlossen werden, der an geeigneter Stelle im Schiffsmodell eingebaut wird. Mit den Einstellpotis P 1 bis P 4 lassen sich Tonart und Geschwindigkeit verändern.

Die Schaltung arbeitet an einer Betriebsspannung von 9 bis 12 Volt Gleichspannung.

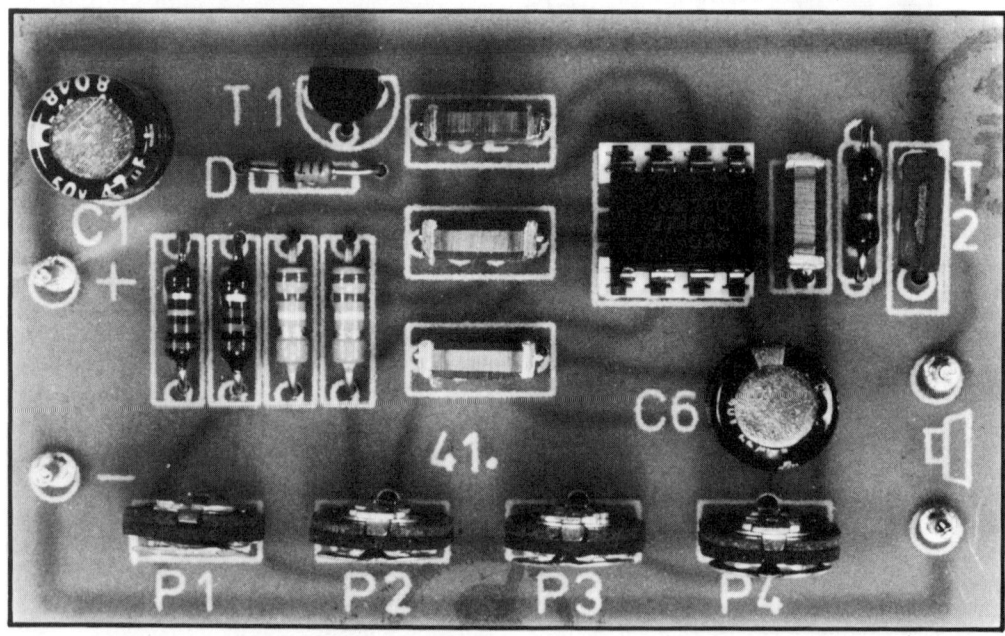

333 Druckplatine zum Schiffsdieselgeräuschgenerator.

196

Stückliste zum Schiffsdieselgeräuschgenerator

R 1 = 68 kOhm Schichtwiderstand
R 2 = 1,8 kOhm Schichtwiderstand
R 3 = 220 kOhm Schichtwiderstand
R 4 = 220 kOhm Schichtwiderstand
R 5 = 1 kOhm Schichtwiderstand
C 1 = 47 µF / 16 V Elko
C 2 = 0,1 µF Folienkondensator
C 3 = 0,1 µF Folienkondensator
C 4 = 0,1 µF Folienkondensator
C 5 = 0,1 µF Folienkondensator
C 6 = 22 µF / 16 V Elko
T 1 = BC 307 npn-Transistor
T 2 = BD 676, BD 678 oder BD 680 Darlington-
Transistor
IC = 741
D = 1N 4148 Diode
P 1 = 470 kOhm Einstellregler
P 2 = 100 kOhm Einstellregler
P 3 = 100 kOhm Einstellregler
P 4 = 100 kOhm Einstellregler
4 Stück Lötstützpunkte
1 Stück Lautsprecher
1 Stück Druckplatine Nr. 41

Dieses Gerät kann aus einem Bausatz der Firma Conrad-Electronic aufgebaut werden (Bausatz: Schiffsdieselgeräusch).

Zerstörer-Sirene

Anders als eine FBI-Sirene ertönt die Sirene eines Kriegsschiffes, beispielsweise die eines Zerstörers. Ihr individueller, unverkennbarer Klang läßt sich nur schwer nachvollziehen. Die hier gezeigte elektronische Schaltung erzeugt einen Sirenenton, der dem Originalton sehr ähnelt. Die Schaltung eignet sich zum Einbau in ein Kriegsschiffsmodell.

Wie aus dem Schaltbild ersichtlich, ist der Aufwand etwas höher als bei der FBI-Sirene. Wiederum wird der Grundton von zwei Multivibratoren T1/T2 und T3/T4 erzeugt. Ein dritter Multivibrator T7/T8 bestimmt die Tonfolge, die mit dem Einstellregler P1 verändert werden kann. Der Transistor T6 arbeitet als Verstärker, der Transistor T5 sorgt für eine gute Stabilisierung der Betriebsspannung. Der Stromverbrauch beträgt 650 mA.

An den Lötstiften 1 und 4 wird die Betriebsspannung (12 Volt), an den Lötstiften 2 und 3 der Lautsprecher angeschlossen.

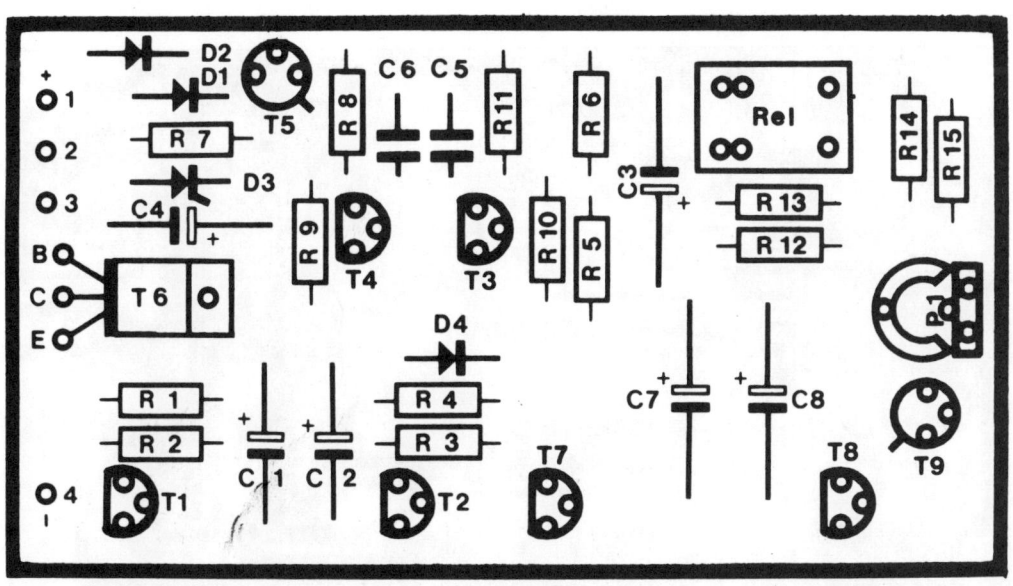

334 Bestückungsplan zur Zerstörer-Sirene.

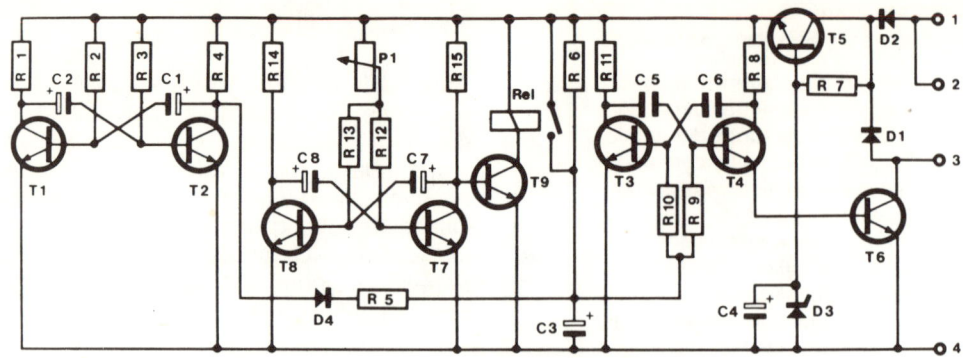

335 Schaltbild zur Zerstörer-Sirene.

Stückliste zur Zerstörer-Sirene

R 1 = 2,2 kOhm Schichtwiderstand
R 2 = 47 kOhm Schichtwiderstand
R 3 = 47 kOhm Schichtwiderstand
R 4 = 4,7 kOhm Schichtwiderstand
R 5 = 1 kOhm Schichtwiderstand
R 6 = 18 kOhm Schichtwiderstand
R 7 = 2,2 kOhm Schichtwiderstand
R 8 = 680 Ohm Schichtwiderstand
R 9 = 15 kOhm Schichtwiderstand
R 10 = 15 kOhm Schichtwiderstand
R 11 = 2,2 kOhm Schichtwiderstand
R 12 = 10 kOhm Schichtwiderstand
R 13 = 10 kOhm Schichtwiderstand
R 14 = 5,6 kOhm Schichtwiderstand

R 15 = 5,6 kOhm Schichtwiderstand
P 1 = 10 kOhm bis 47 kOhm Einstellregler
C 1 = 47 µF / 25 V Elko
C 2 = 47 µF / 25 V Elko
C 3 = 100 µF / 25 V Elko
C 4 = 4,7 µF / 25 V Elko
C 5 = 0,033 µF / 100 V Kondensator
C 6 = 0,022 µF / 100 V Kondensator
C 7 = 22 µF / 25 V Elko
C 8 = 22 µF / 25 V Elko
D 1 = 1N 4001 Diode
D 2 = 1N 4001 Diode
D 3 = 6,8 V / 500 mW Zenerdiode
D 4 = 1N 4148 Diode
T 1 = BC 237 oder BC 239 npn-Transistor
T 2 = BC 237 oder BC 239 npn-Transistor

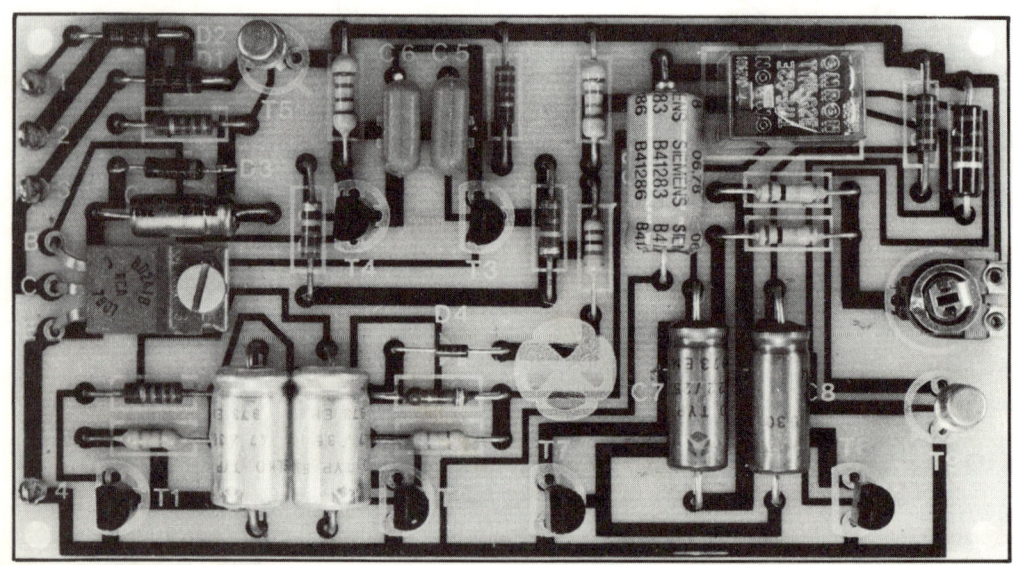

336 Die fertige Druckplatine zur Zerstörer-Sirene.

T 3 = BC 237 oder BC 239 npn-Transistor
T 4 = BC 237 oder BC 239 npn-Transistor
T 5 = BC 108 npn-Transistor
T 6 = BD 241 oder BD 233 npn-Transistor
T 7 = BC 237 oder BC 239 npn-Transistor
T 8 = BC 237 oder BC 239 npn-Transistor
T 9 = BC 108 npn-Transistor
Rel = Miniaturrelais für 12 Volt
4 Stück Lötstützpunkte
1 Stück Druckplatine B 60072

Dieses Gerät kann aus einem Bausatz der Firma Diamant-Electronic aufgebaut werden (Bausatz: S 051).

Netzgerät für Gleich- und Wechselspannung

Zum Betreiben von Loks, zum Beleuchten der Wagen und zum Schalten der Signale und Weichen bei Modelleisenbahnanlagen wird Strom benötigt. Auch die elektronischen Schaltungen von Baustellenblinklichtanlagen, Reklamebeleuchtungen und sonstigen Warnanlagen benötigen eine bestimmte Betriebsspannung. Die meisten Trafos der Modellbahnanlagen sind dafür ausgelegt, sowohl Gleich- als auch Wechselspannung abzugeben, um die verschiedenen Signalanlagen mit Steuerspannung (meist Wechselspannung) und die Gleise mit Fahrstrom (meist Gleichstrom) versorgen zu können.

In vielen Fällen sind jedoch Trafos irgendwo in der Anlage fest eingebaut, und es ist oft nicht ganz einfach an sie heranzukommen, wenn eine Spannung benötigt wird, um eine Schaltung, ein Gerät oder eine Lok auszuprobieren. Es ist daher vorteilhaft, wenn man im Besitz eines Netzgerätes ist, das beide Spannungsarten (Gleich- und Wechselspannung) abgibt. Ein weiterer Vorteil ist die kontinuierlich einstellbare Spannung. Solch ein Gerät wird nachstehend beschrieben.

Bei der Konzeption des Netzgerätes wurde von der Forderung ausgegangen, Gleich- und Wechselspannungen von etwa 5 bis 30 Volt regelbar einstellen zu können, und zwar unabhängig und getrennt voneinander. Die eigentliche elektronische Schaltung wird auf einer 160 mm × 62 mm großen Druckplatine aufgebaut. Alle Bauteile finden dort Platz, lediglich der Endtransistor T 3 muß auf einem besonderen Kühlkörper aufgebaut werden. Die an den Lötstützpunkten 1 und 2 anzuschließende Wechselspannung von 30 Volt wird in einem Gleichrichter GL gleichgerichtet und gesiebt (C 1, C 2, R 1). Eine Regelschaltung (T 1, R 2, R 3) und der Treibertransistor (T 2) steuern den Leistungstransistor (T 3). Die Spannung wird durch die Zenerdiode (ZD1) stabilisiert.

An den Ausgängen (Lötstützpunkte 3 und 4) kann eine kontinuierliche einstellbare Gleichspannung zwischen 5 und 30 Volt abgenommen werden, deren Höhe von der Stellung des Potentiometers (R 6) abhängig ist. Es können Verbraucher bis zu

337 Netzgerät, Frontseite.

338 Netzgerät, Rückseite.

199

339 Die einzelnen Baugruppen des Netzgerätes.

einem Stromverbrauch von etwa 2 A ange-schlossen werden. Die Stromstärke läßt sich durch Zwischenschalten eines Viel-fachmeßinstrumentes (Ampere-Bereich)

zwischen Punkt 3 und dem Verbraucher messen.

Zum Betrieb der Schaltung ist ein Trans-formator notwendig. Beim Kauf ist zu be-achten, daß er eine Spannung von 30 Volt abgibt und eine Strombelastung von 3 A aushält. Da wir auch noch wechselspan-nungsmäßig verschiedene Spannungen benötigen, muß er Anzapfungen bei 6 V, 12 V, 18 V, 24 V, 30 V und 36 V besitzen. Diese Anzapfungen werden an Buchsen geführt, an denen dann die verschiedenen Wechselspannungen für Experimentier-zwecke abgenommen werden können. Es ist auch möglich, die Anzapfungen an ei-nen Stufenschalter zu führen (siehe Ver-drahtungsplan), um die Wechselspannung stufenweise von 6 zu 6 Volt (6, 12, 18, 24, 30, 36 V) schalten zu können. Bei dem hier gezeigten Netzgerät wurden beide Wege verwirklicht.

Druckplatine, Leistungstransistor und Netztrafo werden in ein Teko-Gehäuse Typ AUS 23 eingebaut und nach dem Ver-drahtungsplan verdrahtet.

In der Frontplatte werden vier Buchsen, je-weils zwei für Gleich- und Wechselspan-nung, das Potentiometer (R 6), der Stufen-schalter (St), der Netzschalter (S) und eine Kontrollampe (La) mit Fassung eingebaut.

Die einzelnen Buchsen für die Entnahme der Wechselspannung und ein Siche-rungselement sind in der Rückwand zu montieren.

Stückliste zum Netzgerät für Gleich- und Wechselspannungen

R 1 = 3,3 kOhm / 1 W Schichtwiderstand
R 2 = 100 Ohm / 1/2 W Schichtwiderstand
R 3 = 2,2 kOhm / 1/2 W Schichtwiderstand
R 4 = 330 Ohm / 1/4 W Schichtwiderstand
R 5 = 330 Ohm / 1/4 W Schichtwiderstand
R 6 = 2,2 kOhm / 1/4 W Potentiometer
C 1 = 4700 µF / 40 V Elko
C 2 = 220 µF / 40 V Elko
C 3 = 220 µF / 40 V Elko
T 1 = 2N 1613 Transistor
T 2 = BC 141 Transistor
T 3 = 2N 3055 Transistor
GI = B 40 / C 5000/3200 Gleichrichter
Si 1 = 2,5 A Feinsicherung
ZD 1 = 4,7 V / 1,3 W Zenerdiode
1 Stück Kühlstern für Transistor T 2
          (TO 5-Gehäuse)

340 Schaltbild des Netzgerätes.

200

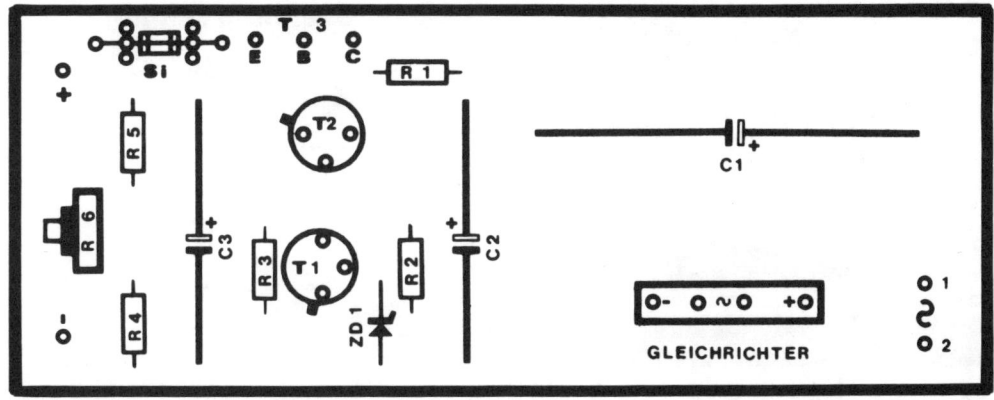

341   Bestückungsplan des Netzgerätes.

2 Stück Sicherungshalter
7 Stück Lötstützpunkte
1 Stück Druckplatine 60034 A/B

Dieses Gerät kann aus einem Bausatz der Firma
Diamant-Electronic aufgebaut werden (Bausatz:
NT 017).

Zusätzlich sind noch folgende Bauteile erforderlich:

1 Stück Kühlkörper für Transistor T 3
1 Stück Netztrafo 220 V / 0-6-12-18-24-30-36 Volt,
         3 A
1 Stück Kipphebel-Netzschalter

15 Stück Teko-Gehäuse AUS 23
1 Stück Sicherungselement mit Feinsicherung
         300 mA (Si 2)
1 Stück Kontrollampe 220 V mit Fassung (La)

Technische Daten des Netzgerätes:

Gleichspannung stabilisiert,
5 bis 30 Volt stufenlos regelbar,
Belastbarkeit 2 A

Wechselspannung in Stufen von 0 bis 6-12-18-
24-30-36 Volt einstellbar,
Belastbarkeit 3 A.

342   Die fertige Druckplatine des Netzgerätes.

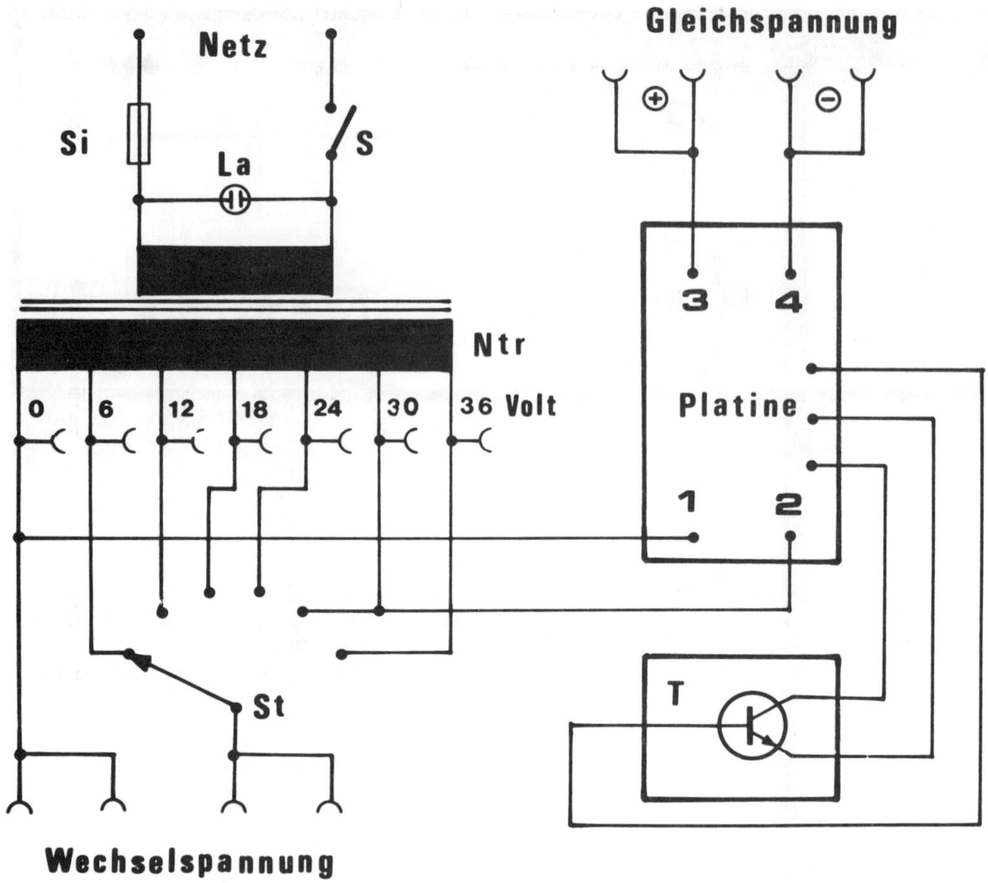

Gleichspannung

Netz

Si

La

S

Ntr

0 6 12 18 24 30 36 **Volt**

3 4

Platine

1 2

St

T

Wechselspannung

343 Verdrahtungsplan zum Netzgerät.

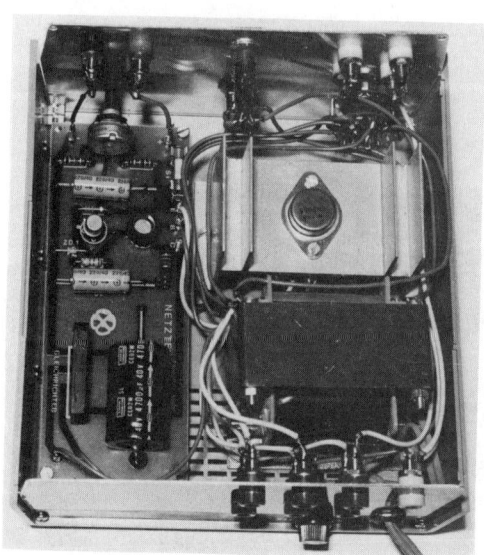

344 Das in ein Gehäuse eingebaute Netzgerät.

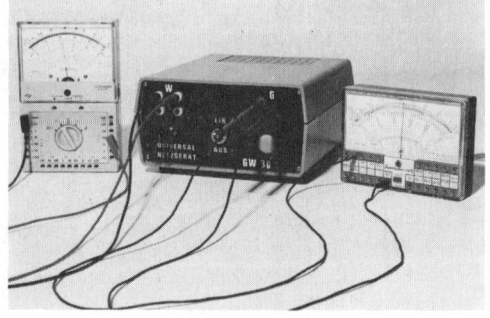

345 Links: Wechselspannungsabgabe, rechts; Gleichspannungsabgabe.

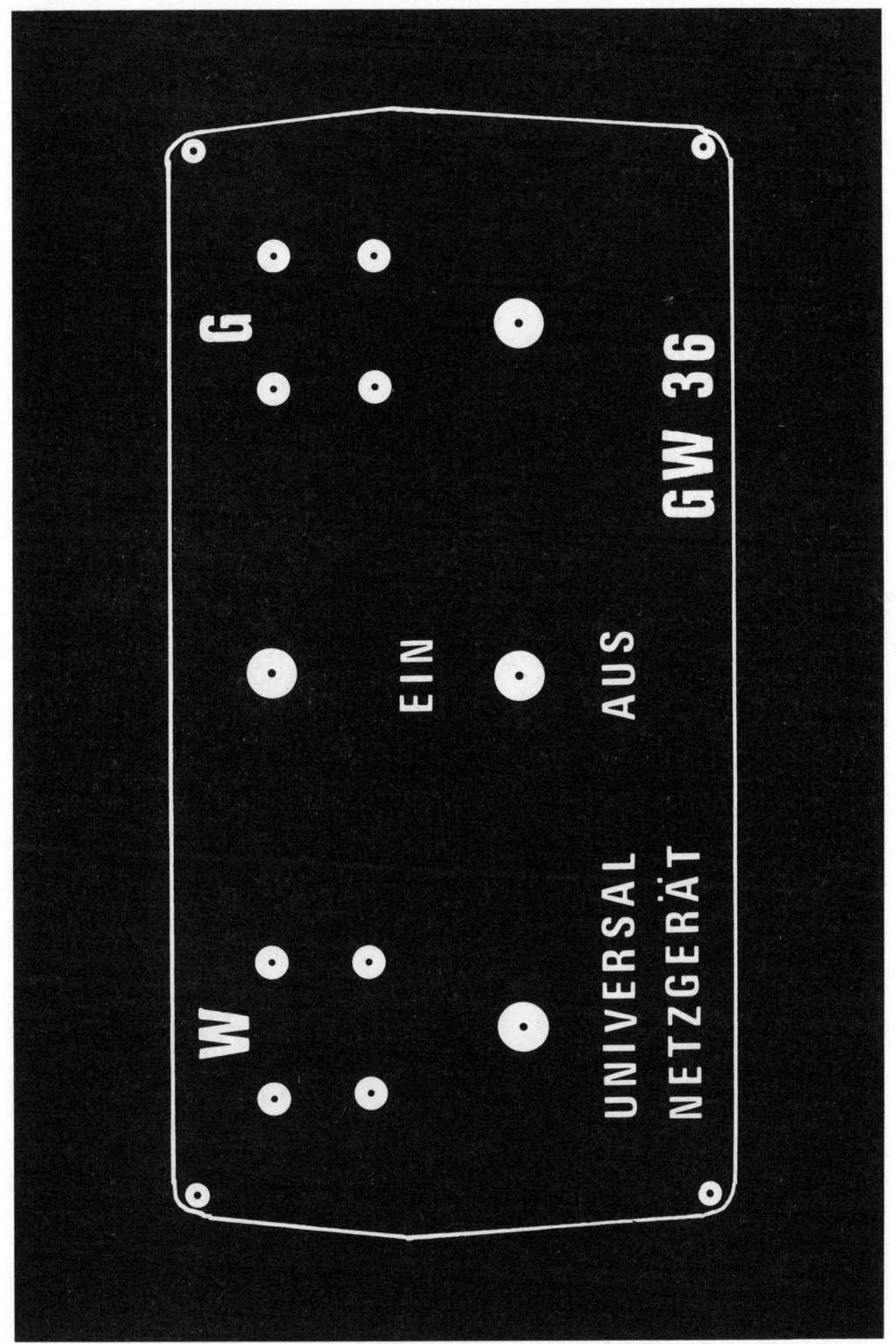

346 Bohrplan zur Frontplatte des Netzgerätes im Maßstab 1:1.

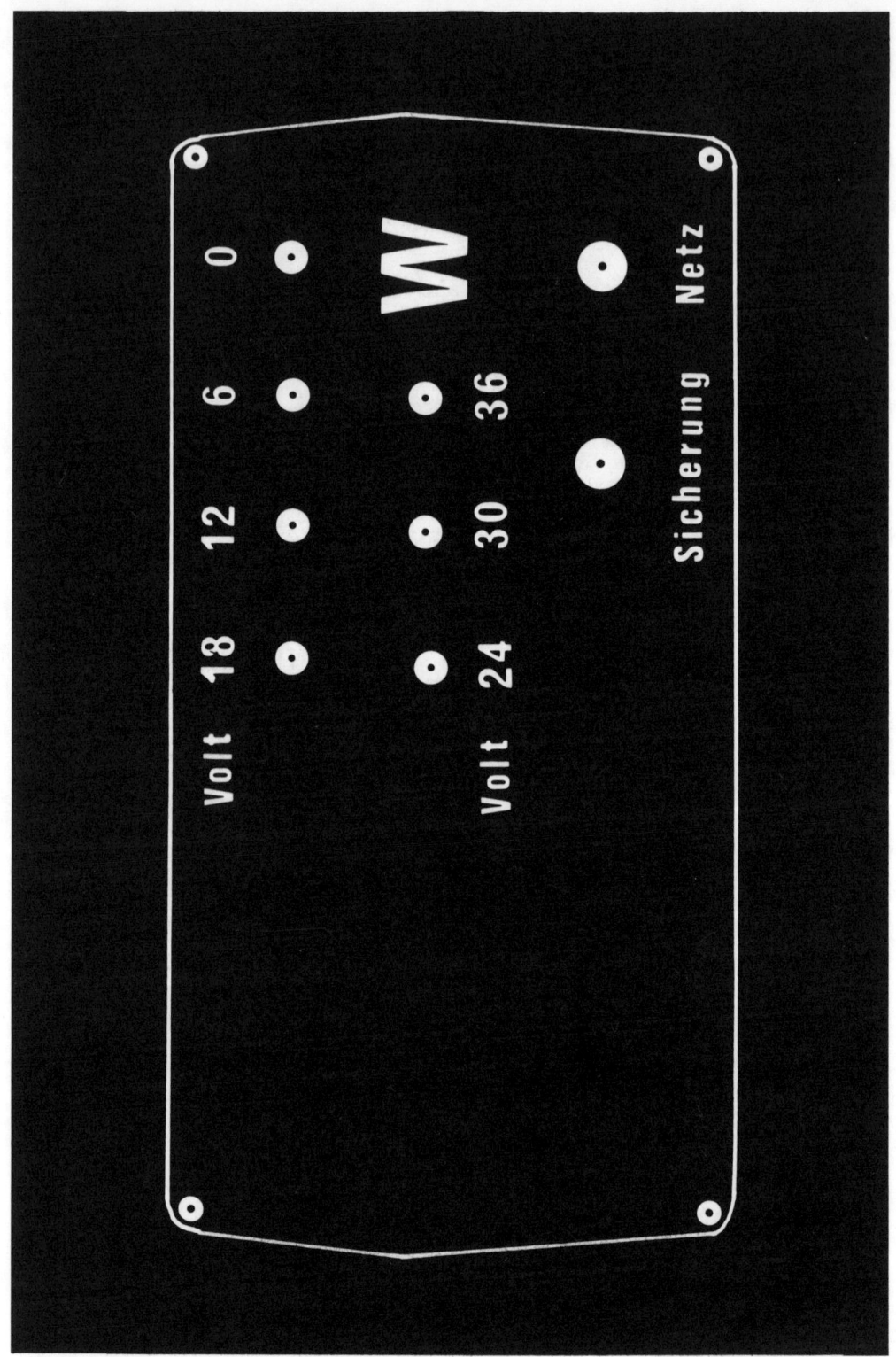

347　Bohrplan zur Rückseite des Netzgerätes im Maßstab 1:1.

Hobbyelektronik

Hobbyelektroniker sind Tüftler, die sich bevorzugt mit dem Probieren von elektronischen Schaltungen, dem Aufbau von Geräten sowie der Verbesserung und Erweiterung von Schaltungen beschäftigen. Für diesen Zweck werden Meß- und Prüfgeräte benötigt, die man selbst bauen kann. Einige solcher Geräte werden nachstehend beschrieben. Mit ihnen läßt sich ein Heimlabor schaffen, das für anfallende Reparaturen an elektronischen Geräten sehr nützlich ist.

Meß- und Prüfgeräte sind erforderlich, weil elektronische Vorgänge sich ohne solche Hilfsmittel nicht erkennen oder nachprüfen lassen. Unerläßlich sind auch Netzgeräte, denn ohne Stromversorgung funktioniert kein elektronisches Gerät. Auch beim Experimentieren werden verschiedene Spannungen benötigt.

Regelbares Netzgerät

Netzgeräte werden im wesentlichen nach zwei Grundarten unterschieden. Einmal kommt es nur darauf an, ein bestimmtes Gerät mit Strom zu versorgen. Hier liegt die benötigte Spannung fest, und der erforderliche Strom ist ebenfalls bekannt.

348   Das regelbare Netzgerät.

349 Die Druckplatine wird am Gehäuseboden befestigt.

den Zenerdioden Z1 und Z2 stabilisiert. Als Gehäuse wird ein Teko-Gehäuse P/4 verwendet. Die beiden Meßinstrumente A und V, der Netzschalter S, die Kontrollglimmlampe La mit der Fassung, das Potentiometer P und die Ausgangsbuchsen a1–a4 werden auf der Frontplatte montiert.

Der Trafo findet in einem zweiten Teko-Gehäuse P/4 Platz, das an der Rückseite mit dem Grundgerät verschraubt wird. Die Drahtleitungen zum Trafo werden durch ein Loch in der Rückwand verlegt. Zur Überprüfung der Schaltung können Glühlampen 18 V/0,1 A verwendet werden, von denen sich bis zu 20 Stück prallel schalten lassen.

Das Netzgerät kann also für eine feste Spannung und einen konstanten Strom ausgelegt werden.

Anders sieht es bei im Laborbetrieb benötigten Netzgeräten aus. Sie sollen möglichst eine kontinuierlich einstellbare geregelte Ausgangsspannung abgeben. Ein solches Gerät wird nachstehend beschrieben.

Die Ausgangsspannung ist zwischen 0 und 20 Volt kontinuierlich einstellbar, der entnehmbare Strom beträgt 2 Ampere. Die Einstellung der Ausgangsspannung geschieht durch das Potentiometer P, der Grenzstrom wird mit dem Einstellregler R3 festgelegt. Die Widerstände R6 und R7 sorgen für eine Verbesserung der Konstanz der Ausgangsspannung bei schwankenden Arbeitsbedingungen. Der Kondensator C3 ist notwendig, um hochfrequente Schwingneigungen zu beseitigen.

Der Gesamtstrom fließt über den Leistungstransistor T4 und über das Amperemeter A zu den Ausgangsbuchsen a1/a2 und a3/a4. Parallel zum Ausgang liegt ein Spannungsmesser V, an dem die eingestellte Ausgangsspannung direkt abgelesen werden kann. Um sie bis auf 0 Volt herunterregeln zu können, ist es erforderlich, eine Hilfsspannung als Vergleichsspannung zu benutzen. Diese wird durch die Trafowicklung 5/6 geliefert, von der Diode D gleichgerichtet und durch die bei-

Stückliste zum geregelten Netzgerät

R1	=	4,7 kOhm / 1 W	Schichtwiderstand
R2	=	1,2 kOhm / 1 W	Schichtwiderstand
R3	=	25 kOhm / lin. Einstellregler	
R4	=	2,2 kOhm / 1/3 W	Schichtwiderstand
R5	=	3,3 kOhm / 1/3 W	Schichtwiderstand
R6	=	5,6 kOhm / 1/3 W	Schichtwiderstand
R7	=	5,6 kOhm / 1/3 W	Schichtwiderstand
R8	=	4,7 kOhm / 1/3 W	Schichtwiderstand
R9	=	470 Ohm / 1/3 W	Schichtwiderstand
P	=	10 kOhm / lin. Potentiometer	
C1	=	2 × 470 µF / 35 V in Reihe geschaltet, Elko	
C2	=	2 × 2200 µF / 35 V parallel geschaltet, Elko	
C3	=	22 nF / 160 V Papierrollkondensator	
C4	=	100 µF / 35 V Elko	
Gl	=	B40C 3200 Brückengleichrichter	
D	=	BY 127 Si-Diode als Gleichrichter	
Z1	=	BZX55 / D15 oder BZY85 C15 Zenerdiode	
Z2	=	BZX55 / D15 oder BZY85 C15 Zenerdiode	
T1	=	BC 177 pnp-Transistor	
T2	=	BC 177 pnp-Transistor	
T3	=	2N3054 oder BD 109 oder BD 124 npn-Transistor	
T4	=	2N 3055 oder BD 130 npn-Transistor	
Tr	=	Netztransformator	
Si	=	2,5 A Feinsicherung mit Fassung für gedruckte Schaltung	
A	=	Wisometer 52, 2,5 A Endausschlag, Meßinstrument	
V	=	Wisometer 52, 25 V Endausschlag, Meßinstrument	
La	=	Glimmlampe 220 V mit Fassung	
S	=	Netzschalter einpolig	
a1	=	Polklemme schwarz (minus)	
a2	=	Polklemme rot (plus)	
a3	=	Polklemme schwarz (minus)	
a4	=	Polklemme rot (plus)	

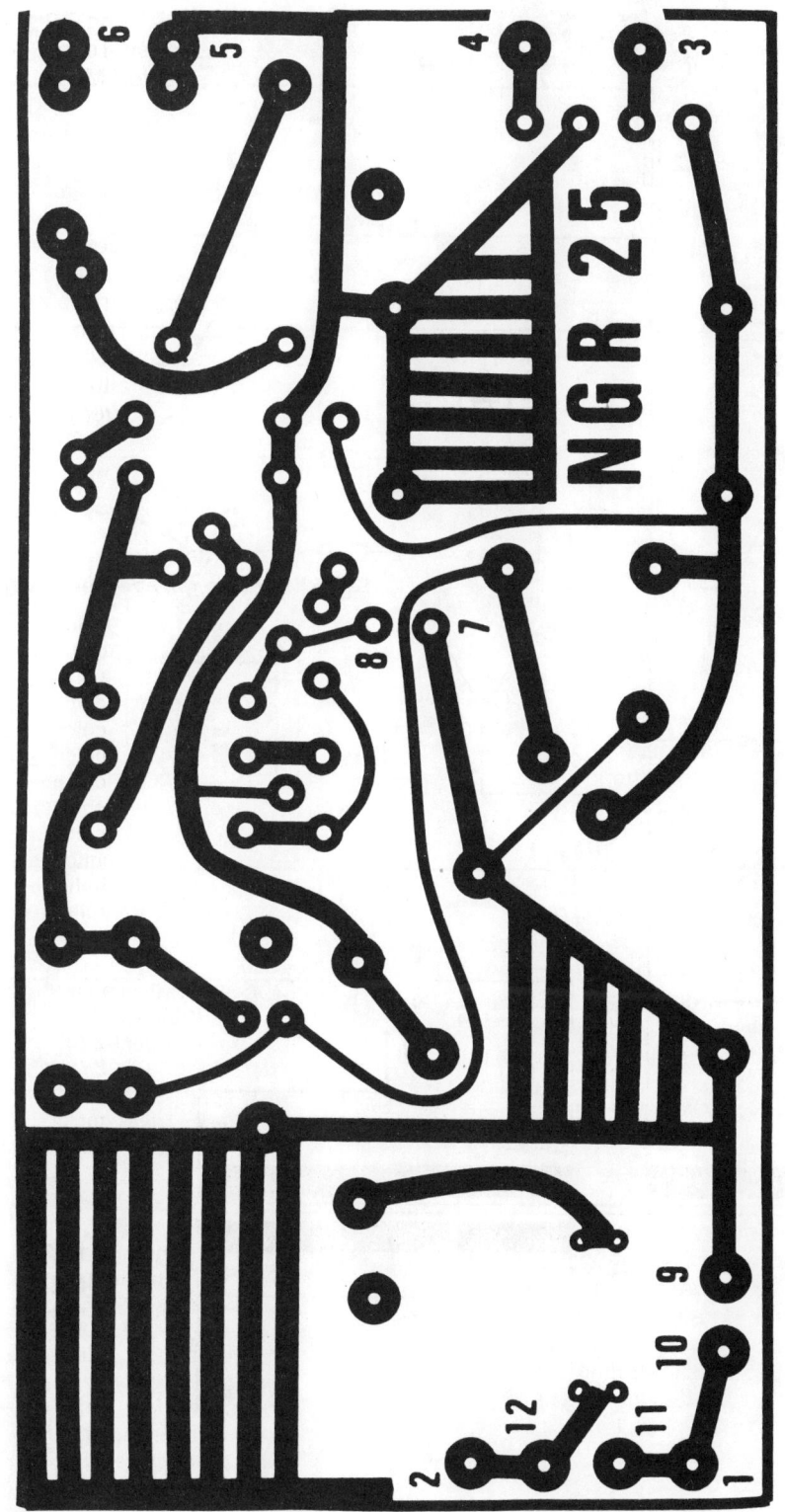

350   Druckvorlage im Maßstab 1:1 zum geregelten Netzgerät.

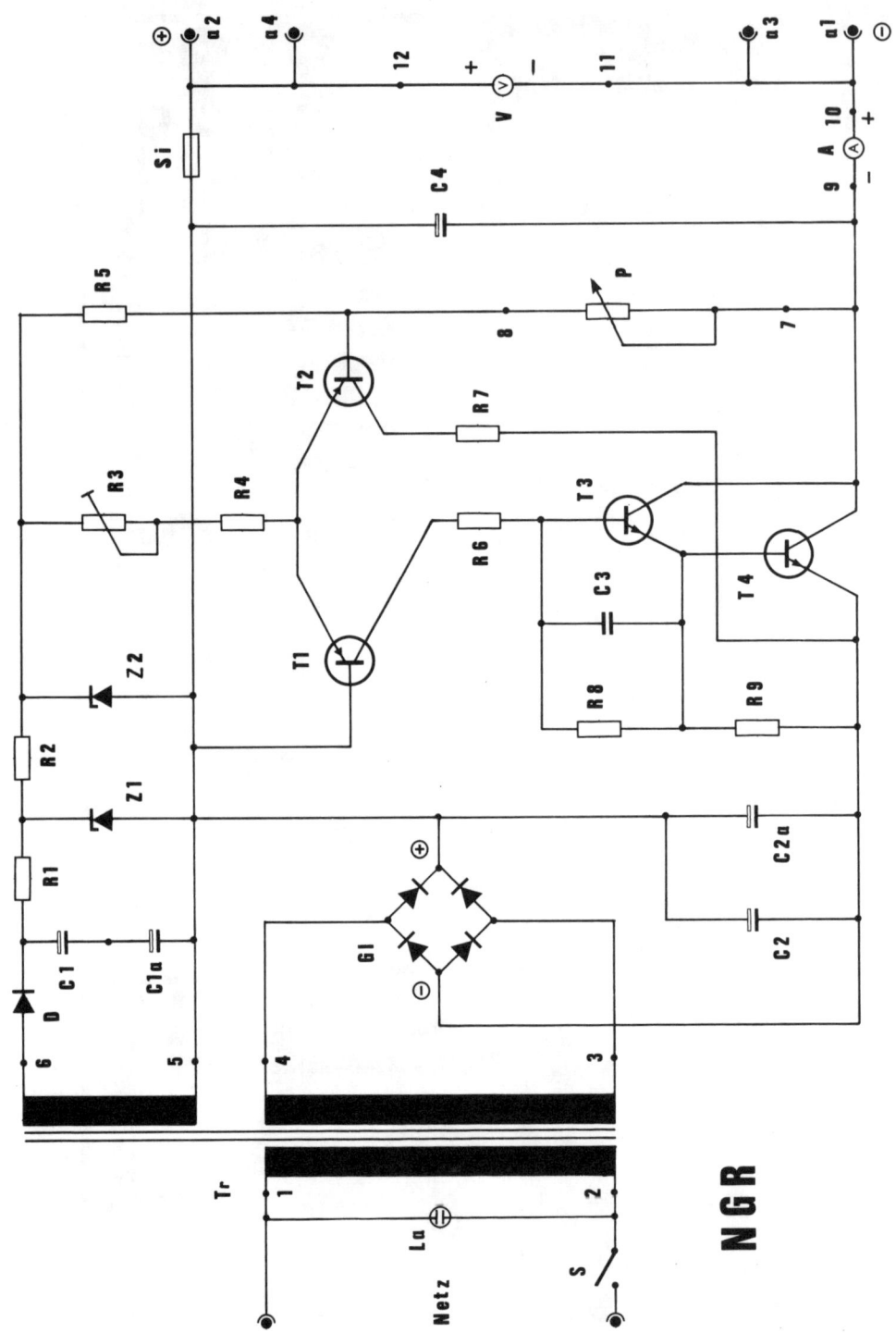

351 Schaltbild zum geregelten Netzgerät.

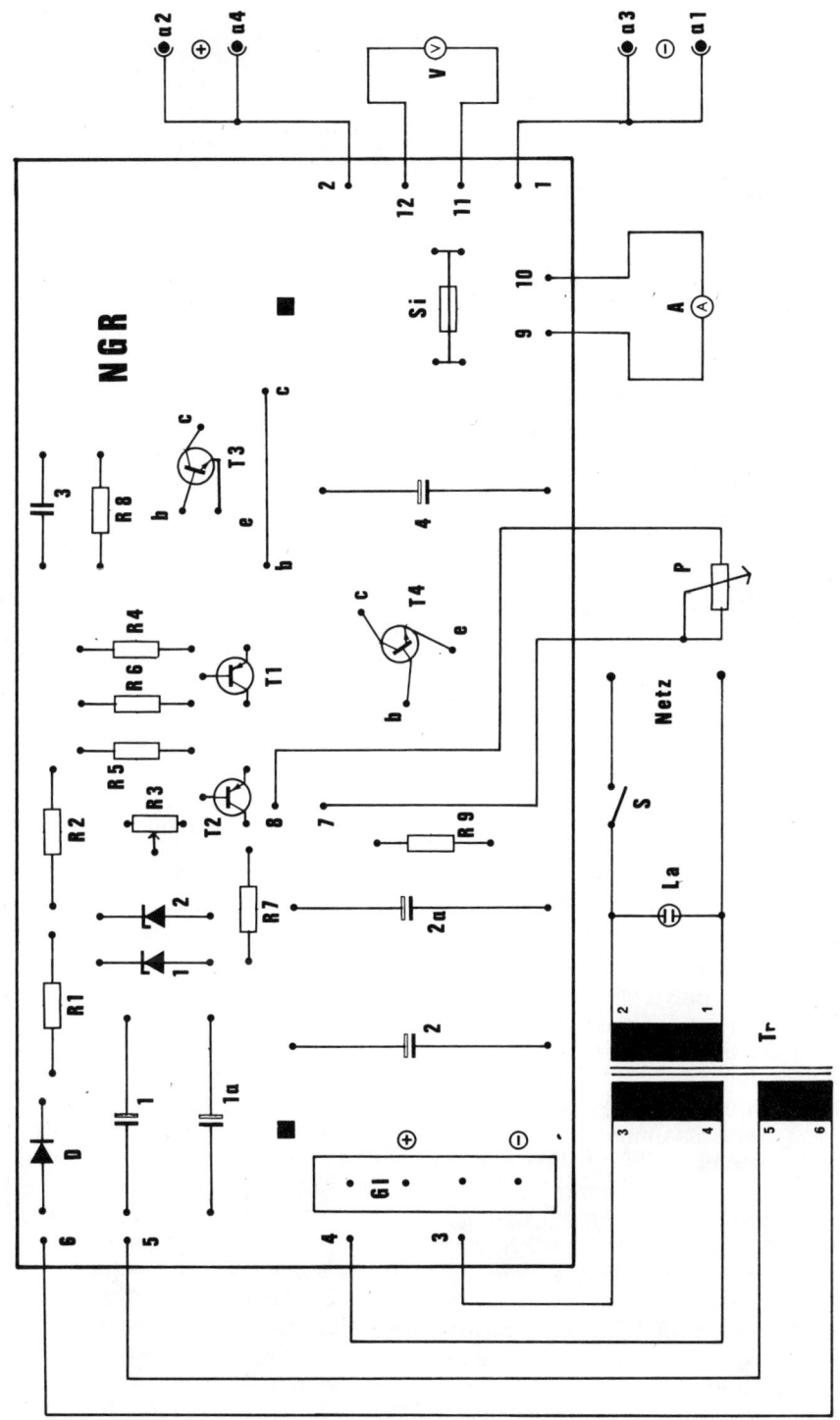

352 *Bestückungs- und Verdrahtungsplan zum geregelten Netzgerät.*

1 Stück Drehknopf für Potentiometer
1 Stück Kühlkörper für Transistoren 2N 3055
1 Stück Teko-Gehäuse P/4
1 Stück Netzstecker mit Kabel, etwa 1,5 m lang
1 Stück Platine NGR 25

Wickeldaten für den Netztransformator

Kern: M 85/35 Dyn. Bl. IV
Primärwicklung: 1 – 2950 Windungen
                     0,35 mm Ø CuL. (220 Volt)
Sekundärwicklung: 3 – 4120 Windungen
                     1 mm Ø CuL. (27 Volt)
                     5 – 6320 Windungen
                     0,25 mm Ø CuL. (70 Volt)

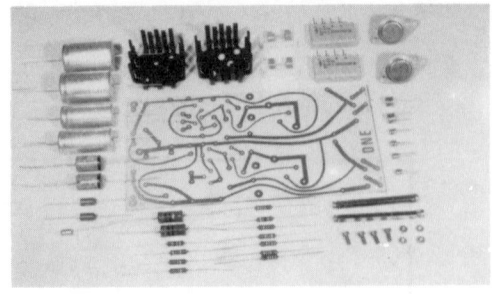

353 Die zum Bau des Doppelnetzgerätes erforderlichen elektronischen Bauteile und die fertige Platine.

Netzgerät für positive und negative Spannungen

Zum Erproben von elektronischen Schaltungen benötigt man kontinuierlich einstellbare, geregelte Netzgeräte, die sowohl eine positive wie auch eine negative Spannung abzugeben imstande sind. Bei Arbeiten mit Operationsverstärkern wird diese doppelte Spannungsabgabe erforderlich, da dort einmal eine Plus- und einmal eine Minusspannung benötigt wird. Selbstverständlich könnte man auch zwei Netzgeräte verwenden und diese in Reihe schalten. Das ist jedoch zu umständlich und setzt voraus, daß zwei gleiche Netzgeräte verfügbar sind. Besser ist es, ein Doppelnetzgerät wie das hier beschriebene zu verwenden.

Die Schaltung des Netzgerätes ist so ausgelegt, daß beide Spannungen, die positive und die negative, die ja stets gleich groß sein sollen, von nur einem Potentiometer aus eingestellt werden. Dazu ist eine Referenzspannung erforderlich, die von einer Zenerdiode Z gewonnen wird. Je ein Differenzverstärker, bestehend aus den Transistoren T 3/T 4 für die positive und T 7/T 8 für die negative Seite, arbeiten als Regelverstärker.

Zu beachten ist, daß die Spannung an der Basis von T 8 sehr genau die Hälfte der Gesamtspannung betragen soll. Dazu ist erforderlich, die beiden Widerstände R 12 und R 13 mit einer Genauigkeit von 1 Prozent auszulegen. Die Spannung gegen Masse beträgt 0 Volt an dieser Stelle. Dies gilt für jede gerade eingestellte Ausgangsspannung.

Weichen die Werte der positiven Ausgangsspannung von denen der negativen ab, dann läuft die Spannung an der Basis von T 8 ins Negative oder ins Positive. Die Basis von T 7 ist fest mit dem Nulleiter der Schaltung verbunden. Dadurch wird die Spannungsabweichung an der Basis von T 8 so gesteuert, daß sich wieder Null Volt einstellen.

Die beiden Ausgangsspannungen werden durch das Potentiometer P eingestellt. Es erfolgt eine Anzeige der positiven Spannung an einem Wisometer 0-25 Volt. Die negative Spannung ist genauso groß wie die positive. Zwischen den Buchsen a bis c steht die doppelte angezeigte Spannung. Das Netzgerät kann somit auch als einfaches Stromversorgungsgerät benützt werden. Es liefert in diesem Fall die doppelte Ausgangsspannung. Der Gesamtstrom wird durch ein Amperemeter angezeigt.

Am Ausgang der Buchsen a/b steht eine von 8 bis 20 Volt einstellbare positive, an den Buchsen b/c eine gleichgroße negative Spannung zur Verfügung. Beiden Seiten kann ein Strom von 1 Ampere entnommen werden. Die beiden Widerstände R 1 und R 8 dienen als Kurzschlußsicherung.

Der Aufbau der Schaltung erfolgt auf einer Druckplatine mit den Abmessungen 200 × 100 mm. Alle Bauteile, außer dem

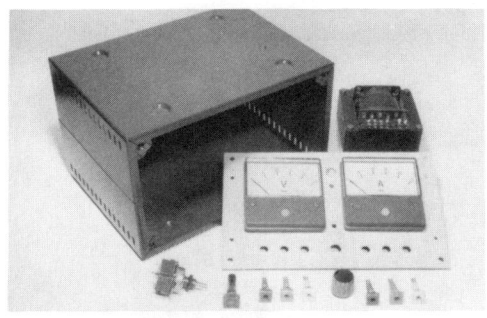

354 Das Gehäuse mit allen mechanischen Bauteilen.

355 Die fertige, mit allen Bauteilen bestückte Platine.

Netztransformator, finden darauf Platz. Druckplatine und Trafo werden in ein Gehäuse eingebaut. Auf der Frontplatte des Gehäuses sind die beiden Meßinstrumente (Wisometer), die Glimmlampe, das Potentiometer und die Ausgangsbuchsen a/b/c und aa/bb/cc zu montieren. Die Maße der dafür erforderlichen Löcher und Ausschnitte sind dem Bohrplan der Frontplatte zu entnehmen. Die Druckplatine ist auf der Rückseite der Frontplatte durch zwei Abstandsbolzen mit dieser zu verschrauben. Frontplatte und Druckplatine bilden mit allen Bauteilen einen zusammenhängenden Block. Die Bauteile lassen sich auf diese Weise gut miteinander durch Drahtleitungen verlöten. Aus dem Verdrahtungsplan geht hervor, wie die einzelnen Anschlußpunkte auf der Druckplatine mit den Bauteilen auf der Frontplatte zu verbinden sind.

Der Netztransformator ist an der Rückwand des Gehäuses zu befestigen. Da sich Frontplatte und Rückwand des Gehäuses abnehmen lassen, kommt man an alle Teile gut heran.

Die Abnahme der Spannung erfolgt an den Buchsen a = Pluspotential, b = Nulleiter (Masse) und c = Minuspotential. Parallel zu diesen liegen drei weitere Buchsen aa/bb/cc. Auch dort kann die Spannung abgenommen werden. Die gewünschte Spannung wird durch das Potentiometer eingestellt. Soll das Netzgerät nur eine positive Spannung liefern, so kann diese an den Buchsen a/c abgenommen werden. Die Buchse b bleibt in diesem Fall frei. Es ist jedoch darauf zu achten, daß die an diesen Buchsen abgenom-

mene Spannung stets doppelt so hoch ist, wie die vom Voltmeter angezeigte, da ja beide Netzgeräteteile hintereinander geschaltet sind, das Spannungsinstrument jedoch nur im oberen Zweig der Schaltung liegt. Das Amperemeter zeigt dagegen den Gesamtstrom an.

**Stückliste zum Netzgerät
für positive und negative Spannungen**

R 1 = 5 Ohm / 1 W Schichtwiderstand
R 2 = 5,6 kOhm / 1/3 W Schichtwiderstand
R 3 = 47 Ohm / 1/3 W Schichtwiderstand
R 4 = 1,8 kOhm / 1/3 W Schichtwiderstand
R 5 = 2,2 kOhm / 1/3 W Schichtwiderstand
R 6 = 2,2 kOhm / 1/3 W Schichtwiderstand
R 7 = 2,2 kOhm / 1/3 W Schichtwiderstand
R 8 = 5 Ohm / 1 W Schichtwiderstand
R 9 = 5,6 kOhm / 1/3 W Schichtwiderstand
R 10 = 47 Ohm / 1/3 W Schichtwiderstand
R 11 = 4,7 kOhm / 1/3 W Schichtwiderstand
R 12 = 4,7 kOhm / 1/3 W Schichtwiderstand
R 13 = 4,7 kOhm / 1/3 W Schichtwiderstand

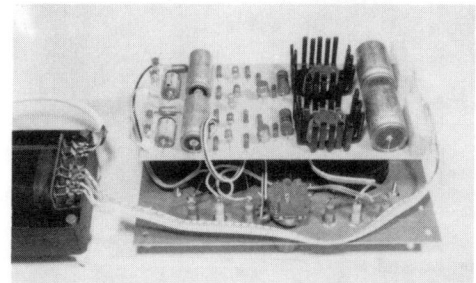

356 Die Platine wird über der Frontplatte (Rückseite) montiert, der Transformator ist am Gehäuseboden festzuschrauben.

211

357 Das fertige Netzgerät.

C 1 = 2200 µF / 35 V Elko
C 2 = 1000 µF / 35 V Elko
C 3 = 0,47 µF / 100 V
C 4 = 2200 µF / 35 V Elko
C 5 = 1000 µF / 35 V Elko
C 6 = 0,47 µF / 100 V
D 1 = BY 127 Siliziumdiode
D 2 = BY 127 Siliziumdiode
Z = Z 6 Zenerdiode
Gl 1 = B 40 C 2200 Brückengleichrichter
Gl 2 = B 40 C 2200 Brückengleichrichter
P = 5 kOhm / lin. Potentiometer mit
       angebautem Schalter
T 1 = 2 N 3055 npn-Transistor

T 2 = 2 N 1613 npn-Transistor
T 3 = BC 108 npn-Transistor
T 4 = BC 108 npn-Transistor
T 5 = 2 N 3055 npn-Transistor
T 6 = 2 N 1613 npn-Transistor
T 7 = BC 108 npn-Transistor
T 8 = BC 108 npn-Transistor
Tr = Netztrafo 220 V / 2 × 12 V / 2 A
A = Wisometer 65, Vollausschlag: 2,5 A,
       Ri = 1 Ohm
V = Wisometer 65, Vollausschlag: 25 V,
       Ri = 25 200 Ohm
La = Glimmlampe 220 V mit Fassung für
       Einlochmontage
Si 1 = Sicherungshalter mit Feinsicherung
       2,5 A für gedruckte Schaltung
Si 2 = Sicherungshalter mit Feinsicherung
       2,5 A für gedruckte Schaltung
a = isolierte Buchse (plus)
b = isolierte Buchse (Masse, Null-Leiter)
c = isolierte Buchse (minus)
aa = isolierte Buchse (plus)
bb = isolierte Buchse (Masse, Null-Leiter)
cc = isolierte Buchse (minus)
1 Stück Zeissler-Gehäuse 2000, Abmessungen:
       230 × 140 × 175
2 Stück Abstandsbolzen 8 × 40
1 Stück Netzkabel mit Stecker
2 Stück Fingerkühlkörper für die Transistoren
       T 1 und T 5
1 Stück Drehknopf
1 Stück Druckplatine DNE

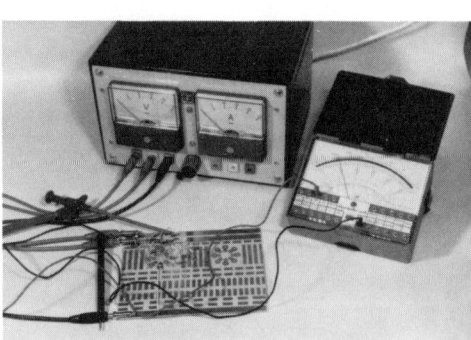

358 Eine Versuchsschaltung wird mit dem Netzgerät erprobt.

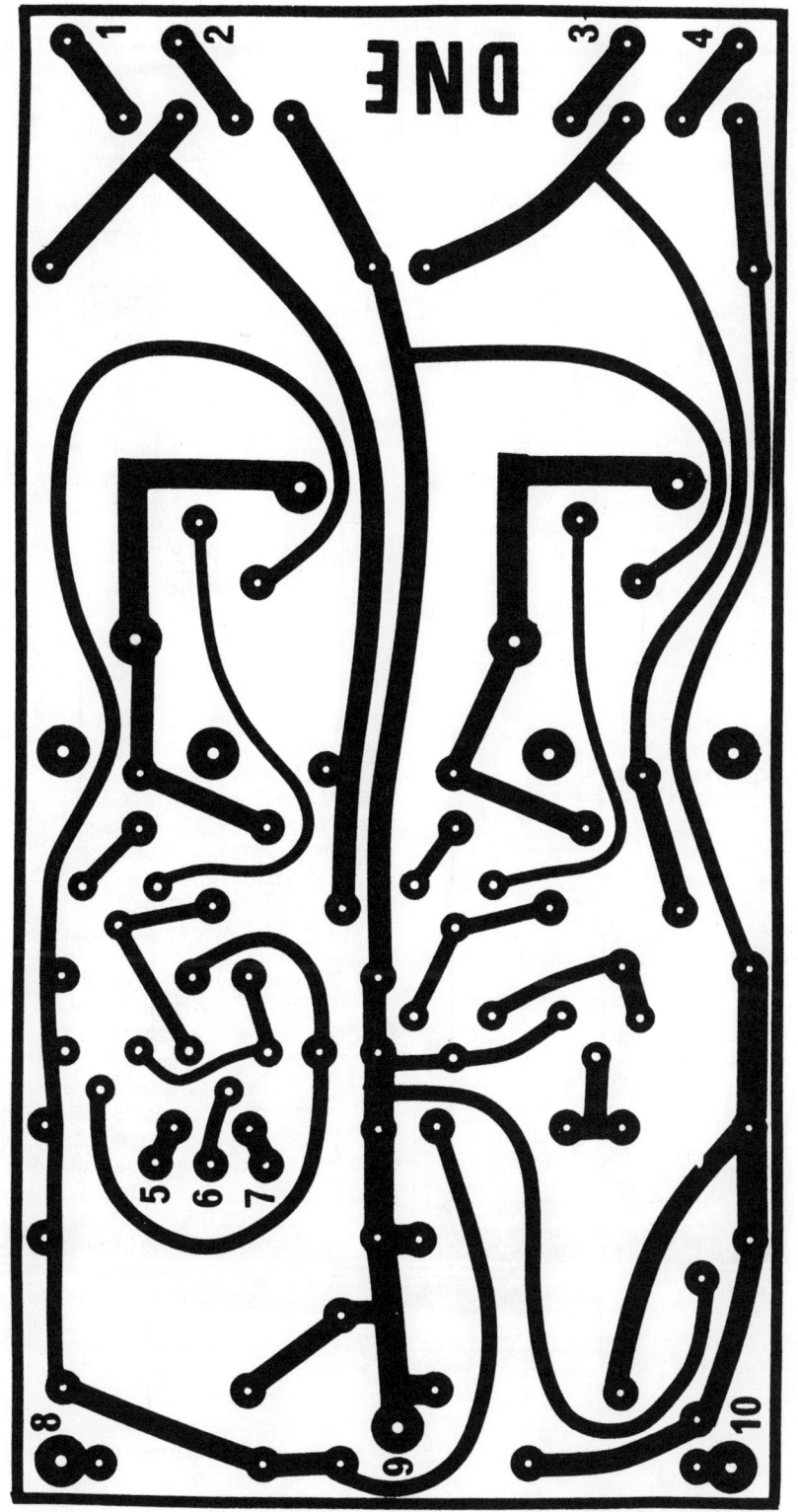

359   Druckvorlage im Maßstab 1:1 zum Netzgerät.

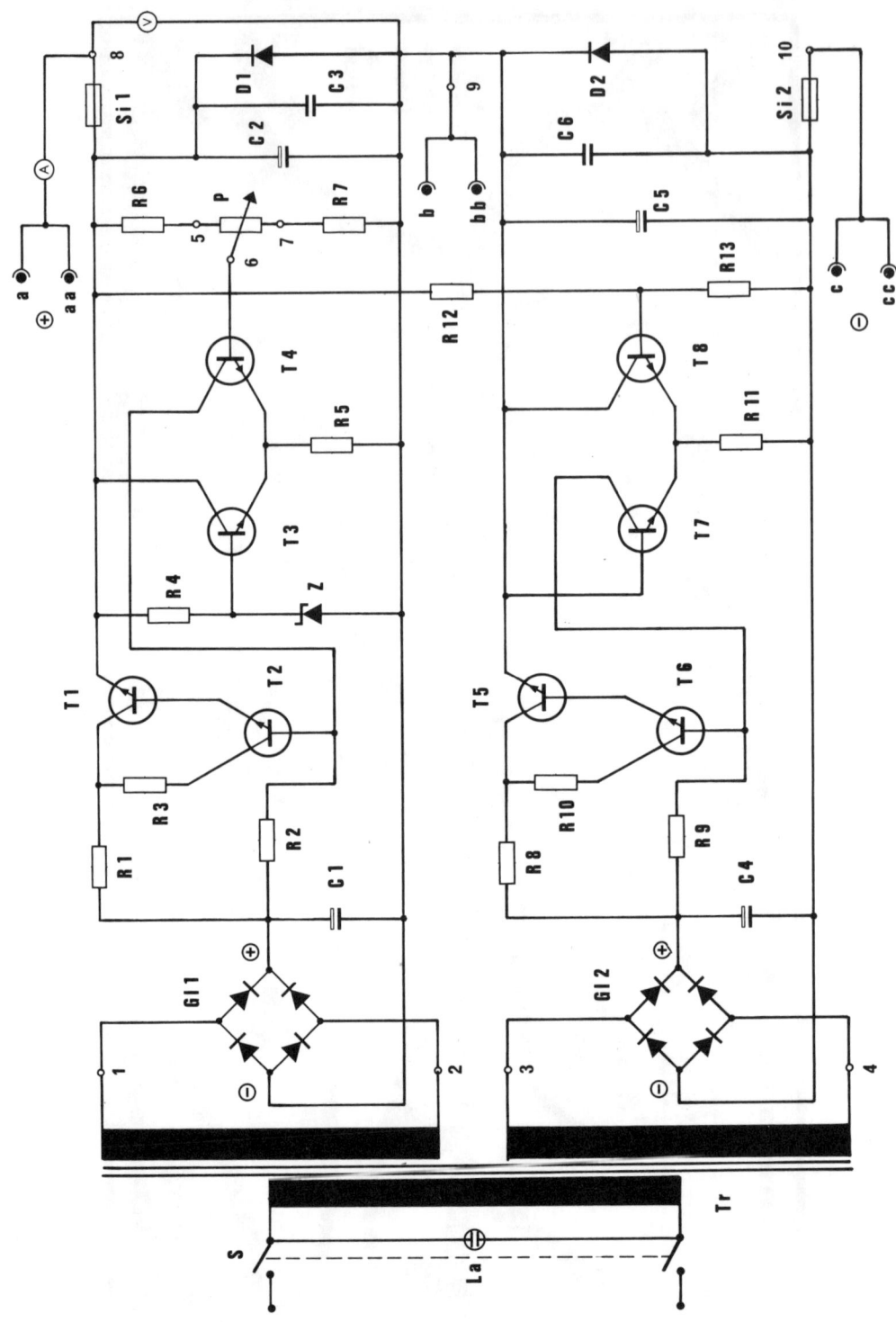

360 Schaltbild zum Netzgerät für positive und negative Spannungen.

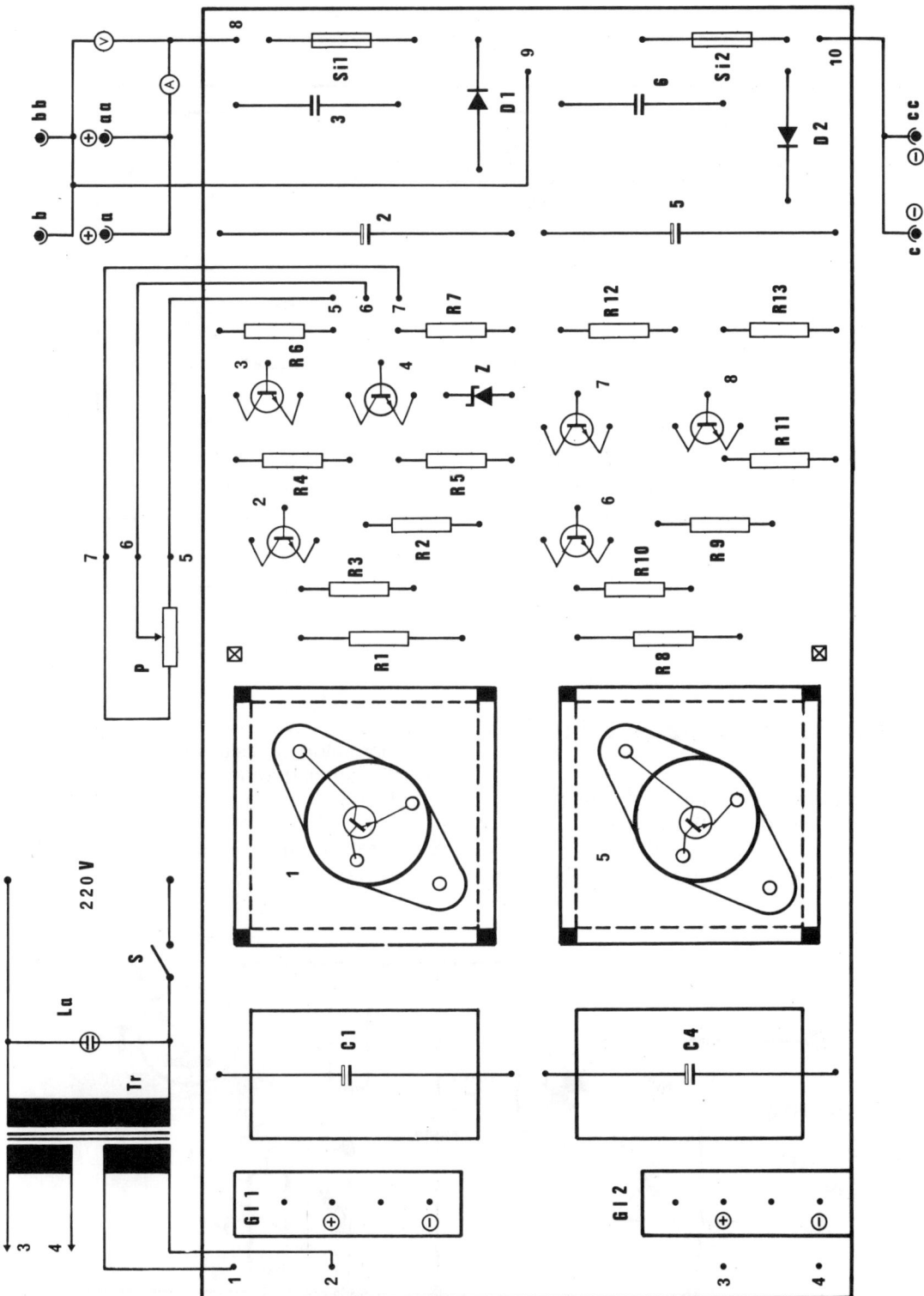

361   Bestückungs- und Verdrahtungsplan zum Netzgerät.

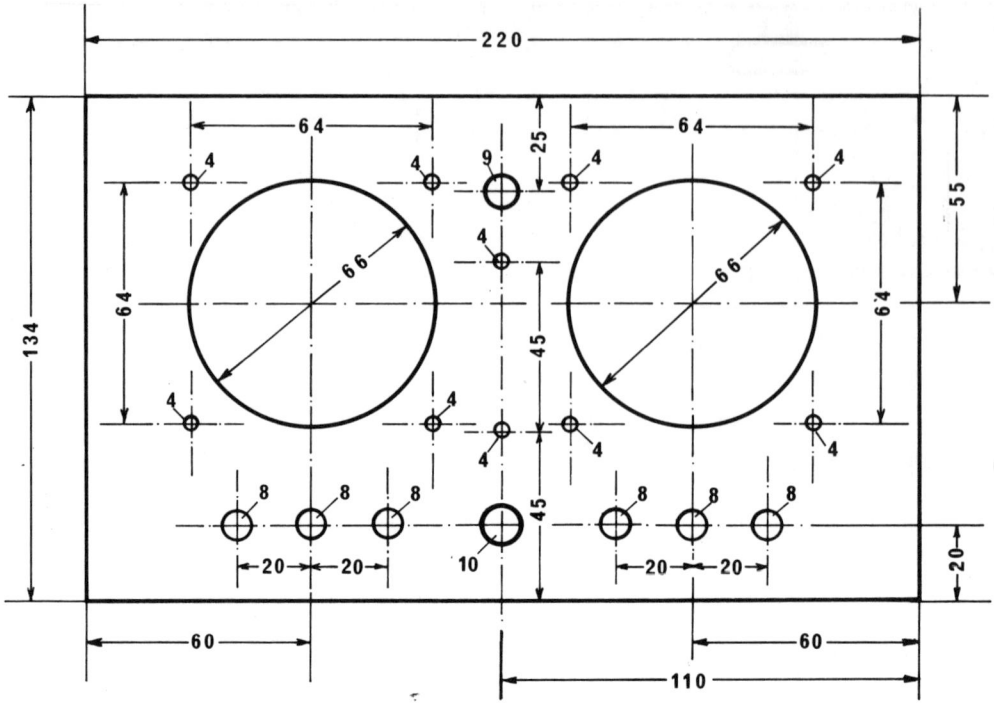

362   Bohrplan der Frontplatte zum Netzgerät.

Regelbares Netzteil 0 bis 15 V

Für Stromstärken bis zu 1,5 Ampère und Spannungen von 0 bis 15 Volt läßt sich das hier gezeigte Netzteil verwenden. Wird an den Eingang eine Wechselspan-nung von 15 Volt angelegt (aus einem Transformator), läßt sich am Ausgang eine Gleichspannung abnehmen, die zwischen 0 Volt und 15 Volt mit dem Potentiometer P 1 eingestellt werden kann.

Es ist ratsam, das Gerät in ein Gehäuse einzubauen.

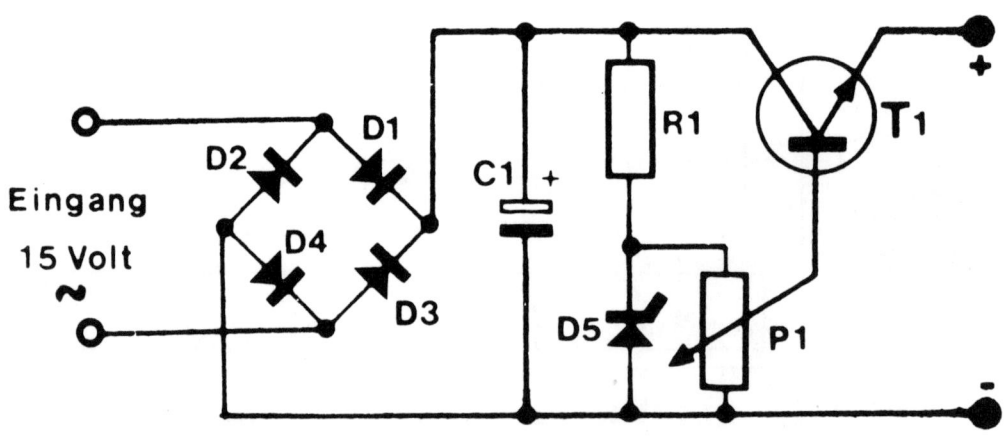

363   Schaltbild zum regelbaren Netzteil.

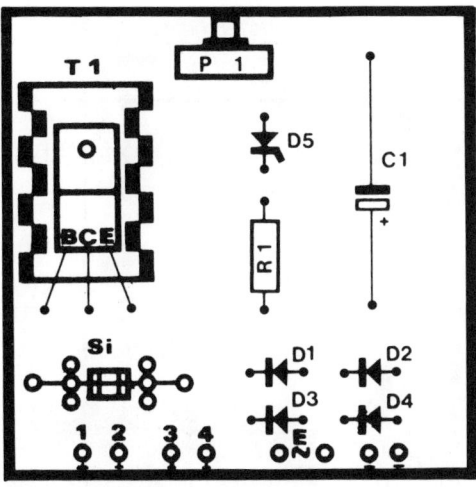

D 1 – D 4 = 1N 4003 Diode
D 5 = 16 V / 0,5 W Zenerdiode
Si   = 2 A Feinsicherung
4 Stück Lötstützpunkte
1 Stück Kühlkörper
1 Stück Druckplatine B 60020

Dieses Gerät kann aus einem Bausatz der Firma Diamant-Electronic aufgebaut werden (Bausatz: NT 016).

364 Bestückungsplan zum regelbaren Netzteil.

Netzteil für IC's

Zum Betreiben von elektronischen Schaltungen wird eine Gleichspannung benötigt. Neben Akkus und Batterien liefern

Stückliste zum regelbaren Netzteil 0 bis 15 V

R 1 = 82 Ohm Schichtwiderstand
C 1 = 2200 µF / 25 V Elko
T 1 = BD 239 npn-Transistor
P 1 = 2,5 kOhm / lin. Potentiometer

365 Die fertige Druckplatine zum regelbaren Netzteil.

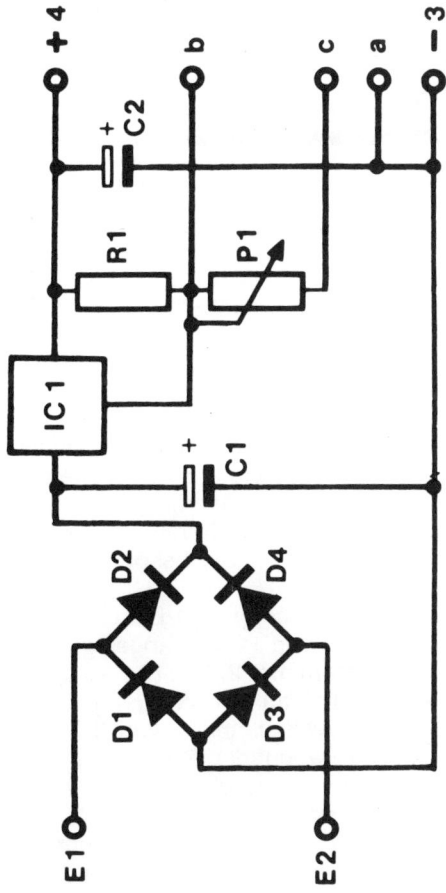

366 Schaltbild zum Netzteil für IC's.

217

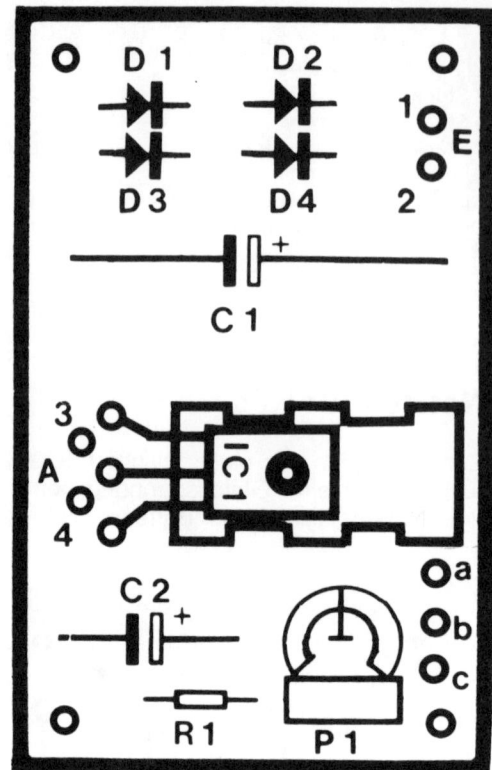

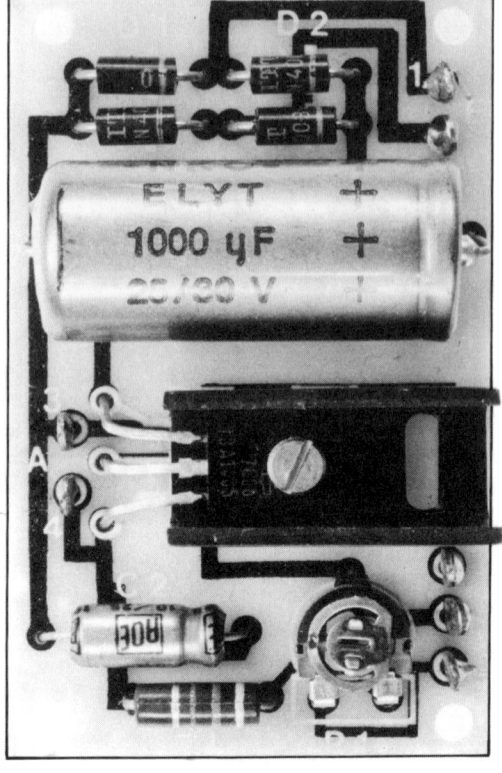

367 Bestückungsplan zum Netzteil für IC's.

368 Die fertige Druckplatine des Netzteils für IC's.

Gleichstrom-Netzteile solche Spannungen. Das hier gezeigte Netzteil liefert eine stabilisierte Gleichspannung von 5 Volt und ist daher für den Betrieb von Integrierten Schaltungen (IC's) besonders geeignet.

Wird an den Eingang E 1/E 2 eine Wechselspannung von 12 Volt angelegt, die einem Transformator 220 V/12 V zu entnehmen ist, steht an den Ausgangspunkten 3/4 eine Gleichspannung von 5 Volt zur Verfügung, wenn die Punkte a/b durch eine Drahtbrücke verbunden werden. Es steht eine regelbare Gleichspannung von 5 bis 12 Volt zur Verfügung, wenn eine Drahtbrücke die Punkte a/c verbindet.

Die jeweils gewünschte Spannung läßt sich am Einstellregler Pl einstellen.

Stückliste zum Netzteil für IC's

R 1 = 470 Ohm Schichtwiderstand
R 2 = 470 Ohm Einstellregler
C 1 = 1000 µF / 20 V Elko
C 2 =   10 µF / 20 V Elko
D 1 = 1N 4001 Diode
D 2 = 1N 4001 Diode
D 3 = 1N 4001 Diode
D 4 = 1N 4001 Diode
IC 1 = TDA 1405
7 Stück Lötstützpunkte
1 Stück Kühlkörper
1 Stück Druckplatine B 60040

Dieses Gerät kann aus einem Bausatz der Firma Diamant-Electronic aufgebaut werden (Bausatz: NT 100).

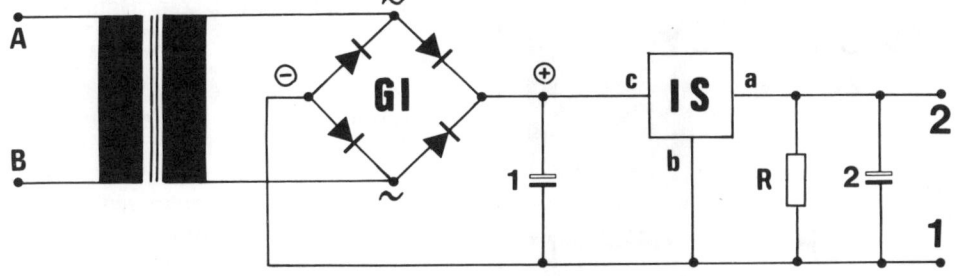

369   Schaltbild zum 5-V-Netzgerät.

5-V-Netzgerät

Im Gegensatz zu einem Netzteil, dem ein Transformator vorgeschaltet werden muß, wurde bei diesem Gerät der Netztransformator auf der Druckplatine zusammen mit allen übrigen Bauteilen aufgebaut. Es liefert eine stabilisierte Gleichspannung von 5 Volt und kann als Stromquelle für alle IC-Schaltungen eingesetzt werden. Das Gerät ist daher sofort betriebsbereit.
Beim Umgang mit dem Netz ist größte Vorsicht geboten! Es ist ratsam, das Gerät in ein Kunststoffgehäuse einzubauen, um sicherzugehen, daß kein Unbefugter Netzspannung führende Lötstifte anfassen kann.

370   Druckplatine des 5-V-Netzgerätes.

C 2 = 100 µF / 25 V Elko
IC = TDA 1405 bzw. 7805 C
GI = B 40 / C 800 Gleichrichter
Tr = 220 V / 24 mA – 12 V / 0,32 A M 42 Netztrafo
1 Stück Kühlkörper für IC
4 Stück Lötstützpunkte
1 Stück Druckplatine NE 4

(Die Druckplatine kann fertig bezogen werden. Anfragen gegen Rückporto beim Verlag.)

Stückliste zum 5-V-Netzgerät

R = 470 Ohm Schichtwiderstand
C 1 = 1000 µF / 35 V Elko

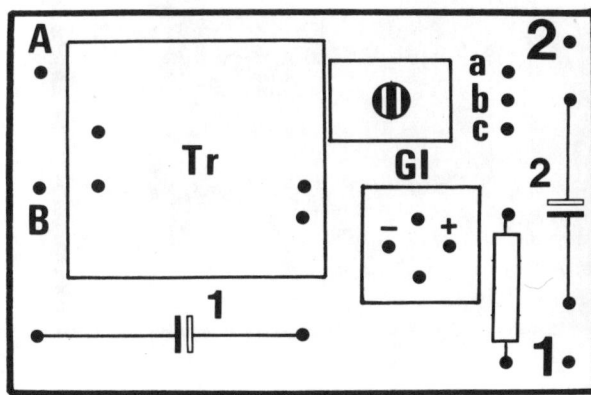

371   Bestückungsplan zum 5-V-Netzgerät.

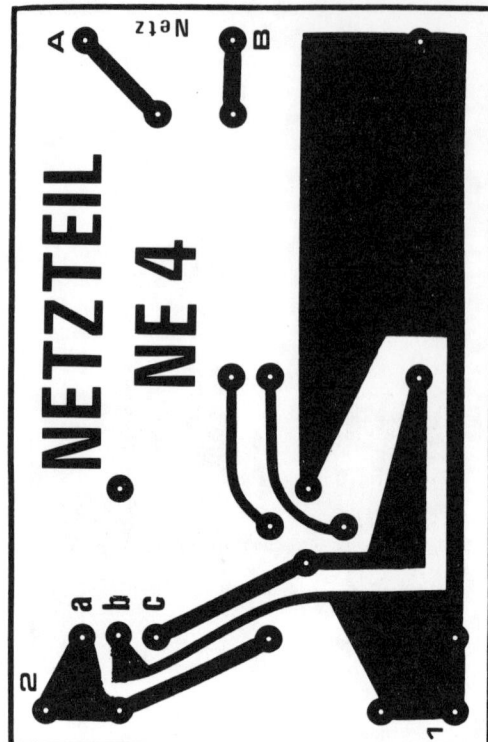

372 *Druckvorlage im Maßstab 1:1 zum Netzteil NE 4.*

Batteriewächter

Eine einfache Batterieüberwachungsschaltung sorgt dafür, daß eine Leuchtdio-de aufleuchtet, wenn die Batteriespannung unter einem bestimmten Wert absinkt.

Die Schaltung ist für eine Akku- oder Batteriespannung von 9 Volt ausgelegt. Die Anschlußpunkte 1 (+) und 2 (−) werden mit dem zu überwachenden Akku (Batterie) verbunden. Der Schaltpunkt des Transistors T 1 liegt um etwa 0,6 Volt über der Nennspannung der Zenerdiode D 2. Fällt die Spannung des 9-V-Akkus oder der Batterie unter den Wert von 8,8 Volt ab (Zenerdiode D 2 = 8,2 Volt + 0,6 Volt = 8,8 Volt), so schaltet T 1 durch, und die Diode D 1 leuchtet auf.

Zur Überwachung anderer Spannungen muß die Zenerdiode D 2 ausgewechselt werden.

Stückliste zum Batteriewächter

R 1 = 560 Ohm Schichtwiderstand
R 2 = 33 kOhm Schichtwiderstand
R 3 = 330 kOhm Schichtwiderstand
R 4 = 1 kOhm Schichtwiderstand
T 1 = BC 237 B oder BC 547 B npn-Transistor
T 2 = BC 237 B oder BC 547 B npn-Transistor
D 1 = Leuchtdiode
D 2 = 8,2 V / 0,5 W Zenerdiode
2 Stück Lötstützpunkte
1 Stück Druckplatine B 70143

Dieses Gerät kann aus einem Bausatz der Firma Diamant-Electronic aufgebaut werden (Bausatz: KFZ 261).

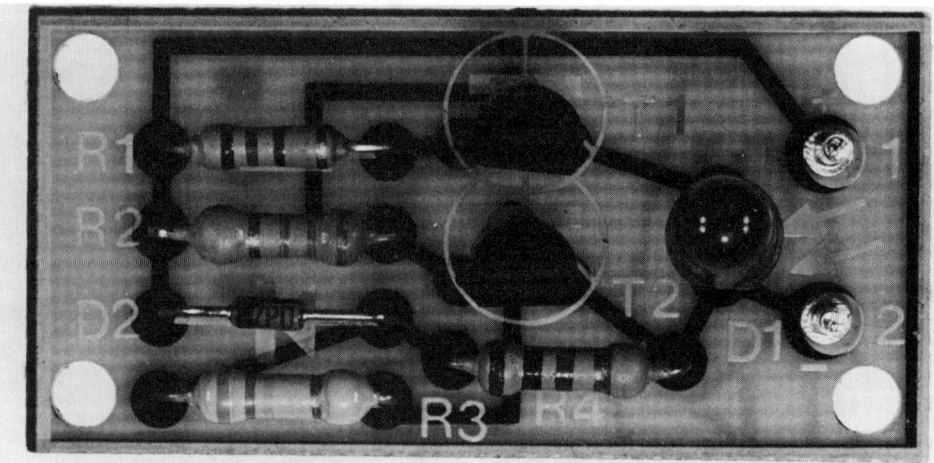

373 *Die Druckplatine des Batteriewächters.*

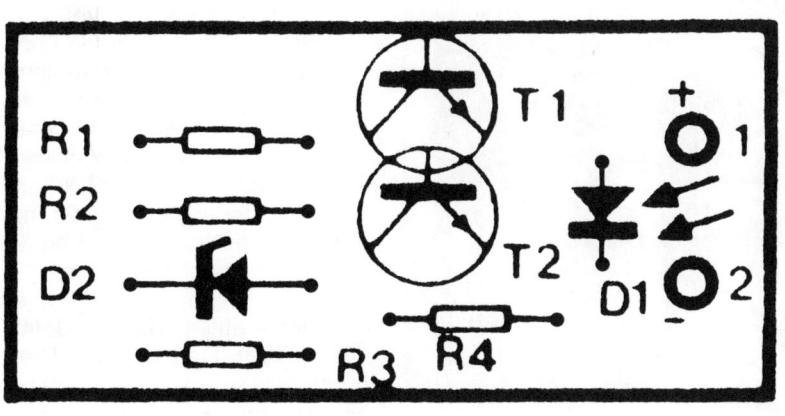

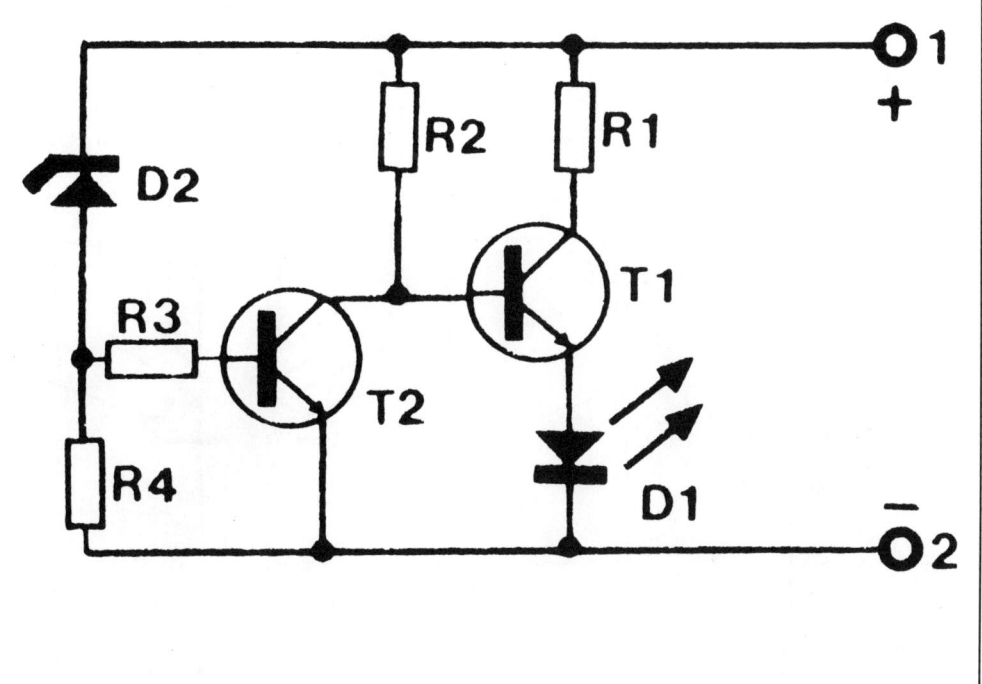

374   Bestückungsplan (oben), Schaltbild (unten) zum Batteriewächter.

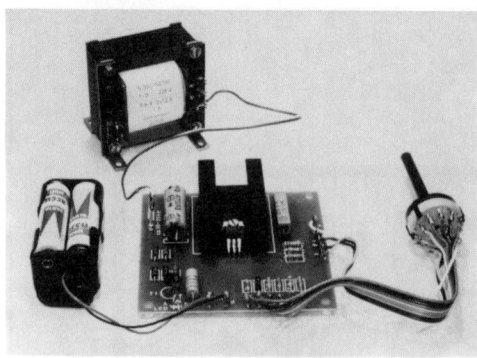

375 Die Baugruppen des Ladegerätes.

Universal-
Ni-Cd-Akku-Ladegerät

Fotoblitzgeräte werden meistens mit Batterien betrieben, um vom Netz und lästigen Netzkabelverbindungen frei zu sein. Anstatt der Batterien, die verhältnismäßig teuer und nach dem Gebrauch zum Wegwerfen bestimmt sind, lassen sich Blitzgeräte auch mit Ni-Cd-(Nickel-Cadmium) Ak-

kus betreiben. Diese Akkus sind bei der Anschaffung zwar etwas teurer als Batterien, sie haben jedoch den Vorteil, daß sie sich aufladen lassen und somit immer wieder verwendet werden können. Der Betrieb mit Ni-Cd-Akkus ist demnach wirtschaftlicher. Zum Aufladen entladener Akkus wird ein Ladegerät benötigt. Diese gibt es zwar fertig zu kaufen, jedoch lassen sich Ladegeräte auch selbst aufbauen.

Um nicht für jeden einzelnen Batterietyp ein besonderes Ladegerät aufbauen zu müssen, denn Betriebsspannungen und -ströme von Blitzgeräten sind unterschiedlich, wird hier der Bau eines Universalladegerätes beschrieben. Der Ladestrom ist einstellbar auf: 4, 10, 25, 40, 80, 100, 150, 200, 300, 400 und 500 mA. Die Ladespannung stellt sich automatisch je nach Akkutyp auf eine Spannung zwischen 1,2 Volt (für eine Zelle) bis 18 Volt (für mehrere Zellen) ein. Die Einstellung selbst erfolgt über einen zwölfstufigen Schalter.

Das Ladegerät ist elektronisch und mechanisch kurzschlußsicher, eine Leuchtdiode dient als Ladekontrollanzeige (LED). Die Schaltung des Ladegerätes ist so ausgelegt, daß eine Betriebsspannung von 20 bis 25 Volt Gleich- oder Wechselspannung

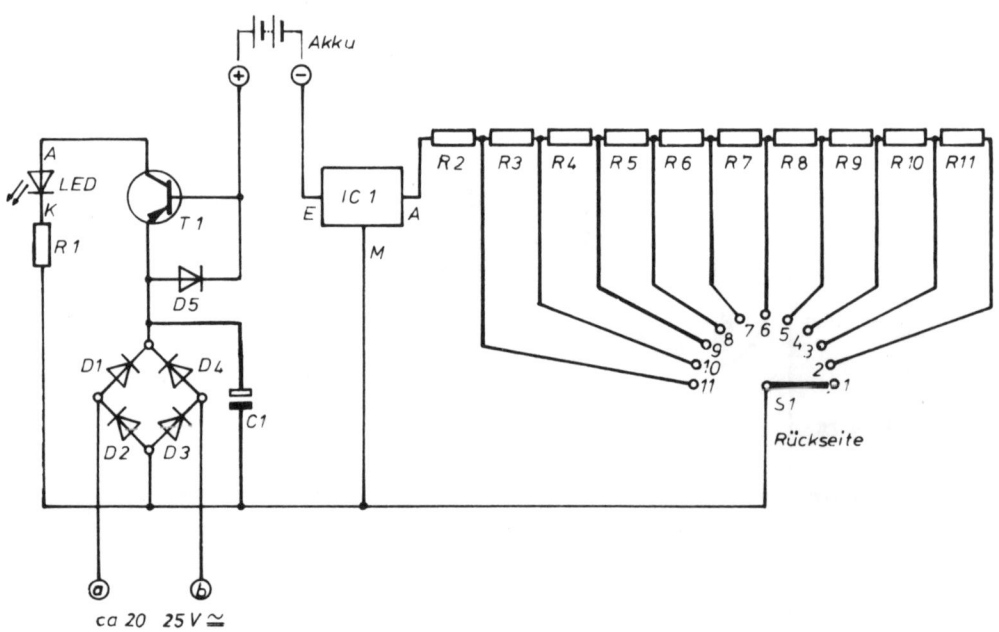

376 Schaltbild zum Ladegerät.

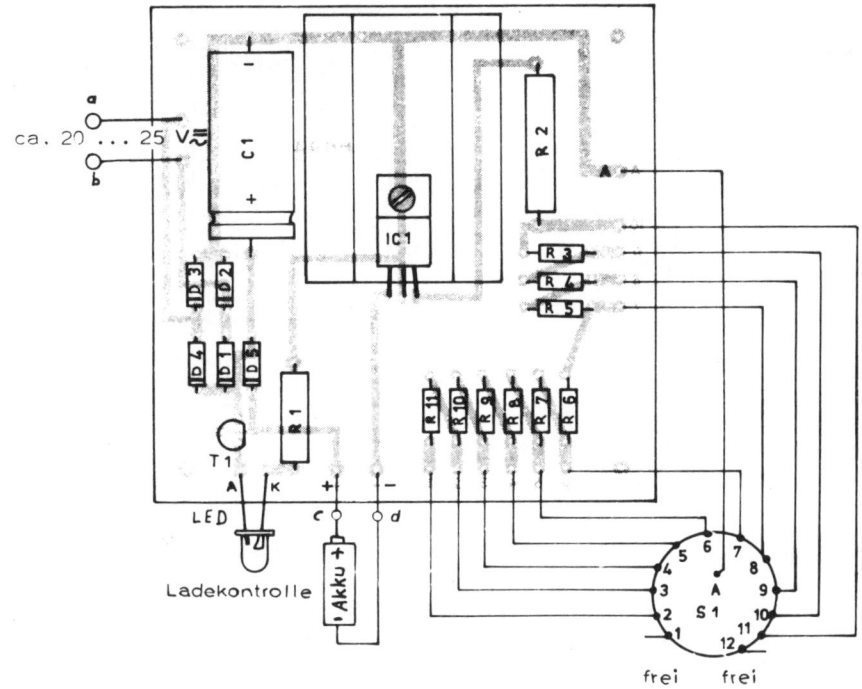

377 Bestückungs- und Verdrahtungsplan zum Ladegerät.

an den Anschlußpunkten »a« und »b« angelegt werden kann. Beim Anschluß einer Gleichspannung braucht man die Polarität nicht zu beachten. An den beiden Akku-buchsen (+ und −) können ein oder mehrere Akkus angeschlossen werden.

Die Automatik regelt die Ladespannung. Hier ist jedoch genau zu beachten, daß nur der Pluspol des Akkus mit dem Pluspol des Ladegerätes und der Minuspol des Akkus mit dem Minuspol des Ladegerätes verbunden werden.

Mehrere Akkus sind stets in Reihe, nie parallel zu laden.

378 Die Druckplatine zum Ladegerät.

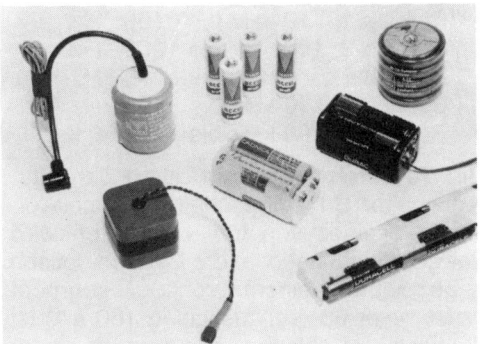

379 Einige kleine Akkus.

223

Stückliste zum Ladegerät

R 1 = 1,8 kOhm Schichtwiderstand
R 2 = 10 Ohm / 5 W Drahtwiderstand
R 3 = 2,2 Ohm Schichtwiderstand
R 4 = 4,7 Ohm Schichtwiderstand
R 5 = 8,2 Ohm Schichtwiderstand
R 6 = 8,2 Ohm Schichtwiderstand
R 7 = 15 Ohm Schichtwiderstand
R 8 = 15 Ohm Schichtwiderstand
R 9 = 68 Ohm Schichtwiderstand
R 10 = 120 Ohm Schichtwiderstand
R 11 = 560 Ohm Schichtwiderstand
C 1 = 470 µF / 40 V Elko
T 1 = BC 307 npn-Transistor
D 1 – D 5 = 1N 4001 Diode
LED = Leuchtdiode
IC 1 = 7805 Integrierter Schaltkreis
S 1 = Stufenschalter zwölfpolig
1 Stück Kühlkörper
15 Stück Lötstützpunkte
1 Stück Druckplatine HB 44

Dieses Gerät kann aus einem Bausatz der Firma Conrad-Electronic aufgebaut werden (Bausatz: Universal Ni-Cd-Akku-Ladegerät).

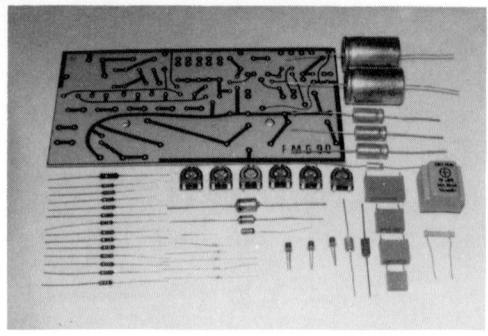

380 Alle zum Bau des Frequenzmessers benötigten elektronischen Bauteile, die auf der Platine zu verlöten sind.

Hf/Nf-Frequenzmesser

Bei der Entwicklung von Geräten, beim Experimentieren, zur Überprüfung von Ela-Anlagen und beim Arbeiten mit Tonfrequenzfernsteueranlagen kann ein Frequenzmeßgerät gute Dienste leisten.
Der hier beschriebene Frequenzmesser arbeitet im Frequenzbereich von 10 Hz bis 1 MHz. Um eine gute Ablesegenauigkeit zu erhalten, wurde der Gesamtfrequenzbereich in fünf Bereiche unterteilt:

Bereich 1: 10 Hz bis 100 Hz
Bereich 2: 100 Hz bis 1000 Hz
Bereich 3: 1 kHz bis 10 kHz
Bereich 4: 10 kHz bis 100 kHz
Bereich 5: 100 kHz bis 1 MHz

Die Teilbereiche werden durch den Stufenschalter S 1 eingeschaltet. Durch Aufleuchten eines von fünf Lämpchen wird der gerade eingeschaltete Bereich optisch angezeigt. Auf einem Drehspulinstrument (Wisometer 65, Vollausschlag 100 µA) ist die Frequenz ablesbar. Die Anzeige ist dekadisch linear. Die µA-Anzeige entspricht

bei den verschiedenen Bereichen der Meßfrequenz. Eine gemessene Frequenz von zum Beispiel 500 Hz wird im Bereich 2 als 50 µA, eine von 4000 Hz im Bereich 3 als 40 µA und eine von 80 kHz im Bereich 4 als 80 µA angezeigt. Das Gerät ist für Netzbetrieb ausgelegt.
Das Eingangssignal, es kann sinusförmig oder rechteckförmig sein, gelangt zunächst über den Widerstand R 1 an die beiden antiparallel geschalteten Dioden D 1 und D 2 und wird von diesen in seiner Amplitude begrenzt. Es erfolgt eine Verstärkung im Transistor T 1. Die zweite Stufe T 2 arbeitet als Begrenzerstufe. Der Transistor T 3 ist als Zähldiskriminator ge-

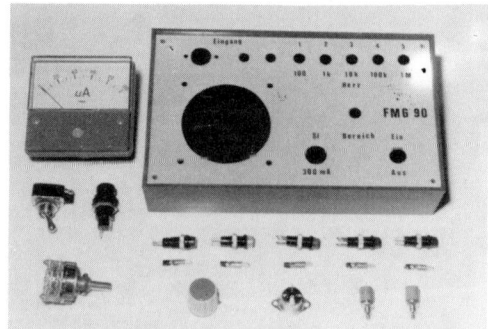

381 Das pultförmige Teko-Gehäuse mit allen mechanischen Bauteilen, die auf der Frontplatte zu befestigen sind. Die Beschriftung der Frontplatte erfolgt mit Letraset-Buchstaben und -Zahlen.

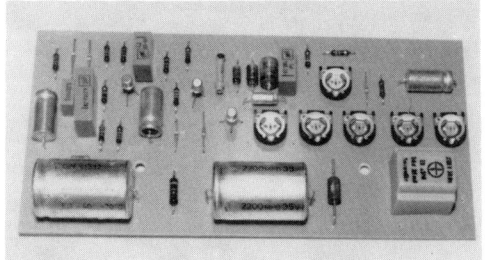

382 Bei der Bestückung der Druckplatine wird so vor-
gegangen, daß zuerst die Widerstände, Dioden und
die Einstellregler auf der Platte verlötet werden.

384 Die mit allen Bauteilen bestückte Platine.

schaltet. Während der Transistor T 2 gesperrt ist, wird der jeweils durch den Bereichsschalter S 1 eingeschaltete Meßkondensator C 6, C 7, C 8, C 9 oder C 10 aufgeladen. Wenn der Transistor T 2 durchschaltet, entlädt sich der Meßkondensator
über den Transistor T 3. Der Mittelwert des
durch ihn fließenden Kollektorstroms ist
der Frequenz proportional.

Um alle fünf Bereiche unabhängig voneinander eichen zu können, wurde der Kol-
lektorwiderstand von T 3 für jeden Bereich
getrennt als Einstellregler ausgelegt. In jedem Bereich wird die Mittenfrequenz auf
den Eingang gegeben, im Bereich 1 sind

es 50 Hz, im Bereich 2 500 Hz und so weiter. Durch Verdrehen der einzelnen Einstellregler wird die Anzeige jeweils auf
50 µA gebracht. Mit dieser einzigen Einstellung in jedem Bereich ist die Eichung
beendet, da alle anderen Werte wegen
des linearen Anzeigebereichs des Dreh-
spulinstrumentes automatisch stimmen.

Mit dem Einstellregler R 16 wird der Meß-
kreis an die tatsächlich vorhandene Versorgungsspannung im Bereich von 14 V
bis 16 V angeglichen.

Die Betriebsspannung wird durch die Zenerdiode Z stabilisiert, da eine Schwan-
kung der Versorgungsspannung direkt in
das Meßergebnis eingehen würde.

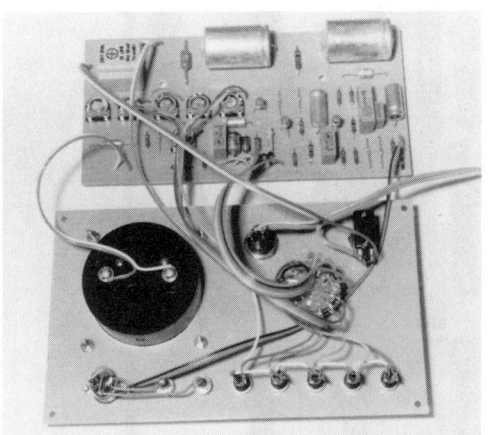

383 Die Verdrahtung der mechanischen Bauteile auf
der Frontplatte mit den elektronischen Bauteilen auf
der Platine erfolgt über flexible Leitungen nach dem
Verdrahtungsplan.

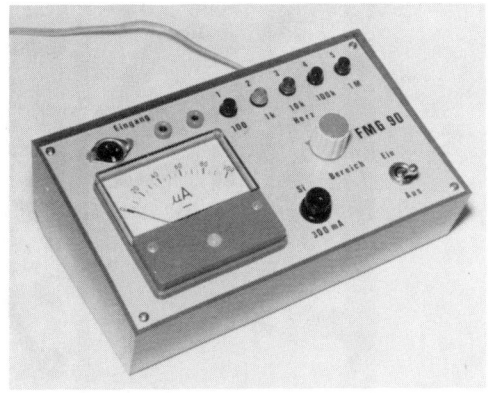

385 Der fertige Frequenzmesser. Rechts oben sind
die fünf Anzeigelampen zu erkennen, die den jeweils
eingestellten Bereich optisch anzeigen. Darunter befindet sich der Bereichsumschalter. Die Eingangsbuchsen befinden sich über dem Anzeigeinstrument.

225

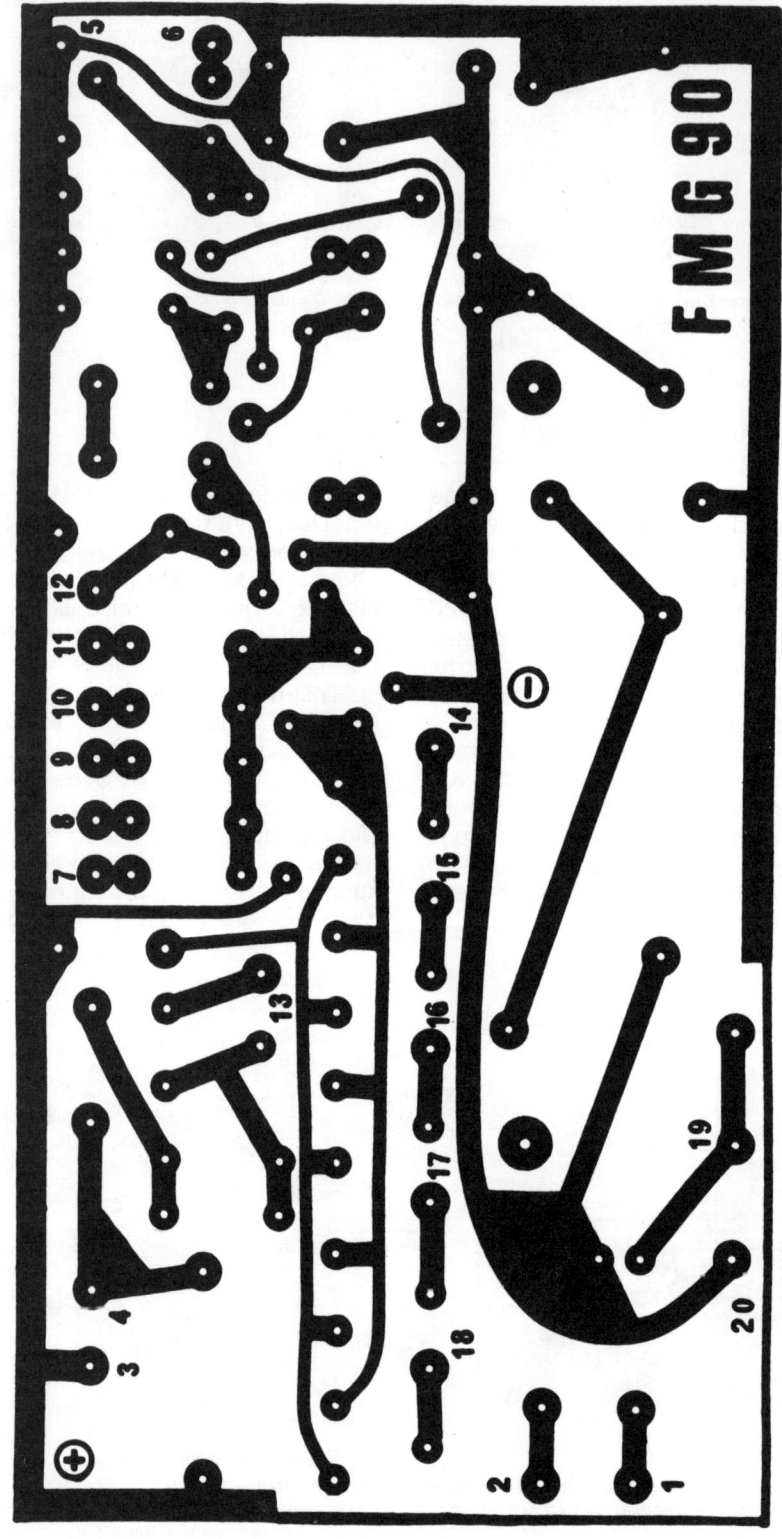

386   Druckvorlage im Maßstab 1:1 des Hf/Nf-Frequenzmessers.

Stückliste zum Hf/Nf-Frequenzmesser

R 1 = 1,5 kOhm / 1/8 W Schichtwiderstand
R 2 = 1 kOhm / 1/8 W Schichtwiderstand
R 3 = 82 kOhm / 1/8 W Schichtwiderstand
R 4 = 27 kOhm / 1/8 W Schichtwiderstand
R 5 = 5,6 kOhm / 1/8 W Schichtwiderstand
R 6 = 2,2 kOhm / 1/8 W Schichtwiderstand
R 7 = 100 Ohm / 1/8 W Schichtwiderstand
R 8 = 3,3 kOhm / 1/8 W Schichtwiderstand
R 9 = 680 Ohm / 1/8 W Schichtwiderstand
R 10 = 5 kOhm / lin. Einstellregler
R 11 = 5 kOhm / lin. Einstellregler
R 12 = 5 kOhm / lin. Einstellregler
R 13 = 5 kOhm / lin. Einstellregler
R 14 = 5 kOhm / lin. Einstellregler
R 15 = 4,7 kOhm / 1/8 W Schichtwiderstand
R 16 = 10 kOhm / lin. Einstellregler

R 17 = 6,8 kOhm / 1/8 W Schichtwiderstand
R 18 = 47 Ohm / 1/8 W Schichtwiderstand
R 19 = 270 Ohm / 1/8 W Schichtwiderstand
C 1 = 4,7 µF / 63 V Kondensator
C 2 = 100 µF / 35 V Elko
C 3 = 0,22 µF / 100 V Kondensator
C 4 = 100 µF / 35 V Elko
C 5 = 2,2 µF / 63 V Kondensator
C 6 = 1 µF / 100 V Kondensator
C 7 = 0,1 µF / 100 V Kondensator
C 8 = 10 nF / 100 V Kondensator
C 9 = 1 nF / 100 V Kondensator
C 10 = 100 pF / 160 V Keramikrohrkondensator
C 11 = 10 µF / 25 V Elko
C 12 = 10 µF / 25 V Elko
C 13 = 2200 µF / 25 V Elko
C 14 = 2200 µF / 25 V Elko
T 1 = BC 107 B npn-Transistor

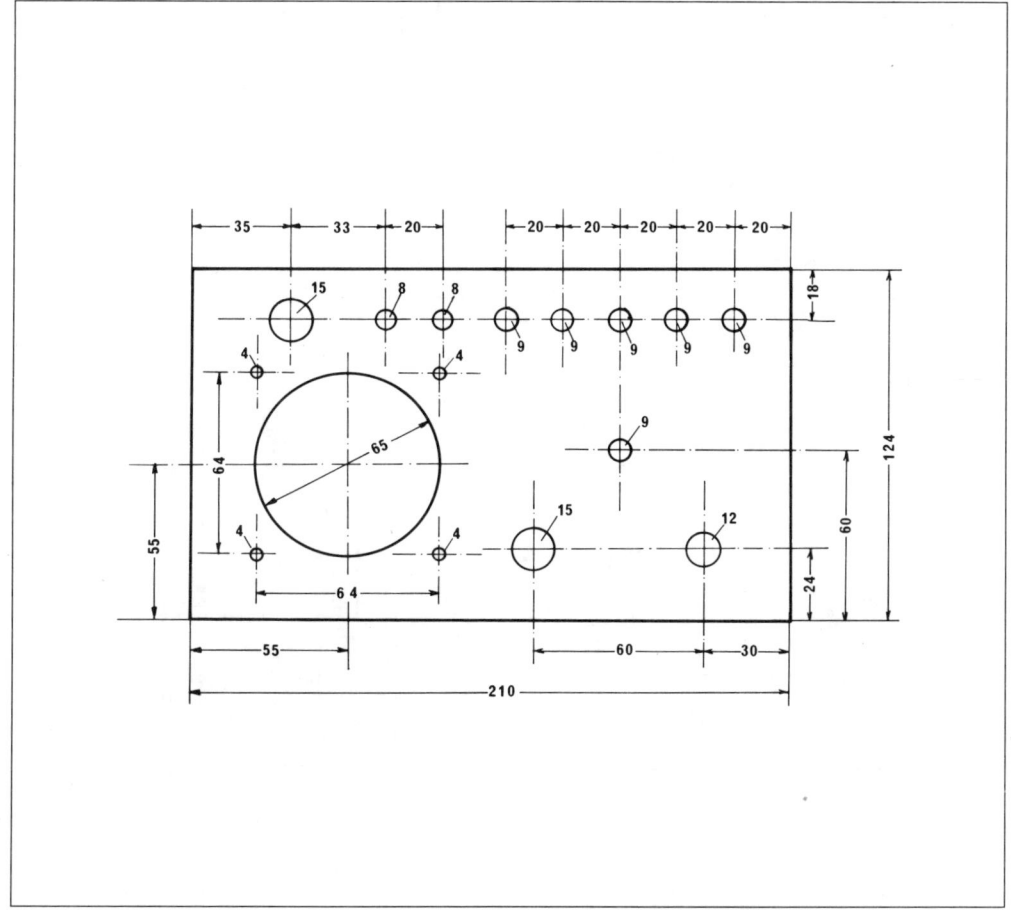

387 Bohrplan Frontplatte Frequenzmesser.

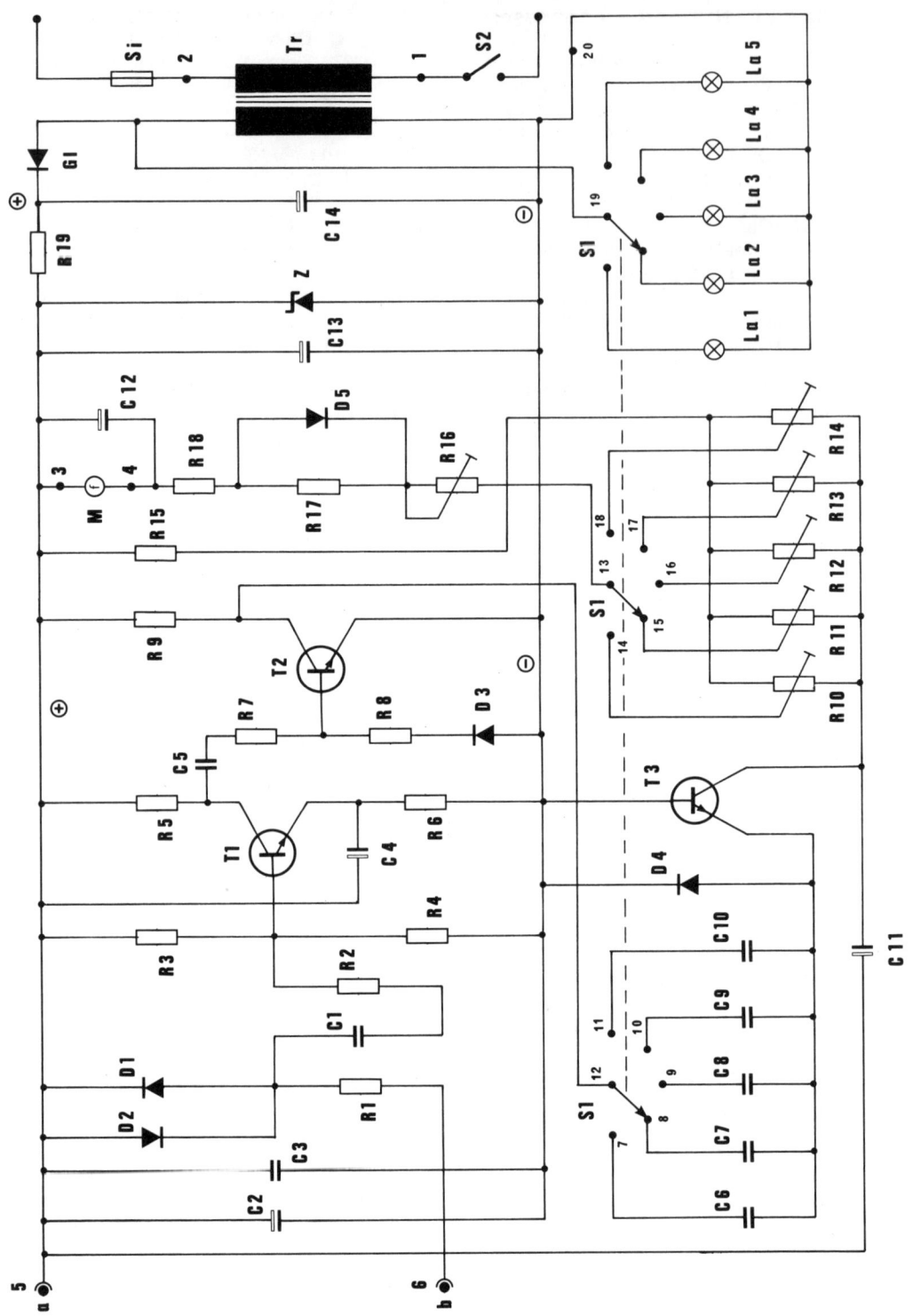

388   Schaltbild zum Hf/Nf-Frequenzmesser.

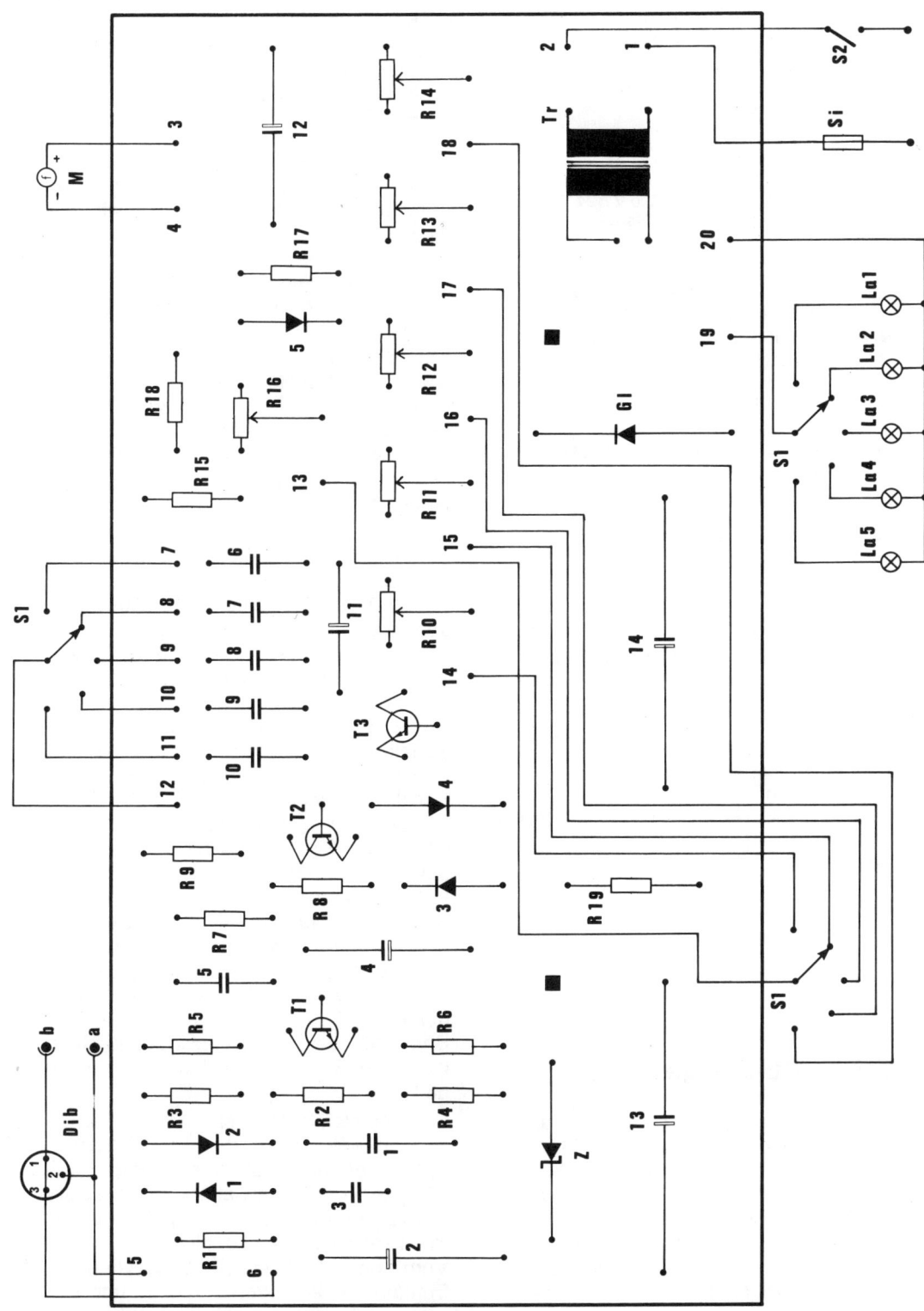

389 Bestückungs- und Verdrahtungsplan zum Hf/Nf-Frequenzmesser.

T 2 = BC 107 B npn-Transistor
T 3 = BC 107 B npn-Transistor
D 1 = 1N 914 Si-Diode
D 2 = 1N 914 Si-Diode
D 3 = 1N 914 Si-Diode
D 4 = 1N 914 Si-Diode
D 5 = 1N 914 Si-Diode
Gl = BY 127 Si-Diode
Tr = Netztransformator 220 V / 24 V
M = Meßinstrument Wisometer 65,
Vollausschlag 100 μA
Z = ZD 18 Zenerdiode
S 1 = Stufenschalter 3 × 5 Kontakte
(5 Schaltstellungen, 3 Bahnen)
S 2 = Kipphebelschalter, einpolig
(Netzschalter)
Si = 300 mA Feinsicherung mit Fassung
La 1 = Fernmeldelampe Sockel T 4,6
24 V / 20 mA
La 2 = Fernmeldelampe Sockel T 4,6
24 V / 20 mA
La 3 = Fernmeldelampe Sockel T 4,6
24 V / 20 mA
La 4 = Fernmeldelampe Sockel T 4,6
24 V / 20 mA
La 5 = Fernmeldelampe Sockel T 4,6
24 V / 20 mA
Dib = Diodenbuchse
a = isolierte Telefonbuchse (Massebuchse)
b = isolierte Telefonbuchse
(Nf-Eingangsbuchse)
5 Stück Lampenfassungen
(versch. Farben)
1 Stück Teko-Gehäuse Mod. 363,
schräge Pultform
1 Stück Netzstecker mit Kabel, etwa. 1,5 m lang
1 Stück Drehknopf
1 Stück Platine FMG

Sinus-RC-Tongenerator

Zum Durchmessen von Nf-Verstärkern, zum Abgleich von Tonfrequenzfiltern, zur Überprüfung von Tonkreis-Fernsteueranlagen und für viele andere Zwecke werden RC-Tongeneratoren benötigt. Der Frequenzbereich des hier beschriebenen Gerätes reicht von 10 Hz bis 1 MHz. Um eine gute Ablesegenauigkeit auf der Skala zu erhalten, wurde dieser Frequenzbereich in fünf Bereiche unterteilt.

Bereich 1: 10 Hz bis 100 Hz
Bereich 2: 100 Hz bis 1000 Hz
Bereich 3: 1 kHz bis 10 kHz
Bereich 4: 10 kHz bis 100 kHz
Bereich 5: 100 kHz bis 1 MHz

Durch eine eingebaute Amplitudenregelung erreicht man, daß die Ausgangsspannung konstant auf 2 Volt gehalten wird und dieses über den gesamten Frequenzbereich. Über einen Abschwächer kann die Ausgangsspannung zweimal um den Faktor 10, auf 200 mV und 20 mV verringert werden.

Dieser grob voreingestellte Spannungswert läßt sich weiter durch ein Potentiometer kontinuierlich bis auf Null Volt herabregeln. Die Ausgangsspannung ist sinusförmig, der Klirrfaktor kleiner als 0,3 Prozent.

Die Schaltung besteht aus einer Wien-Robinson-Brücke, als frequenzbestimmendes Glied, und einem RC-Verstärker. Der Eingang des Verstärkers liegt in der Brückendiagonale, der Ausgang speist die Wienbrücke. Eingangs- und Ausgangsspannungen sind gleichphasig.

Alle drei Verstärkerstufen T 1/T 2/T 3 sind galvanisch miteinander gekoppelt. Die Transistorsufen T 1 und T 2 arbeiten in Emitterschaltung, T 3 wird in Split-Load-Schaltung betrieben, bei der das verstärkte Signal sowohl am Emitter als auch am Kollektor abgenommen wird.

Die am Emitter abgenommene Spannung ist mit der Eingangsspannung gleichphasig, sie wird der Brücke zugeführt. In der Kollektorleitung von T 3 liegt das Potentiometer P 2, an dem die Ausgangsspannung abgenommen wird. Rückkopplungsspannung und Ausgangsspannung sind voneinander völlig entkoppelt, so daß es durch die Last am Ausgang weder eine Beeinflussung der Amplitudenregelung, noch der Frequenz und des Klirrfaktors gibt.

Um sehr stabile Arbeitspunkte zu erhalten, wurden alle Stufen des RC-Verstärkers gleichstrommäßig stark gegengekoppelt. Die nicht mit Kondensatoren überbrückten Emitterwiderstände wirken gleichzeitig als Wechselstromgegenkopplung.

Vom Abgriff des Einstellreglers R 8, der im Emitterstromkreis von T 3 liegt, führt eine starke Wechselstromgegenkopplung auf den Emitter T 1. Die im Emitterstromkreis

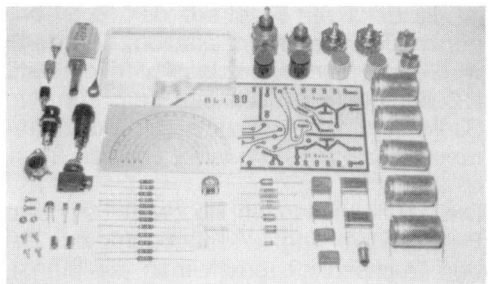

390 Alle zum Bau des RC-Generators erforderlichen elektronischen Bauteile und die Platine.

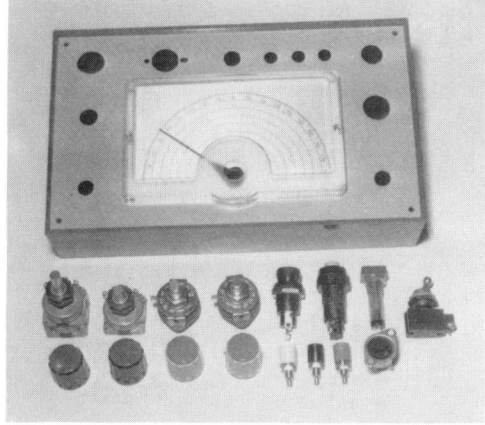

391 Die mechanischen Bauteile und das Gehäuse mit der fertiggebohrten Frontplatte.

von T 1 liegende Glühlampe La dient zur Stabilisierung der Signalamplitude. Die Höhe der Ausgangsspannung wird mit R 8 eingestellt, sie liegt in unserem Fall bei 2 Volt.

Über den Kondensator C 16 gelangt die Ausgangsspannung an einen dreistufigen Schalter S 2. Mit ihm lassen sich die Ausgangsspannungen grob voreinstellen, und zwar auf 2 Volt, 200 mV oder 20 mV. Die Feineinstellung wird dann am Potentiometer P 2 vorgenommen.

Die Frequenzfeineinstellung innerhalb eines Bereichs geschieht stufenlos mit dem Tandempotentiometer P 1. Als frequenzbestimmende Glieder der Schaltung wirken die Kondensatoren C 1 bis C 12.

Die Stromversorgung der Schaltung erfolgt von einem Netztransformator aus, dem eine Gleichrichterdiode nachgeschaltet ist. Die Kondensatoren C 17 und C 18 glätten die Wechselspannung.

Zur Eichung des Gerätes benötigen wir einen geeichten Tongenerator, der an den X-Platten eines Oszillografen angeschlossen wird. Die fünf Bereiche können jetzt nach den bekannten Frequenzen des Eichgenerators geeicht werden. Wir beginnen mit dem untersten Bereich, wo von 10 Hz zu 10 Hz Markierungspunkte auf der Skala angebracht werden. Ebenso verfahren wir im Bereich 2. Dort werden die Markierungspunkte von 100 zu 100 Hz angebracht. Gleiche Markierungspunkte werden im Bereich 3 von 1 kHz zu 1 kHz, im Bereich 4 von 10 kHz zu 10 kHz und im Bereich 5 von 100 kHz zu 100 kHz eingezeichnet.

Unser zu eichender Tongenerator wird an den Y-Platten des Oszillografen angeschlossen, der Kippfrequenzschalter ist auf »Extern« zu schalten. Der Eichgenerator wird auf eine Frequenz von 20 Hz eingestellt, der Bereichsschalter unseres Gerätes ist auf Bereich 1 (10 Hz bis 100 Hz) einzustellen.

Das Potentiometer P 2 wird solange verdreht, bis auf dem Bildschirm ein Kreis erscheint. Diese Stelle wird auf der Skala durch einen Punkt markiert. Anschließend wird der Eichgenerator auf eine Frequenz von 50 Hz eingestellt, und das Potentiometer P 2 ist wieder solange zu verdrehen, bis erneut eine Kreis entsteht. Auch dieser Punkt ist auf der Skala zu bezeichnen. Je

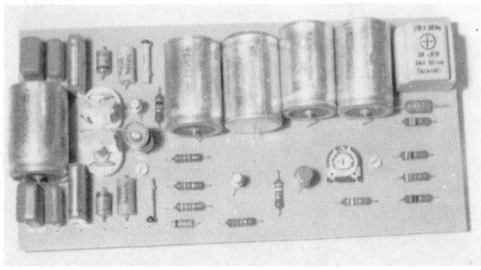

392 Die mit allen Bauteilen bestückte Platine.

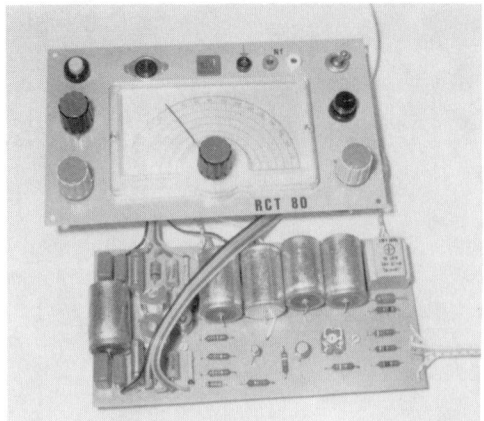

393 *Die Verdrahtung der Frontplatte mit der Platine erfolgt nach dem Verdrahtungsplan.*

ist die bekannte Frequenz des Eich-Tongenerators zuerst einzustellen, und dann wird durch Verdrehen des Potentiometers P 2 der Punkt gesucht, an dem auf dem Bildschirm ein Kreis entsteht. Dort stimmen die beiden Frequenzen genau überein.

Die Ausgangsspannung wird an den Buchsen a/b oder a/c abgenommen. Bei den Buchsen a/b erhält man die Signalspannung direkt, während an den Buchsen a/c eine über den Tastschalter TS getastete Signalspannung zur Verfügung steht. Dieser Ausgang eignet sich besonders zur Überprüfung von Tonfrequenzfernsteueranlagen, da alle eingestellten Tonsignale getastet werden können.

mehr Punkte auf diese einfache Weise ermittelt und festgelegt werden, desto genauer kann später eine Frequenzeinstellung vorgenommen werden.

Auch die anderen Bereiche 2, 3, 4 und 5 sind auf die gleiche Weise zu eichen. Stets

Stückliste zum RC-Tongenerator

R 1 = 680 Ohm / 1/3 W Schichtwiderstand
R 2 = 680 Ohm / 1/3 W Schichtwiderstand
R 3 = 12 kOhm / 1/3 W Schichtwiderstand
R 4 = 1 kOhm / 1/3 W Schichtwiderstand
R 5 = 3,9 kOhm / 1/3 W Schichtwiderstand
R 6 = 330 Ohm / 1/3 W Schichtwiderstand
R 7 = 680 Ohm / 1/3 W Schichtwiderstand
R 8 = 100 Ohm / lin. Einstellregler

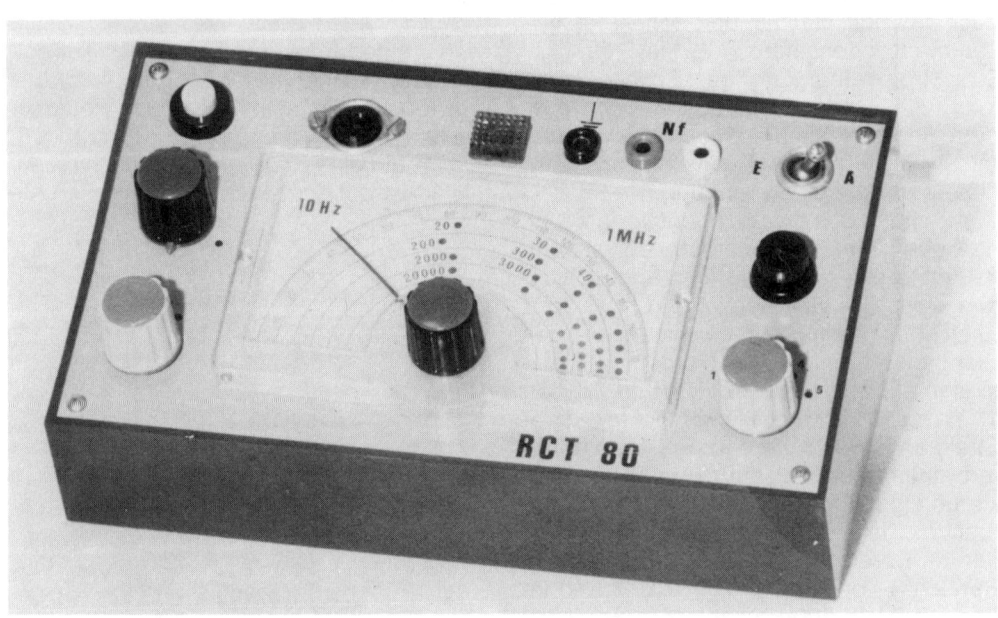

394 *Der fertige RC-Tongenerator.*

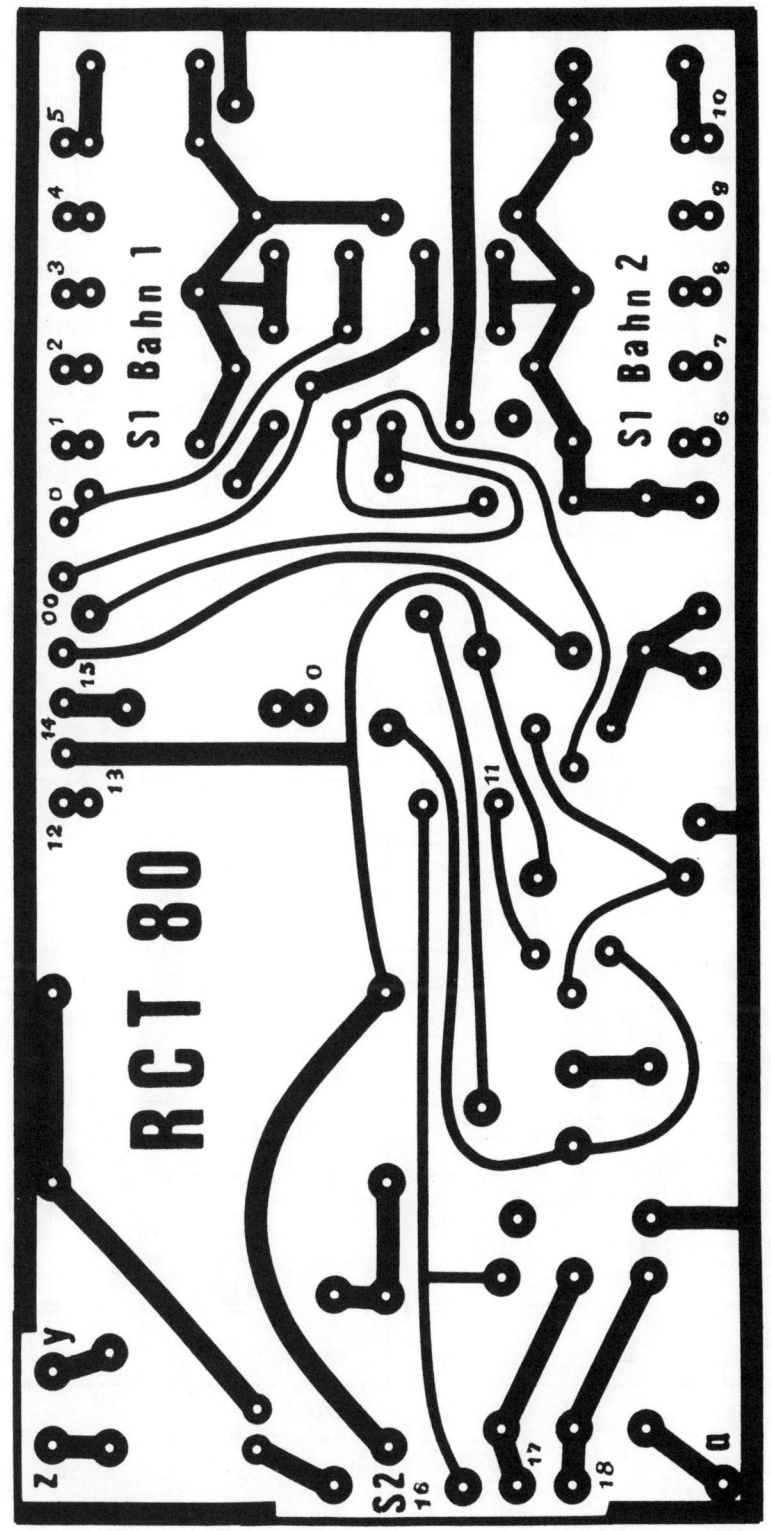

395   Druckvorlage im Maßstab 1:1 zum RC-Tongenerator.

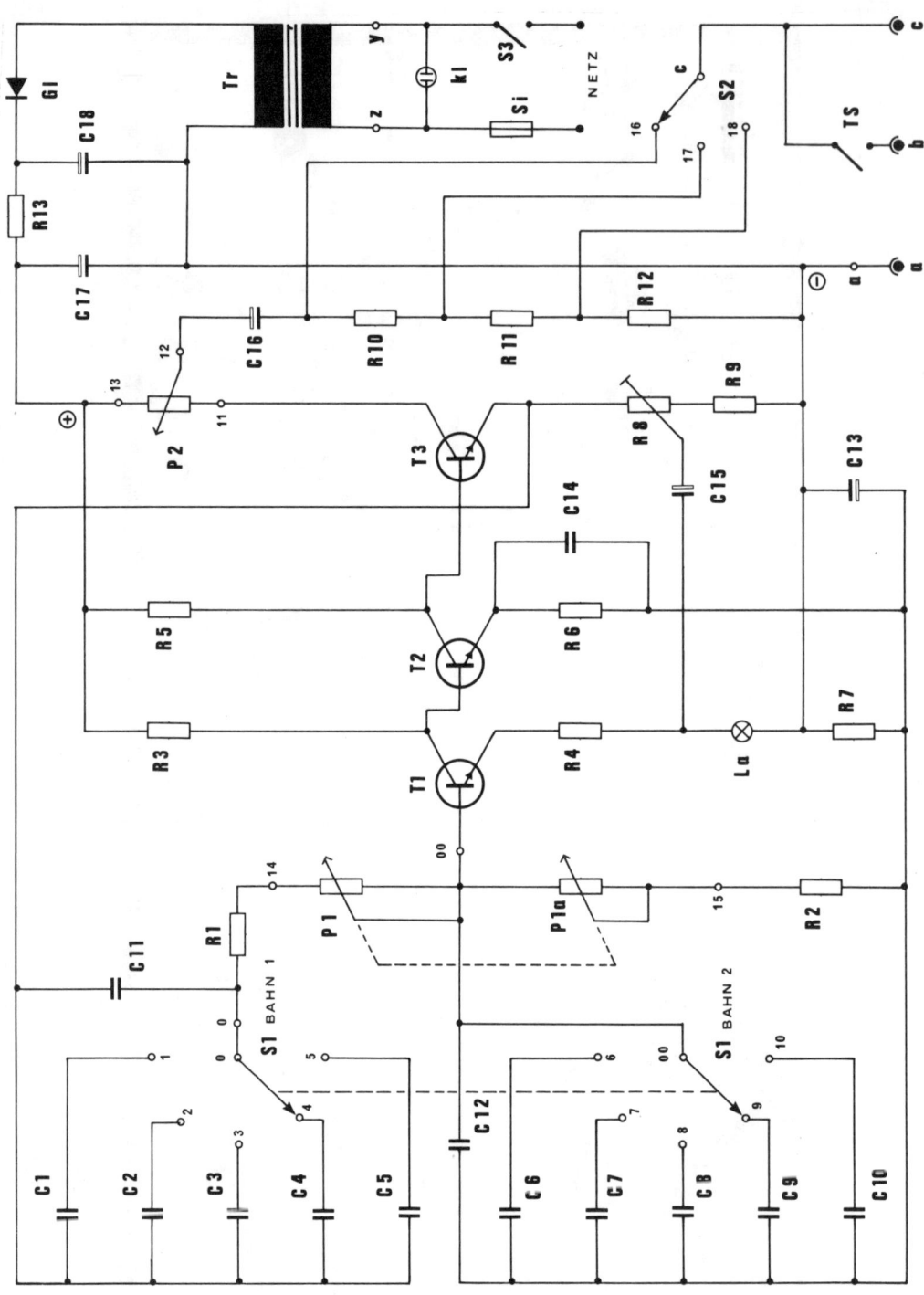

396   Schaltbild zum RC-Tongenerator.

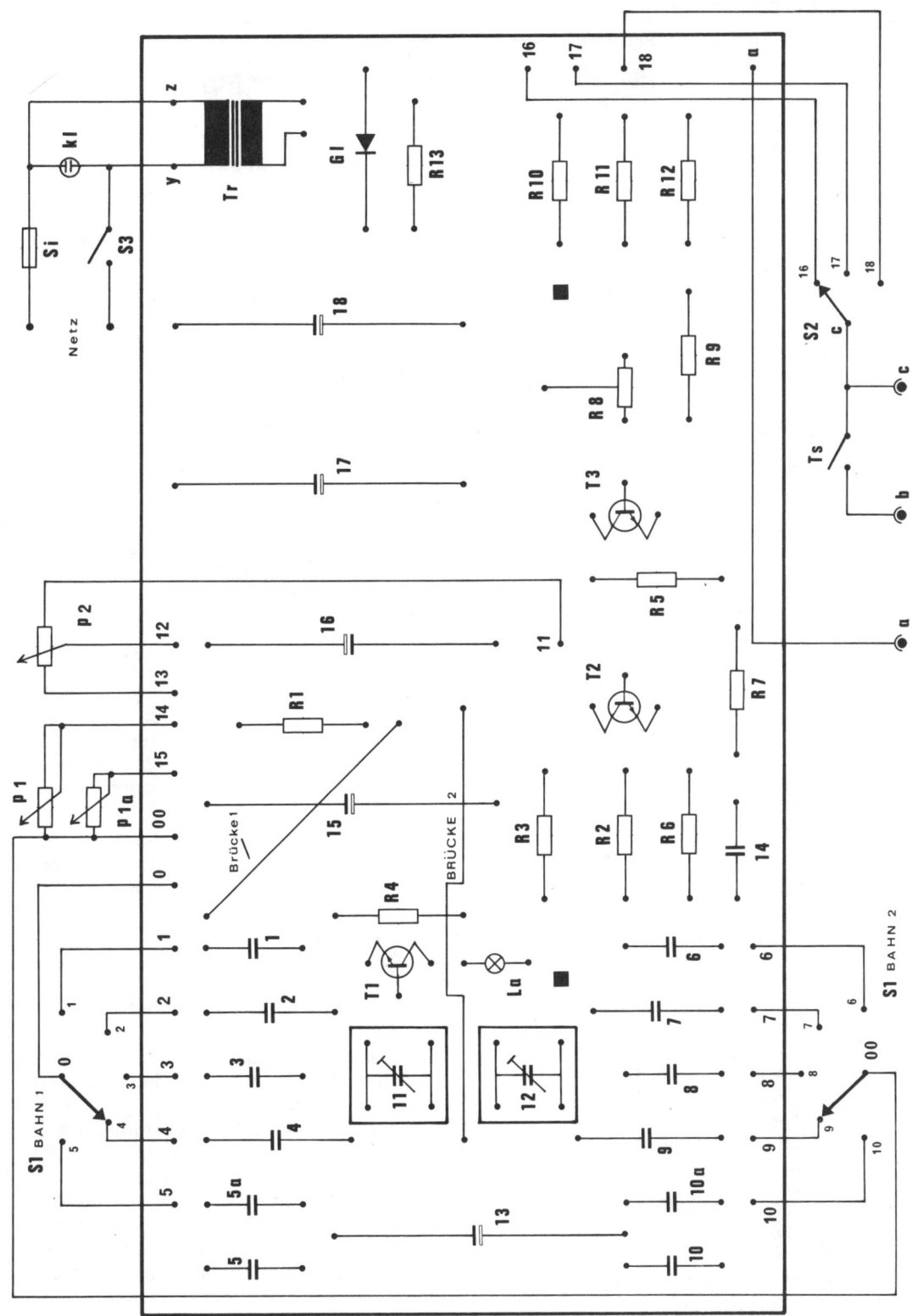

397 Bestückungs- und Verdrahtungsplan.

R 9 = 390 Ohm / 1/3 W Schichtwiderstand
R 10 = 900 Ohm / 1/3 W Schichtwiderstand
R 11 = 90 Ohm / 1/3 W Schichtwiderstand
R 12 = 10 Ohm / 1/3 W Schichtwiderstand
R 13 = 100 Ohm / 1/3 W Schichtwiderstand
P 1 = 2 × 10 kOhm / lin. Tandempotentiometer
P 2 = 250 kOhm / lin. Potentiometer
C 1 = 100 pF / 160 V Keramikrohrkondensator
C 2 = 1,5 nF / 160 V
C 3 = 15 nF / 160 V
C 4 = 0,15 µF / 160 V
C 5 = 1,5 µF / Kondensator wird zusammen-
gesetzt aus:
1 uF / 100 V und 0,47 uF / 100 V
C 6 = 100 pF / 160 V Keramikkondensator
C 7 = 1,5 nF / 160 V
C 8 = 15 nF / 160 V
C 9 = 0,15 µF / 160 V
C 10 = 1,5 µF / Kondensator wird zusammen-
gesetzt aus:
1 µF / 100 V und 0,47 µF / 100 V
C 11 = 4–60 pF Lufttrimmer für gedruckte
Schaltung
C 12 = 4–60 pF Lufttrimmer für gedruckte
Schaltung
C 13 = 2200 µF / 35 V Elko
C 14 = 1 nF / 160 V Erofol 2
C 15 = 2200 µF / 35 V Elko
C 16 = 2200 µF / 35 V Elko
C 17 = 2200 µF / 35 V Elko
C 18 = 2200 µF / 35 V Elko
T 1 = BC 108 npn-Transistor
T 2 = BC 108 npn-Transistor
T 3 = 2N 1613 npn-Transistor
Gl = BY 127 Si-Diode
Tr = Netztransformator 220 V / 24 V / 35 mA
La = Skalenlämpchen 6 V / 0,05 A mit
Fassung für gedruckte Schaltung
S 1 = Stufenschalter 2 × 5 Kontakte
(5 Schaltstellungen und 2 Bahnen)
S 2 = Stufenschalter 1 × 3 Kontakte
(3 Schaltstellungen und 1 Bahn)
S 3 = Kipphebelschalter, einpolig
Si = Sicherungselement mit Feinsicherung
300 mA
TS = Tastschalter 1 × Arbeitskontakt
Kl = Netzkontrollampe, Glimmlampe
in Fassung für 220 V
Dib = Diodenbuchse (Nf-Ausgang)
a = isolierte Telefonbuchse (Massebuchse)
b = isolierte Telefonbuchse (Nf-Ausgang
direkt)
c = isolierte Telefonbuchse (Nf-Ausgang
über Tastschalter TS)
1 Stück Skala
1 Stück Teko-Gehäuse Mod. 363,
schräge Pultform
1 Stück Netzstecker mit Kabel, etwa 1,5 m lang
1 Stück Platine RCT

Rechteck- und Sägezahngenerator

Beim Überprüfen von Nf-Verstärkern und beim Aufbau von Impulsschaltungen werden Rechteck- und Sägezahngeneratoren benötigt.

Nachstehend wird der Bau eines solchen Generators beschrieben, der sich wegen seines verhältnismäßig geringen Material-aufwandes besonders auszeichnet. Dieses wurde durch Verwendung der Integrierten Schaltung NE 555 V von Signetics ermöglicht.

In einem Frequenzbereich von 7 Hz bis 16 kHz lassen sich die dazwischenliegenden Frequenzen über den Stufenschalter S 2 grob voreinstellen. Die eingestellte Frequenz wird durch ein RC-Glied bestimmt, welches sich aus den Widerständen P 1, R 1, R 2 und den jeweils über den Stufenschalter eingeschalteten Kondensatoren C 1, C 2, C 3 und so weiter bis C 12 zusammensetzt.

Der Feinabgleich der Frequenz wird durch das Potentiometer P 1 vorgenommen. Vorteilhaft in dieser Schaltung ist noch, daß nur ein RC-Glied gebraucht wird. Das vereinfacht den Aufbau wesentlich. Bei den sonst üblichen Brückenschaltungen sind jeweils zwei RC-Glieder erforderlich.

Die Kondensatoren C 1 und C 12 werden über die Widerstände R 1/R 2 und das Potentiometer P 1 aufgeladen. Die Entladung erfolgt jedoch nur über den Widerstand R 2. Alle drei Widerstände zusammen bestimmen das Tastverhältnis, welches durch das Potentiometer P 1 beeinflußt wird.

Das Potential an den Kondensatoren C 1 bis C 12 wechselt zwischen 1/3 und 2/3 des Betriebsspannungswertes. Lade- und Entladezeit sind von der Betriebsspannung abhängig.

Am Ausgang der Schaltung (Punkt 3 des IS) kann über den Kondensator C 14 die Rechteckspannung an den Buchsen a1/a2 abgenommen werden. Die Amplitude läßt sich von 14 V ss bis herab auf 0 Volt durch das Potentiometer P 2 einstellen. Die Sägezahnspannung wird direkt an den Kondensatoren C 1 bis C 12 abgenommen. Um eine Frequenzbeeinflussung bei angeschlossener Last auszuschließen, wurde

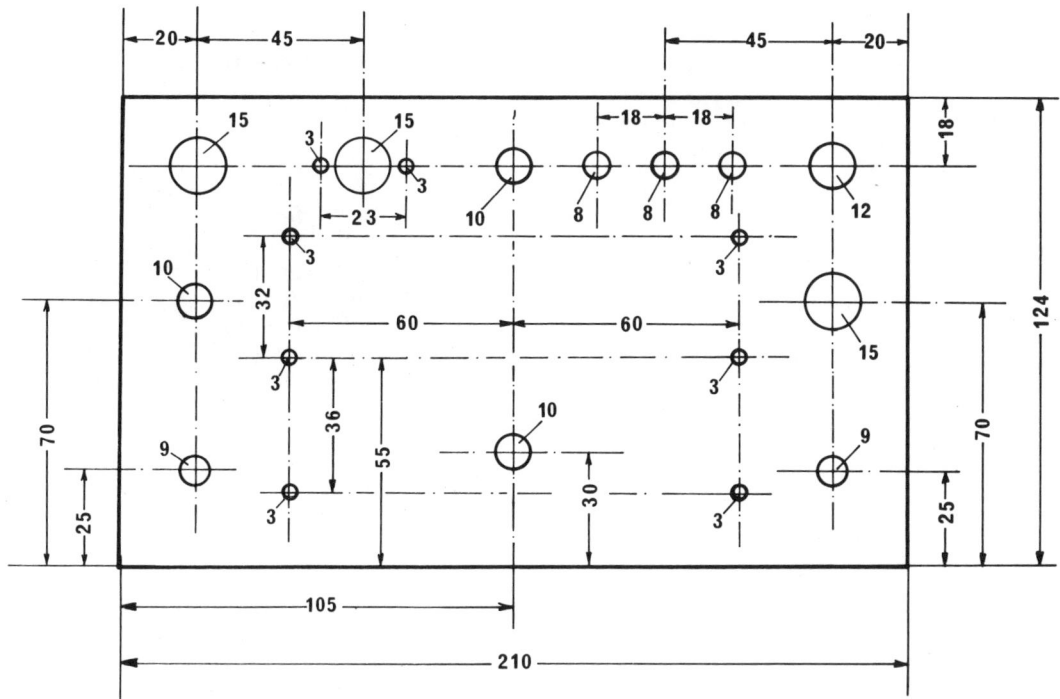

398 Bohrplan Frontplatte.

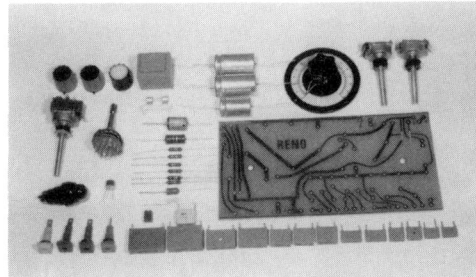

399 Alle zum Bau erforderlichen elektronischen Bauteile und die Platine.

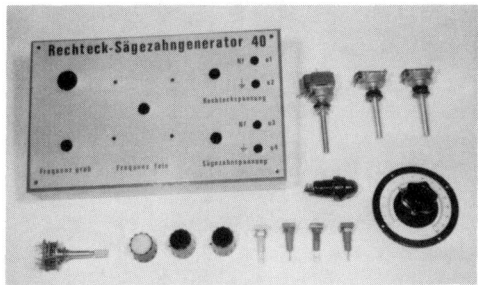

400 Die mechanischen Bauteile mit Gehäuse und
gebohrter Frontplatte.

der Transistor T vorgesehen. Die Sägezahnspannung steht an den Buchsen
a3/a4 zur Verfügung. Ihre Amplitude kann
durch das Potentiometer P 3 kontinuierlich
zwischen 4 Vss und 0 Volt variiert werden.
Die Schaltung ist für eine Betriebsspannung von 15 Volt ausgelegt. Der Stromverbrauch beträgt 10 mA. Das Gerät ist für
Netzbetrieb vorgesehen.

Zur Frequenzeichung benötigen wir einen
Tongenerator. Er wird an den Y-Platten eines Oszillografen angeschlossen, der
Ausgang des Rechteckgenerators ist mit
dem X-Eingang des Oszillografen zu verbinden. Bereichsweise werden jetzt bekannte Frequenzen am Tongenerator eingestellt, zum Beispiel 20 Hz, 30 Hz und so
weiter im unteren Bereich und 4000 Hz,
5000 Hz, 6000 Hz und so weiter im höheren Bereich. Durch Verdrehen des Potentiometers P 1 wird nun jeweils die Stelle
gesucht, an der auf dem Oszillografenschirm Frequenzübereinstimmung angezeigt wird, was sich durch ein wanderndes
Viereck bemerkbar macht. Diese Punkte
werden auf der Skala vermerkt. Jederzeit
kann so die gerade gewünschte Rechteck-

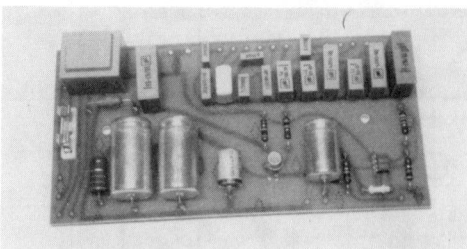

401 Die mit allen Bauteilen bestückte Platine.

frequenz eingestellt werden. Rechteckfrequenzen und Sägezahnfrequenzen stimmen miteinander überein.

Aufteilung der Frequenzbereiche (Frequenzgrobeinstellung)

Bereich 1:   7 Hz bis   10 Hz
Bereich 2:   13 Hz bis   25 Hz
Bereich 3:   20 Hz bis   40 Hz
Bereich 4:   40 Hz bis   80 Hz
Bereich 5:   90 Hz bis 190 Hz
Bereich 6: 210 Hz bis 460 Hz
Bereich 7: 300 Hz bis 560 Hz
Bereich 8: 530 Hz bis 900 Hz
Bereich 9: 900 Hz bis 1,7 kHz
Bereich 10: 1,7 kHz bis   3 kHz

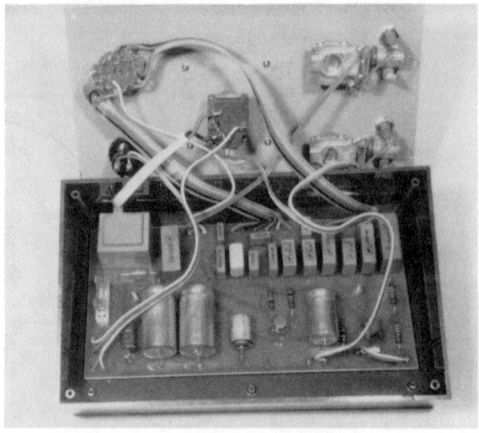

402 Die fertige Platine wird im Gehäuseboden festgeschraubt. Flexible Drahtleitungen stellen die Verbindung zu den Bauteilen auf der Frontplatte her.

Bereich 11:   3 kHz bis 11 kHz
Bereich 12:   8 kHz bis 16 kHz

(Die angegebenen Frequenzen wurden beim Aufbau des Mustergerätes gewonnen. Durch Toleranzen bei den Kondensatoren C 1 bis C 12 bedingt, können die Angaben etwas abweichen.)

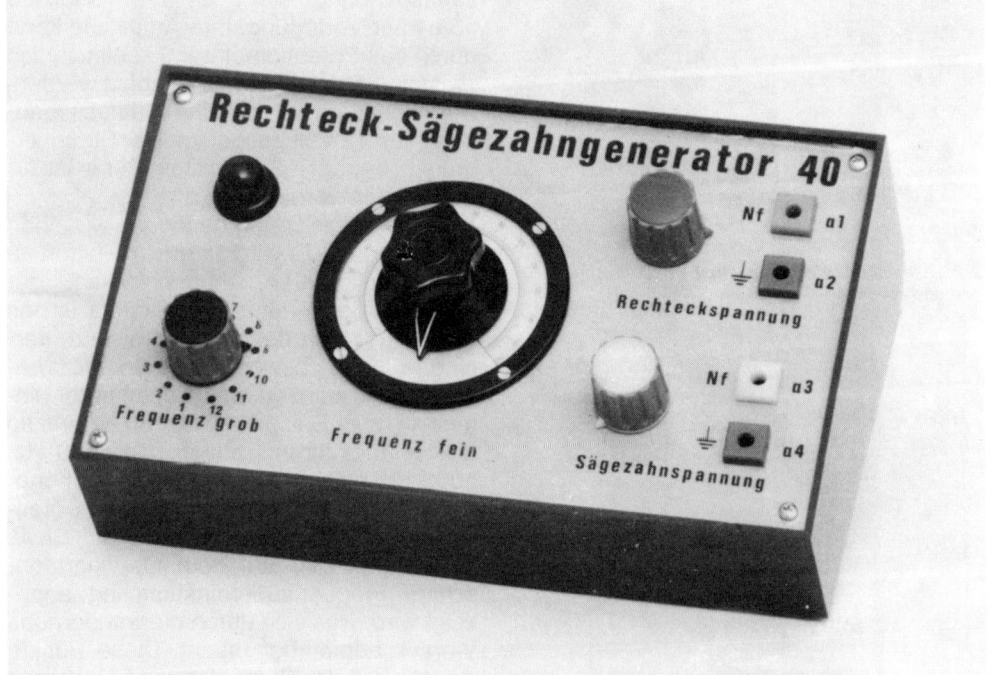

403 Das fertige Gerät.

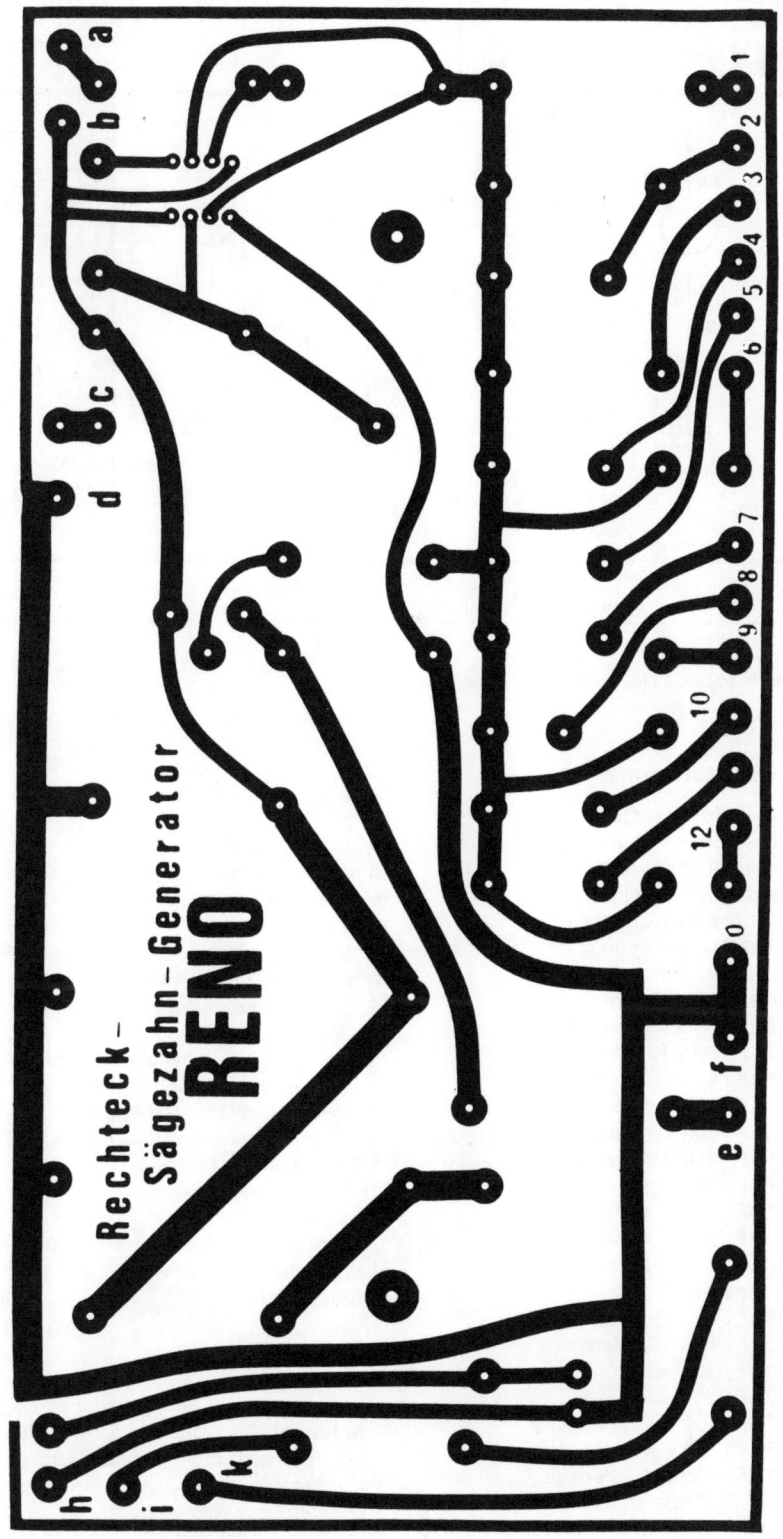

404   Druckvorlage im Maßstab 1:1 zum Rechteck- und Sägezahngenerator.

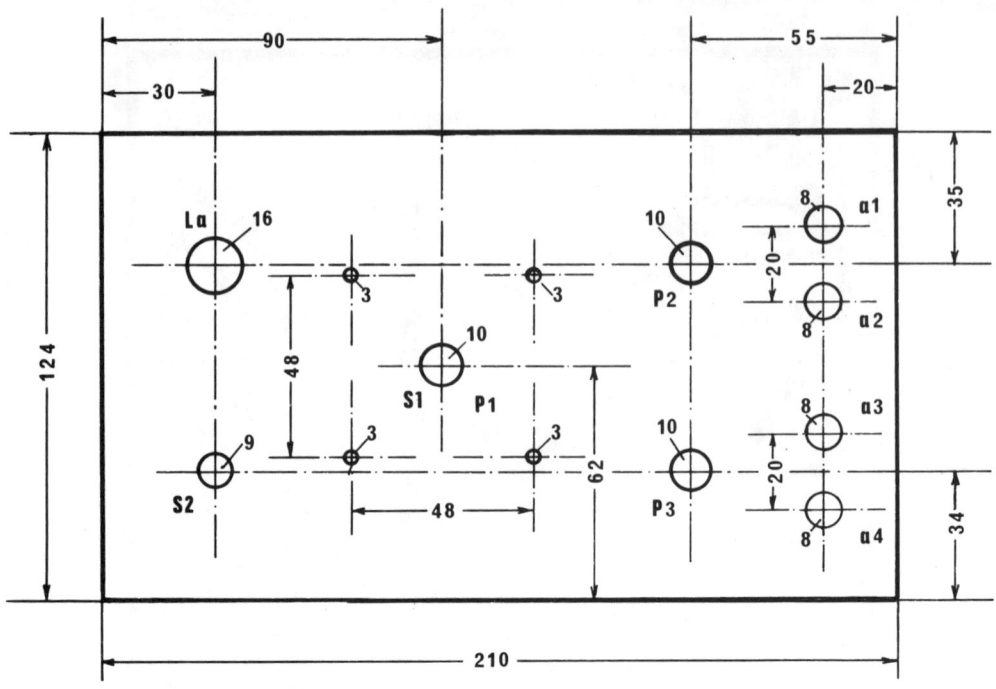

405 Bohrplan Frontplatte Rechteck- und Sägezahngenerator.

Stückliste zum Rechteck/Sägezahngenerator

a1 = isolierte Buchse, rot
a2 = isolierte Buchse, blau
a3 = isolierte Buchse, gelb
a4 = isolierte Buchse, blau
C 1 = 10 µF / 63 V Kondensator
C 2 = 4,7 µF / 63 V Kondensator
C 2a = 2,2 µF / 63 V Kondensator
C 3 = 4,7 µF / 63 V Kondensator
C 4 = 2,2 µF / 63 V Kondensator
C 5 = 1 µF / 63 V Kondensator
C 6 = 0,47 µF / 63 V Kondensator
C 7 = 0,33 µF / 100 V Kondensator
C 8 = 0,22 µF / 100 V Kondensator
C 9 = 0,1 µF / 100 V Kondensator
C 10 = 47 nF / 630 V Kondensator
C 11 = 33 nF / 630 V Kondensator
C 12 = 10 nF / 630 V Kondensator
C 13 = 22 pF / 550 V, keramischer Kondensator
C 14 = 1000 µF / 25 V Elko
C 15 = 10 µF / 63 V Kondensator
C 16 = 2200 µF / 25 V Elko
C 17 = 2200 µF / 25 V Elko
C 18 = 0,47 µF / 100 V Kondensator
C 19 = 0,47 µF / 100 V Kondensator
C 20 = 0,47 µF / 100 V Kondensator
GR = BY 127 Si-Diode als Gleichrichter
IS = NE 555 V Integrierte Schaltung
La = 12 V / 0,1 A Lämpchen

P 1 = 10 kOhm / lin. Potentiometer mit Schalter
P 2 = 5 kOhm / lin. Potentiometer
P 3 = 5 kOhm / lin. Potentiometer
R 1 = 2,2 kOhm / 1/3 W Schichtwiderstand
R 2 = 3,3 kOhm / 1/3 W Schichtwiderstand
R 3 = 10 kOhm / 1/3 W Schichtwiderstand
R 4 = 1 kOhm / 1/3 W Schichtwiderstand
R 5 = 10 kOhm / 1/3 W Schichtwiderstand
R 6 = 180 Ohm / 1 W Schichtwiderstand
S 1 = Netzschalter, doppelpolig (sitzt auf P 1)
S 2 = TMS-Stufenschalter 1 × 12 Kontakte
Si = 300 mA-Feinsicherung mit Halterung für gedruckte Schaltung
T = 2N 1613 npn-Transistor
Ü = Netztransformator, 220 V / 12 V
1 Stück Lampenfassung
4 Stück Drehknöpfe
1 Stück Skala 270 Grad
1 Stück Netzstecker mit Kabel, etwa 1,5 m lang
1 Stück Teko-Gehäuse Mod. 363, pultförmig
1 Stück Platine Reno

Achtung! Die Kondensatoren C 19 und C 20 befinden sich nicht auf der Druckplatine, sie werden vom jeweiligen Potentiometer-Mittelanschluß zur Ausgangsbuchs auf der Rückseite der Frontplatte verlötet!

240

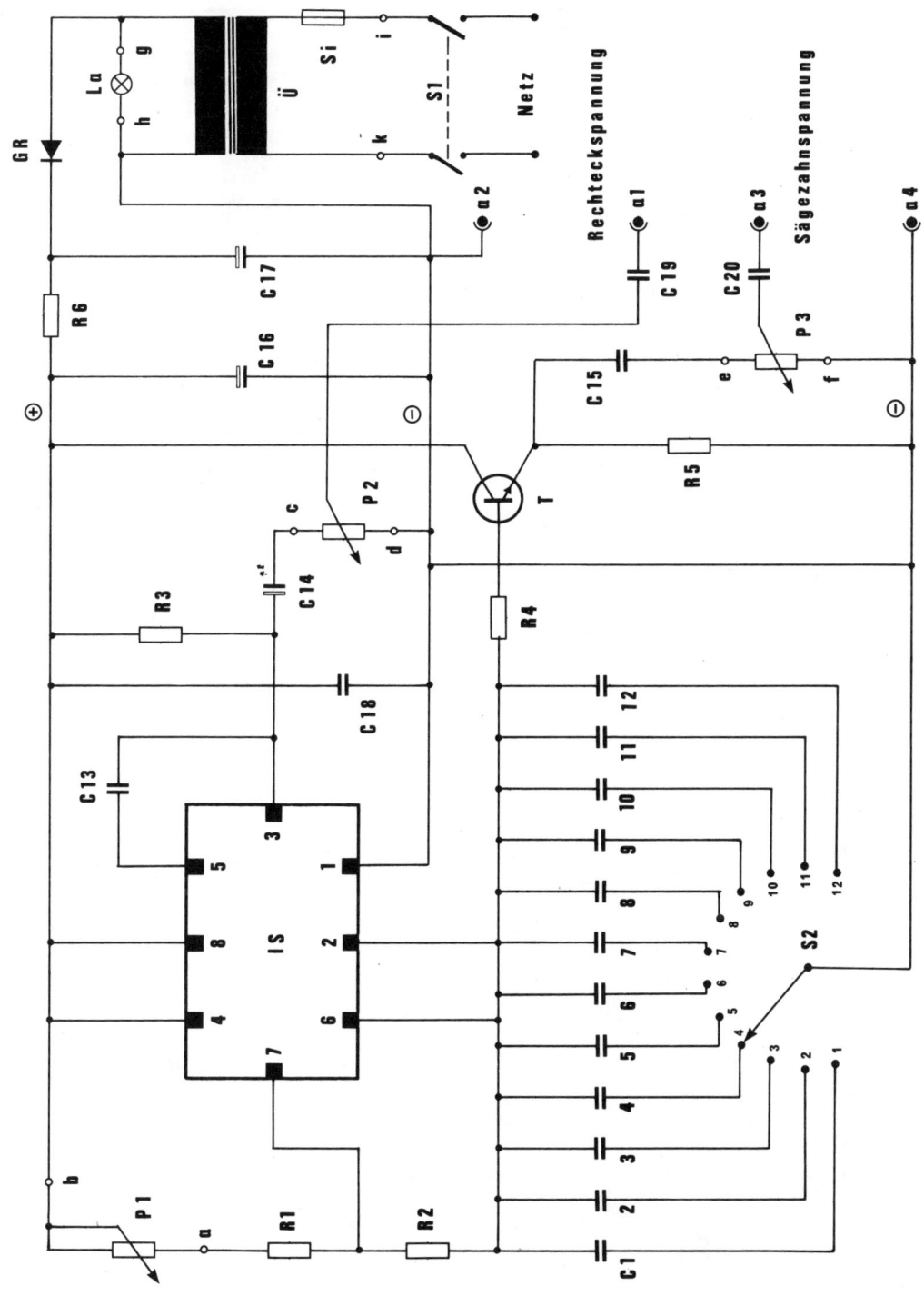

406 Schaltbild zum Rechteck- und Sägezahngenerator.

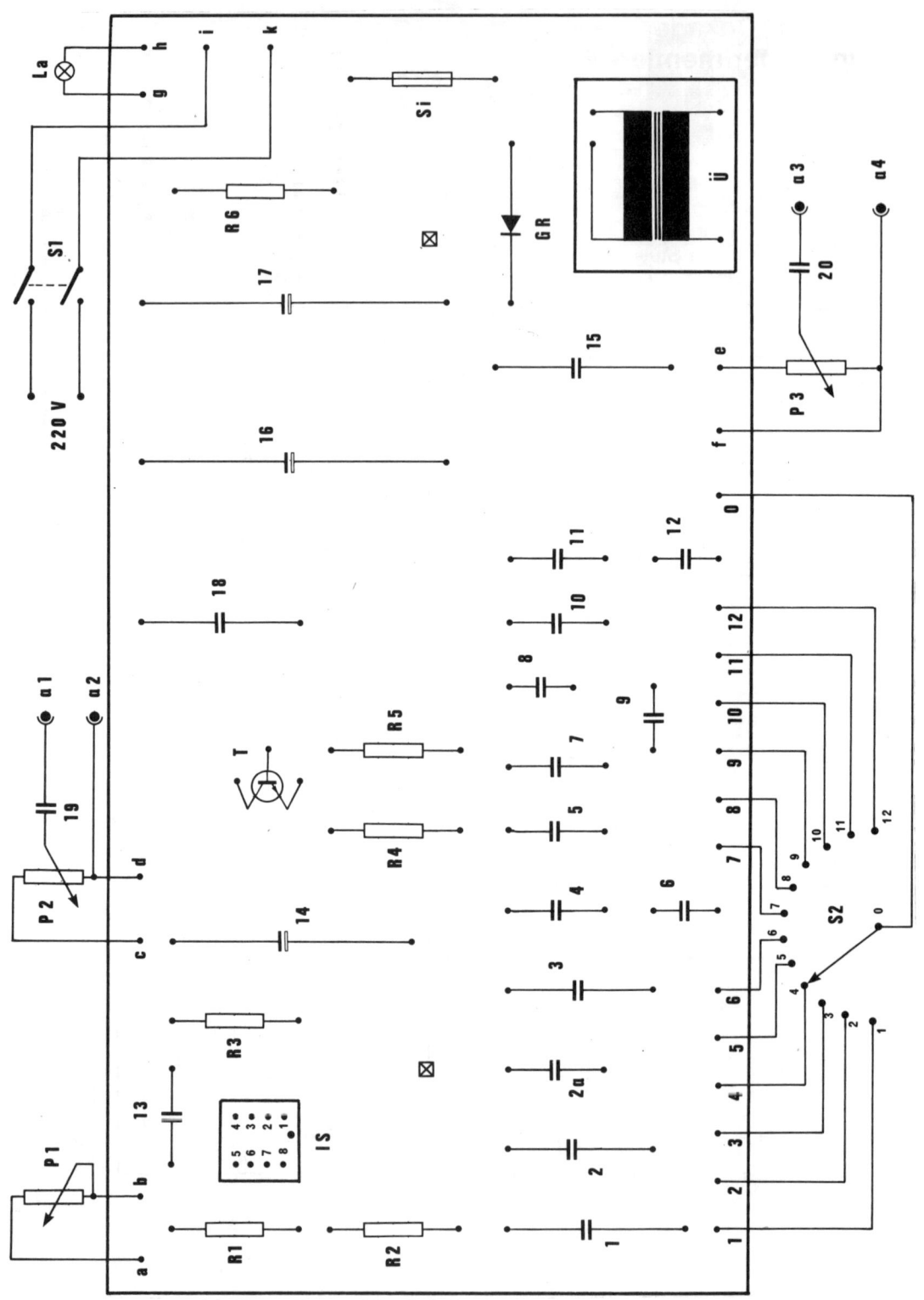

407 Bestückungs- und Verdrahtungsplan.

Eine RC-Dekade zum Experimentieren

Beim Experimentieren und bei der Entwicklung von elektronischen Schaltungen werden Widerstands-Kondensator-Dekaden benötigt. Dabei handelt es sich um Geräte, bei denen verschiedene Widerstandswerte beziehungsweise Kondensatorwerte über einen Stufenschalter eingestellt werden können. Über zwei Kabel mit der zu überprüfenden Schaltung in Verbindung gebracht, lassen sich so die gerade gewünschten Werte einschalten. Es ist also nicht nötig, Widerstände oder Kondensatoren in einem Versuchsaufbau ständig ein- und wieder auszulöten.

Um nicht zu viele Stufenschalter vorsehen zu müssen, werden jeweils zwölf Widerstände und zwölf Kondensatoren durch einen zwölfstufigen Schalter umgeschaltet.

Die Abnahme erfolgt über die Buchsen O-C für Kondensatoren und O-R für Widerstände.

Das hier gezeigte Gerät ist so gestaltet, daß zwei Stufenschalter vorgesehen sind. Es ist also möglich, 24 verschiedene Kon-

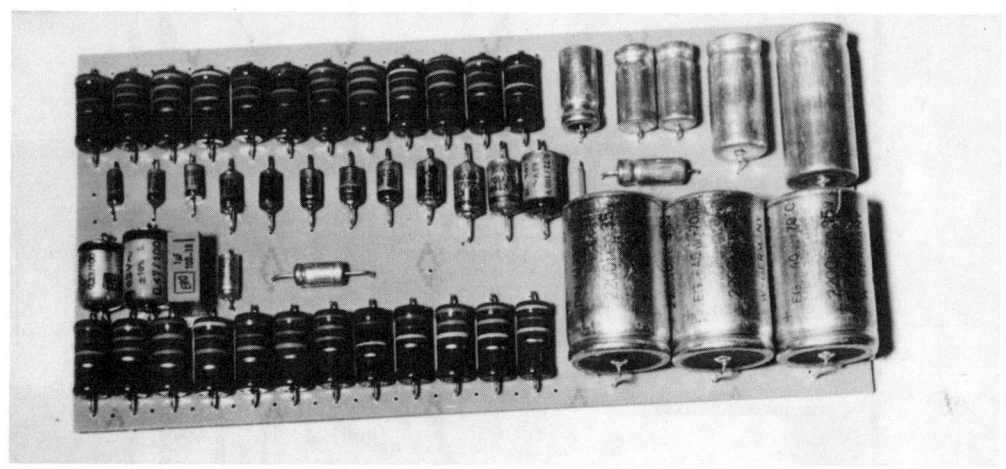

408 Sämtliche Widerstände und Kondensatoren werden auf der Druckplatine aufgebaut und auf der Leiterbahnseite verlötet.

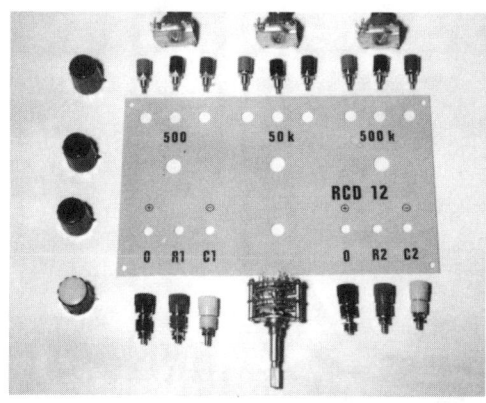

409 Frontplatte und mechanische Bauteile der RC-Dekade.

409a Blick auf das fertige Gerät.

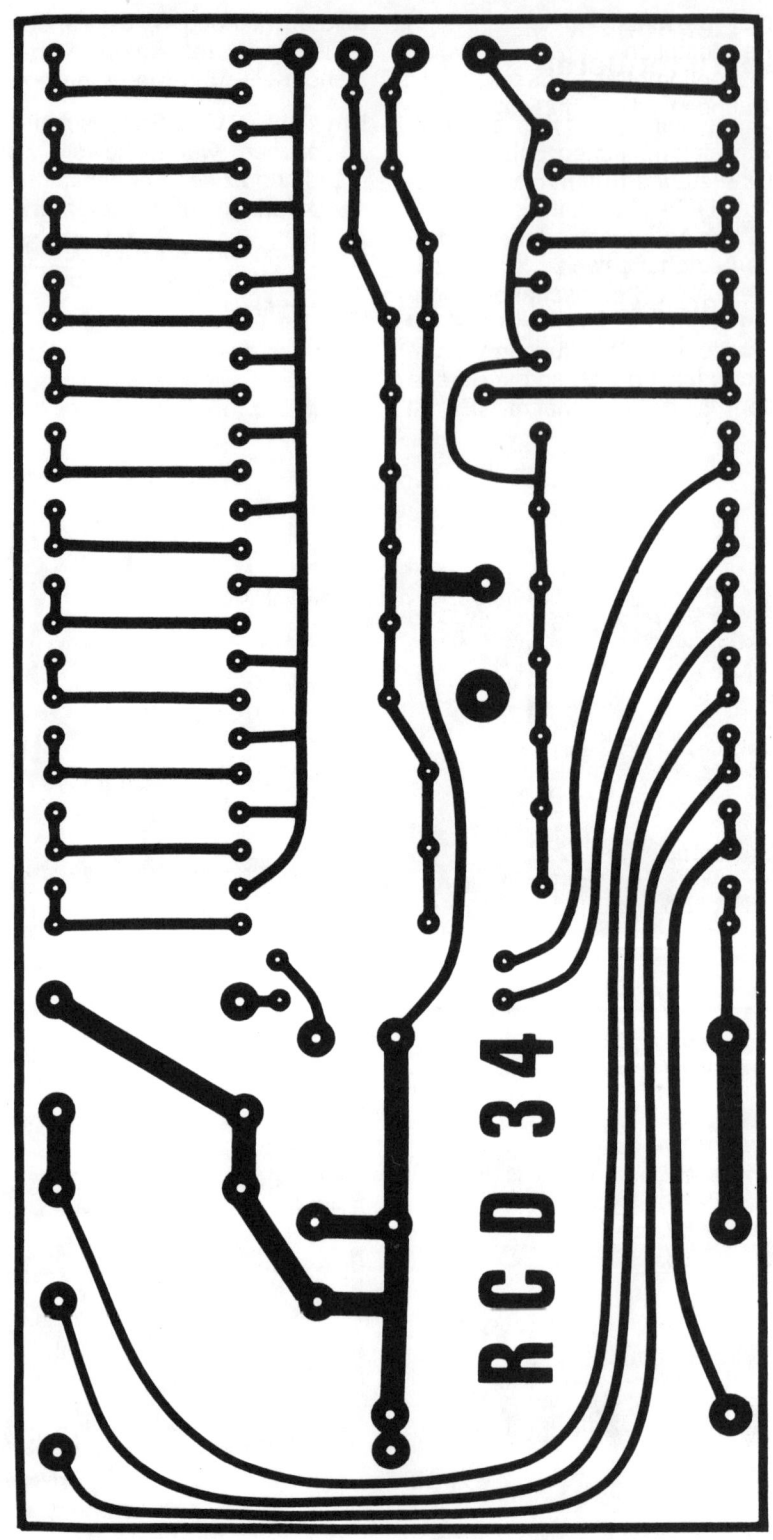

410 Druckvorlage im Maßstab 1:1 zur RC-Dekade.

densatoren beziehungsweise Widerstandswerte einstellen zu können. Weiter
sind drei Potentiometer vorgesehen, die
über die Buchsen a1-a9 mit der Experimentierschaltung in Verbindung gebracht
werden können. Die Druckplatine wurde
so entworfen, daß sie in ein Teko-Gehäuse P/4 eingebaut werden kann.

Stückliste zur RC-Dekade

1 Widerstände

(Alle Widerstände 1 Watt belastbar)

Bahn 1			Bahn 2		
R 1	=	100 Ohm	R 13	=	15 kOhm
R 2	=	220 Ohm	R 14	=	22 kOhm
R 3	=	330 Ohm	R 15	=	33 kOhm
R 4	=	470 Ohm	R 16	=	47 kOhm
R 5	=	820 Ohm	R 17	=	56 kOhm
R 6	=	1 kOhm	R 18	=	68 kOhm
R 7	=	2,2 kOhm	R 19	=	82 kOhm
R 8	=	3,3 kOhm	R 20	=	100 kOhm
R 9	=	4,7 kOhm	R 21	=	150 kOhm
R 10	=	6,8 kOhm	R 22	=	220 kOhm
R 11	=	8,2 kOhm	R 23	=	330 kOhm
R 12	=	10 kOhm	R 24	=	470 kOhm

2 Kondensatoren

Bahn 1			Bahn 2		
C 1	=	1 nF / 160 V	C 14	=	0,47 µF / 160 V
C 2	=	2,2 nF / 160 V	C 15	=	1 µF / 160 V
C 3	=	3,3 nF / 160 V	C 16	=	10 µF / 25 V
C 4	=	4,7 nF / 160 V	C 17	=	22 µF / 25 V
C 5	=	6,8 nF / 160 V	C 18	=	47 µF / 25 V
C 6	=	10 nF / 160 V	C 19	=	100 µF / 25 V
C 7	=	22 nF / 160 V	C 20	=	220 µF / 25 V
C 8	=	33 nF / 160 V			(2 × 100 µF paral)
C 9	=	47 nF / 160 V	C 21	=	470 µF / 25 V
C 10	=	68 nF / 160 V	C 22	=	1000 µF / 25 V
C 11	=	0,1 µF / 160 V	C 23	=	2200 µF / 25 V
C 12	=	0,22 µF / 160 V	C 24	=	4400 µF / 25 V
C 13	=	0,33 µF / 160 V			(2 × 2200 uF)

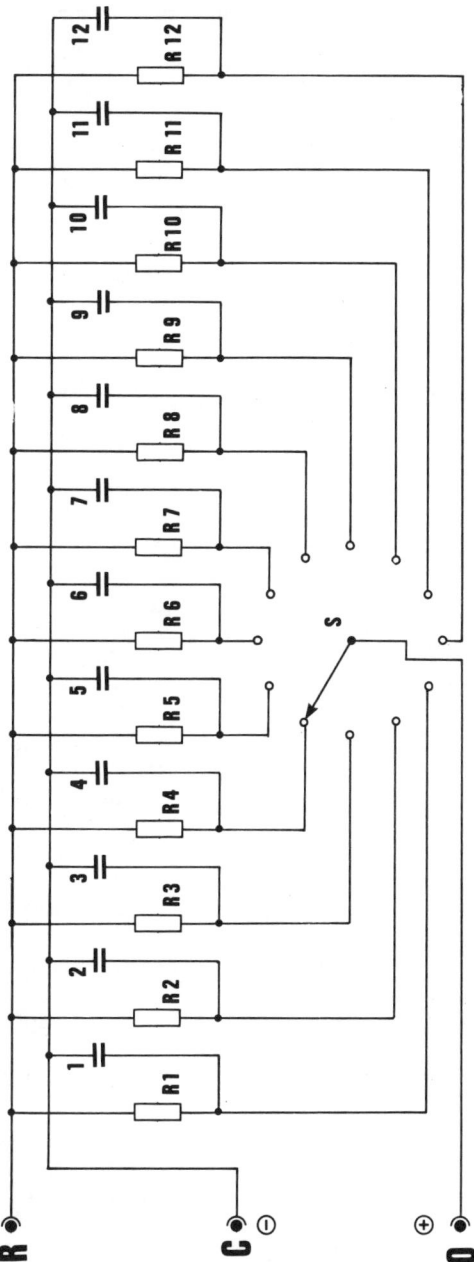

411   Schaltbild zur RC-Dekade.

3 Mechanische Bauteile

P 1 = 500 Ohm / lin. Potentiometer
P 2 = 50 kOhm / lin. Potentiometer
P 3 = 500 kOhm / lin. Potentiometer
S = TMS-Stufenschalter, 12 Schaltstellungen, 2 × 12 Kontakte
a1–a9 = 9 Stück isolierte Buchsen
6 Stück   Apparateklemmen

3 Stück   Drehknöpfe für Potentiometer P1–P3
1 Stück   Drehknopf mit Zeiger für Stufenschalter S
1 Stück   Teko-Gehäuse P/4
1 Stück   Druckplatine RCD 34

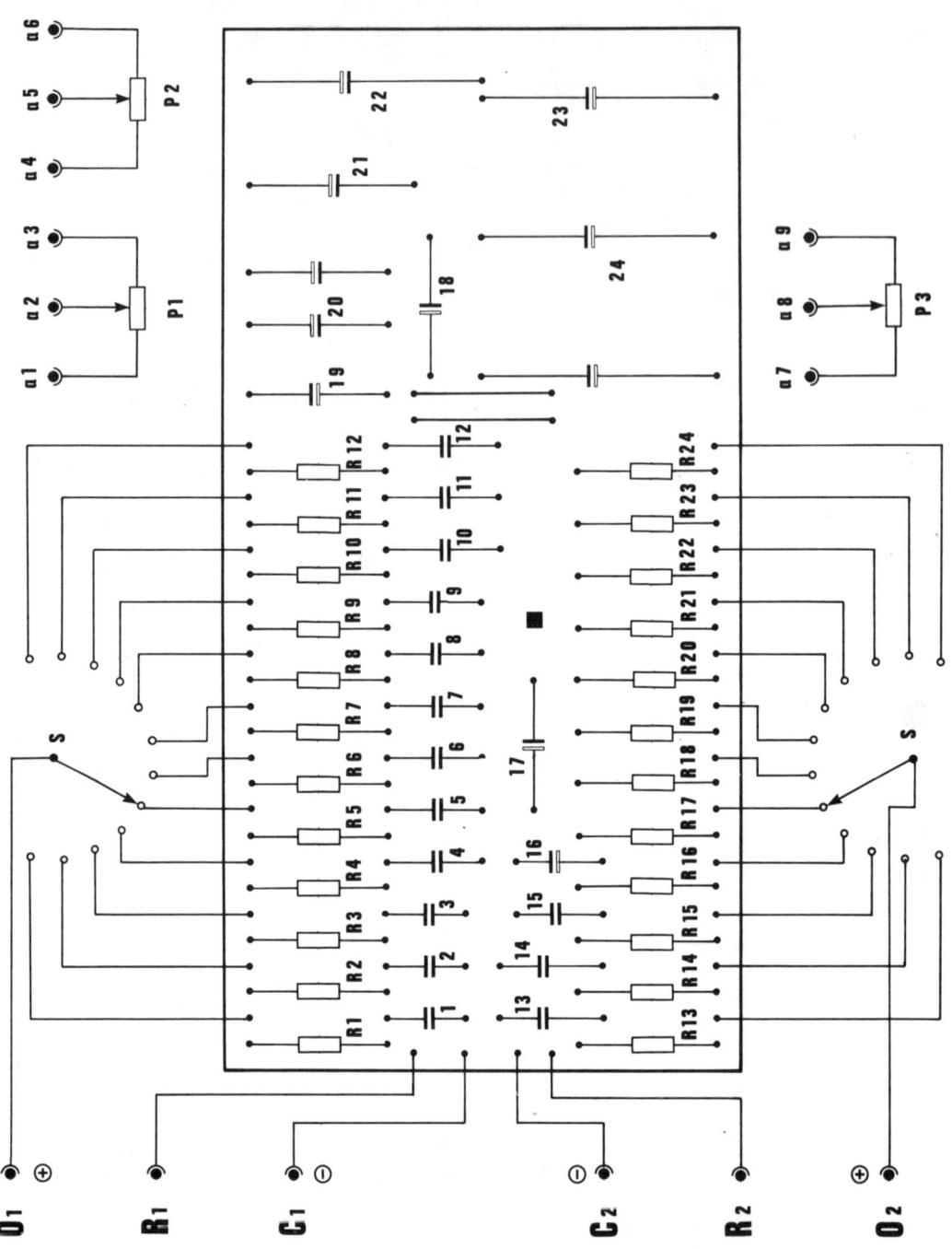

412   Bestückungs- und Verdrahtungsplan.

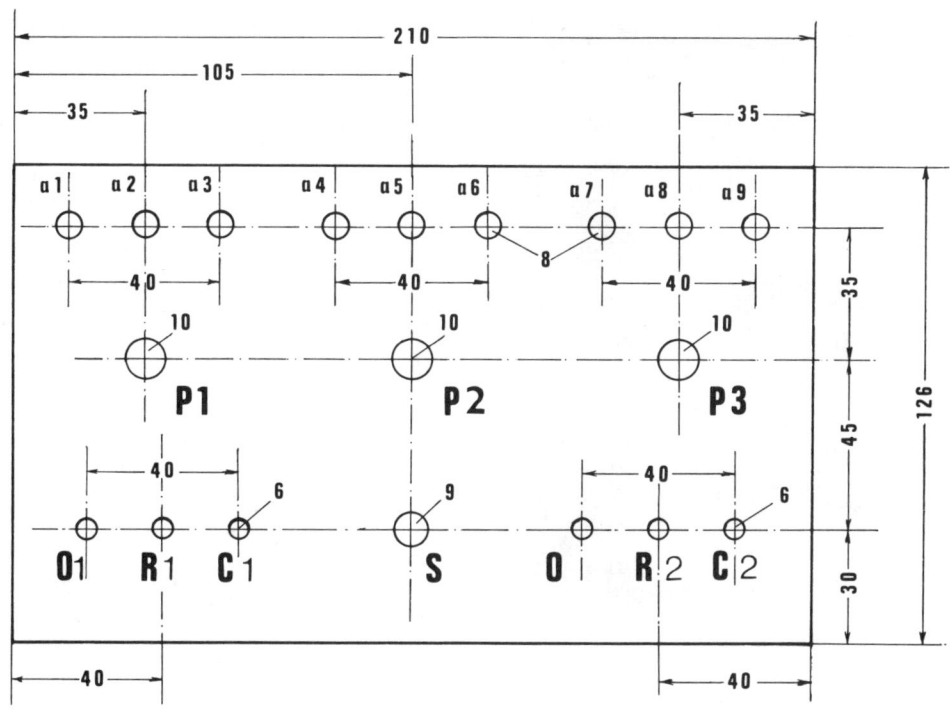

413 *Bohrplan Frontplatte zur RC-Dekade.*

Kleine Widerstandsdekade

Beim Experimentieren mit elektronischen Schaltungen bewähren sich Widerstandsdekaden sehr, da auf das Ein- und Auslöten von Widerständen verzichtet werden kann. In einem Kästchen sind alle gebräuchlichen Widerstände eingebaut. Über einen Stufenschalter erfolgt die Umschaltung von Widerstandswert zu Widerstandswert. An zwei Buchsen können die beiden Verbindungskabel angeschlossen werden, die mit der Experimentierschaltung zu verbinden sind.

Um möglichst viele Widerstandswerte zur Verfügung zu haben, wird ein zwölfstufiger Schalter mit zwei Bahnen verwendet. Es können demnach 24 Werte vorgesehen werden, die an zwei getrennte Ausgänge (je zwölf Widerstände) führen.
Aufgebaut werden die Widerstände auf zwei gleichen Druckplatinen, die nachher in ein Teko-Gehäuse P/2 eingesteckt und verdrahtet werden. Das Schaltbild zeigt die Verdrahtung der Widerstände R 1 bis R 12 an einer Bahn des Schalters. Die Widerstände R 13 bis R 24 sind entsprechend an der Bahn 2 des Schalters über flexible Leitungen anzulöten.

414 *Druckvorlage im Maßstab 1 : 1 (erforderlich sind zwei Stück).*

415 Das fertige Gerät.

Stückliste zur kleinen Widerstandsdekade

(Alle Widerstände 1 Watt belastbar,
Schichtwiderstände)

Bahn 1			Bahn 2		
R 1	=	10 Ohm	R 13	=	4,7 kOhm
R 2	=	22 Ohm	R 14	=	5,6 kOhm
R 3	=	33 Ohm	R 15	=	6,8 kOhm
R 4	=	47 Ohm	R 16	=	8,2 kOhm
R 5	=	100 Ohm	R 17	=	10 kOhm
R 6	=	220 Ohm	R 18	=	22 kOhm
R 7	=	330 Ohm	R 19	=	33 kOhm
R 8	=	470 Ohm	R 20	=	47 kOhm
R 9	=	820 Ohm	R 21	=	56 kOhm
R 10	=	1,2 kOhm	R 22	=	68 kOhm
R 11	=	2,2 kOhm	R 23	=	82 kOhm
R 12	=	3,3 kOhm	R 24	=	100 kOhm

S = Stufenschalter, 2 × 12 Kontakte
(12 Stellungen, 2 Bahnen)
1 Stück Drehknopf
4 Stück Apparateklemmen oder Buchsen
1 Stück Teko-Gehäuse P/12

416 Die beiden mit Widerständen bestückten Druckplatinen.

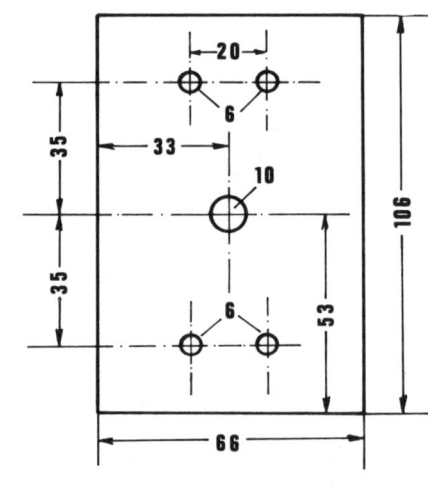

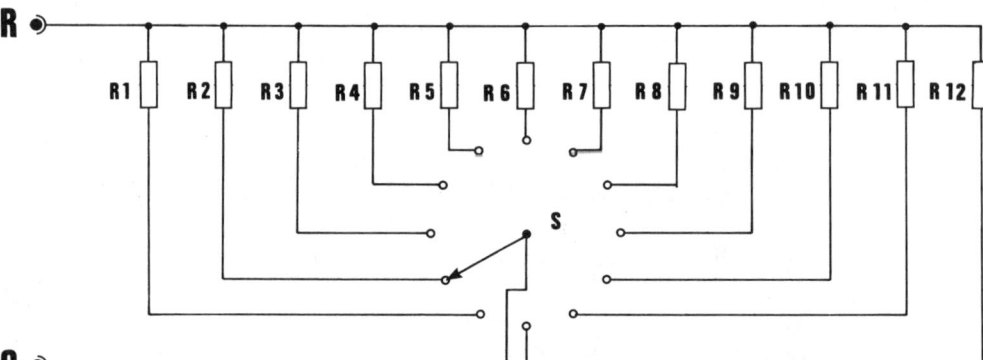

417 Bestückungsplan.

248

Taktgeber

Der hier beschriebene Intervallschalter, auch Taktgeber genannt, kann als automatisch arbeitender Ein-, Aus- oder Umschalter verwendet werden. Die Ein- und Ausschaltezeiten lassen sich kontinuierlich über zwei voneinander unabhängige Potentiometer einstellen. Eine rote und eine grüne Lampe zeigen den jeweiligen Ein- oder Auszustand optisch an. Die Steuerung übernimmt ein Relais, dessen Arbeits-, Ruhe- und Umschaltkontakte über Drahtleitungen an die Buchsen herausgeführt sind. Je nachdem, an welchen Buchsen die zu schaltenden Geräte angeschlossen werden, schalten sie sich nach der eingestellten Zeit ein (Arbeitskontakt) oder aus (Ruhekontakt). Das Gerät arbeitet an einer Betriebsspannung von 12 Volt, die an den Buchsen a1/a2 zugeführt wird. Als Stromquellen eignen sich neben der Fahrzeugbatterie bei Betrieb im Auto, Netzgeräte, Akkus oder Batterien.

Die Schaltung besteht aus drei Hauptteilen, einem astabilen Multivibrator T1/T2, einem monostabilen Multivibrator T3/T4 und der Schaltstufe T5. Die Frequenz des astabilen Multivibrators ist in einem weiten Bereich durch das Potentiometer P1 veränderbar. Den beiden frequenzbestimmenden Kondensatoren C1/C2 können über den Schalter S2 die beiden Kondensatoren C1a und C2a parallel geschaltet werden. Auf diese Weise erhält man zwei Bereiche.

Bei geschlossenem Schalter wird für die Aufladung der Kondensatoren mehr Zeit benötigt, weshalb die Frequenz niedrig ist. Bei offenem Schalter ist sie höher. Die Impulszeit bestimmt der monostabile Multivibrator. Mit dem Potentiometer P2 kann sie verändert werden. Die nachgeschaltete Schaltstufe läßt das Relais anziehen und wieder abfallen. Die Einschalt- und Pausenzeiten werden durch die Potentiometer P1 und P2 bestimmt. Für eine Stabilisierung der Betriebsspannung sorgt die Zenerdiode Z und der Vorwiderstand R10. Die Schaltung ist für eine Betriebsspannung von 12 Volt ausgelegt.

Das Relais besitzt drei Umschaltekontakte. Einer davon läßt abwechselnd die beiden Anzeigelampen La1 oder La2 aufleuchten. Sie dienen zur Kontrolle der Ein-

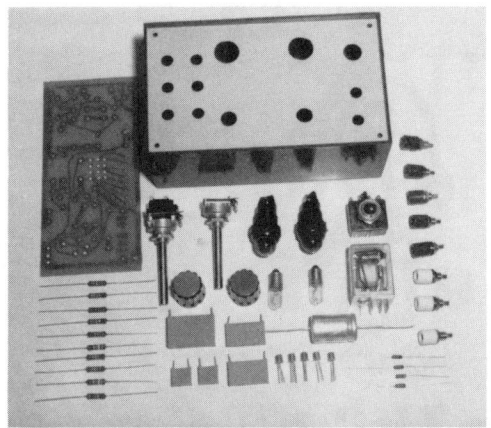

418 Alle zum Bau des Taktgebers erforderlichen Einzelteile, das Gehäuse und die fertiggebohrte Frontplatte.

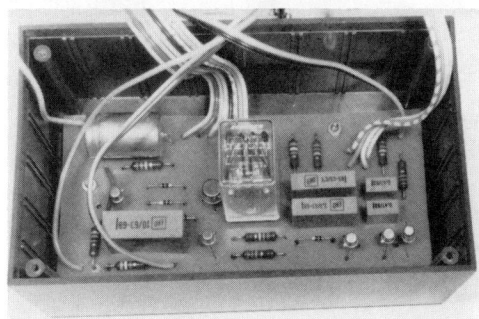

419 Die bestückte Platine wird am Boden des Teko-Gehäuses befestigt.

420 Das fertige Gerät.

schalt- und Ausschaltzeiten. Die Kontakte der beiden anderen Umschaltekontakte werden über Drahtleitungen mit den Buchsen a3 bis a8 in Verbindung gebracht.

249

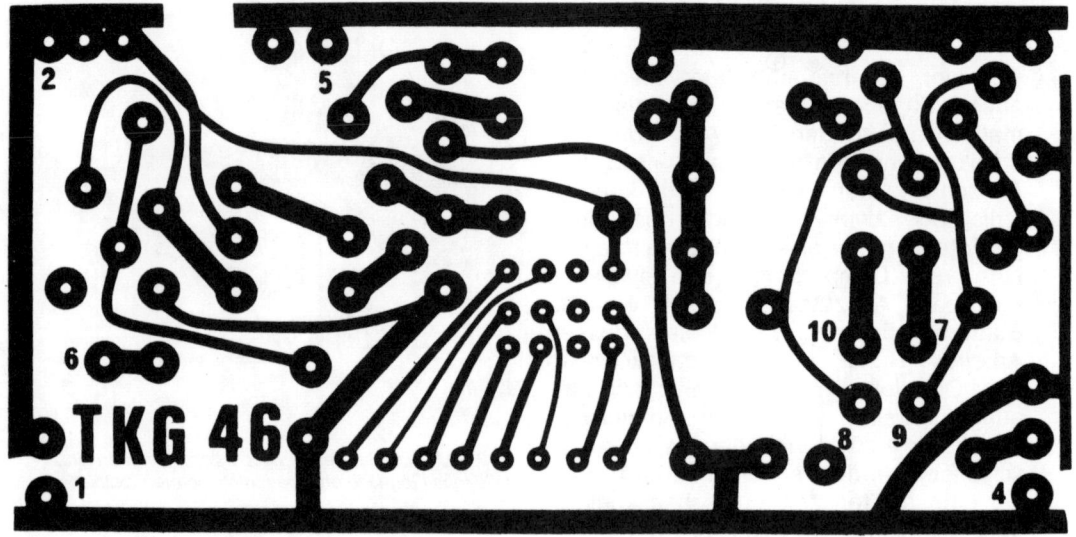

421   Druckvorlage im Maßstab 1:1 zum Taktgeber.

Hier können die Verbraucher angeschlossen werden.
Nach dem Einbau der Druckplatine in ein Teko-Gehäuse ist das Gerät fertig. An den Potentiometern P1 und P2 können die Einschaltzeiten und die Abfallzeiten des Relais voreingestellt werden. Die Lampen zeigen die Betriebszustände des Relais »angezogen« oder »abgefallen« an. Wird der Frequenzgrobschalter S2 eingeschaltet, werden die Einschaltzeiten länger. Die Feinregelung erfolgt wieder mit P1.
Irgendwelche Verbraucher oder sonstige Geräte können beispielsweise direkt an den Buchsen a3/a5 (Arbeitskontakt) oder a3/a4 (Ruhekontakt) angeschlossen werden.
Ebenso verhält es sich mit den Buchsen a6/a8 (Arbeitskontakt) oder a6/a7 (Ruhekontakt).

Stückliste zum Taktgeber

R 1 =	6,8 kOhm / 1/3 W	Schichtwiderstand
R 2 =	56 kOhm / 1/3 W	Schichtwiderstand
R 3 =	270 kOhm / 1/3 W	Schichtwiderstand
R 4 =	3,9 kOhm / 1/3 W	Schichtwiderstand
R 5 =	120 kOhm / 1/3 W	Schichtwiderstand
R 6 =	6,8 kOhm / 1/3 W	Schichtwiderstand
R 7 =	12 kOhm / 1/3 W	Schichtwiderstand
R 8 =	3,3 kOhm / 1/3 W	Schichtwiderstand
R 9 =	100 Ohm / 1/3 W	Schichtwiderstand
R 10 =	390 Ohm / 1/3 W	Schichtwiderstand
P 1 =	500 kOhm / lin. Potentiometer mit Schalter S 1	
P 2 =	100 kOhm / lin. Potentiometer	
C 1 =	0,47 µF / 63 V Kondensator	
C 2 =	3,3 µF / 63 V Kondensator	
C 1a =	0,47 µF / 63 V Kondensator	
C 2a =	3,3 µF / 63 V Kondensator	
C 3 =	10 µF / 63 V Kondensator	
C 4 =	1000 µF / 25 V Elko	
T 1 =	BC 177 pnp-Transistor	
T 2 =	BC 177 pnp-Transistor	
T 3 =	BC 108 npn-Transistor	
T 4 =	BC 108 npn-Transistor	
T 5 =	2 N 1613 npn-Transistor	
D 1 =	1N 914 Si-Diode	
D 2 =	1N 914 Si-Diode	
D 3 =	1N 914 Si-Diode	
7 =	BZX 55 C6V8 Zenerdiode	
Rel =	12-Volt-Relais, RA 401012, 4 × u Schrack	
S 1 =	doppelpoliger Schalter, sitzt auf Potentiometer P 1	
S 2 =	doppelpoliger Kipphebelschalter	
a1 =	isolierte Buchse (schwarz) Minus-Betriebsspannung	
a2 =	isolierte Buchse (rot) Plus-Betriebsspannung	
a3 =	isolierte Buchse, Umschaltekontakt	
a4 =	isolierte Buchse, Ruhekontakt	

250

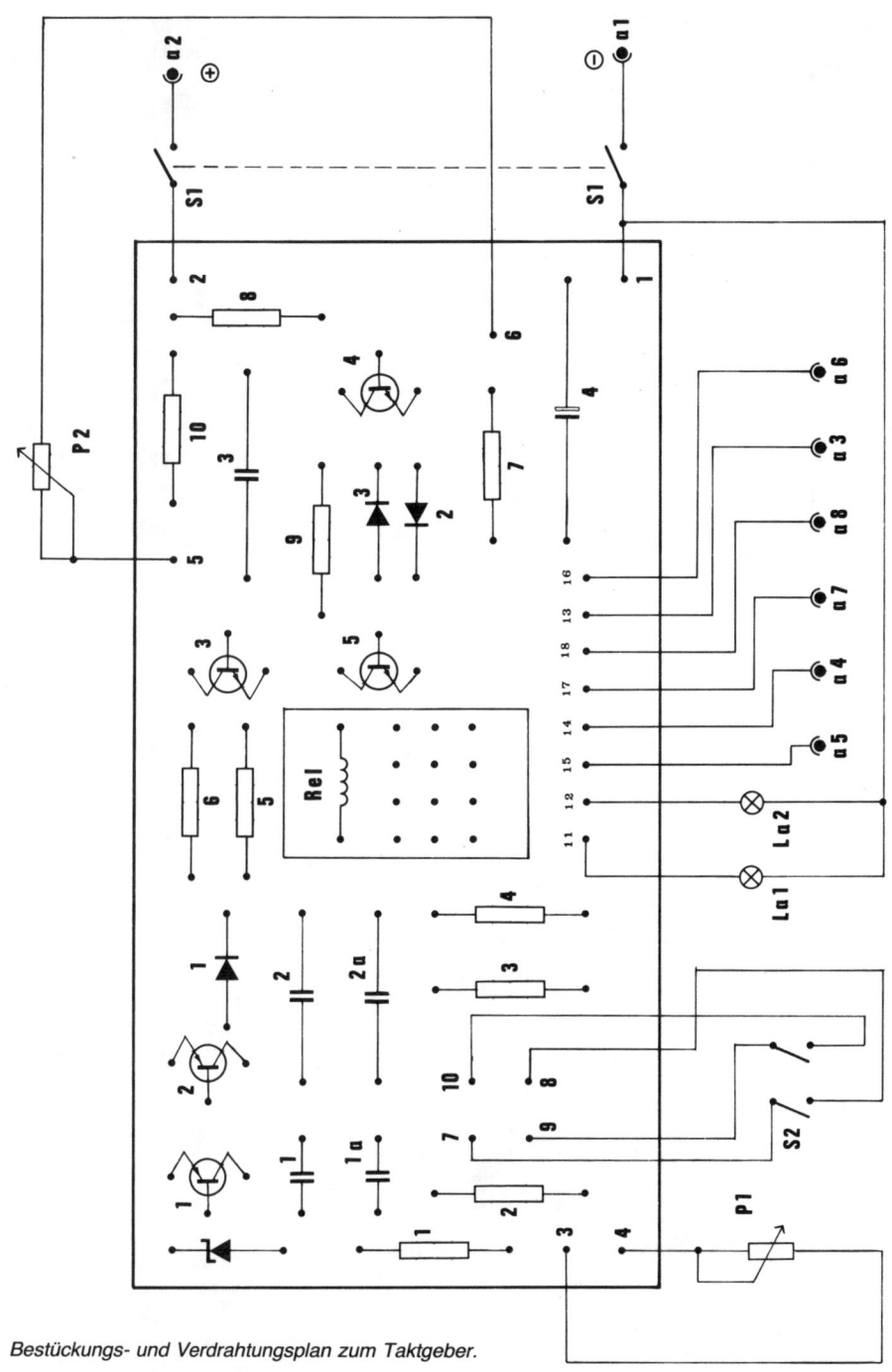

422 Bestückungs- und Verdrahtungsplan zum Taktgeber.

a5	=	isolierte Buchse, Arbeitskontakt
a6	=	isolierte Buchse, Umschaltekontakt
a7	=	isolierte Buchse, Ruhekontakt
a8	=	isolierte Buchse, Arbeitskontakt
La 1	=	12 V / 100 mA Kontrollampe rot

La 2	=	12 V / 100 mA Kontrollampe grün
2 Stück		Lampenfassungen
2 Stück		Drehknöpfe
1 Stück		Teko-Gehäuse P/3
1 Stück		Platine TKG

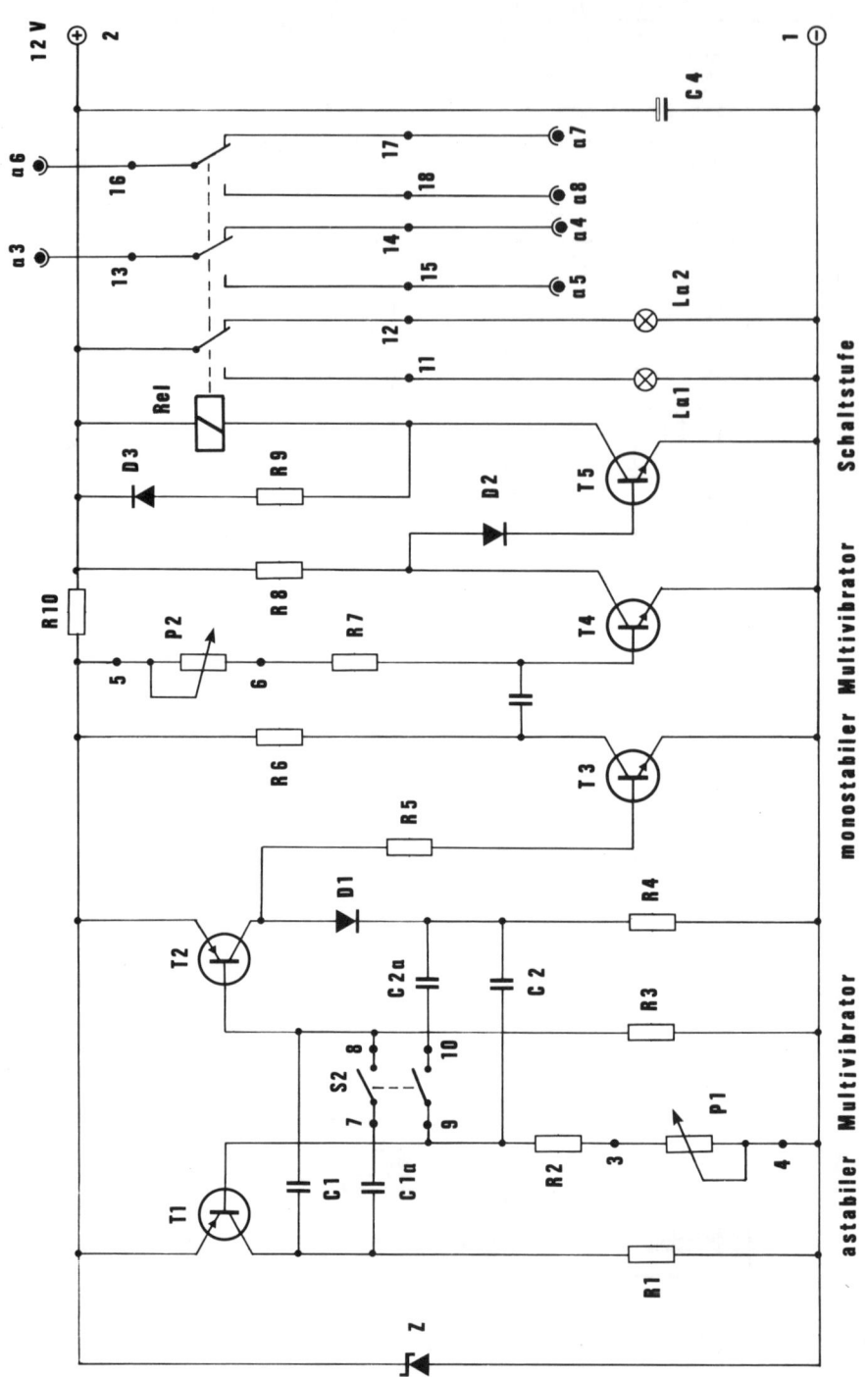

423 Schaltbild zum Taktgeber.

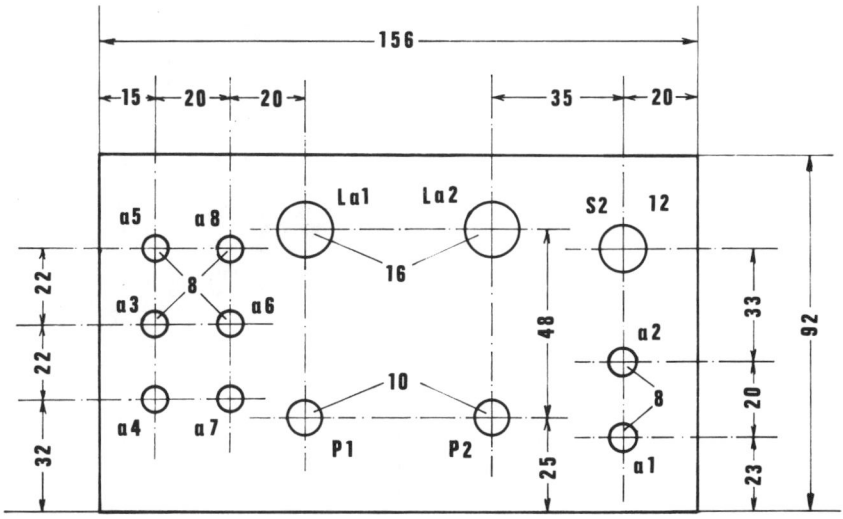

424 *Bohrplan der Frontplatte zum Taktgeber.*

Zweikanalschalter

Es ist oft wünschenswert, zwei Vorgänge auf dem Oszillografenschirm gleichzeitig sichtbar zu machen. Zum Beispiel ist es von Vorteil, wenn man bei der Prüfung eines Verstärkers das Eingangssignal und auch gleichzeitig das Ausgangssignal betrachten kann. Normalerweise wären dazu zwei Oszillografen erforderlich. Durch Vorschalten eines elektronischen Schalters kann jeder einfache Einstrahloszillograf in einen Zweistrahloszillografen verwandelt werden.

Das Gerät besitzt zwei voneinander völlig unabhängige Eingänge. Die Eingangsspannung kann durch die beiden Potentiometer P 1 und P 2 kontinuierlich geregelt werden. Der gemeinsame Ausgang wird mit dem X-Eingang eines Oszillografen in Verbindung gebracht. Die Umschaltefrequenzen können mit dem Stufenschalter S 1 grob und mit dem Potentiometer P 3 fein eingestellt werden. Mit dem Potentiometer P 4 lassen sich die beiden Grundlinien gegeneinander verschieben.

Das hier beschriebene Gerät arbeitet nach dem Chopper-Verfahren. Die Umschaltefrequenz steht in keinem Verhältnis zur Meßfrequenz, sie wird meist höher gewählt als die Betriebsfrequenz. Die Umschaltefrequenz selbst wird durch die Multivibratorschaltung T 7, T 8, T 9 und T 10 erzeugt. Durch den dreistufigen Umschalter S 1 werden die frequenzbestimmenden Kondensatoren umgeschaltet, so daß sich folgende Umschaltefrequenzen ergeben:

Bereich 1: (C 6/C 9) f = 2 kHz− 5 kHz

Bereich 2: (C 7/C 10) f = 500 Hz− 1 kHz

Bereich 3: (C 8/C 11) f = 200 Hz−500 Hz

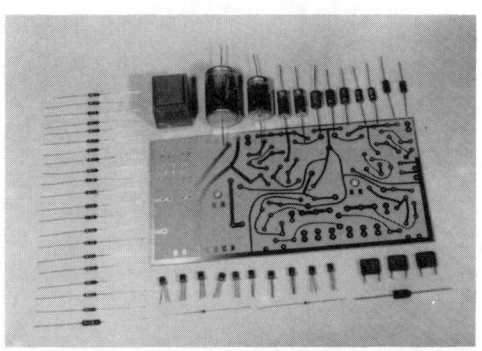

425 *Alle zum Bau erforderlichen elektronischen Bauteile und die Druckplatine.*

253

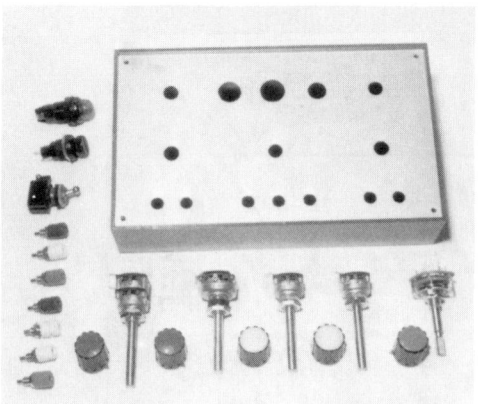

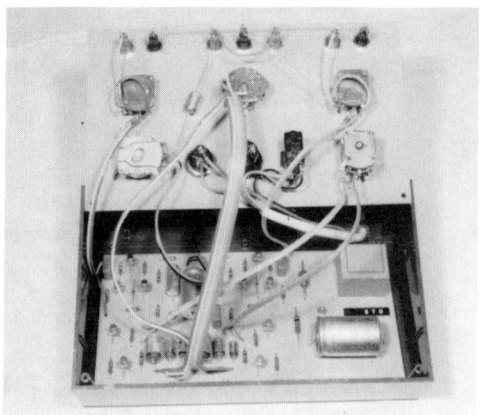

426 Die mechanischen Bauteile, das Gehäuse und die fertiggebohrte Frontplatte.

427 Nachdem die Druckplatine im Gehäuseboden befestigt wurde, können die flexiblen Drahtverbindungen zwischen Front- und Druckplatine hergestellt werden.

Um ein zufälliges ganzzahliges Verhältnis der Schaltfrequenz zur Signalfrequenz und damit das Erscheinen von Schaltlükken zu vermeiden, kann die Schaltfrequenz mit dem Potentiometer P 3 in allen drei Bereichen kontinuierlich verändert werden. Dadurch werden die Lücken im Bild zum Laufen gebracht, und die Signallinien wirken geschlossen.

Das Umschaltesignal gelangt über die beiden Widerstände R 4 und R 11 auf die beiden Transistoren T 3, T 4, die als Emitterfolger geschaltet sind, und damit an die Schaltdioden D 1/D 2.

Ohne Ansteuerung über die Widerstände R 4 und R 11 sind die Dioden gesperrt. Von den Eingängen 1 und 2 gelangen die Signale über die Trenntransistoren T 1, T 2 und T 6/T 8 an die Dioden D 1 und D 2. Nur bei positiver Ansteuerung werden die Eingangssignale zum Ausgang durchgeschaltet.

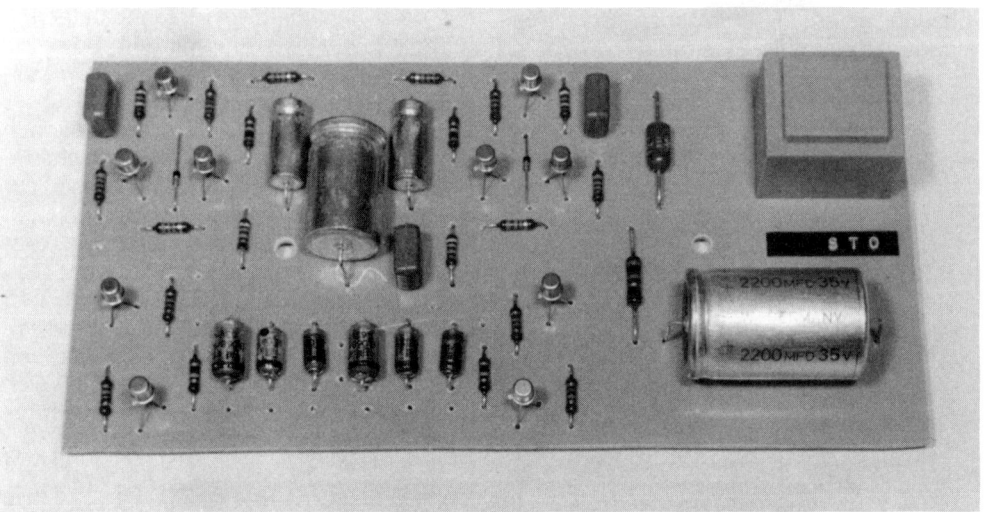

428 Die mit allen Einzelteilen bestückte Druckplatine.

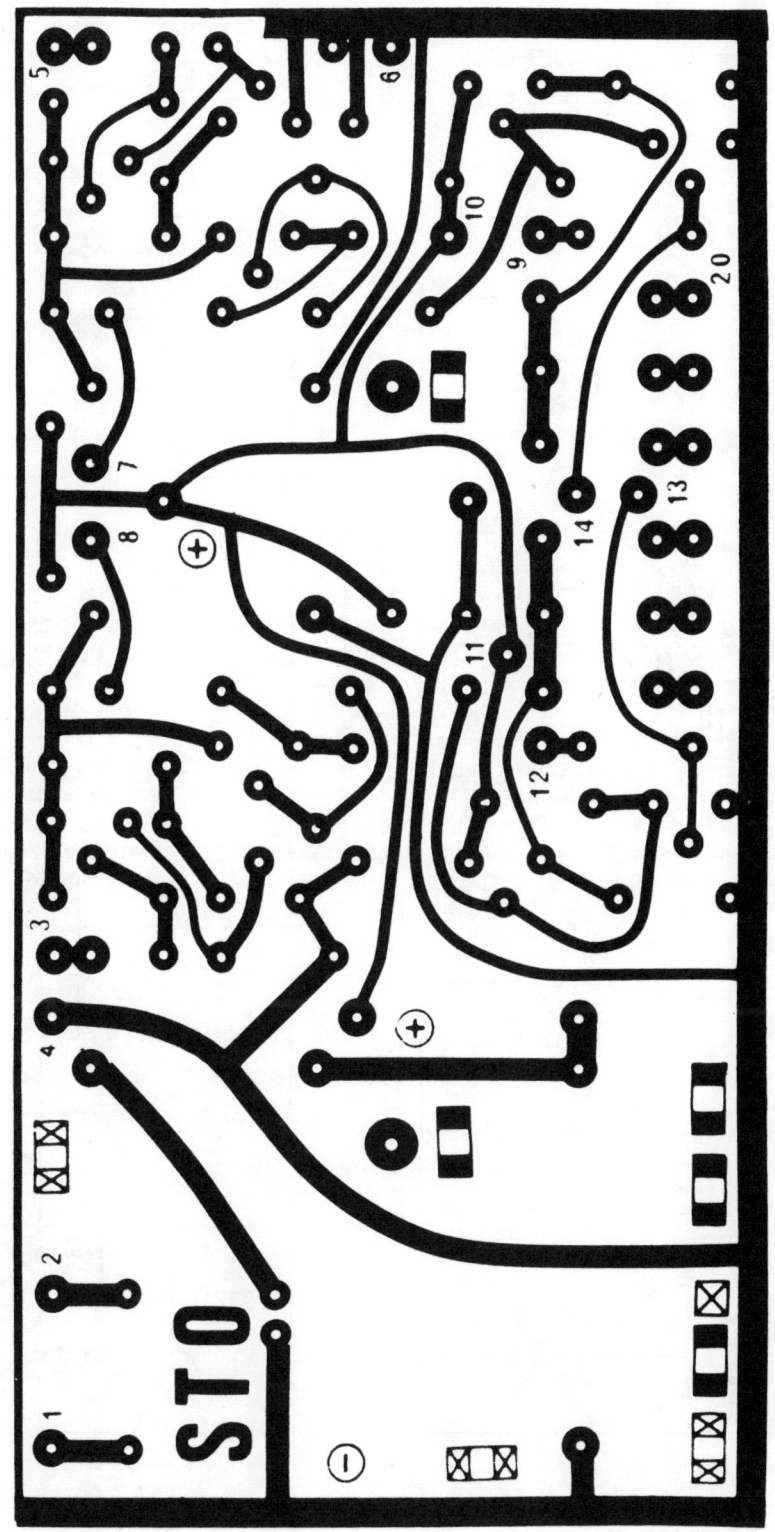

429   Druckvorlage im Maßstab 1:1 zum Zweikanalschalter.

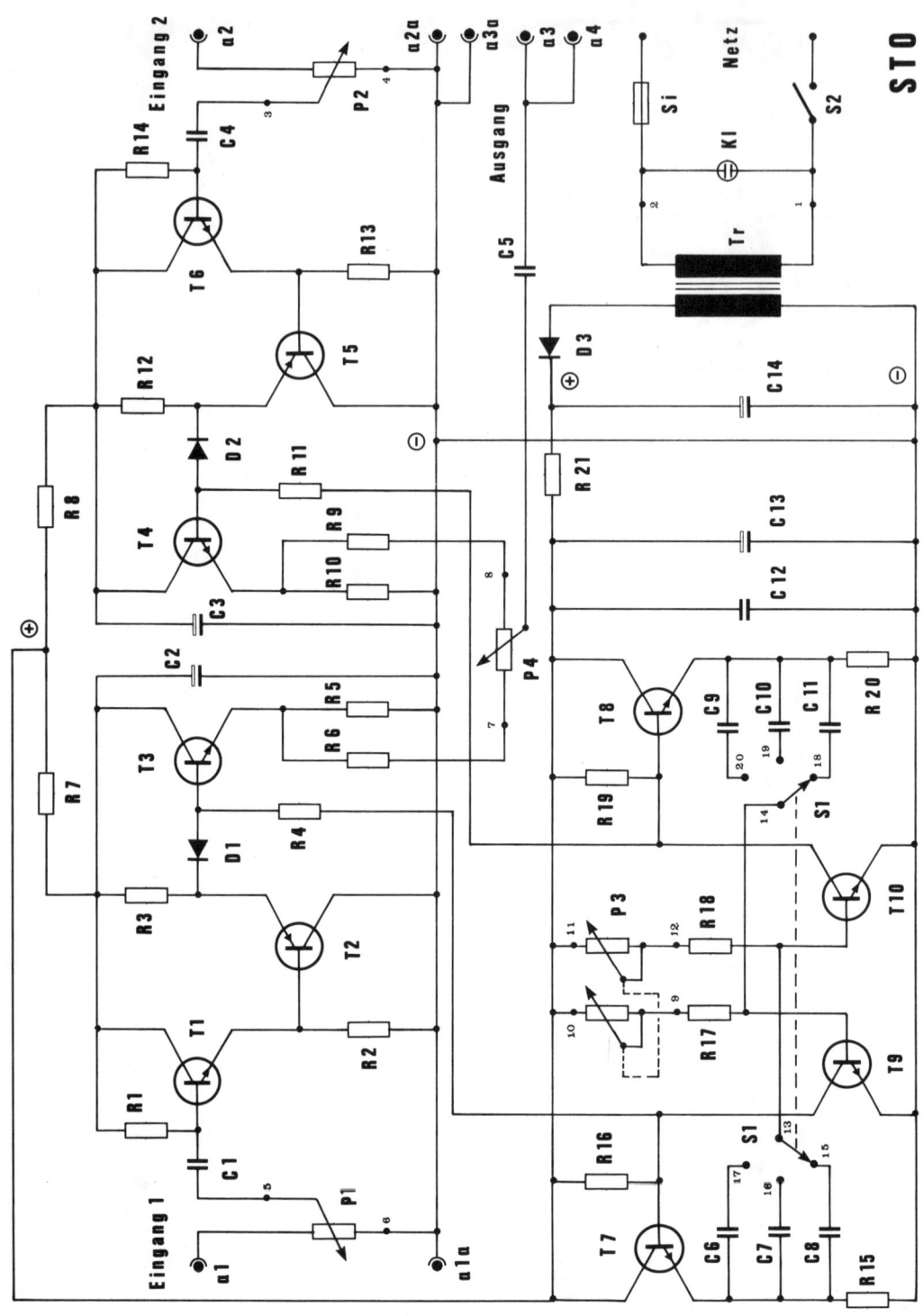

430 *Schaltbild zum Zweikanalschalter.*

256

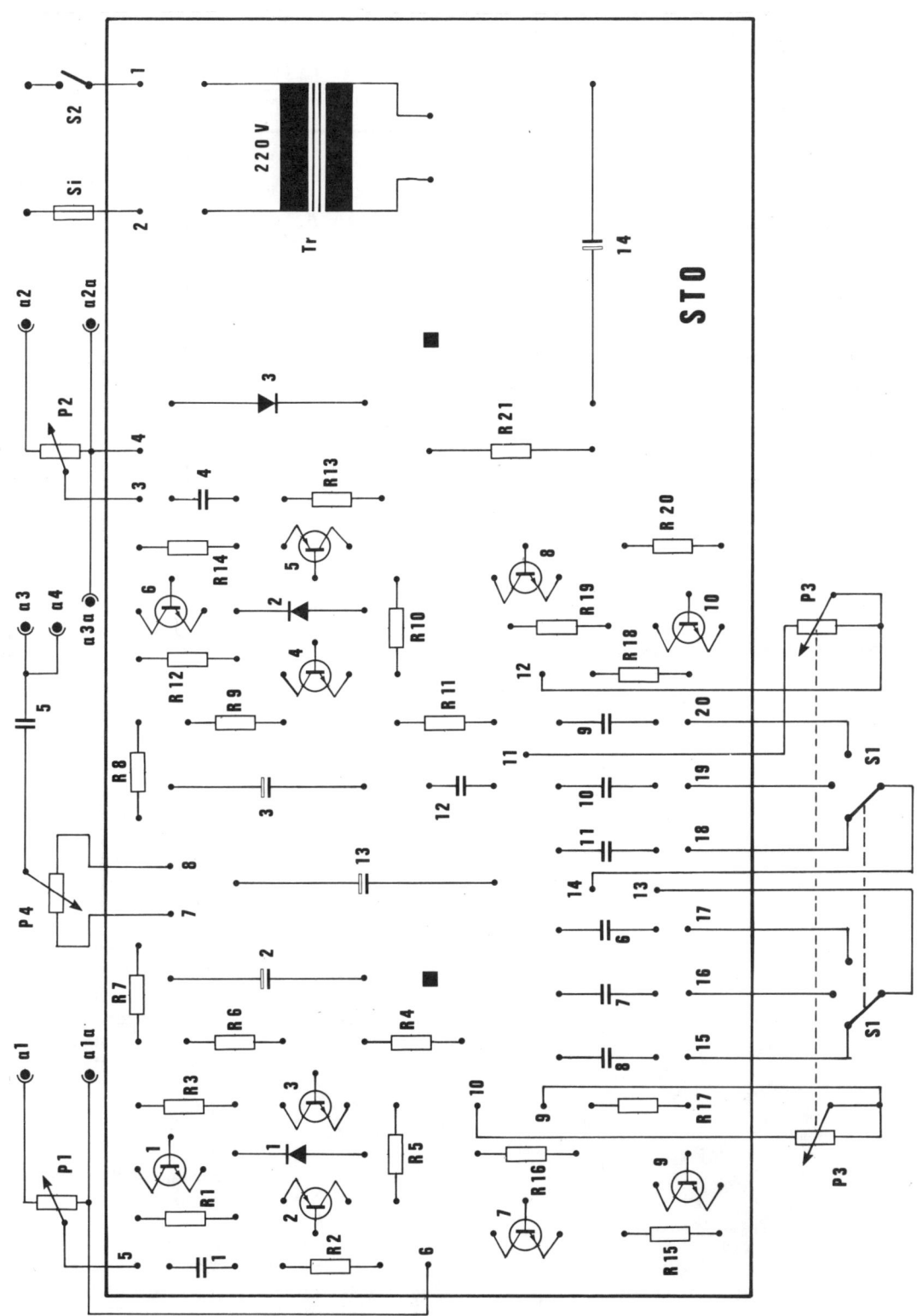

431 Bestückungs- und Verdrahtungsplan.

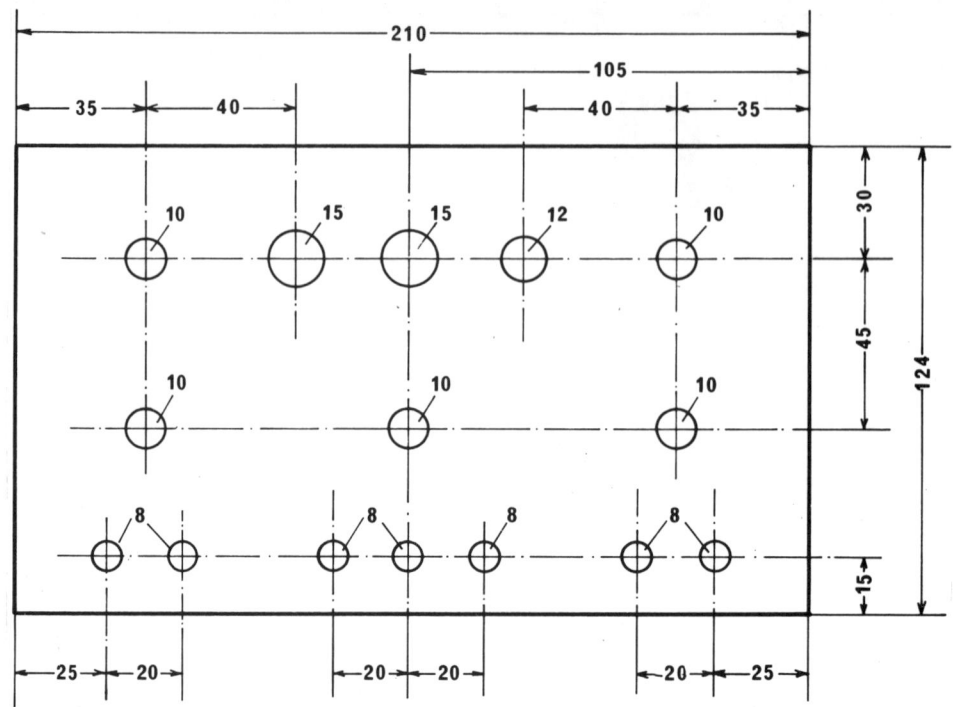

432 Bohrplan zur Frontplatte des Zweikanalschalters.

Stückliste zum Zweikanalschalter

R 1 = 470 kOhm / 1/8 W Schichtwiderstand
R 2 = 2,7 kOhm / 1/8 W Schichtwiderstand
R 3 = 1,2 kOhm / 1/8 W Schichtwiderstand
R 4 = 47 kOhm / 1/8 W Schichtwiderstand
R 5 = 2,7 kOhm / 1/8 W Schichtwiderstand

R 6 = 22 kOhm / 1/8 W Schichtwiderstand
R 7 = 680 Ohm / 1/8 W Schichtwiderstand
R 8 = 680 kOhm / 1/8 W Schichtwiderstand
R 9 = 22 kOhm / 1/8 W Schichtwiderstand
R 10 = 2,7 kOhm / 1/8 W Schichtwiderstand
R 11 = 47 kOhm / 1/8 W Schichtwiderstand
R 12 = 1,2 kOhm / 1/8 W Schichtwiderstand
R 13 = 2,7 kOhm / 1/8 W Schichtwiderstand
R 14 = 470 kOhm / 1/8 W Schichtwiderstand
R 15 = 1,2 kOhm / 1/8 W Schichtwiderstand
R 16 = 1,2 kOhm / 1/8 W Schichtwiderstand
R 17 = 22 kOhm / 1/8 W Schichtwiderstand
R 18 = 22 kOhm / 1/8 W Schichtwiderstand
R 19 = 1,2 kOhm / 1/8 W Schichtwiderstand
R 20 = 1,2 kOhm / 1/8 W Schichtwiderstand
R 21 = 100 Ohm / 1/3 W Schichtwiderstand
P 1 = 500 kOhm / log. Potentiometer
P 2 = 500 kOhm / log. Potentiometer
P 3 = 2 × 50 kOhm / lin. Tandempotentiometer
P 4 = 50 kOhm / lin. Potentiometer
C 1 = 0,22 µF / 100 V
C 2 = 100 µF / 25 V Elko
C 3 = 100 µF / 25 V Elko
C 4 = 0,22 µF / 100 V
C 5 = 0,1 µF / 100 V, dieser Kondensator
         befindet sich nicht auf der Platine!

433 Das fertige Gerät.

C 6 = 6,8 nF / 100 V
C 7 = 33 nF / 100 V
C 8 = 68 nF / 100 V
C 9 = 6,8 nF / 100 V
C 10 = 33 nF / 100 V
C 11 = 68 nF / 100 V
C 12 = 0,22 μF / 100 V
C 13 = 1000 μF / 25 V Elko
C 14 = 2200 μF / 35 V Elko
T 1 = BC 108 npn-Transistor
T 2 = BC 177 pnp-Transistor
T 3 = BC 108 npn-Transistor
T 4 = BC 108 npn-Transistor
T 5 = BC 177 pnp-Transistor
T 6 = BC 108 npn-Transistor
T 7 = BC 108 npn-Transistor
T 8 = BC 108 npn-Transistor
T 9 = BC 108 npn-Transistor
T 10 = BC 108 npn-Transistor
D 1 = 1N 914 Si-Diode
D 2 = 1N 914 Si-Diode
D 3 = BY 127 Si-Diode
Tr = Netztransformator 220 V / 12 V (Fertigteil
     der Firma Spitznagel, Typ: SPK 2230/12)
S 1 = TMS-Stufenschalter 2 × 3 Kontakte
     (3 Schaltstellungen, 2 Bahnen)
S 2 = Netzschalter (Kipphebelschalter
     einpolig)
Si = Sicherungselement mit
     Feinsicherung 300 mA
KL = Kontrollglimmlampe 220 V mit Fassung
a1 = Eingangsbuchse Kanal 1
     (isolierte Buchse)
a1a = Massebuchse Kanal 1 (isolierte Buchse)
a2 = Eingangsbuchse Kanal 2
     (isolierte Buchse)
a2a = Massebuchse Kanal 2 (isolierte Buchse)
a3 = Ausgangsbuchse Oszillograf
     (isolierte Buchse)
a4 = Ausgangsbuchse Oszillograf
     (isolierte Buchse)
a5 = Massebuchse Oszillograf
     (isolierte Buchse)
5 Stück Drehknöpfe
1 Stück Teko-Gehäuse Mod. 363
1 Stück Netzstecker mit Kabel, etwa 1,5 m lang
1 Stück Platine STO

Ausleuchtungsmesser

Wer schon versucht hat, in einem geschlossenen Raum mit Kunstlicht zu fotografieren, wird festgestellt haben, daß dieses ein wenig problematisch ist. Hellig-

keitsunterschiede auf den Fotos lassen nämlich erkennen, daß es mit der richtigen Ausleuchtung nicht in allen Fällen stimmte. Solche Schwierigkeiten kann vermeiden, wer den nachstehend beschriebenen – elektronischen Ausleuchtungsmesser verwendet. Vor jeder Aufnahme wird sein Sensor auf das zu fotografierende Objekt gerichtet, um festzustellen, ob am Zeigerinstrument stets die gleichen Helligkeitswerte erscheinen, wenn man verschiedene Stellen anvisiert hat. Ist dieses nicht der Fall, sind die Beleuchtungslampen solange zu verstellen, bis alle Meß-Werte übereinstimmen. Der Wert der eigentlichen Helligkeit, spielt keine Rolle, Hauptsache ist, sie ist überall gleich.
Die Schaltung ist so ausgelegt, daß über einen Stufenschalter drei wählbare Meßbereiche eingeschaltet werden können.

Meßbereiche:
Stellung 1:   0 bis   100 Lux
Stellung 2:   100 bis   1000 Lux
Stellung 3: 1000 bis 10000 Lux

Über ein abgeschirmtes Kabel wird die Meßsonde, ein LDR-Fotowiderstand, angeschlossen. Er mißt die Lichtstärke, die als kleine Eingangsspannung am Eingang des Operationsverstärkers 709 steht und in ihm verstärkt wird. Die Anzeige erfolgt auf einem Meßinstrument mit 1 mA Vollausschlag.
Bei diesem Gerät wurde ein Wisometer 65 verwendet. Die Eichung ist sehr einfach und kann mit einem bekannten Luxmeter vorgenommen werden. Die Einstellregler P 2, P 3 und P 4 sind dementsprechend zu verdrehen. Steht kein Luxmeter zur Verfügung und soll auch nur festgestellt werden, ob die Ausleuchtung gleichmäßig erfolgt, so kann eine Eichung folgendermaßen durchgeführt werden.
Eine bekannte Lichtquelle, etwa eine 100-Watt-Lampe, wird eingeschaltet. Die Sonde zeigt auf die Lichtquelle. Beim mittleren Bereich ist jetzt durch Verdrehen des Einstellreglers P 3 der Meßwert 0,1 mA einzustellen. Danach ist auf den Bereich 1 umzuschalten, und durch Verdrehen des Einstellreglers P 2 ist die Anzeige auf Vollausschlag, also 1 mA, zu bringen. Der LDR darf dabei seine Lage selbstverständlich nicht verändern. Jetzt wird noch Bereich 3 durch P 4 ebenso wie beschrieben abge-

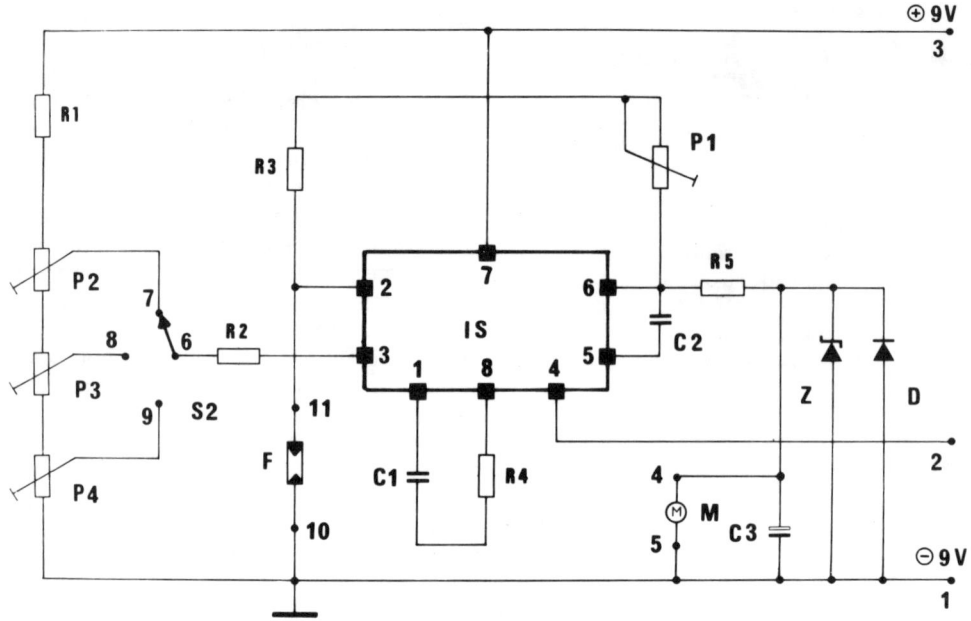

434 Schaltbild zum Ausleuchtungsmesser.

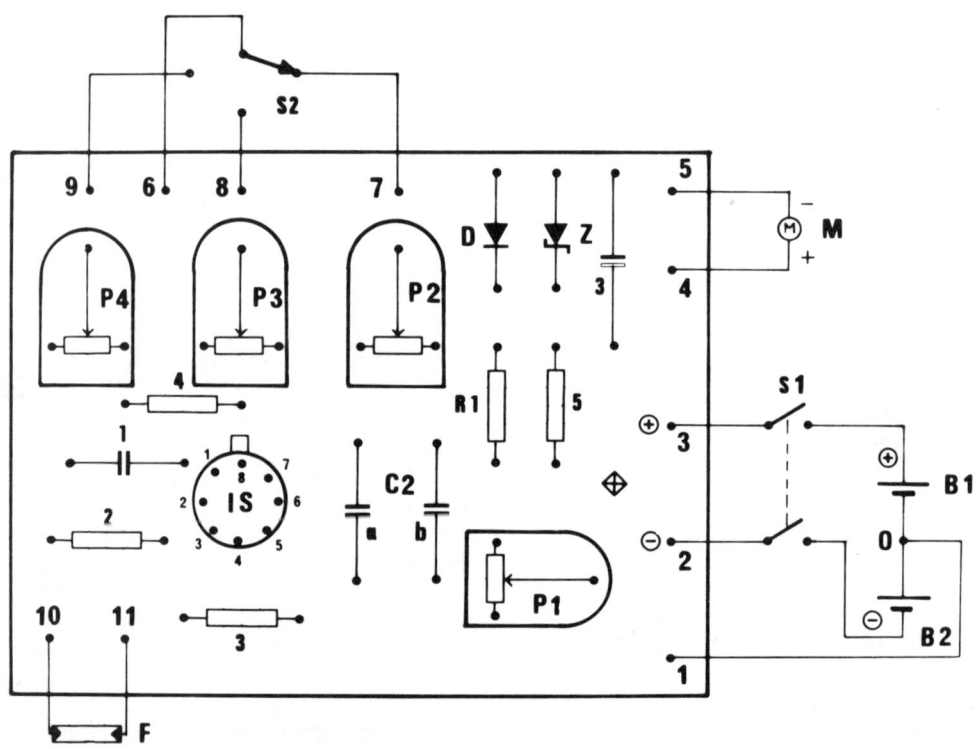

435 Bestückungs- und Verdrahtungsplan zum Ausleuchtungsmesser.

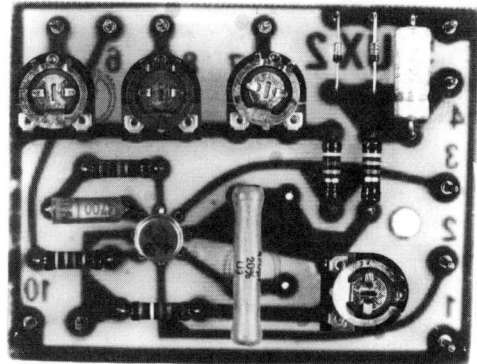

436 Die fertige Druckplatine des Ausleuchtungsmessers.

glichen, und zwar auf einen Wert von 0,01 mA. Die Platine des Gerätes wird in ein Teko-Gehäuse eingebaut, zwei 9-Volt-Transistorbatterien übernehmen die Stromversorgung, unser Gerät ist damit netzunabhängig.

Soll das Gerät im Netzbetrieb arbeiten, so benötigen wir dazu ein kleines Netzteil. Es liefert eine positive und eine negative Spannung, so daß es für den Betrieb mit Operationsverstärkern geeignet ist. Die Sekundärseite des Transformators ist in zwei Wicklungen aufgeteilt. Diese beiden Wicklungen werden in der Mitte verbunden und geerdet. Am Punkt c kann die positive, am Punkt e die negative Spannung abgenommen werden.

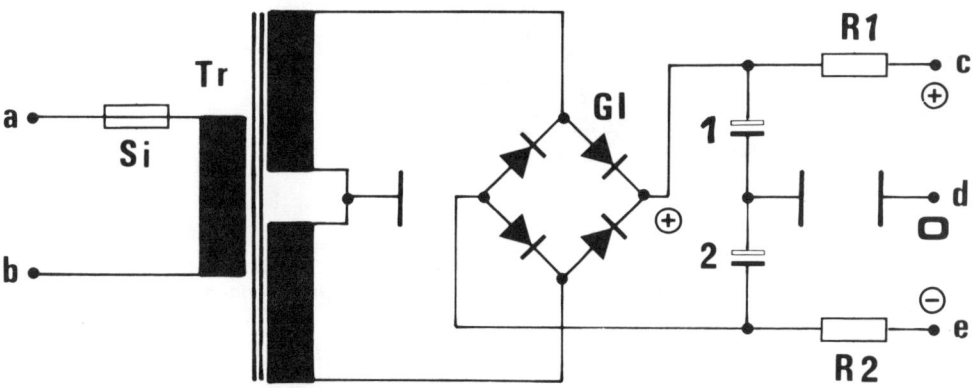

437 Schaltbild zum Netzteil des Ausleuchtungsmessers.

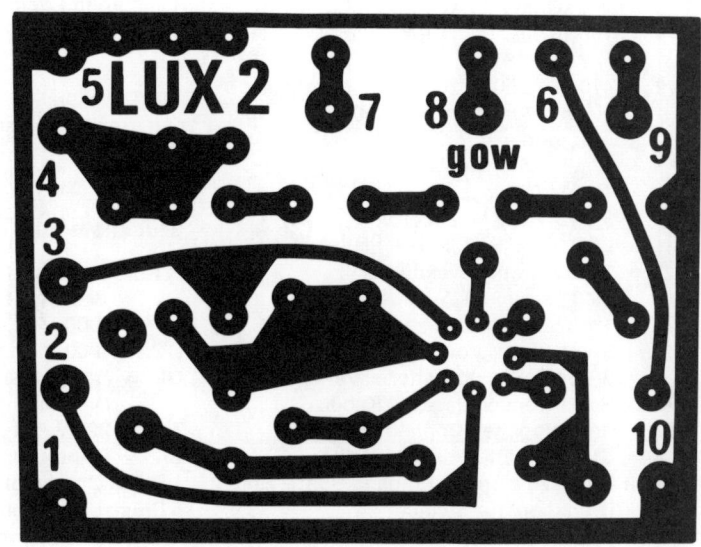

438 Druckvorlage zum
Ausleuchtungsmesser im
Maßstab 1:1.
(Die Druckplatine kann fertig
bezogen werden. Anfragen
beim Verlag gegen Rückporto.)

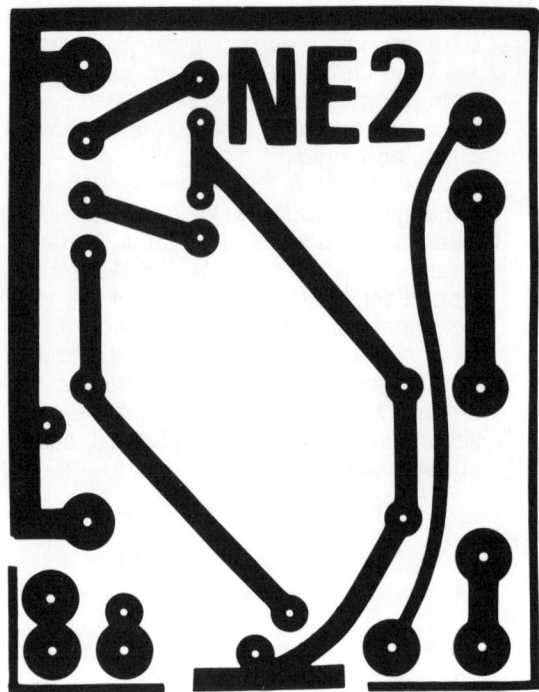

439 Druckvorlage zum Netzteil für den Ausleuchtungsmesser im Maßstab 1:1. (Die Druckplatine kann ebenfalls fertig bezogen werden. Anfragen beim Verlag gegen Rückporto.)

Stückliste zum Ausleuchtungsmesser

R 1 = 47 kOhm / 1/8 W Schichtwiderstand
R 2 = 4,7 kOhm / 1/8 W Schichtwiderstand
R 3 = 3,9 kOhm / 1/8 W Schichtwiderstand
R 4 = 1,5 kOhm / 1/8 W Schichtwiderstand
R 5 = 4,7 kOhm / 1/8 W Schichtwiderstand
P 1 = 2,5 kOhm / 0,2 W Einstellregler
P 2 = 10 kOhm / 0,2 W Einstellregler
P 3 = 1 kOhm / 0,2 W Einstellregler
P 4 = 100 kOhm / 0,2 W Einstellregler
C 1 = 4,7 nF / 160 V
C 2 = 470 pF / 250 V, zusammengesetzt aus einem 270- und einem 200-pf-Keramik-rohrkondensator
C 3 = 47 µF / 25 V Elko
D = 1N 914 Diode
Z = 5,6 V / 250 mW Zenerdiode
F = LDR 03 als Sonde
IS = 709 Operationsverstärker
M = Meßinstrument Wisometer 65, 1 mA Vollausschlag
B 1 = 9-Volt-Transistorbatterie, Varta 438
B 2 = 9-Volt-Transistorbatterie, Varta 438
2 Stück Batterieanschlüsse mit Kabel
S 1 = doppelpoliger Kipphebelschalter
S 2 = Stufenschalter 1 × 3 Kontakte
2 Stück Buchsen a und b (Eingang Sonde F)
1 Stück Drehknopf für Schalter S 2
2 Stück Bananenstecker

1 Stück abgeschirmtes Kabel, etwa 1 m lang
1 Stück Metallhülse oder Kunststoffhülse für Sonde F
1 Stück Teko-Gehäuse Mod. 362
11 Stück Lötstützpunkte, 1,3 mm ∅
1 Stück Platine Lux

Achtung Hinweis: Der Widerstand R 1 wird zusammen mit dem Einstellregler P 1 auf 5 kOhm eingestellt!

(Die Druckplatine Lux kann fertig bezogen werden. Anfragen beim Verlag gegen Rückporto.)

Stückliste zum Netzteil

R 1 = 10 Ohm / 1 W
R 2 = 10 Ohm / 1 W
C 1 = 1000 µF / 35 V
C 2 = 1000 µF / 35 V
GL = B 80 C 3200/2200 Si Rectitron Gleichrichter
Tr = 220 V / 24 mA / 2 × 6 V / 320 mA
Si = Feinsicherung 200 mA mit Fassung
1 Stück Druckplatine NE 2
5 Stück Lötfahnen, 1,3 mm ∅ a–e
Ausgangsspannung: + 6 V / − 6 V

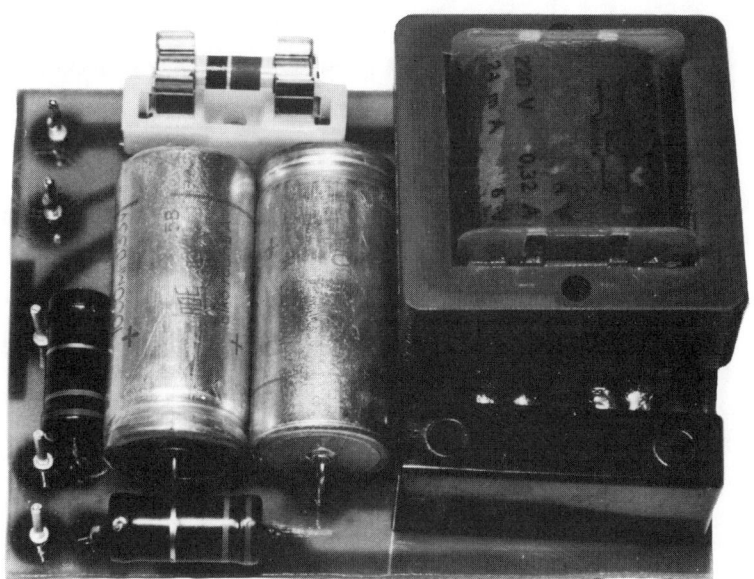

440 Netzteil des
Ausleuchtungsmessers.

441 Der fertige Ausleuchtungsmesser für Batteriebetrieb. An beiden Buchsen (oben rechts) wird die
Meßsonde angeschlossen.

Stichwortregister

Bildnachweis

Titelbild, alle Bilder und Zeichnungen stammen vom Verfasser.